| 用心雕刻每一本……
http://site.douban.com/110283/
http://weibo.com/nccpub

用心字里行间　雕刻名著经典

社会心理学精品译丛

编委会

主　编：彭凯平
副主编：钟　年　刘　力

编　委（以姓氏笔画为序）
王　垒　北京大学
王登峰　北京大学
乐国安　南开大学
朱永新　苏州大学
朱　滢　北京大学
杨中芳　北京大学
杨国枢　中原大学
张智勇　北京大学
佐　斌　华中师范大学
金盛华　北京师范大学
侯玉波　北京大学
荆其诚　中国科学院
钟　年　武汉大学
彭凯平　美国加州大学，清华大学

不确定世界的理性选择

——判断与决策心理学

〔美〕雷德·海斯蒂 罗宾·道斯 著

谢晓非 李 纾 等译

人民邮电出版社

图书在版编目（CIP）数据

不确定世界的理性选择——判断与决策心理学（第2版）/（美）海斯蒂（Hastie，R.），道斯（Dawes，R. M.）著；谢晓非，李纾 等译.
- 北京：人民邮电出版社，2013.10（2025.6 重印）
ISBN 978-7-115-32599-0

Ⅰ.①不… Ⅱ.①海…②道…③谢…④李… Ⅲ.①决策（心理学）—研究 Ⅳ.①B842.5

中国版本图书馆 CIP 数据核字（2013）第 166858 号

Reid Hastie, Robyn M. Dawes

Rational Choice in an Uncertain World—The Psychology of Judgment and Decision Making, 2ed Edition
ISBN 978-1-4129-5903-2

English language edition Published by SAGE Publications of London, Thousand Oaks, New Delhi and Singapore,
© Reid Hastie, Robyn M. Dawes.

版本书中文简体字翻译版由 Sage Publications Ltd 授权人民邮电出版社出版。未经出版者书面许可，不得以任何形式复制或抄袭本书的任何部分。

版权所有，侵权必究。

不确定世界的理性选择——判断与决策心理学（第2版）

◆ 著　　　[美] 雷德·海斯蒂　罗宾·道斯
　 译　者　谢晓非　李纾 等
　 策　划　刘　力　陆　瑜
　 责任编辑　常玉轩
　 装帧设计　陶建胜

◆ 人民邮电出版社出版发行　北京市丰台区成寿寺路11号
邮编　100164　电子邮件　315@ptpress.com.cn
网址　http://www.ptpress.com.cn
电话　（编辑部）010-84931398　（市场部）010-84937152
廊坊市都印印刷有限公司印刷

◆ 开本：710×1000　1/16
印张：24.5　　　　　　　　　2013年10月第1版
字数：750千字　　　　　　　2025年6月河北第16次印刷
著作权合同登记号　图字：01-2011-1153

定价：88.00元
本书如有印装质量问题，请与本社联系　电话：（010）84937152

内容提要

大量行为学研究揭示，人类的思维过程存在系统的局限性。人们往往无法做到完全意义上的理性，相反，各种认知缺陷、启发式以及惯性思维决定了我们的大多数判断和决策。

作者用生活化的语言与现实事例，全面介绍了判断和决策领域中的基础理论和最新研究成果。全书内容可分成六部分：第1~2章介绍判断和决策领域的学科历史，第3~7章总结关于判断的心理学研究，第8章论述理性与不确定性间的关系，第9~10章论述偏好与选择问题，第11~12章分别介绍了理性决策理论及描述性决策理论，第13~14章展望了未来的研究方向。附录简单介绍概率论的相关知识。

本书语言精练、论述严谨，采择了大量最新的研究成果和研究发现并做出恰如其分的评价和分析，这一点充分显示了作者在"判断决策"这一领域中的积淀，也体现了作者对这一研究领域的总体把握。本书适合心理学和行为科学领域的专家学者参考，也可供那些对"决策判断"问题有兴趣的广大读者阅读。

主编简介

彭凯平（Kaiping Peng）

清华大学心理学系主任
清华大学社科学院学术委员会主席
美国加州大学（UCLA）心理学与东亚研究终身教授

现任清华大学心理学系主任、清华大学社科学院学术委员会主席、美国加州大学伯克利分校心理学及东亚研究终身教授。美国密西根大学心理学博士。曾教授的课程包括普通心理学，管理心理学、文化心理学、积极心理学、跨文化沟通心理学。现任职国际积极心理联合会执行委员（2010年至今）、中国国际积极心理学大会执行主席（2009年至今），曾任职美国心理学会科学领导小组成员、伯克利加州大学社会人格心理专业主任、第五届世界华人心理学家学术大会共同主席，并担任过美国唐氏基金会董事和德国宝马公司青年领袖论坛董事会成员；为众多政府和国际公司作战略、人事、文化，管理咨询，例如：福特，宝马，美国航天局，富士康，宏达电，万科，中化，中航，海总，总装备部等。他还是多所国际著名商学院常聘客座教授，并连续多年获得清华大学经管学院EMBA最佳教学奖。

彭教授曾发表140多篇期刊论文，多次获得重要学术奖项（包括2004年美国社会问题心理学会最佳论文奖，2006年美国管理学院最佳论文奖），出版学术专著多部，2007年被美国人格与社会心理学会评为全世界论文引用最多的中青年社会心理学家。2008年5月起受聘清华大学心理学系教授和首任系主任；2009年入选中组部国家级海外高级引进人才（千人计划），回国后主要贡献包括：主持清华大学心理学系的复系工作；主持与国防有关的特殊人员的心理保障工作；主持并推动积极心理学在中国的普及工作并担任国际积极心理学联合会中国理事；参与中国各城市幸福城市建设工作；以清华名义发布科研论文70多篇，为论文国际引用名列前茅的少数中国社会科学学者。

作者简介

雷德·海斯蒂（Reid Hastie）在加州大学圣迭戈分校和耶鲁大学完成了传统课程的学习，并完成了关于词汇记忆和几何形状记忆的博士研究。但是，他在哈佛大学开始其学术工作之后，积极地寻求校外研究的机会，在医院和法庭中展开关于医疗和法律决策的研究。海斯蒂的研究兴趣在于认知心理学的方法和理论在判断决策方面的应用。他一直致力于现实情境中的研究，包括医疗决策、法律决策、天气预报、消费者和商业金融决策等领域。

沿着这一研究方向，海斯蒂开始对小组决策、团队决策以及问题解决产生兴趣，并且从个人认知水平的分析进入到关于决策的社会影响和人际互动的研究。海斯蒂最为知名的是他在法律决策领域的研究（《法庭上的社会心理学》[*Social Psychology in Court*，与 Michael Saks 合著]、《陪审团中》[*Inside the Jury*，与 Steven Penrod 和 Nancy Pennington 合著] 和《陪审员》[*Inside the Juror*，编著]）以及在社会记忆和判断过程方面的研究（《个体记忆：社会知觉的认知基础》[*Person Memory: The Cognitive Basis of Social Perception*，编著]）。他曾供职于美国国家科学基金会的评审小组、美国海军研究室、美国国家心理健康研究所、美国国家科学院和美国国家研究中心，并在15个专业期刊任编委。

海斯蒂非常自豪的是，他本人在判断决策领域的诸多主题方面有30多年的教学与高校咨询经验。从某种意义上说，这部《不确定世界的理性选择》（*Rational Choice in an Uncertain World*，第一版由罗宾·道斯独自撰写）是他在人类决策行为基本原理和总结发现上的顶峰之作。他目前就职于芝加哥大学布斯商学院。

罗宾·道斯（Robyn M. Dawes）1958年获得哈佛大学哲学学士，后进入密歇根大学临床心理学系。两年后，他怀着对研究生教学课程以及行为决策、社会互动和态度测量的兴趣进入了数学心理学系（1963年获得博士）。他担任当地一家退伍军人荣养医院的心理研究员和密歇根大学心理学系教员达5年之久。1967年，他迁居至俄勒冈州，并于1971年成为教授，先后担任了6年系主任（代理主任 1972~1973，1979~1980；正式主任，1981~1985）。他也曾在俄勒冈研究所兼职，在 1973~1974 年担任副所长，后因故辞职。他在 1985 年秋转到卡耐基梅隆大学，在社会和决策科学系担任心理学教授，并担任了一届 5 年系主任，1996 年又担任了一届 1 年代理系主任，并获得 Charles J. Queenan, Jr. 名誉教授称号。

　　道斯发表过 150 多篇论文、出版了 6 部书籍（包括《纸牌屋：迷思上的心理学和心理治疗》[*House of Cards: Psychology and Psychotherapy Built on Myth*，1994]；《日常生活的非理性：伪科学家、精神病人和其他人是如何系统性地非理性思考的》[*Everyday Irrationality: How Pseudo-Scientists, Lunatics, and the Rest of Us Systematically Fail to Think Rationally*，2001]；和《价值判断》[*Judging Merit*，2008]）。他是《不确定世界的理性选择》的第一版（1988）的作者，这本书为他赢得了美国心理学会普通心理分会颁发的威廉·詹姆士奖。道斯曾担任俄勒冈心理学会主席（1983~1984）、判断和决策研究协会会长（1988~1989）、美国心理学会伦理委员会成员（1985~1988）以及社会经济学促进会和美国应用和预防心理学的执行董事。此外，他曾供职于美国国家研究委员会的艾滋病研究所以及行为、社会和统计科学委员会，促成了《艾滋病、性行为和静脉吸毒》（*AIDS, Sexual Behavior, and Intravenous Drug Use*，1989）和《艾滋病：第二个十年》（*AIDS: The Second Decade*，1990）的报告。

　　他可谓活出了一个"有趣"的人生。

序一：译丛新序

1979年，我在北京大学校园开始了我的心理学求学生涯，当时我们心理系的老师委婉地告诉我们，你们学心理学可能早了20年。老实说，年轻的我们当时并没有完全领会这句话的多重含义。

2004年，我在美国伯克利加州大学的校园，开始了和新曲线出版咨询公司的合作，推荐出版《社会心理学精品译丛》。坦率地说，我并没有预料到这样一套关于人性、人情、人欲、人世的学术丛书，会有这么大的社会影响，成为中国出版界发行的最畅销的心理学丛书之一。

2013年的今天，我已经到了清华校园。受清华大学之邀、加州大学之托，五年前我开始帮助清华大学恢复它历史上曾经辉煌的心理学系，并出任复建后的首任系主任。五年的国际穿梭，以及和国内心理学界同仁的共苦同甘，已经让我看到了中国社会心理学的兴起，等来了中国心理学的春天！

所以，当新曲线公司的同事们决定出版该丛书的十周年纪念版，不仅新增《社会认知：洞悉人心的科学》、《不确定世界的理性选择》、《社会冲突》、《社会心理学之旅》、《社会心理学纲要》等新品种，而且对《态度改变与社会影响》、《决策与判断》等原有品种的译文进行精益求精的再加工，将丛书以更加精致、高雅、系统的方式介绍给我们的读者，并邀请我为新书重新写序，我已经一点也不感到意外，并相信它一定会成为人们喜爱的优秀的心理学书籍。

那么，为什么短短几年社会心理学会在中国变得如此大受欢迎？甚至我们还可以问，为什么清华大学要在2008年恢复它的心理学系？我觉得，中国的现代化是背后最主要的原因。正是在2008年，中国的人均GDP达到3400美元。根据经济学家在上世纪40年代提出的人均3000美元的现代化标准，这正式表明中国已经迈入现代化国家的门槛。美国是在1962年首先进入现代化国家的行列，英国是1968年，法国是1972年。

现代化国家的一个重要标志就是人变得比物更为重要。现代化之前，我们追求小康，以物质的丰富作为社会发展的目标，现代化以后，我们追求和谐、文化、美和幸福，以人民的尊严和完美生活为奋斗目标。这种变化，也不断反映在中国政府的执政理念变化上。从"全面建设小康社会"到"构建和谐社会"，从"建设文化强国"再到"建设美丽中国"，这些理念其实反映的正是中国社会的发展进步，特别是人民基本需求的变化和提升。心理学家马斯洛早就提出人类的需要层次理论，就是说人类从一开始衣食住行的生理需求，逐渐上升到安全、归属、爱和尊严的社会需求。再往上，就得有文化和知识的需求，以及对美的追求。人类最高级的需求就是马斯洛的自我实现，而其中一个很重要的心理指标就是幸福的巅峰体验。

2007年的中共十七大报告明确提出："科学发展观，第一要义是发展，核心是以人为本。"那人又是什么？其实，人最重要的标志是他有心理活动。"人者，心之器也。"正是因为人类的心理活动，人生活得才有意义，才有价值。没有心理活动，人就是行尸走肉。

自然科学的研究对象，没有人类的心理，可以照样存在。没有人类，星空依然灿烂，太阳照常升落，但一旦人类的活动参与进来，星空就不仅仅是自然科学研究的对象，它就成为心理学的研究对象。在中国东海，北纬25°40′~26°、东经123°~124°34′之间有一片岛屿，这本来是一个地理科学的概念，是属于自然科学的知识，但当我们意识到，这片岛屿就是钓鱼岛列岛时，这个知识就变成社会心理学的研究范畴。它就有了感情、意识、行动。没有人类的思想和意识，自然世界本身是不会有特别的意义的。

科学发展，以人为本。它呼唤的其实就是社会心理学。因为社会就是人的集合；人的本质就是心理的载体。正是人类的心理活动，如需求、欲望、价值、信念、判断、决策、竞争、合作、冲突、博弈，等等，使得我们的生活更加丰富多彩，也更加复杂多变，需要更多的智慧、理性、善良、宽容和理解。

中国社会的发展变化为中国的社会心理学提出了无数引人入胜的问题。社会如何管理？创新如何推进？什么是中国人共同的民族意识？中华文化薪火相传，传的到底是什么？甚至还包括一些看起来肤浅、实际上很难回答的问题，比如，你幸福吗？

2000年，美国科学院组织了一批著名的学者讨论人类的未来科学究竟有哪些，他们的结论是NBICS（纳米—生物—信息—认知—社会）。

"在下个世纪，或者在大约五代人的时期之内，一些突破会出现在纳米技术（消弭了自然的和人造的分子系统之间的界限）、信息科学（导向更加自主的、智能的机器）、生物科学和生命科学（通过基因学和蛋白质学来延长人类生命）、认知和神经科学（创造出人工神经网络并破译人类认知）和社会科学（理解文化信息，驾驭集体智商）领域，这些突破被用于加快技术进步的步伐，并可能会再一次改变我们的物种，其深远的意义可以媲美数十万代人以前人类首次学会口头语言知识。"

其中提出的社会科学问题——理解文化信息，驾驭集体智商——正是我推荐社会心理学精品译丛的初衷。丰富中国人民的社会文化生活，提高我们中国人的集体智商，这是这个时代赋予我们这些心理学工作者的责任，让我们大家一起为人民的心理幸福而奋斗。

彭凯平
清华大学心理学系伟清楼501
2012年12月12日

序二：译丛序

社会心理学是在第二次世界大战后兴起的一门社会科学学科，它研究的是人的心理和社会现象之间的关系，试图探讨人的思想、情感和行为如何受到其他人的影响，这些影响包括实际的、想象中的和推测出来的人际作用。社会心理学家通常思考的问题有：我们如何认识他人（社会认知），我们如何与他人打交道（社会互动）以及文化、社会、团体如何作用于我们（社会影响）等方面的内容。

众所周知，社会心理学研究向来有心理学的、社会学的和符号学的三种取向，其中心理学取向的社会心理学更强调实证的研究和对社会中个体心理的关注。本译丛以津巴多（Philip G. Zimbardo）主编的"麦格劳—希尔社会心理学系列丛书"为基础，从中遴选出精品（如《决策与判断》、《自我》、《亲密关系》、《态度改变与社会影响》），并在更大的范围内，补充一些在近年来有广泛影响的社会心理学新著。

十几年前，香港中文大学著名社会心理学家彭迈克（Michael Bond）就曾经说过："心理学不幸是由西方人创建的，结果，西方的心理学研究了太多的变态心理和个性行为。如果心理学是由中国人创建的，那么它一定是一门强调社会心理学的基础学科。"确实，这门学科是我们中国人有可能做得比其他国家的学者更好的心理学领域，因为我们的文化几千年来就很强调人与他人、人与环境、人与社会的关系，而这些关系正好是社会心理学关注的焦点所在。可惜时至今日，中国的社会心理学并没有得到它所应有的关注。我们推出这套丛书的目的，一方面是为了让国内有志于学习、研究和应用社会心理学的各界人士较为系统地了解当代社会心理学的来龙去脉、重大发现以及最新前沿，而更重要的是，我们希望通过这套丛书，为推动中国社会心理学的发展以及提高中国社会心理学的国际影响贡献绵薄之力。

彭凯平

美国加州大学伯克利分校心理学教授

2004年9月

序三：译序一

人类生活在一个充满着不确定的世界里。即使第六次科技革命正向我们走来，我们仍然不知道孕育我们生命的地球会在何时、何地发生地震，我们依然无法预测金融危机或H7N9禽流感的降临与范围。人类要生存下去，必须适应这个充满未知和不确定性的世界。汶川大地震后《自然》杂志刊登社论——《为未知做好准备》(Bracing for the unknown)，即曾呼吁"科学界要充分应对未来不确定性的挑战"。

"人类在不确定条件下如何做出判断和决策"是一个富有前景和重要意义的科学难题。如本书所述，寻求理性之路漫长而且艰难。如今人类已经历了几十万年的进化历程，人类之所以能成功地完成觅食、保障安全、选择配偶、保护后代等"生存任务"，以至主宰地球，正是因为我们通过自然选择的进程，拥有了一项独特技能——做出好的、可持续的、适应性决策。

不确定性决策领域内的研究是在诺贝尔经济学奖获得者Hebert Simon、Maurice Allais、Daniel Kahneman、Vernon Smith等学者所推动创立的行为经济学、神经经济学以及相关的行为博弈、行为金融学等新兴交叉学科基础上开展的综合研究。

中国的行为决策研究源于工业心理学。杭州大学（现浙江大学）心理学系于1985年招收了9名工业心理学专业的硕士生。其中3名毕业生将自己的研究锚定在行为决策上。谢晓非于1999年在北京大学首次开设"风险认知与决策"课程，2001年首次开设"决策行为"课程；李纾于2005年在中国科学院心理研究所首次以"行为决策"为方向招收研究生；陈晓萍于2010年成为行为决策的学术期刊 *Organizational Behavior and Human Decision Processes* 的首任华裔总编辑。2004

年,第28届国际心理学大会在北京召开,诺贝尔奖得主Kahneman教授作了题为"认知错觉的前景"的主题演讲,极大地鼓舞了国内为数不多的决策研究者。此次,谢晓非和李纾课题组联手翻译本书,其本意是推动行为决策在中国的研究,其时机亦应了心理科学协会(APS)期刊 Observer 2012年首期封面文章《选择的机制》所言:"在当今世界,各学派的心理学家都明确地赋予'理解并改进决策'这类研究愈来愈大的优先权。"

我们课题组在寻求理性之路中所做的主要工作是:借助大规模人群调查、情景模拟、实验室实验、双生子研究法、眼动记录法、脑成像等技术,系统探讨不确定环境下决策的行为和神经机制,为回答"风险决策是否遵循补偿性原则"这一问题提供行为和神经水平的理论基础和实证证据。从适应性行为的观点来看,主流决策模型(包括 Prospect Theory)所假定的补偿性风险决策过程或是一个错误的共识,强调生态理性的研究将纠正这个似是而非的前提假设。

我们研究和翻译工作的使命是促进我们对人类决策行为的理解,改善决策质量。希望能在描述决策的过程中帮助读者更好地进行决策。

李纾 2013年4月于北京懿品阁

序四：译序二

我正在去往欧洲的飞机上，新闻里正滚动播报旧金山机场飞机起火事故的最新进展。本来，为《不确定世界的理性选择》一书中文译本写序的任务是责任编辑常玉轩早就给我布置的，但一直被我拖到了无法再拖的程度。旅程中匆忙的笔墨，倒也让我更深地体会了作者将"不确定世界"放到如此醒目位置上的用意。当今社会，我们正在享受着眼花缭乱的科技进步与人文发展，而不确定性的特征也日益凸显，理性选择也因此更加具有重要价值。

雷德·海斯蒂和罗宾·道斯两位作者，对于现在正在风险与决策领域从事研究的博士生同学来说，可能并不是太熟悉，但这两位可以说是真正的风险与决策领域的资深专家，不仅仅是因为他们两位年长于目前活跃于决策领域的大多数学者，更是由于他们所从事过的学术和教学单位，无一例外都是在决策领域世界顶尖的科研和教学机构。与那些毕生只与学术打交道的学者相比，他们的特别也许正在于他们不仅在学术方面有重要的成就，同时，他们还致力于学术到应用的转化，在其职业生涯中取得重大成功。从学术到应用，这两者之间究竟有多远的距离？我也是在看完了这本书以后才有更深的体会。两位学者对此所付出的辛苦与贡献，并不逊色于那些在学术上做出杰出成就的人。以我的理解，这两位学者将"学术向应用转化"当成自己的主业而不是副业，这一点决定了他们是决策领域更具有特色的学者，他们更可能让读者真正理解怎样才能"理性选择"。

正因为作者有此不同寻常的努力，才使得我们很容易发现这本书的价值。《不确定世界的理性选择》一书的写作基本上是按照决策领域现有成果进行梳理的，其内在逻辑比较容易把握。最值得称道的地方，还是两位作者对目前决策领域的学术成果的个人理解，并且极其用心地将这种理解表达出来。读者可以通过阅读此著作充分领略作者对决策理论的透彻解析，因此，该书非常适合决策领域的青年学者研读。同时,作者在如何将学术成果应用于人们的日常决策方面颇费了一番苦思及苦功,书中笔墨处处展现出作者独具匠心的思考,所积累的案例也看得出多是集几十年之功的。所以,这本书同样也适合那些在现实中困惑于自己的决策问题的普罗大众。决策是一个非常独特的交叉性研究领域,一些经典的决策研究问题产生于人类的某些既定"缺陷",对于这些人为偏差的透彻探讨,才有可能教会人们如何更好地进行理性选择。也许,有时候我们需要避免偏差,而有时候我们必须利用偏差。心理学理论和成果对决策领域的独特贡献,也许还未被充分地意识到。从这两位作者的笔下,我们可以很好地领会心理学在决策领域的不可替代性。我相信,只有心理学家对决策研究的积极参与,才有可能将我们对决策问题、以及对人们的决策能力的实际改进深入到一个新的高度。心理学对决策领域的贡献还在于对个体人格的认识,最近我和我的一位学生刚刚完成了一篇综述文章,文章对"最优化"和"满意型"决策者的决策过程进行了总结,可以肯定这两类决策者的决策过程和决策结果都有不同的特征,但究竟谁能更好地决策呢?也许最终结论应该是,无论是最优还是满意型的决策者,只有适合自己的决策才是"好的决策",这样的问题只有心理学家才能帮助你解决。读完这本书后,你应该可以找到很明确的答案。

这本书的翻译是由李纾教授领导的中国科学院心理研究所的社会与行为决策研究中心以及由我主持的北京大学心理系风险与决策实验室的一群研究生共同合作完成的。李纾教授与我曾经是同窗,所以我们很早就相互熟知,同时,这两个实验室也算是国内比较早且一直坚持进行决策研究的地方。两个实验室时常有学术交流,也时不时地做一点国内决策领域的学术标准化,比如,对于卡尼曼的 prospect theory,我们约定两个实验室都采用"预期理论"而不是"前景理论"的译法,这样的事情让古板的学术有了些世俗的乐趣。另外还有一点需要说明,考虑到本书的读者中大多会是专业人员,因此对书中提到的决策领域中的研究者及专业人士的姓名并未按照音译翻译出,只翻译了例子中列举出的人物,如"琳达"及某些太过耳熟能详的人名,如富兰克林、弗洛伊德等。这样做能避免一个问题,即不会因译名的不同而混淆,又方便读者根据原名查找更多相关资料及文献。参与翻译的研究生中,不乏有将来的学术人才,甚至是大师,这本书也融进了他们对问题的理解,从这些文字中就可以初见端倪。翻译初稿的具体分工是:陆静怡(第1章)、胡振北(第2章)、林靖(第3章)、苏寅(第4章)、杜雪蕾(第5章)、唐辉（第6章）、胡天翊（第7章、附录）、吴昊（第8章）、关嘉榆（第8章）、王秋鸿（第9章）、李靖宇（第10章）、谢茹（第11章）、孙红月（第12章）、严万森（第13章）、江程铭（第14章）、路西（前言、作者简介）。此外，郑晓璐、王赟、张曼灵、江信文、宋弋、贾汇源、庄雅婷和上述翻译者一起参与了初稿的校对工作。在同学翻译初稿的基础上，谢晓非和李纾负责全书的整体翻译，对照原文进行了进一步的修改和润色。由于时间有限，书中可能有许多不成熟以及可以进一步推敲的地方，还恳请广大读者的批评与指正。最后，还要感谢新曲线公司的刘力总裁与常玉轩编辑，是他们在专业和质量上的坚持，让这本书能够以更高的质量面世。

北京大学心理学系 谢晓非

2013年7月27日

前 言

真理最大的敌人往往并不是故意编造的谎言，而是长期流传的似是而非的神话。

——约翰·菲茨杰拉德·肯尼迪（1917~1963）
美国第 35 任总统（1961~1963）

在本书中，我们尽可能地以非技术性的方式呈现判断和决策领域的一些基础理论和研究成果。这一方式在教学中受到了学生们的欢迎，因此我们希望读者也会同样喜欢这本书。30 年来，我们在卡内基梅隆大学、芝加哥大学、科罗拉多大学、俄勒冈大学、西北大学和哈佛大学向学生讲授本书内容，发现它比我们讲授的其他任何主题都更受欢迎。

撰写本书的最初动机是：我们相信，了解理性决策的原理能帮助人们提升选择的质量，从而改善其生活。本书的内容不仅有深刻的学术魅力，而且有实践价值。当然，这也是学生们发现并告诉我们的。他们完成本课程数年之后，仍然经常说，他们所学的这些内容极大改变了他们的日常生活（比知道前扣带皮层是大脑的一部分或青春期精神分裂者智力会下降有用得多）。

本书分为六个部分。第 1、2 章介绍了判断和决策领域的学科历史，以及判断和决策的理性模型和描述性模型。第 3~7 章回顾了判断领域的心理学研究。第 8 章则集中于我们的一些判断习惯中的正确性和理性。第 9 章和第 10 章论述了我们所知的基本价值观的起源，以及当结果几乎没有不确定性但是我们的偏好存在较大的不确定性时，我们会如何选择。第 11 章和第 12 章介绍了理性决策的重要理论——期望效用理论和一种重要的描述性心理学理论——预期理论（prospect theory，也译作"前景理论"）。第 13 章概览了本领域的前沿研究方向。最后一章回顾了我们讨论的主要问题和结论，并真挚地劝告读者，使其认识并享受能够生活在一个不确定的世界中。最后，附录提供了数理概率论方面的一些概念——我们正是据此分析和完成本书的。

我们会将决策中的基本理性原则与实际行为进行比较，它们存在差异，并且，这种差异并不能归咎于随机误差或错误，而是自动有意的思考过程——它能影响人们如何理解决策问题以及如何评价未来可能发生的事情。总之，提纲挈领的观点是：我们的思维过程存在系统的局限性，我们回顾了大量的行为学研究，它们均验证了这一结论。

我们尝试尽可能清晰有力地陈述研究的意义。然而，毫无疑问，将来的研究很可能证明，本书中某些研究结论是错误的或有待确认的。但是我们坚持：学术研究——不是趣闻轶事，不是似是而非的信条，不是常识或日常经验——才应该是理解和评价我们决策成果的基础。虽然如此，我们仍然把趣闻轶事作为一种教学手段。在超过50年的学习和教学过程中，我们收集到的许多趣闻轶事都表明：人们关于决策的思考是如何系统性地与理性产生了偏离。

有限认知能力的观点和我们对自己聪明程度的先入之见存在冲突。尽管大部分人愿意承认，我们的潜意识（对弗洛伊德主义者而言）、"动物性"（对柏拉图和亚里士多德主义者而言）或头脑发热的本性可能会干扰我们的推理；但是，从根本上说，思维本身是一个存在瑕疵的、有局限性的过程，这一观点会令很多人不快。此外，许多人之所以拒绝承认思维的瑕疵，是因为他们坚持：我们在地球上为万物之主宰的地位是和我们的脑力相关的，这已经被我们的技术进步和人类文明所证实。然而，这个常识性的观点在几个方面都是有问题的。

首先，尽管进化论总是被说成"最适者生存"，但其机制表述为"更适者生存"才比较确切。与其竞争者相比，在特定环境中有更高存活和繁衍概率的动物更可能把基因遗传给后代。与那些优化的物理或数学标准相比，成功的动物其实并不一定是最优的，只须比竞争者和先祖好上一点儿就足矣。即使根据特定环境的需要和生存要求来定义比较优势，即使人类的大脑确实使我们的祖先胜过相竞争的物种，那也不能证明它就是最佳的思考设备，只能证明它仅仅比别的设备稍微好一点而已。我们不妨用视觉系统和判断系统来类比说明：我们的视觉系统并没有设计成用来获取环境中最多的光学信息，它仅设计为获取正确数量的信息，以便在脑海中形成图像，并有效地实现生存繁衍的目的。

第二，我们的技术发展不能作为人类个体聪慧的证据，相反，它是人类在代际之间可交流知识的证据。如果没有从他人或者前辈中借用和继承知识，一个人无法单独创造相对论、交响乐或者氢弹。借用包含了如何识别出有用的思想，但是识别一项有价值的智力成果比创造它要容易得多。相反，当我们在生活中面临一个重要决策时，我们通常会"自以为是"地考虑自己将会选择什么行为及其可能的后果。

我们也要反对另一错误观念：决策的重要性仅仅是因为在当今世界，我们作为个体或一个种族所面临的选择极其浩瀚。诚然，我们的曾祖父母很少认真思考离婚的可能，他们那代的政治领袖也很少考虑冒着灭绝人种的危险来达成某项国际政治目标。那时的工程师也未曾被要求建造复杂的工厂来生产能源，而那些工厂可能因为一个运营者的错误决策就会毒害广阔的地区（例如，切尔诺贝利核电站事故）。不过，尽管我们的选择要远远多于我们的祖先，但我们的决策并不见得比他们更艰难。这是因为我们已经习惯和适应必须做出决策并承担其后果。这种适应既是祝福（例如，当一个人处于最糟糕的监狱时，可能吃一点面包也会经历狂喜），又是咒诅（例如，当那些似乎已"功成名就"的人习惯了自己的富有时，就会发现自己还是处在不满足的"享乐跑步机"上）。主观性在决策中所占的权重是不少的。我们在书中介绍决策领域方面的一些新的知识，这些知识是有关理性决策的一些简要原则和导致我们做出非理性决策的认知缺陷。

现在我们来谈谈本书的格式。我们没有使用脚注，某些次级的解释和评论已被纳入正文。在大多数情况下，文本的引文页码也省略了，因为从作者的名字查找到有关材料是非常容易的。我们已经尽量使用以非技术方式来呈现论述基础问题的那些材料。当我们提到的材料在本书中的别处出现时，我们提供指向某一章中某个小节的节标题（例如，章节 3.4 指的是第 3 章内的第 4 小节）。

在理智上和情感上，我们对太多的同事和朋友负债累累，以至于我们不敢列出他们的名字，因为我们很可能忽略了某位重要的、值得感谢的朋友。我们的出版商，Gerard McCauley，勉为其难地接受了我们的辩护，来帮助我们穿过此书发行过程中的险滩，我们简直无法表达对他的感激之情。我们也要感谢 Andrew Hastie 在此版本的图表编排中做出的杰出工作，还有坦普尔顿基金会（Templeton Foundation）的财政支持。

雷德·海斯蒂

罗宾·道斯

目　录

第1章　思维和决策 ... 1
1.1　决策是一种技能 ... 1
1.2　思维：自动思维和控制性思维 ... 3
1.3　心理的计算模型 ... 6
1.4　从"最黑暗"的精神分析和行为主义到认知 ... 11
1.5　选择的质量：理性 ... 15
1.6　现代决策理论的产生 ... 17
参考文献 ... 21

第2章　何谓决策 ... 23
2.1　决策的定义 ... 23
2.2　图解决策 ... 26
2.3　再论决策质量 ... 30
2.4　不完整思考：一个法律上的例子 ... 32
2.5　过度涵盖的思维：沉没成本 ... 34
2.6　仅考虑未来的理性 ... 40
2.7　本书的其余部分 ... 43
参考文献 ... 44

第3章　判断的整体框架 ... 47
3.1　判断和预测的概念框架 ... 47
3.2　透镜模型框架的研究 ... 52
3.3　在统计模型中捕获判断 ... 55
3.4　统计模型是怎样打败人工判断的 ... 58
3.5　线性模型的惊人成功对实践的启示 ... 62
3.6　反对和辩驳 ... 63
3.7　判断在选择和决策中的角色 ... 68
参考文献 ... 69

第4章 基本判断策略：锚定与调整 ... 73
4.1 凸显的值 ... 73
4.2 锚定及（不充分）调整 ... 75
4.3 自我锚定 ... 82
4.4 "今"为"古"锚 ... 84
参考文献 ... 86

第5章 启发式判断 ... 89
5.1 超越已有的信息 ... 89
5.2 估计频率和概率 ... 91
5.3 记忆可得性 ... 92
5.4 记忆中的有偏样本 ... 94
5.5 记忆抽样偏差 ... 96
5.6 想象可得性 ... 99
5.7 从可得性到概率和因果关系 ... 100
5.8 基于相似性的判断：老一套 ... 102
5.9 代表性思维 ... 106
5.10 比例规则 ... 110
参考文献 ... 116

第6章 基于解释的判断 ... 119
6.1 每个人都喜欢好的故事 ... 119
6.2 合取概率谬误 ... 120
6.3 从解释到判断 ... 122
6.4 司法情景：最好的故事在法庭中往往会胜诉 ... 124
6.5 关于我们自身的情景 ... 130
6.6 难以想象的情景 ... 132
6.7 后见之明：对过去的重构 ... 134
6.8 有些时候最好还是忘却 ... 138
参考文献 ... 139

第7章 偶然与因果 ... 141
7.1 对偶然性的误解 ... 141

目 录

- 7.2 控制的错觉 ·············· 143
- 7.3 看到并不存在的因果结构 ·············· 145
- 7.4 趋均数回归 ·············· 153
- 7.5 关于我们无法接受随机性的反思 ·············· 158
- 参考文献 ·············· 158

第8章 理性思考"不确定性" ·············· 161

- 8.1 面对偏差，我们该怎么办 ·············· 161
- 8.2 开始用概率来思考 ·············· 163
- 8.3 理解判断的情境 ·············· 167
- 8.4 理性的测试 ·············· 172
- 8.5 如何思考逆概率 ·············· 174
- 8.6 避免次可加性与合取谬误 ·············· 177
- 8.7 硬币的另一面：事件的析取概率 ·············· 179
- 8.8 改变我们的想法：贝叶斯定理 ·············· 182
- 8.9 统计决策理论 ·············· 188
- 8.10 关于理性的总结 ·············· 191
- 参考文献 ·············· 193

第9章 对后果的评价：基本偏好 ·············· 197

- 9.1 快乐有何好处 ·············· 197
- 9.2 情绪在评价中的作用 ·············· 202
- 9.3 金钱的价值 ·············· 205
- 9.4 决策效用——预测我们重视什么 ·············· 214
- 9.5 建构价值 ·············· 218
- 参考文献 ·············· 220

第10章 从偏好到选择 ·············· 223

- 10.1 在复杂的备选项中慎重选择 ·············· 223
- 10.2 将备选项排序 ·············· 229
- 10.3 将备选项分组 ·············· 234
- 10.4 无意识选择 ·············· 236
- 10.5 如何做出好的选择 ·············· 238

参考文献 ··· 240

第 11 章 理性决策理论 ··· 243
- 11.1 对理性的正式定义 ··· 243
- 11.2 使理论更容易理解——公理法 ··· 247
- 11.3 对理性的定义：期望效用理论 ··· 250
- 11.4 对公理理论的传统反驳 ··· 264
- 11.5 理论的适用条件 ··· 268
- 11.6 关于决策分析的一些不合理质疑 ··· 273
- 参考文献 ··· 274

第 12 章 描述性决策理论 ··· 277
- 12.1 非期望效用理论 ··· 277
- 12.2 获益 - 损失框架效应 ··· 286
- 12.3 损失规避 ··· 293
- 12.4 展望未来 ··· 296
- 参考文献 ··· 297

第 13 章 下一个是什么？判断与决策研究的新方向 ··· 301
- 13.1 决策的神经科学 ··· 302
- 13.2 决策中的情绪 ··· 309
- 13.3 动态决策实验研究方法的兴起 ··· 315
- 13.4 我们是否真的知道将走向何方 ··· 320
- 参考文献 ··· 320

第 14 章 赞美不确定性 ··· 323
- 14.1 不确定性的负面影响 ··· 323
- 14.2 确定性所带来的快乐错觉 ··· 328
- 14.3 拒绝不确定性的代价 ··· 330
- 14.4 致不确定性的两声喝彩 ··· 334
- 14.5 与不确定性共存 ··· 336
- 参考文献 ··· 337

附 录 概率论的基本原则 ··· 339
- A.1 概率的概念 ··· 339

A.2　从神明到数字 ……………………………………… 341
A.3　概率论的原则 ……………………………………… 346
A.4　违反概率论原则的观念 …………………………… 354
A.5　贝叶斯定理 ………………………………………… 356
A.6　对巧合的事后分析 ………………………………… 358
参考文献 ……………………………………………………… 363

第1章

思维和决策

生活是一门艺术,要在不充足的前提下得出充足的结论。

——塞缪尔·巴特勒(1835~1902)
英国 19 世纪后半叶最伟大的作家

1.1 决策是一种技能

今天的人类经历了几十万年的进化历程,我们的祖先群居而生,他们几乎把所有醒着的时间都用来觅食以维持生计。当我们无需觅食时,则会寻找安全的住处,选择合适的配偶,保护我们的后代。人类之所以能成功地完成这些"生存任务",并非因为我们拥有异常敏锐的感觉,也并非因为我们拥有格外强壮的体魄。事实上,今天的人类之所以能主宰地球,恰恰是因为我们拥有一种独特的技能——能够做出好的决策。这一技能已经能使我们离开地球,当然,只是在短时间内;我们也依靠决策技能发展了各种技术并制造出武器,但是,如果我们真地做了几个坏决策,我们就会遭到这些技术和武器的报应,使得我们这个星球变得不宜生存。总而言之,人类拥有一种特殊的能力,能为实现特定的目标而选择合适的途径。

本书关乎决策,但并非强调人们应该选择什么,而是论述我们是如何选择的。书中的绝大多数结论都来自心理学家、经济学家和生物学家关于人们如何实际选择和决策的研究，他们的研究对象既有医学专家和金融专家，也有参加心理学实验的大学生。研究最重要的发现是：不同个体在不同决策情境下的思考方式是相同的。我们有一些共同的认知技能，它导致我们表现出一些相似的决策习惯。但是，我们的思维技能也具有普遍的局限性，这就使得我们做出的决策远非最佳选择，当决策任务与人们在祖祖辈辈所经历的"进化"环境中那些决策和判断有所不同时，这种局限性就显得尤为明显。

我们的决策能力并不是经过一些进化上的设计而简单地被"安入"体内的。事实上，如何做出明智的选择是一种需要学习的技能。和其他所有技能一样，决策技能也会随着经验的丰富而改善。这一过程和学习游泳的过程非常相似。当我们第一次进入水中时，绝大多数人会动员肌肉，做出一些动作来避免溺水。但我们却犯一个严重错误：欲将头部露出水面。这个错误致使我们采取直立姿态，而直立姿态很可能引发溺水。即使人们在认识上有所提高，但在惊恐慌乱时，仍会拼命地将整个头部保持在水面之上，尽管这样做要比采取"海蜇漂浮"式的平躺姿势付出更多的努力。由此可见，教别人学游泳的第一步就是要让他觉得把头置入水中是舒服的。只要人们克服了这种"头部向上"的错误，就能在水下待上几小时，他们需要做的仅仅是仰天平躺、摆动四肢，并在必要时将头部浮出水面进行呼吸（当然，波涛不能太汹涌，水温不能过低）。所以，人们可通过消除不利的错误来矫正普通技能，使其能有效地应对情境。

本书描述并解释了一些不利的思维习惯，并且提出一些能改善决策技能的策略。这种方法体现了本杰明·富兰克林的思想精髓。当他的朋友约瑟夫·普利斯特列为一个紧急决策征求其建议时，富兰克林在回信（1772年）的开头部分写道："我没有足够的权力建议你，应该选择什么，但如果你愿意聆听的话，我可以告诉你如何决策。"我们在本书中论述了一些不利的思维模式，目的是为改善决策质量提供建议。但我们并不会告诉你在决策时你的目标、偏好和意愿应该是什么。本书的目的既不是要提高读者的品位、偏好或道德，也不提供建议说明该如何实施某些决定，同样，本书（不会像同一主题的很多其他书那样）也不会告诉你怎样做才能改善自我感觉。我们的目标是改善读者的决策和选择技能。另外，为了更好地理解决策过程，也为了鉴别出何种情境下我们易做出不佳决策，我们会引入另一个视角来理解决策，哲学家和数学家称其为"对理性决策过程本质的分析"。

1.2 思维：自动思维和控制性思维

什么是思维？简而言之，它是针对那些并不存在于即时环境中的事物所创造出的心理表征。看见一堵绿色的墙，这不是思维，但是，想象那堵墙如果被漆成蓝色会是什么样子，这就是思维。同样，发现一位病人患了黄疸也不是思维，而推测这位病人的肝脏可能遭受损伤，这便是思维。再如，知道了某只股票的股价下跌，这不是思维，但猜想股价下跌的理由并决定抛掉该股就是思维。

50多年前，英国心理学家巴特利特（Sir Frederick Bartlett，1886~1969）的研究推动并建立了我们现在所说的认知心理学。他将思维定义为一种"在已知现象中填补空缺"的技能（1958）。也许，将思维理解成知觉的扩展（extension of perception）最为恰当。通过知觉系统，环境在我们心中形成图片，而知觉扩展使我们能填补这些图片的空缺，并推测环境中的因果关系和其他重要的可能。[例如，Steven Pinker（1997）认为，我们一定是把不完整的二维视知觉作为"前提"去"推测"三维世界的心理模型。对于这一观点，他还给出了指导性的分析。]

我们能将思维过程简化成两种基本类型：自动的（automatic）和控制性的（controlled）。这两个词本身就暗含了两种思维的区别。自动思维的最简形式是单纯联结（pure association）。例如，环境中的某些事物"把某个想法带进头脑"，这是一种单纯联结；又如，某个想法激起了另一个想法或记忆，这也是单纯联结。正如英国哲学家约翰·洛克（1632~1706）指出的那样，人类绝大部分的思维都是联想性的。与自动思维相对的是控制性思维，它是指人们有意识地假设一些事物或经历，并基于这些假设的术语来看待我们的经历。因此，控制性思维是一种"如果……那么……"的思维。瑞士心理学家让·皮亚杰（1896~1980）把控制性思维定义成一种"形式运算"的思维，它认为"相比可能性，现实是次要的"。事实上，这种形式运算思维只是控制性思维的一种。控制性思维还包括视觉想象、创造和情境创设。

为了更好地区分这两类思维，我们来举个例子。我们身边很多从事临床心理治疗的同事都相信，所有虐待儿童的事例都必须报告出来，无论这些事情发生在多么遥远的过去，也无论此时这些儿童有多么安全。"就虐待儿童这件事，我们知道的是，没有哪个施虐者会自觉地停止施虐。"临床心理学家是怎么知道这一点的呢？也许他们曾经为一些施虐者进行过治疗，当然，在他们所见到的施虐者中，没有哪个人是自己主动停止施虐的。(否则，我们的同事就不可能接触到这些施虐者。)他们对虐待儿童者的印象自动地与他们所遇到的施虐者联结到一起。而他们遇到的施虐者没有"自觉停止施虐"，所以临床心理学家就下结论认为，所有的虐待儿童者都不会主动停止施虐。这个结论就是自动性的。

我们的这些同事的确接触过虐待儿童者。但问题在于，他们所接触的患者仅限于那些没有自觉停止施虐行为的人，这是因为他们只是在治疗情境中才接触到施虐者，很明显，不经过治疗，这些施虐者当然不会自觉停止施虐。而那些未经治疗就主动停止的施虐者显然不会去寻求治疗，也不会认为自己是虐待儿童者。他们构成了系统性的"非可获得性"偏差。一个与之相似的例子是，私人开业进行心理治疗的心理学家和精神病学家认为，低自尊会"引发"一些负性的社交和个人行为。然而，他们所接触到的都是那些前来治疗的人。而那些表现出负性行为但并不为此感到不适的人不会自愿地寻求治疗。(在强迫治疗情境中，例如为未成年罪犯进行的居家治疗，治疗师并未发现这些患者具有低自尊；事实上，真正的结果还往往相反。)由此可见，在自愿治疗情境中，多数表现出负性行为的人同时具有消极的自我意象。治疗师据此得出结论：负性行为的根源是自我意象问题。然而，我们也能轻易地得出另一结论：自我意象问题致使人们寻求治疗。我们甚至还能认为，消极的自我意象对那些人来说是有价值的，否则他们就不会有动机去改变自己的行为。

控制性思维表明上述推论的逻辑是有漏洞的。一位批评者就指出了其同行在推理过程中存在的瑕疵。他在提出批评时并没有局限于出现在脑海中的事物（其接触到的患者），而是不断地停下来扪心自问"如果……那么……"。"如果……那么……"这样的思维正是皮亚杰提出的形式运算思维。此时存在两种相互竞争的思维，一种是对可能性集合的逻辑推理思维，另一种是自动思维，但由于治疗师观察到的只有一个集合中的样本（缺少了自己主动停止的施虐者），而没见过另一集合中的个体，因此两种思维的竞争是不平等的。在以上这些例子以及很多其他例子中，应该支持的逻辑结论是"不知道"，这让一些读者十分困惑。但是，当我们有所不知时，最好应该知道我们到底不知道什么，并且细致地寻找更多的证据来支持那些重要的结论。

人们开车时的思维就是自动思维的一种原型。我们要对环境中不存在的刺激做出反应，例如，在我们未到达十字路口时预期会遇到红灯。此时的思维是高度自动化的，人们甚至意识不到它们的存在。我们"开着汽车"到达预期位置，但意识不到此时我们正在转动方向盘，从而使汽车按自己的要求前行。只有当我们学车时才会意识到这些思维过程的存在。确切地说，只有我们不再意识到它们时我们才算真正学会开车。尽管开车很大程度上是一个运动过程而非心理表征，但我们在开车过程中仍会"思考"。只不过这种思维高度自动化，因此，我们得以在思考的同时利用头脑其他部分进行对话、听音乐，甚至吟诗谱曲。当自动思维发生在有点不同寻常的非现世区域时，我们就称之为直觉（例如，我们会钦佩伟大的物理学家、机械师、商业领袖们的直觉性智慧）。

与此相反，科学推理是控制性思维的一种原型。为解释某一现象，人们会产生一些想法，尽管这些初始想法的产生可能是直觉性的，但是，要验证它们必须经过严谨的调查，包括考虑这一现象的其他解释（alternative explanations）。（事实上，皮亚杰关于形式运算的观点正是科学思维在日常情境中的应用。）通过观察、逻辑推理或实验，大多数似是而非的解释（plausible explanations）会被系统地排除。（然而，在历史上曾经发生过一些事，某些解释被不当实验排除，但后来又被证明是正确的。描述氢原子活动的薛定谔方程就是一个例子。物理学家保罗·迪拉克评论说，薛定谔太过关注实验，没能直觉地意识到自己的方程非常"漂亮"。）

有时候，如果不仔细研究思维过程的话，我们并不清楚它在多大程度上是自动的而不是控制性的。其实，任何一项伟大的智力成果都是自动思维和控制性思维的结合体，但这使我们更难确定思维在多大程度上是自动的。例如，企业高管们经常声称自己的决定是"直觉性"的，但是，通过访谈可以发现，在他们做出"直觉"决策之前，他们曾系统并仔细地"逐一考虑"过其他相关选项。另一个极端的例子是，国际象棋特级大师们的思维自动化程度比我们这些初学者想象的要高得多。通过眼动仪的追踪发现，当特级大师们观察棋盘时，他们最先考虑最佳走法。随后的眼动模式表明，他们接着会观察其他可能的走法，然后，他们往往又会回过头来再次思考最佳走法。另外，仅仅通过"思考步数"是无法区分特级大师和一般高手的，因为通过眼动记录发现，他们都只会考虑随后的两三步棋，最多也就考虑到第五步。但是，在观察一场典型比赛棋局5秒钟后，特级大师和大师能近乎完满地复盘,而一般高手和初学者却力所不及。(如果将棋子随机放在棋盘上的话,则没人可以复盘。这表明,复盘能力并不是由视觉记忆本身所决定的。)由此可见,特级大师对合理棋局的"意义"的理解能力是超乎寻常的,因为在短短 5 秒内,他们就能对整个棋局进行编码,使其成为自己所熟悉的,并且,他们还能依据自身经验(大师级棋手大约起码得经过 50 000 小时的练习才能获取此经验),看出在这一棋局中如何走是妙招、如何走是昏招。Herbert Simon 和 William Chase(1973)如此总结他们的研究:"精通象棋最重要的加工是……即时的视觉过程,而不是随后的逻辑推理思维过程。"这种即时加工是自动的,就如为避免碰撞而急刹车一样。

本书的一个基本观点是:在判断和选择时,人们常常使用自动思维。某些心理学规则(例如启发式)能用于描述这些自动的思维过程。相比控制性思维,如果我们在决策时采用自动思维的话,可能会做出一些比较差的判断和选择。但这也并不意味着有意识的控制性思维永远是完美的,或者总优于直觉性思维。实际上,我们希望读者在读完本书后能充分认识到两种思维的相对优势,并知道在什么情况下应该信赖哪种思维。

1.3 心理的计算模型

在过去的半个世纪中,心理学悄悄地发生了变化。认知科学(cognitive science)这一新领域悄然出现,对理解人类的思维和行为,提出了一个新概念范式(Gardner, 1985; Pinker, 1997)。心理计算模型的提出基于如下假设:通过把脑的活动描述成对符号的操纵,人们能认识思维的本质。(请注意我们所说的是"思维的本质"。我们并不认为大脑本身会操作符号。)很显然,之所以会提出心理计算模型,是因为人们将用于计算的大脑和用于计算的机器进行了类比,但是,我们必须记住,这仅仅只是一个类比而已。大脑和计算机这两种装置具有相似的功能,两者都能非常灵活地将输入的信息和输出的信息(或行动)联系起来,但是两者的内部结构却有很多不同(最显而易见的是,电子电路和生物神经元的工作方式截然不同)。

计算模型的核心概念是对符号化信息的操作。或许，心算过程是一种最经典的认知过程。假设你要"在头脑中"计算，434 + 87 = ？

如果你被要求进行出声思维的话，我们也许会听到类似这样的话："好，我要把这两个数加起来，嗯……4 + 7，等于11……写下1，让我想想然后应该向前进1……嗯……3 + 8 也等于11，加上前面的进1，所以是12，嗯……写下2，然后再进1。现在是4，但是刚才进了1，所以应该是5，写下5。所以答案是521。是这样吗？对，答案是521。"

本书的作者之一道斯使用了另一种有意识的控制性思维。他是从10的最大倍数开始"做计算"，同时用"头脑的另一部分"记住一系列"余数"。因此，434 + 87 等于400，另外余下34和87。两个余数中，87更大一些，所以先对其进行运算。87等于100减去20，另外余下7。所以，现在是400 + 100 − 20 = 480。接着再来算34，因为它比余数7要大。34等于20 + 10，另外余下4。因为刚才算出的480离500还差20，将20加上去就正好是500。现在余数还有10、4、7，三个数的和是21。所以上述题目的答案就是521。尽管比起第一种算法，第二种略显复杂，但它也有自己的优势，就是避免犯下一些低级错误而铸成大错（例如，忘记进位导致的后果）。而且，只需稍加训练，这种算法所能达到的速度足以使不了解它的人大为吃惊。

问题的关键在于，上述两种计算策略都能较好地说明我们所谓的符号加工：信息通过眼睛（或其他感官）进入大脑；它们被转换成一些内部的符号代码，在转换过程中保留了数字的核心信息；之后，人们进行一些心理操作，包括信息的比较、操纵、转换，在这一过程中，人们也将外部问题的信息与在学校所学的关于数学和算法的知识融合起来。当认为自己已达到思考问题前设定的目标时，人们就会报告答案。上述两种算法在思维过程中截然不同，但都解决了同一个问题、得到了相同的答案，这就体现了思维过程"令人惊讶的灵活性"。（如果没有类似出声思维报告法这种测量内部认知过程的方法，那么我们几乎不可能区分上述两种计算策略。从更广泛的意义上来说，这是认知心理学研究者的基本任务，即通过科学方法确定发生在我们头脑中的"看不见"的思维过程。）

如果通过总结出声思维报告出的一连串信息内容（例如，"最右边一列数字的和是11"），并总结人们如何对信息进行操作以获得新信息（例如，"加"意味着查找长时记忆中两数之和的算术信息），从而就能建立认知任务活动的理论的话，这无疑将是十分诱人的。然而，只有当我们拥有能正确描述这些复杂表征和操作的理论语言后，才能成功地建立这种理论。

当第一种计算机编程语言被用于总结和模拟人类智力活动（如下象棋、逻辑推理、心算）的心理过程时，心理学迎来了一场"认知革命"（在1960年代）。例如，上文提到的对国际象棋特级大师下棋技能的研究正是卡内基梅隆大学某研究项目的一部分，其目的是尽可能细致地描述人类的认知技能（包括初学者和一般专家），并用计算机编程语言写出心理计算模型，以此来模仿人类棋手并与之对弈。Newell 和 Simon（1972）指出：

> 编了程的计算机和问题解决者一样，都是隶属于"信息加工系统"的物种。……当我们试图解释问题解决者（或编了程的计算机）的行为时，我们发现人类的灵活性和计算机的可编程性是理解这些行为的关键。灵活性取决于在不同环境下做出适应性反应的能力。……如果我们能仔细地从硬件成分和结构的影响中分离出任务环境的影响，那么我们就会发现，适应性系统其实是非常简单的。因为就如我们所知的那样，仅仅需要假设一个非常简单的信息加工系统，就能解释人类在诸如国际象棋、逻辑推理和密码破译之类的问题解决任务中的活动。在某一特定环境下，环境的要求与信息加工系统的一些基本参数（尤其是系统记忆的特征）会产生交互作用，从而导致信息加工系统产生出各种复杂行为。(p. 870)

计算模型能捕获人类思维的许多方面，包括判断和决策。在这些模型中，不可或缺的部分是符号（例如，对"黄色"或"典当"或"11"这些概念的理论表征）以及在比较、组合、记录（记录到记忆中）符号时的操作。因此，在下国际象棋的例子中，符号可用于表征棋盘、棋子、规则，在更复杂的层面上，还能表征目标和取胜的策略。在认知科学中，一项最基本、也是在不断进行中的研究，就是对这些表征的内容进行分析，同时描述人们用于思维的自然"心理语"（mentalese），并将其与生物基质联系起来（例如，Pinker, 1997, 2007）。为了达到本书的目的，我们将初步描述心理表征，以此来阐述决策过程认知模型的"知识"部分。

认知理论的另一部分主要描述基本的信息加工过程，人们依靠这一过程来存储、比较表征,并将其转换成富有成效的思维。我们必须认识到,这些操作大多是无意识的。尽管我们能够意识到(并报告出)认知加工的某些方面,比如潜在加工过程的符号产物(如心算时的数字加工),但认知系统的绝大部分都是无意识的。因此,我们对认知科学的第一认识是:我们能将判断、决策这些智力成果视为其具有计算机特征,它能被分解成符号表征和对符号表征的操作。另外,我们要强调的是,在这个意义上,自动思维和控制性思维都能被概括成计算模型。

对认知科学的另一重要认识关乎(大脑)运算机制的特性。自1970年前后起,人们对人类心理的"认知构架"达成越来越多的共识。早期理论认为认知系统包含三种记忆存储:感觉输入缓冲器(sensory input buffers),它能在几秒钟内保存和转换输入的感觉信息;有限的短时工作记忆(short-term working memory),大多数有意识的思维都发生在短时工作记忆中;容量无限的长时记忆(long-term memory),它用于存储概念、表象、事实和程序。这一模型为简单的记忆成果提供了很好的解释,但如果要解释更为复杂的推理、判断或决策行为,就显现出其局限性。现代理论则区分了更多种加工模块(processing modules)和记忆缓冲器(memory buffers),但所有这些部分都与中央工作记忆(central working memory)相连(图1.1,John Anderson对现代计算机的工作方法做了一个很好的介绍,2000)。

在这个多模块模型中,包含输入和输出模块,前者对来自各感觉系统的信息进行编码(依靠某一或某些记忆缓冲器),而后者产生运动反应。工作记忆好比是一个工作台的表面,所有的项目(问题)都需在这个工作台上完成。工作记忆是系统的中心枢纽,包含一个中央执行处理器(central executive processor)、一个用于组织加工的目标堆栈(goal stack)、至少两个短时记忆缓冲器,缓冲器用于保存目前正在使用的视觉和语音信息。系统中另一个重要部分是长时记忆,它包含各种信息,包括用于思考和决策的程序。许多行为研究(例如,对心算过程的系统研究)和脑功能研究的结果都支持这种关于认知系统工作模块的划分方法。在第13章中,我们会介绍一些用神经科学方法对决策过程进行分析而得到的有趣结果。

在解释判断和决策现象时,记忆存储的两个特性起到关键作用。第一,工作记忆的有限容量可用于解释非最优选择和非理性行为。正如Newell和Simon(1972)所述(见上述引文),"在某一特定环境下,环境的要求与信息加工系统

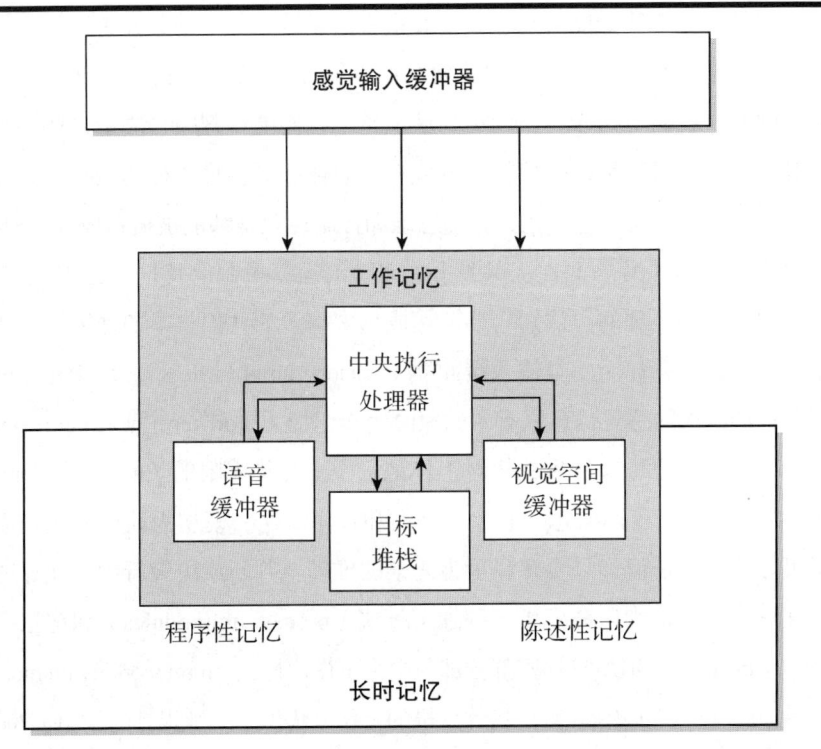

图 1.1 人类信息加工系统概览图（箭头代表信息的流向及一部分到另一部分的控制）

的一些基本参数（尤其是系统记忆的特征）会产生交互作用，从而导致信息加工系统产生出各种复杂行为"（p.870，楷体为本书作者所加）。James March 和 Herbert Simon（1958）在决策中引入了有限理性（bounded rationality）这一概念，其内涵近似最优行为。而对于偏离最优行为的主要解释是：由于工作记忆对人们能使用的信息数量有限制，因此，我们没有计算最佳解决方法的能力。第二，我们经常参考曾经学习过并存储在长时记忆中的许多事实和程序。因此，国际象棋特级大师和初学者的差别在于他们大脑中存储的曾下过的棋局和各种妙招的知识有天壤之别，依此类推，在于特殊的分析技能（好比一个受过教育的人关于算术算法的知识），所有这些东西都永久地储存在长期记忆中。（还记得之前我们所说的内容吗？工作记忆的差异并不能解释新手和特级大师在象棋技能上的差异；研究表明，初学者和特级大师的工作记忆容量相似，因为在面对随机摆放在棋盘上的棋子时，两类棋手能记住的棋子数相当。实际上，特级大师所拥有而初学者欠缺的，其实是长时记忆中所存储的有关国际象棋的知识。这就能解释为什么在面对一个"有意义"的棋局时，特级大师所能记住的棋子数就会大大增加。）

然而，工作记忆对我们使用信息数量能力的限制并不是"有限理性"的唯一来源。比如，在一些简单情境中（如，把心理治疗过程中遇到的虐待儿童者的特点和所有虐待儿童者的特点自动联结），之前讨论过的自动联结也会对理性思考造成阻碍。"信息超载"是有限理性的一个充分条件，但非必要条件。

1.4 从"最黑暗"的精神分析和行为主义到认知

本书所讨论的绝大多数研究都是在过去的半个世纪内完成的。为什么呢？因为在 20 世纪 50 年代前，心理学由两个流派主导：精神分析理论和行为主义，它们在 20 世纪早期大为流行，但这两个学派没有一个将思维看做决定人类行为的重要因素。

精神分析理论最关注无意识（也译作"潜意识"）需求和欲望，即使是防御机制，也被认为在很大程度上是无意识的，个体几乎觉察不到它们。通过防御机制，人们将无意识冲动转换成被社会所接受的行为或者神经质行为。（那些自称能觉察到防御机制的人被认为是在通过"理智化"而否认自身的问题；只有精神分析学家才能真正地了解它们。）

尽管在某些情境下，人们仍旧会教条地接纳精神分析理论，但由于它无法解释 20 世纪中一个重要的"精神病"——纳粹主义，所以人们对它的质疑也就越来越多。精神分析理论对纳粹主义的解释是：那些犯下弥天大罪的纳粹领导人一定具有该理论提出的某种病态。另外，这些病态还与童年时期的病理和精神创伤有关。根据精神分析理论，一个人成年后表现出异常，关键在于其童年期所受的精神创伤。正如诗人华兹华斯所说的那样，"儿童是成人之父。"事实上，Walter C. Langer 在 1943 年发表了美国战略服务局报告，该报告致力于剖析希特勒，并根据他的"性心理变态"来预测他未来的行动。据说，由于希特勒无法进行正常的性交往，因此有人认为他会当着自己情妇的面来大小便，从而达到释放性欲的目的。然而，之后人们证明了希特勒并不存在所谓的"性心理变态"。除此之外，Langer（1943/1972）还写道，希特勒因为与其长官搞同性恋，方才在第一次世界大战中幸免于难。但是，所有的这些说法都没得到历史证据的证明。其实，希特勒是将自己提出的理论——个人生命无关紧要——应用到了自己以及其他人身上，所以才会毫不犹豫地置身于一个极端危险的情境，选择做一名战场信使，而且拒绝被提拔到一个较为安全的角色。

精神分析理论不曾提及希特勒对世界的基本认知假设、他的思维风格、他对问题的建构以及他在解决问题时所使用的启发式。相反，该理论用他对残暴父亲的仇恨和对母亲德国身份的无意识认同来预测其行为。精神分析理论对希特勒唯一正确的预测是，他不可能成功（这是显而易见的），但在预测其他行为方面则一无建树。另外，研究者让纽伦堡战犯审判的被告完成罗夏墨迹测验，并对测验进行了仔细的分析，结果并未发现他们有性心理紊乱或儿童期问题。这些男男女女都是普通人，非常普通的人。若干年后，通过研究阿道夫·艾希曼（犹太人流亡中央总局的指挥者，致使百万犹太人死于纳粹政权），哲学家汉娜·阿伦特提出了"平庸之恶"一语。

1963年，斯坦利·米尔格拉姆发表了一项令人震惊的研究结果——"破坏性服从"。在这项心理学研究中，他发现，各种各样的被试在实验时都会向一个陌生人实施极度痛苦并可能致命的电击，前提是有一个"为该事负责"的实验者敦促被试这么做，且受害者和被试之间的物理距离较远。（尽管"受害者"并不会真的受到电击，但实验者让被试相信"受害者"的确会受到电击。）实际上，米尔格拉姆并非在问："纳粹主义者和我们有什么不同"，相反，他是在问："我们和纳粹主义者有何相似之处"。他对后一个问题的回答要优于其他人对前一个问题的回答。后续研究证明了"平庸之恶"这一假设，也证明了即刻的社会情境会导致普通人做出非常残忍的（或英勇的）行为（Ross & Nisbett, 1991；Zimbardo, 2007）。

与精神分析理论形成鲜明对比的是行为主义学派，该学派认为，行为之后出现的强化（奖励或惩罚）决定了这一行为是否会成为习惯。与精神分析理论相同的是，行为主义理论也认为意识并不重要，充其量只是一种"伴随现象

（epiphenomenon）"。B. F. 斯金纳，这位历史上最有名的行为主义心理学家说道："真正的问题不在于电脑是否有思考能力，而是人类是否有这种能力。"在另一点上，行为主义和精神分析理论也有共同点，那就是它的失败并不归结于任何直接的"反证"，而是归结于它不能对一些重要现象给出有力的解释。例如，从行为主义学者的视角出发，他们对日常交流和对话、类似心算或下象棋之类的智力成果、稍显复杂的赌博决策等都不能做出有用的分析。实际上，在谈到这些现象时，行为主义学者就变得非常"认知化"，以至于很难把他们和那些在认知大旗下自信前行的心理学家们区分开来（Rachlin，1989）。

即便对最基本的学习过程，行为主义所提供的解释似乎也远远不够。举例来说，人类和动物并非通过条件作用而学会避免或害怕某些食物或危险。小孩特别害怕蛇和蜘蛛，老鼠（和小孩）对某些味道与恶心的配对格外敏感（Garcia & Koelling，1966；Mineka & Cook，1993；Seligman，1971）。我们已准备好（可能是通过演化选择的形式）去学习某些联结（尤其是"因果"联结）而非另一些。行为主义的条件反射定律并不适用于所有的刺激和反应。一个相关的研究结果是，对很多形式的学习来说，我们对相倚事件有意识的了解是一个重要的调节变量，甚至可能是必要条件。很多巧妙的实验都证明了"强化相倚"不仅可能会决定行为是否重复出现，在很多领域（尤其是口语行为），这种有意识的觉察是关键的决定性因素（例如，参见 Dulaney，1968）。这一发现和一般的"效果律"相矛盾，"效果律"认为结果的影响是自动的。

Marvin Levine、Gordon Bower、Tom Trabasso 和 Jerome Bruner 以及其他早期认知心理学家的研究均表明，要理解行为就很有必要研究人类的头脑（见 Levine，1975，这一革命性研究的历史）。他们的实验叫做概念识别（concept identification）实验，实验中给被试呈现一些几何图形，它们在各种属性（通常是大小、形状、颜色）上有所差异。被试的任务是通过把这些刺激归为两类来识别主试心中用于分类的规则（即"概念"）。例如，规则为"红色图形放在左边、绿色图形放在右边"。当被试每次完成分类后，他们仅仅被告知"正确"或"错误"。当他们的分类连续正确（连续 10 次正确）后，就认为他们已经正确识别了概念。

对这一任务中的反应，行为主义只关注对每次选择的强化（被告知"正确"或"错误"），他们认为，意识到的觉察不会影响分类。早期研究的结果似乎支持这种分析。例如，有些被试能非常完美地完成分类任务，但却说不出主试心中的规则（但如果强制要求他们必须说的话，他们还是能说出的；之所以一开始说不出，是因为他们不确定自己的答案是否正确）；在另一些任务中，被试并不能如预期那样完美地学会规则（也可能是因为主试心中的概念本身就是模棱两可的）。另外，在概念识别实验中，所有被试的平均成功率似乎是逐渐提高的，这和运动技能的学习非常相像。

然而，随后的一些实验却巧妙地证明，这些任务中的学习并不是渐进式的，事实上，它是"全或无"的。由于人们拥有主动去做假设检验的思维习惯，因此，学习的过程应该是：每当主试宣布前一次分类错误后，被试总会继续寻找正确的规则。在实验中，首先，研究者们分别分析了每一位被试的反应，并总结了最后一次错误之前的正确与错误反应的模式。如果如大多数强化理论所预测的那样，学习是一个渐进的过程的话，那么对于每一位被试来说，正确分类的概率应该从 0.5（"正确"的随机概率）开始逐渐提高。然而，事实上，"正确"的概率维持在 0.5 的水平。之前研究者所发现的概率递增的现象只不过是人为导致的，因为研究者将所有被试的反应求了平均，而实际上他们是在实验中不同的时间点上正确识别了概念。此外，无论错误发生在实验的哪个阶段，犯错之后的分类模式都是难以辨别的。因为犯错表明被试"尚未识别概念"，因此，在每次错误前，被试的表现应接近随机概率。被试仍旧发生错误，就说明了被试还没有真正地掌握主试心中的规则。

Marvin Levine（1975）证实，被试"意识到的想法"（conscious beliefs）能很好地预测他们的反应、特定的犯错模式和学习所需的时间。在一个非常巧妙的实验中，他证明了如果被试没有预期到某一概念，或者被试的"假设集合中不存在某一概念"，那么即使是一个非常简单的概念（例如，把所有刺激放在左边），被试尝试上百次也不能正确地识别它。Bower 和 Trabasso（1968）使用了一种他们称做"交替反转"的实验程序，即每当被试第二次犯错后，主试便反转规则。例如，一开始，"正确"的规则是"把红色图形放在左边、绿色图形放在右边"。但当被试第二次将绿色图形放在左边（或将红色图形放在右边）时，"正确"的规则就被反转，变成"把绿色图形放在左边、红色图形放在右边"。之后，规则不停地反转——每当被试第二次犯错，规则就反转一次。对于把红色图形和绿色图形放在同一边，所有被试都会接受大致相同次数的"强化"，除非在其第二次犯错之前就足够幸运地识别了概念。如果学习只是一个简单的强化过程的话，被试应该永远都无法正确地识别概念。但事实上，他们的确学会了。总体上来说，相对于规则不反转的比较组，规则反转组的被试大致经过相同次数的错误后成功地识别了规则。

很明显，主动进行假设检验在主试的强化和被试所表现出的行为之间起到了中介作用，不然我们就很难解释分类任务实验的结果。而且，这种假设检验思维是一种有限的思维。例如，对于那些能完整地回忆出自己之前的表现和主试反馈的被试来说，在面对 Bower 等人的交替反转程序时，他们可能会备感困惑（他们甚至会觉得主试的表现十分怪异，因为在正确识别概念之前，他们被告知错误的次数远少于所有尝试次数的一半）。本书所描述的正是这种有限的假设检验思维，本书也写给拥有这种思维的人们。

作为决策者，人类会谨慎地权衡不同行为后果并从中进行挑选。但精神分析理论和行为主义理论都不把人看成这样的决策者。而且，它们也都未能对人类的决策行为给出很好的解释。今天的大多数心理学研究者都认同一个说服力极强的假设，即思想和信念导致行为，而认知理论则是理解并改进重要行为的最佳途径。为什么陪审团认定某被告为杀人犯？为什么医生诊断出某病人患有肾小管阻塞？为什么飞行员要把延误的航班降落在另一机场？如果想知道这些问题的答案，最佳途径便是了解他们在决策之前是怎样想的。本书正是利用这些认知科学概念来更好地理解人们的判断和选择。

1.5 选择的质量：理性

如果要我们对如何做出好决策给出建议的话，我们必须先说一下什么是不好的决策。一个决策是好是坏并不能用决策的结果做出清晰的判定。例如，大多数人都认为在同时投两个骰子的游戏中，赌两个骰子都是一点（俗称"蛇眼"）的人是愚蠢的（因为出现这种情况的概率仅为 1/36）。另外，我们也认为下这种赌注的人不是一个好的决策者，即使他碰巧投出了一个"蛇眼"。但是，如果此人因借高利贷无法偿还而面临被痛打甚至死亡的危险，而下此赌注又是唯一可避免危险的筹钱方式的话，那么我们可能不会认为这人很愚蠢。这一例子表明，人们会根据决策的结果、结果的概率以及结果在决策当下对决策者的价值来判断某一决策明智与否。例如，与一个胜利的将军相比，失败的将军发起冒险行动就显得更为明智。军事冒险的失败并不能说明失败方的决策能力低，恰恰相反，对于即将要失败的一方来说，进行冒险显得更为"理性"。

那么，什么是理性呢？通常来说，这个词语常常用在纯粹以自我为中心的评价中，例如，"我所做的决策都是理性的，而我所反对的都不是理性的。"偶尔，我们也会采取一个更为宽泛的视角，不仅以自己是否认同来判断一个决策的理性与否，还通过决策者是否取得了"最佳利益"来判断——尽管我们在定义所谓的"最佳利益"时也存在自我中心的可能。正如我们所说的那样，所谓好的决策是指在某一情境中选择可行的途径去达到决策者的目标。因此，以希特勒为例，尽管我们无法认同他所有的选择，但其中的某些决策可以被视做是理性的（另一些行为则是非理性的）。

在本书中，理性（rationality）具有狭义的技术性定义，我们并不能将其作为标准来判断决策是好还是坏。一个理性的选择需要满足四个标准：

1. 基于决策者目前的资产。资产不仅指金钱，还应包括生理状态、心理能力、社会关系和感觉。
2. 基于选择的可能结果。
3. 当选择结果不确定时，可用概率论的基本原理去评价结果的可能性。
4. 在与每一个选择的可能结果相联系的概率、价值和满意度约束之下，理性的选择应具有适应性。

难道我们不是按上述标准来做决策吗？当然不是！例如，第 2 章会详细谈到，决策时，我们不仅会受当前状态的影响，而且还会受习惯性状态的影响，而这显然违反了前两条标准。过去的事情已经过去，且不可改变，但我们对未来的决策常常会不理性地受其影响。在第 9 和 12 章中，我们会告诉读者，人们不仅对实际的决策后果敏感，而且还会关注用于描述后果的框架。从第 4 章到第 10 章，我们会不惜笔墨来讨论认知启发式（基于有限理性的经验规则），人们常采用这些启发式来判断未来的可能性，而这些启发式却系统性地违背了概率论。最后，第 8 章到第 11 章将会介绍一些能避免这些问题的决策方法。

实际上，存在一些常用的决策程序，它们与理性标准并没有直接关联，这些程序包括：

1. 习惯，人们习惯选择之前选过的选项；
2. 一致性，选（你认为的）大多数人会选的选项，或模仿自己所钦佩的人所做的选择［Royd 和 Richerson（1982）指出，总体而言，模仿成功人物是具有适应性意义的，但也并不总是如此，例如，模仿某一摇滚明星或你欣赏的某一职业运动员的吸毒行为］；
3. 基于（你理解的）宗教原则或文化背景进行选择。

理性的四条标准有其哲学根源。如果违反了任何一条标准，那么决策者就会得到矛盾的结论，尽管这些结论基于相同的偏好和知识。具体而言，如果人们违反了这些标准，那么他可能发现某一行为既是可取的又是不可取的；或者选项 A 比选项 B 更有优势，同时，选项 B 也比选项 A 更具优势。例如，如果一位企业经理在关注公司现有资产的同时，还关注与过去相比资产是增长了还是减少了，那么他就有可能发现继续投资一个亏本项目既是明智的又是愚蠢的；如果一位医生根据自动思维规则而不是概率规则来进行概率推理的话，他很有可能认为某病人既应该又不应该接受手术；如果陪审团也这么推理的话，他们很有可能觉得某被告既有罪又无辜。由于事实并不矛盾，所以，矛盾思维是一种非理性思维。对事实的判断不能既对又错。

1.6 现代决策理论的产生

理性思想的源头在哪里？它起源于文艺复兴时期的意大利。例如，Girolamo Cardano（1501~1576）等学者在分析赌博行为时就提到了理性这一概念。Girolamo Cardano 是一个多才多艺的人，集数学家、物理学家、会计师、铁杆赌徒等多种身份于一身，他还发明了密码锁。尽管他对风险决策有深入的见解，但他在实际赌博中仍经常输钱，这是因为他的计算能力比较糟糕，因此在分析随机情境中的数据结构时经常出错。然而，理性决策理论发展的真正动力来自一本名为《博弈论和经济行为》（*Theory of Games and Economic Behavior*）的书，此书于1947年问世，作者是数学家John Von Neumann和经济学家Oskar Morgenstern。（此书在1944年的第一版中遗漏了一些重要的决策理论，因此我们引用的是1947年的版本。）John Von Neumann和Oskar Morgenstern根据期望效用（expected utility）最大化的原则提出了决策理论。该书并没有探讨行为本身，它是一项纯数学性理论工作，将效用理论应用于最优经济决策中。它与非经济决策相关联，之所以这么说是因为它的理论基础是通常的效用[utility，我们更偏好用个人价值（personal value）一词]，而不仅仅是货币结果。

通过分析简单的赌博情境，我们便能较为容易地理解期望效用准则。由于人们比较熟悉赌博情境，而且它也容易界定，因此我们将大量使用赌博情境（就像这一领域的多数学者一样）来解释决策理论的基本概念，当然，我们也会举一些日常生活中与金钱无关的例子。例如，想象你面临以下两个选项：

（a）0.20的概率赢得45美元，否则一无所有。
（b）0.25的概率赢得30美元，否则一无所有。

在上述两个选项中，概率乘以金额就是期望值（expected value）。因此，选项（a）的期望值是0.2×45美元$=9$美元，而选项（b）的期望值是0.25×30美元$=7.5$美元。然而，人们并不会仅仅因为选项（a）的期望值高而选择它。在某些情况下，人们就会觉得30美元的效用大于45美元的五分之四的效用，根据这一理论，人们此时就会选择选项（b）。例如，一个人在一周快结束的时候已花完了所有的钱，他渴望的仅仅是足够他吃到下周一的钱。在这种情境中，此人可能觉得与1/4和1/5获得金钱的概率之间的差异相比，30美元和45美元的差异完全可以忽略不计。在Von Neumann和Morgenstern的理论中，他们将这种偏好总结为：0.25×30美元的个人效用大于0.20×45美元的个人效用。我们把30美元的效用写作U（\$30），把45美元的效用表示成U（\$45）。如果用代数简单表示的话，就是当且仅当U（\$30）/U（\$45）$>0.20/0.25$（$=4/5$）时，$0.25 \times$U（\$30）$>0.20 \times$U（\$45）才成立。

实际上，在上述情境中如被问及，大多数人都会选择选项（a）。但是，如果面临以下这一选择时，人们则更偏好选项（b′），获得 30 美元的选项：

（a′）0.80 的概率赢得 45 美元，否则什么都得不到。
（b′）确定赢得 30 美元。

如果一个人在第一个情境中选择（a）而在第二个情境中偏好（b′）的话，那么他其实违背了 Von Neumann 和 Morgenstern 依据期望效用提出的决策原则。如果使用之前所述的代数来表示的话，相对（b）人们更喜欢（a）就应该写成 $0.20 \times U(\$45) > 0.25 \times U(\$30)$，或者写成 $U(\$45) / U(\$30) > 0.25/0.20 = 5/4$。然而，相对（a′）人们更偏好（b′）应表示为 $0.80 U(\$45) < U(\$30)$，或者 $U(\$45) / U(\$30) < 1/0.80 = 5/4$。很显然，两种选择在逻辑上（代数上）是矛盾的。这表明，决策理论不仅能说明什么是理性，还能通过比较人们的选择来检验人们是否理性。

另外，如果一个人在面对两个赌博候选项时，偏好其中的一个，但却愿意为另一个下更多赌注的话，他也违背了期望效用理论。举例来说，在上述第二个选择情境中，违背期望效用理论的人可能偏好确定赢得 30 美元的选项（b′），但是他意识到选项（a′）的期望值更高（36 美元对 30 美元），于是为选项（a′）下更大的赌注。由于决策理论认为，每个选项的效用和为每个选项所下的最大赌注的效用是相等的，因此，如果某人偏好某一选项，但不把最大赌注下在它身上，这就说明，从内隐的层面来说，此人偏好更少的钱。但由于金钱具有正性效用（这是一个"不证自明"的假设），由此来看，这种人是非理性的，因为较小的金额只有在加上一些钱数后才等于较大的金额。那么，哪些情况会导致这些矛盾现象的出现呢？在第 12 章和第 13 章中我们将进行详细的讨论。

然而，更为重要的并不是有些决策的确会违背期望效用理论，而是期望效用理论的前提是我们先前所说的理性的四条标准。因此，违背期望效用理论的决策也同样违背了好决策的标准，而这些标准非常简单、十分基本，也很有道理，人们在做重要的决策时都愿意遵循这些标准。决策理论没有说明决策者应该满足哪些欲望，也就是说没有说明各种结果的效用应该是什么，但它暗示了一些选择和其他偏好之间有很强的关联。

Von Neumann 和 Morgenstern 的《博弈论和经济行为》（1947）一书激发了人们对效用理论的兴趣，许多数学导向的研究者得出了一些期望效用最大化的结果，而之前的公式并不能体现这些结果。另一些研究者则认为之前提到的基本公式可能有误，但他们并不提倡废除理性的四条标准，相反，通过一些令人信服的例证，他们主张理性的决策者应该按照那四条标准来进行决策，而不是按照期望效用最大化原则。起初，研究者都将关注点聚焦于决策者应该如何决策这一规范性问题上。然而，随后人们开始对描述性问题感兴趣：决策者（人、群体、组织、政府）实际会如何选择？实际选择会遵循期望效用最大化原则吗？

研究者会如何解答这一问题？很大程度上得看他是哪个领域的专家。传统的经济学家通常是在广阔的经济学背景下观察许多决策者的综合行为，因此，他们满意地发现"期望效用最大化"的确能准确描述人们的实际决策行为。诺贝尔奖获得者、行为科学家 Gary Becker（1976）认为，"人类所有的行为都可以被看做根据一系列稳定性的偏好、最大程度地收集有利信息并从各种来源获得数据，从而使自己的效用最大化"（p. 14）。Becker 和他的许多同行都非常重视这一观点，对其进行了深入的验证，并且提供了关于非金融、非市场行为（包括婚姻、教育和凶杀）的研究证据。

我们有理由乐观地认为，理性的期望效用原则和描述性理论（人们实际会如何选择）是一致的。毕竟，人类的决策习惯是由上百年的进化选择所"设计"的，退一步说，就算进化不足以决定人类的决策习惯，一生的适应性学习经历也会塑造我们的决策习惯。那些真正意义上不具有适应性的习惯会惨遭进化和学习过程的淘汰。乐观地说，也许只有理性的决策习惯才会被完整地保留下来。

然而，研究个人和组织决策的心理学家和行为经济学家却与传统经济学家持有截然相反的观点。在他们看来，个体和社会决策群体的选择不仅往往会违背"期望效用最大化"原则，而且经常明显是非理性的。（回顾一下，这里探讨的非理性是指决策者违背理性决策原则，做出相互矛盾的选择。我们不讨论决策者的目标性质，我们关注的是决策者为何没能合乎逻辑地追求目标，无论这些目标是否可能针对个人。）研究者最感兴趣的内容并不是人们为什么是非理性的，而是人们为何系统地表现出非理性，这与人类自动的或"有限的"思维习惯有关。第 4~10 章将详细讨论这些系统的非理性行为。

一些行为科学家认为，理性模型并不是完美的描述性模型，同时，他们对Becker等研究者的观点提出批评。如果用效用而不是具体价值（如美元）来详述决策理论的话，那么研究者就会先假定一些最大化原则起作用，然后再据此去定义效用。这样的逻辑显然是不合理的，好比断言所有人都是"自私的"，因为根据定义人们总是做那些他们"想做的"事。[James Buchanan（1978）指出，当用"效用"一词来描述标准经济学理论的话，很多理论都趋向成为"空虚的真"（vacuously true），但用"金钱"替换"效用"后，这些理论就被证伪。另外，为维护自己所使用的偏心理学的研究方法，Herbert Simon（1959）指出，为了使期望效用理论有描述性作用，在解释和说明时有一些扭曲是必要的。]其实，要证明这些原则不具有描述性，最好的方法就是对照理性决策的四条标准（见上文），这样便能发现它完全是非理性的。

本书将呈现判断和决策这一复杂领域的各种具有代表性的研究方法，从理性的规范性假设开始（与之相伴的常是另一乐观的概念，即人们的实际决策行为大体上是理性的），也包括描述人们实际如何行为的认知描述性假设。要理解理想化的、适应性理性的观点和人类实际的决策过程，我们既需要自上而下的规范性方法，也需要自下而上的描述性方法。除此之外，只有了解人们何时能做出适应性的理性行为，我们才能真正地洞察人性。也许，最为重要的是，知道人类的行为何时背离理性模型，这才是改进基本思维技能的第一步。

参考文献

Anderson, J. R. (2000). *Cognitive psychology and its implications* (5th ed.). New York: Worth Publishers.

Anderson, J. R. (2007). *How can the human mind occur in the physical universe?* New York: Oxford University Press.

Arendt, H. (1963). *Eichmann in Jerusalem: A report on the banality of evil.* New York: Viking Press.

Bartlett, F. C. (1958). *Thinking: An experimental and social study.* New York: Basic Books.

Becker, G. (1976). *The economic approach to human behavior.* Chicago: University of Chicago Press.

Bigelow, J. (Ed.). (1887). *The complete works of Benjamin Franklin.* New York: Putnam.

Bower, G. H., & Trabasso, T. (1968). *Attention in learning.* New York: Wiley.

Boyd, R., & Richerson, P. J. (1982). Cultural transmission and the evolution of cooperative behavior. *Human Ecology, 10,* 325–351.

Buchanan, J. M. (1978). *Cost and choice: An inquiry in economic theory.* Chicago: University of Chicago Press.

Dulaney, D. E. (1968). Awareness, rules, and propositional control: A confrontation with S-R behavior theory. In T. R. Dixon & D. R. Horton (Eds.), *Verbal behavior and general behavior theory* (pp. 98–109). Englewood Cliffs, NJ: Prentice Hall.

Garcia, J., & Koelling, R. A. (1966). The relation of cue to consequence in avoidance learning. *Psychonomic Science, 4,* 123–124.

Gardner, H. (1985). *The mind's new science: A history of the cognitive revolution.* New York: Basic Books.

Langer, W. C. (1972). *Adolf Hitler: The secret wartime report.* New York: Basic Books. (Published version of Langer's 1943 Wartime Report to O.S.S.)

Levine, M. (1975). *A cognitive theory of learning.* Hillsdale, NJ: Laurence Erlbaum.

March, J. G., & Simon, H. A. (1958). *Organizations.* New York: Wiley.

Milgram, S. (1963). Behavioral study of obedience. *Journal of Abnormal and Social Psychology, 67,* 371–378.

Mineka, S., & Cook, M. (1993). Mechanisms involved in the observational conditions of fear. *Journal of Experimental Psychology, 122,* 23–38.

Newell, A., & Simon, H. A. (1972). *Human problem solving.* Englewood Cliffs, NJ: Prentice Hall.

Pinker, S. (1997). *How the mind works.* New York: Norton.

Pinker, S. (2007). *The stuff of thought: Language as a window into human nature.* New York: Viking.

Rachlin, H. (1989). *Judgment, decision, and choice.* New York: W. H. Freeman.

Ross, L., & Nisbett, R. E. (1991). *The person and the situation.* NewYork: McGraw-Hill.

Seligman, M. E. (1971). Phobias and preparedness. *Behavior Therapy, 2,* 307–320.

Simon, H. A. (1959). Theories of decision making in economics and behavioral science. *American Economic Review,* 49, 253–280.

Simon, H. A., & Chase, W. G. (1973). Skill in chess. *American Scientist, 61,* 394–403.

Von Neumann, J., & Morgenstern, O. (1947). *Theory of games and economic behavior* (2nd ed.). Princeton, NJ: Princeton University Press.

Zimbardo, P. (2007). *The Lucifer effect: Understanding how good people turn evil.* New York: Random House.

第 2 章

何谓决策

记者：你还没有拿定主意？

尤吉·贝拉[1]：据我所知并非如此。

2.1 决策的定义

何谓决策？有个非常形象的比喻：一个人驻足于岔路口，然后选择一条路线，其目的是为了达到渴望的目标，或者避免不愉快的结果。其实这就是决策。在进化的过程中，通过自然选择，我们具备了一些最基本的决策能力，其中最重要的就是趋利避害——哪一片水池、哪一片田地、哪一棵果树、哪一个洞穴、哪一个陌生人、哪一个同伴是可以接近的，而哪一些是必须要避开的。在史前时期，糟糕的决策会以一种戏剧性的方式遭到惩罚，正如哲学家 W. V. O·奎因（1969）所言："有一些生物体，由于世代累积的一些错误来到这个世上，具有一种异常凄惨但又值得称颂的倾向，即在繁殖他们的后代之前死去（p. 126）。"换句话说，对于那些对未来做出错误预测，并因此做出糟糕决定的动物（也包括人类）来说，他们通常在将他们的基因传递给下一代之前就已经死去了。这也是为什么我们人类以及其他动物善于做出生存决策的原因之一。

---

[1] 尤吉·贝拉，1925年出生，美国职业棒球大联盟的著名球员及教练。

如果对在现代社会我们称为决策的那些情境进行一个统计，其结果将与那些我们在史前时期所作的重要决策大相径庭。比如，在下个学期我要选择哪门课程？被告是无辜的还是有罪的？我是否应该把我退休后的投资由股票转向房地产？我该买哪辆车？当然，有一些决策一直对我们的生存和幸福感至关重要：我是否该和现在的伴侣结婚？我该选择手术还是化疗？

表2.1给出的关于"决策"的例子是从几个调查中截取的，给出这些例子的人包括学生、退休人员、历史学家以及决策教科书的作者（进一步研究请参见Allison, Jordan, & Yeatts, 1992）。（我们将这些例子原汁原味地呈现给大家，并没有经过任何编辑或改动。）值得注意的是，这里给出的所有决策都是有意的，是人们可以意识到的心理过程，但是不可否认，有一些决策是高度自动化的心理过程。举例来说，将自动驾驶行为分解为一系列决策所构成的过程有其独特的意义；另外，有大量的科学论文都把以微秒计的眼睛扫视运动看做决策过程（Newsome, 1997）。然而，本书的大部分内容所关注的都是有意的、可控制的决策过程。另外，自主控制下的行为会有一个延伸性和长期性的结果，它们通常也被纳入到决策的范畴中，因此，在本书中，我们对此类决策也进行了简要的探讨，尽管在这一序列中，只有最初的行为事件才符合我们在本书中对决策过程的定义。例如，当我们说某个人做出了一个减肥的"决策"时，那么这个人为减肥所做出的长期的、持续不断的努力也被看做"决策"的一部分。但是，在执行和坚持上述"决策"过程中所做出的行为就超出了本书的探讨范围。

依据其科学定义，决策应该是特定情境中的一种反应，它由三部分组成：第一，有不止一个行动方案可供选择（例如，在岔路口选择向左还是向右）。第二，决策者对每一个行动方案所带来的结果和未来事件会形成一定的预期，预期可能会以信心程度或者概率的形式呈现（例如，你可能会形成这样的一种看法：右手边的路在一公里后将走到尽头，而左手边的路将引领我们到达一个风景秀丽的湖边，那里将是野营胜地）。第三，与可能的结果相联系的后果可以在一个连续体上得到评估，而这一评估所依据的是当前的目标和个人的价值观。

上述定义存在的问题就是它涵盖的情境太多了，它甚至可以作为有意行为的一个定义，而不仅仅是决策行为。这就是为什么我们要搜集一些决策行为的实例，并依赖它们更为确切地界定决策行为，从而使读者能够分辨出到底哪些行为才算

表 2.1　四类不同被试列出的关于"决策"的例子

老年人
买一辆新车还是二手车
搬到退休社区去居住还是独自生活在自己的房子里
早点退休还是再工作十年
死后是火葬还是土葬
选择谁作为自己的财产继承人
该向哪个慈善机构捐款，捐多少
是否要做膝盖手术
该坐飞机旅行还是长途汽车
该为哪一个总统候选人投票
加入哪个教会
是否要结婚

大学生
是否去读大学
该选择什么样的职业或工作
小孩上学前自己是否要外出工作
该修一下自己的车还是直接把它丢掉
找工作还是读研
是否该穿舌环
宗教偏好
极力为自己的一些争议性观点辩护还是保持沉默
是否要戒掉所有的毒品
是否要让我的狗安乐死
是否要面对父亲的饮酒问题
在父母离婚后与谁生活
是否及何时结束一段恋情
选择哪门大学课程
明年住在哪里
是否去拜访一位老室友

历史学家列出的 20 世纪重大历史决策的例子
约翰逊（美国第三十六任总统）在 20 世纪 60 年代做出加大越南战争参与程度的决定
希特勒侵略前苏联（1941）
最高法院的决议：1954 年布朗诉教育委员会案（Brown v. Board of Education）（公立学校中废除种族歧视）
1956 年，罗莎·帕克斯在公交车上拒绝让出自己座位的决定

表 2.1	续表

最高法院的决议：罗伊诉韦德案（Roe v. Wade）（堕胎合法化）
20世纪50年代美国公共卫生局将避孕药投放市场的决定
乔治国王在1940年任命丘吉尔为首相
选举富兰克林·罗斯福为美国总统（1932）
杜鲁门总统支持马歇尔计划的决定（1947）
在西欧建立共同市场的决定（1958）
各国领导人签署凡尔赛条约的决定（1919）
张伯伦（第二次世界大战初英国首相）和达拉第（第二次世界大战初法国总理）向希特勒"绥靖"的决定（1938）
在一本关于决策的畅销教科书中列出的例子
对核战争的相关风险进行估计
对病人采取哪种医疗手段
购买哪种彩票
玩哪种赌博游戏
是否要买车辆保险
是否支持建一座核电站
在两种不同的金融投资（股票市场）中做出选择
上哪门课
购买哪种消费品（例如：电视机）或租哪一个公寓

是我们这里所界定的决策行为。表2.1当中的例子均符合决策的三部分定义：两个或者更多的行动方案、影响相关结果和事件的不确定性，不同的事件所带来的积极或消极的后果。我们对客观事件会有一定的信念，同时，我们对这些事件又会有一个主观评估，而上述两个过程的整合正是决策的精髓所在。

2.2 图解决策

在本书当中，我们会运用"决策树"这样的图解形式来描绘决策情境。这些图解的主要作用之一是对个人或公众决策情境中的一些要素进行总结，以便于将科学决策理论所涉及的一些原理加以运用，从而选择最佳行动方案。我们将在第

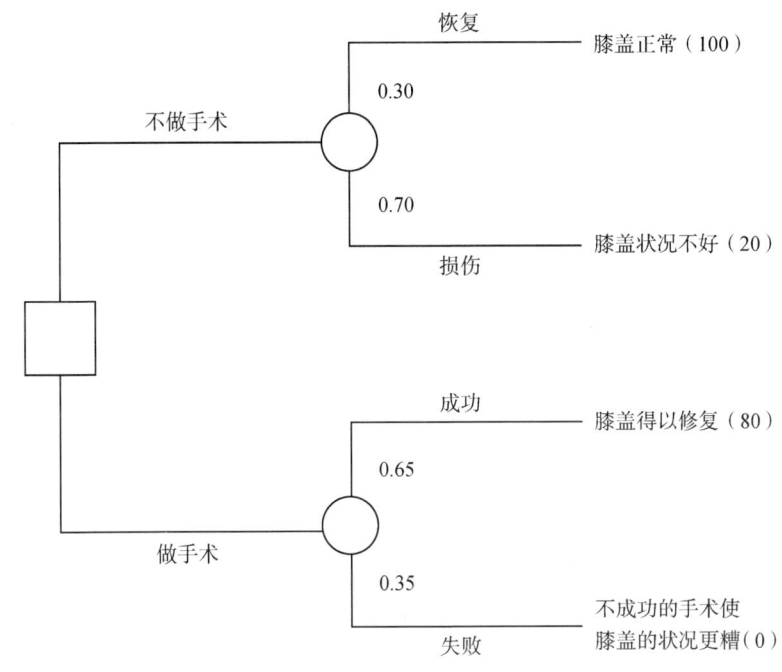

图 2.1 一个假想的医疗决策情境：面对一个显而易见的膝盖损伤时，需要做出是否手术的决策

11 章当中介绍这种应用性的"决策分析"方法。我们先介绍一下构建图解的方法，以便于我们运用图解来描述任务和情境，而任务和情境在决策行为的研究中是非常重要的。

决策树状图有一个约定俗成的惯例：我们用一张布满选择点和结果的假想地图来表示情境，这些选择点和结果会导致相应的后果，就像道路上表示岔路口的路标以及沿路的各种事物。譬如，我们下面将对一个膝盖受伤的医疗情境进行描述，如图 2.1 所示。在最左侧是一个选择点，我们用方框（□）来表示，"选择点"表明决策者要选择一个行动方案；线表示选择不同的行动方案将会导致的不同结果。拿上述医疗情境为例，我们可以设想两种可能的行动方案：做膝盖手术或者不做膝盖手术。我们用圆圈（○）来表示决策者无法控制的因素，它们表示一些不确定的结果，可能是竞争对手的行动方案，也可能仅仅是另外一个不能完全准确预测的代理人；我们既不能确定又无法控制从这些圆圈出发将会走哪条路径。还是以上面的医疗情境为例，上端的路径（"不做手术"）会导致两种可能结果：膝盖得到自然恢复（膝盖原本就是"正常的"）或者膝盖的情况仍然糟糕（它确实受到了损伤）。下端的路径代表了另外一种行动方案——"做手术"，它同样会带来两种可能的结果：手术成功（有必要进行手术，并通过手术解决了问题；当然也可能没必要进行手术）或者手术失败。

在图解的最右边，我们列出了可能的后果，这些后果都是和决策树中的选择点以及相应事件相联系的。我们将会用一些数字来概括决策者对于相关结果的评估（它们在传统意义上被称为"效用"，但我们更愿意称之为"个人价值"）。有时候，决策问题会运用数字来进行阐释，而这些数字与相应的后果相联系（例如，有金钱收益的赌博；与生死相关的医疗或政策性问题，这类问题通常会有一个"拯救生命－丧失生命"的表格）。对于这类问题，我们在陈述时可能会运用数字对相应的后果进行概括，但是需要注意的是，对于这些数值（比如，美元）来说，主观个人价值和预测及体验到的个人价值之间并不存在直接的线性关系。（我们在第 9 章和第 10 章当中将会探讨与此类评估相关的问题。）对于那些没有用数量化进行界定的后果，为简便起见，我们按照惯例用"0"（最差）到"+100"（最好）来进行描述。我们无一例外地把我们所能预见的最坏结果赋值为"0"（在决策树当中），并把最好的结果赋值为"+100"。上述医疗情境中，最坏的结果是"虽然做了手术，但膝盖的状况依然糟糕"（0）；而最好的结果是"没有做手术，膝盖自然得以复原"（+100）。我们可能会把"手术成功"这一结果赋值为"+80"，而把"没做手术，膝盖状况不好"赋值为"+20"。[在这个保健组织以及各种形式的政府和私人健康保险林立的年代，对各种医疗条件下的生命价值"打分"（如"质量调整寿命年"）就显得尤为重要。]

决策者在对可能的结果进行判断时，往往具有一定的不确定性，对于这种不确定性程度，我们用另外一种方式——概率——来表示。我们会用数字的形式将这些结果的发生概率标在事件节点上（从 0.00 不可能发生，到 1.00 肯定会发生；尽管我们在谈论概率时经常会用其他形式的表示法，比如：熊队有 70% 的可能性击败包装工队，但是运用 0.00~1.00 的分值来确保计算的准确性是非常重要的）。比如：如果决策者判断膝盖不做手术也能恢复的概率为 0.30，那么我们就可以把这个数字放在事件结点所引出的相应路径上。相应地，我们可以把 0.70 作为"不做医疗干预而膝盖状况不好"的概率。如果病人做了手术，我们可能会预期他得以恢复的概率会高一些，因此，我们把 0.65 作为上述情况发生的概率，相应地，即便做了手术，仍然有 0.35 的可能性膝盖不能得到恢复。

我们用概率（在 0 到 1 的范围内）来代表我们判断某件事将要发生的可能性。通常情况下，我们所指的概率是人们对某些事情的主观信念。尽管我们用到的数字可能会被数学家理解成一种正式的概率，但是，在这里我们并没有假设这些数字体现的是一种真实的概率。实际上，心理学研究有一个很重要的发现：主观概率和数学上精确的概率并不总是保持一致。（很多时候，我们在不确定情形下所作的判断会违反正式概率理论的一些法则，在第 7 章和第 8 章中我们将对这些情况进行概括总结。）在本书中，如果我们所指的是数学上的概率，我们会做出清晰的说明。（在本书的附录部分，我们介绍了概率运算中的数学规则。）

这些数字如何对后果的价值进行概括？结果的不确定性又是如何从人们对于决策情境的想法中提取出来的？本书不会花费太多的时间探讨上述问题，心理学家和经济学家已经发展出了很多有用的方法来解决这些测量上的问题。为了避免一些技术细节对读者的困扰，在本书中我们通常只会呈现一些具有说服力的数字。如果读者有兴趣深入了解这些方法，可以从其他资料中获取想要的信息（例如，Dawes & Smith，1985）。

我们通常会用一些简单的赌博游戏来阐述决策的一些原理和习惯。在决策研究领域，赌博是最受欢迎的实验游戏，它能提供定义清晰、易于理解的两难决策情境，在这些情境中，我们确信参加实验的被试都希望在实际中"最大化"地赚取报酬。现在，让我们来看一个典型的赌博实验是如何用决策树状图的方式来表示的。考虑一下我们在第 1 章中所提到的两个赌博游戏：

（a）0.20 的概率赢得 45 美元，否则一无所有。
（b）0.25 的概率赢得 30 美元，否则一无所有。

图 2.2 以决策树状图的形式对这一情境进行了概括。如果某一结果能够用有意义的数字（比如，美元的数量）自然地进行度量的话，我们就会用这些原始数字来表示，这样看起来更加清楚。（对于一些比较主观的结果，我们才会用 0~100

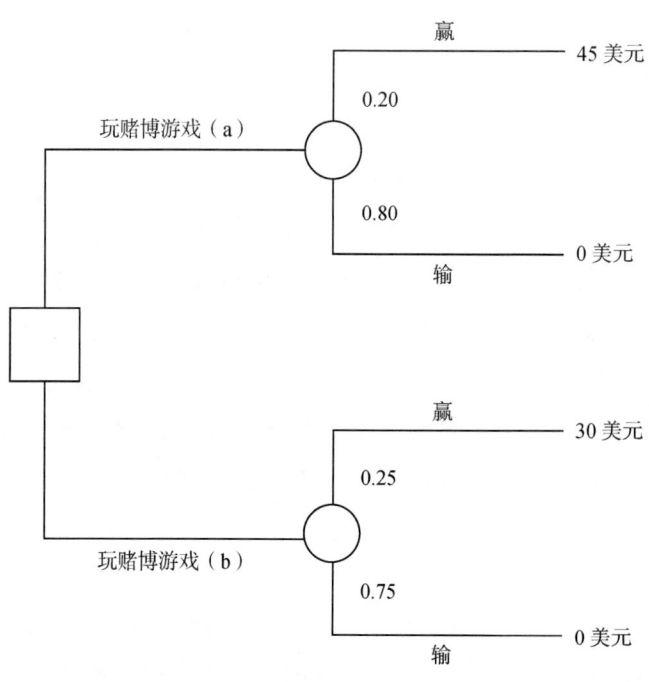

图 2.2　用决策树来表示一个简单的赌博游戏，这样的游戏可能会作为一种实验情境

的量表来表示。）另外一个有趣的问题是：人们的思维在两种情境中有多大程度的一致性？一个是简短而定义清晰的赌博情境；而另一个是模棱两可的日常生活情境(比如膝盖手术)。这个问题对于决策问题的研究者来说具有重要的实践意义。（Lopes 在 1994 年对这个问题进行了非常细致的讨论。）我们将时常会自问这样一些问题：在研究赌博游戏中所获得的人们选择的结果能否推广到日常生活的决策中？我们知道了某人在虚拟赌博任务中的选择，就能预测他在相似的自然情境中的选择情况吗？

2.3　再论决策质量

决策树状图提醒我们，在理解任何决策时，至关重要的第一步就是描述决策发生的情境。这一步骤看起来似乎没什么意义，但如果我们想构建一个概括性的图解的话，就必须要面对这样两个问题：情境中包含什么？哪些要排除在外？而后者比前者更难回答。接下来，我们将面临另外一个有挑战性的问题：将决策中的不确定因素和价值予以量化。在心理学研究或者应用性的决策分析领域，还有另外一个问题，即推断另外一个人将如何评估决策情境，而解决这类问题通常是最为困难的。（许多精巧的研究设计都会创设这样一种实验情境，在此情境中，研究者会限制被试的思考过程，并试图理解这些限制对被试在此实验情境下的心理模式会有何影响。）

如果我们确信已经获得了被试在决策树状图中面对的决策情境，那么计算那些能带来最高预期结果的决策就变得相对容易了，这一过程可以通过应用决策理论的一些规则来实现（在第1章中所介绍的四个理性假设）。这一规则被称为理性预期原则（rational expectations principle），它通常可以用一个方程式来概括：

$$效用 = \sum (概率_i \times 价值_i)$$

这个方程的意思是：对于考量中的每一个备选行动方案（决策树中每一个主要的分支），我们都需要以其发生的概率，为其潜在后果赋予一个权重，然后把所有组成成分相加，从而产生出一个概括性的评估，我们将其称之为每一备选行动方案（最左侧的每一个分支）的期望效用。在医疗决策的例子（图2.1）中，根据该计算方法，我们可以得出"做手术"的期望效用为+52（[+80×0.65]+[0×0.35]），而不做手术的期望效用为+44（[+100×0.30]+[+20×0.70]），也就是说，理性的决策应该是去做手术。在赌博游戏（图2.2）的例子中，如果我们假设美元的价值能够代表决策者对于事件的相应后果所持有的真实的个人价值（这一假设需要进行谨慎的检验），那么赌博游戏（a）的期望效用应该为$9.00（[$45×0.20]+[0×0.80]），而赌博游戏（b）的期望效用为$7.50（[$30×0.25]+[0×0.75]），也就是说，决策者应该选择玩赌博游戏（a），当然，这是在仅考虑预期价值的前提下。

需要注意的是，这样的计算方法有一个前提假设：我们能够采用以数值来表示的概率和价值描绘决策过程，而且算术运算（加法，乘法）能够体现决策者的思维过程。这样的计算方法还假设：决策者充分考虑了决策树模型情境中所有的

（也仅仅考虑了）备选项、伴随发生的其他状况以及相应的后果。正如我们将要看到的，日常生活中，大多数的决策并不一定符合理性预期原则，我们对备选项的考虑不一定那么充分。然而，这种决策树的表现形式和计算方法为我们开了一个好头，我们以此为出发点，构建描述决策思维过程的模型，尽管这样的表现形式不一定在所有细节上都那么精确，但我们仍然可以将其视之为一个有用的模型去分析和改善我们的决策过程。

2.4　不完整思考：一个法律上的例子

现在让我们来考虑一个比较复杂的决策，很多美国市民都有机会去做这样一个决策，即作为刑事审判的陪审员做出有罪或无罪的决定。图 2.3 对这一情境下可能发生的事项及其相应后果进行了概括总结，这里给出的是陪审员决策的简单版本：只有两种可能的裁决结果——有罪或无罪。（我们忽略了决策者"不做任何决策"以及拒绝"服从陪审团裁决"的可能性，同时我们也避开复杂的多重裁决，比如，杀人罪又可以分为无意或过失杀人罪，二级谋杀罪或者一级谋杀罪。）根据决策理论，一个理性的陪审员应该充分考虑图解中右侧的四种可能后果，谨慎地对每一种后果进行评估，然后根据它们各自的概率赋予这些后果权重。在这个图解当中，我们插入了一些数字来代表陪审员的想法和感受，如果我们认可这些数字并按照理性预期原则进行计算的话，那么该陪审员将得出被告"无罪"的结论。

决策树的表现形式体现了一种充分而前后一致的思考，然而，有趣的是，在日常生活中，人们在做这种类型的决策时通常不会这般思考，即使他们正坐在法庭的陪审团席上、他们的决定将会导致非常严肃的后果时也是如此。在我们给出的例子中，决策树非常简单，只有四个结点，然而，即便如此，人们似乎也并没有对每一个备选方案进行"充分的思考"，而且也没有对每一个相应后果进行评估和赋予权重。事实上，人们似乎只聚焦在一两个结点上，并对其进行广泛的推论，而对整个"树"的推论是不完整的（Pennington & Hastie，1991）。有些选项在一开始就被认为是最具吸引力的，通常情况下，人们会关注与这些选项相联系的收

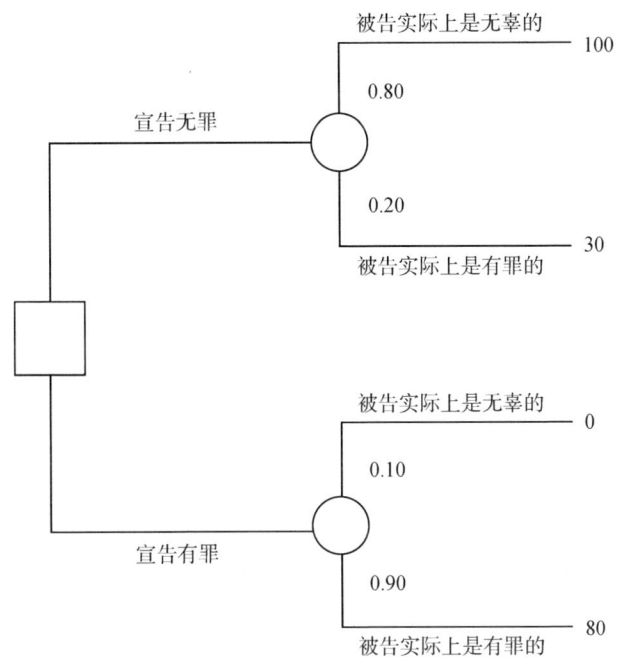

图 2.3 用决策树来表示刑事审判中陪审员的程序化决策

益和损失,而忽略其他备选方案的收益和(特别是)损失。因此,对于那些一开始对被告形成"无辜"印象的陪审员,他们通常只会评估那些与自己预期相符的相应后果。

在第 1 章中我们曾经提到心理治疗师的例子,他们常持有这样的观点:儿童虐待者绝不会自觉地停止虐待行为。实际上,刚刚我们所讨论的不完整思考和这些心理治疗师的想法很类似。心理治疗师的想法被他的可得性经验所控制了。从更一般意义上讲,一位决策者的想法被他最初的印象控制了,这一现象被称为首因效应(primacy effect)或者确证性假设检验(confirmatory hypothesis testing)(Nickerson,1998)。Baruch Fischhoff(1996)也得到了相似的结论,他考察的是人们日常生活中非正式的决策,比如青少年关于学校、社会以及家庭生活的一些决策(这其中包括一些可能导致非常严重后果的决策,比如,药物使用、避孕、婚姻、对暴力殴打的自我防卫以及职业选择)。Fischhoff 观察到一个普遍倾向,即人们只关注少数最为凸显的概率及相应后果而忽视其他方面，而这会导致其做出不完整的分析（还可参见 Galotti，2002）。

至此，我们仅仅是想阐明这样一个观点：决策理论以及决策树向我们展现了一种非常系统化的推理方式，然而这种方式却不是人们经常采用的。本书及其他地方所提及的关于决策树的分析过于简单化了，这可能是很多读者的第一反应，然而事实是——这些"树"比我们通常的想法要更加复杂，也更加均衡，即使在一些重要情境中也是如此。作为研究者，我们的目标是描述、预测并提升人们的决策行为，然而，在任何心理学分析中，至关重要的第一步都是去研究被试如何在自己的头脑中理解和表征决策情境的。

2.5 过度涵盖的思维：沉没成本

假如你和一位朋友买了几张打折的滑雪票，租了滑雪板，然后开车到了度假的地方。此时你才发现，滑雪场的条件极其恶劣，天气非常寒冷，路面上结了一层冰，而且由于风太大，仅有的几部升降电梯也停止运行了。另外，你和你的朋友不管在身体上还是心理上都感觉极度不适。你对这一情境做了一个初步的评估后认为，与其在这里去滑雪，直接掉转车头回家或许是一个更好的选择。此时，你的朋友则认为，这样做并不好，因为你们已经花钱购买了滑雪票，而这个滑雪票过期作废，而且你们租滑雪板的钱也是不能退还的。也就是说，你们俩当然可以选择在家里度假，却会浪费 90 美元，而这是你们不能承受的。你对这个理由表示认同，因此你们决定留下来滑雪。

但是，还可以用另外一种方式来看待这个问题。在你花费 90 美元的那一刻，你口袋里的钱就已经减少了 90 美元。这一事件发生在你开车去度假之前。你口袋里的钱已经减少了 90 美元，这是一个事实，但它能够成为你花费一整天时间待在一个不想待的地方的充分理由吗？当然，你可能仍然觉得开车回家将会浪费 90 美元，应该俭以防匮。实际上，你的体重稍微有一些超重可能也是因为这样的原因。一旦你花钱购买了食物，你就会强迫自己把它吃完以避免浪费，而这种想法所导致的后果就是用餐的乐趣将会大打折扣，并且你会变得越来越胖。

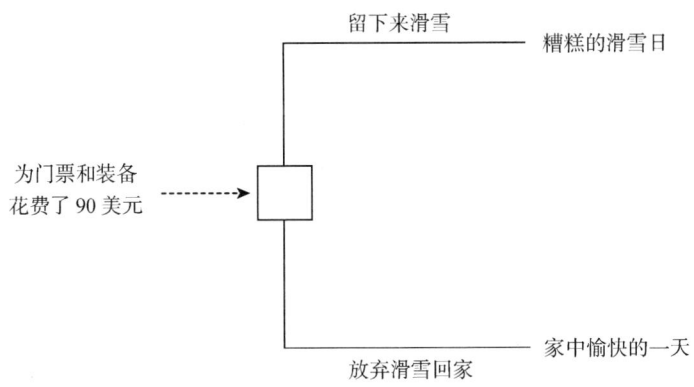

图 2.4　关于滑雪的沉没成本的树状图

已经花费的 90 美元在学术上可以定义为沉没成本。从理性的角度出发，沉没成本不应该影响我们未来的决策。试想一下，现在你正站在滑雪场的停车处徘徊，考虑到底要不要使用手中的滑雪票。如果我们画一个决策树状图来描述上述情境的话，我们就会发现那 90 美元根本没有出现在你的决策困境中（图 2.4）。（或者你也可以把它包含在每一个相应后果的结点中，因为它已经花费了；如果某一事件和所有的可能结果都有联系，那么它在区别不同的备选项时是毫无用处的，决策理论家以及大部分人都这么认为，因此这一事件和决策也是不相干的。）

当我们把不可挽回的花费和当下的投资等同起来，并以此为据采取行动的时候，我们实际上是在关注沉没成本。上述图解告诉我们，在决策的结点上，唯一可用的选择就是你认为更有价值的选择——调转车头回家，这个选择也可以使你避免前面提及的矛盾。关注沉没成本是非理性的。（当然，你也可能并非为了个人的愉悦去滑雪，而是有其他的动机，或者你只是给别人一种你在度假的假象，这些可能性我们是排除在外的。在本书所使用的所有例子当中，所呈现的信息即决策者可得的全部信息。当然，如果有其他的信息，或者实施某一行为有其他的原因而例子中并未提及时，决策者的选择可能会有所不同。）

人们会关注沉没成本，正如下面的例子所示：

终于，那一天还是到来了。你应该更有逻辑地、更实际地思考。已经花费了如此之多的金钱，有如此之多的军队已经聚集在了这里，这么多人度过了这么多艰难的岁月，如果不教训一下别人的话也太说不过去了。（罗比·费尔顿警长在1991年1月16日第一次海湾战争爆发时如是说；那些支持美国继续卷入1960年代越南战争以及最近的伊拉克战争的人非常普遍的一种说辞是："……我们的孩子不能白白地死去"。引自Dawkins & Carlisle, 1976）

完成田纳西-汤比格比水道工程才不会浪费纳税人的钱。在开发的晚期终止该工程对已经投入的资金来说是一种严重的浪费。（1981年11月4日，参议员詹姆斯·萨瑟在为这条人造水道工程争取未来投资时如是说，然而，如果完成这个工程，其带来的价值还不如尚需投入的资金。）

我已经在协和式客机上投入了这么多钱，现在放弃它我无法接受。（Dawkins & Brockmann, 1980年引用商人的说法）

我们可以单从表面价值上来看待上述争辩，很牵强地去为这些决策（入侵伊拉克、继续为田纳西-汤比格比水道投资、花更多的钱去开发协和式客机）寻找一些理由：我们已经为战争投入了大量的资源，因此，不管现在处境如何，我们都不能停止它，显然，这些理由都是非理性的。人们认为已经丧失的生命和金钱不能白费，却很少关注选择带来的未来后果。如果构建一个决策树的话，这一切将看得很清楚，从左到右依次是"现在"和"未来"，而这也是避免过多关注沉没成本的最好方法。关注沉没成本违背了理性决策的首要原则——决策应仅仅基于未来的后果而做出。

需要指出的是，我们这里虽然说上述发言者的观点是非理性的，但实际情况可能并非如此。他们的观点也有可能是理性的，或者是由一些不可告人的因素驱动的：比如，那些士兵是在海湾战争爆发的当天招募的，他们早已将生死置之度外，为什么不为此找一个"符合逻辑且切实可行的"理由呢？而那个参议员可能正在提议为其所在的州追加联邦政府投资，而这会为他的选民提供就业的机会和其他好处。尽管如此，对于上述这些理由，如果说话者本人都不能接受其正当性的话，期望其他人能够理解就更加困难了。

在这里，我们想要表达的一个关键点就是：从描述性角度和心理学角度来看，在为未来做决策的时候，我们有一个过分关注既往损失和代价的习惯。有时候，在考虑到一些未来后果时，对沉没成本的关注有一定的合理性，这一点我们已经探讨过，然而，即便如此，仍然有大量的证据表明，我们在许多实际的决策中把沉没成本看得太重了（Staw & Ross, 1989; Teger, 1980）。考虑到自我改善这一方面，我们还应该注意社会赞许性这个因素，对我们所做的决策而言它可能是一个潜在的后果。

现在，我们来看一些真实的反例：日本天皇在 1945 年 8 月 15 日发表声明，宣布日本无条件投降，这也宣告了第二次世界大战的结束。他在声明中称："这场战争的形势对日本越来越不利……为了避免进一步的杀戮，甚至人类文明的毁灭，我们不得不去忍受难以忍受的，去容忍无法容忍的。"后来，他的国家从战争中恢复过来，并成为世界上最繁荣的国家之一，而他也有幸活着看到了这一天。还有另外一个例子：福特汽车公司非常英明地放弃了"埃德塞尔"这一款汽车，后来推出了非常受欢迎的"野马"来代替它，因为"埃德塞尔"不符合美国人的口味。在 1964 年的总统选举中，共和党的候选人巴里·戈得沃特公开斥责福特公司的前任总裁迈克纳马拉（后来成为了国防部长），认为他不该对"埃德塞尔"始乱终弃。事实是，尽管放弃了"埃德塞尔"，但无法否认它给福特公司提供了非常有价值的信息，而正是这些才导致了"野马"的巨大成功。后来，在越南战争期间，迈克纳马拉却对投入到东南亚的沉没成本表现出了更高的"忠诚"，而继任的国务卿亨利·基辛格也一样，他曾经写道："这场战争卷入了两届政府、五个结盟的国家，牺牲了 31 000 名将士，我们不可能像转换电视频道那样轻言放弃。"因为其他国家的领导人都很关注沉没成本，如果我们不这么做的话，那么美国作为一个英明的超级大国的名誉将会受到严重的损害——这或许是对这些"忠诚"最友善的解释。

人们对某些沉没成本的关注有时候并非是非理性的，这其中可能有另外一个原因，即决策者希望自己所做的决定能够展示和维护他们的名誉，即他们是果断坚定的人，或者他们不是挥霍浪费的人。举例来说，那些给自己点了过量食物的人，可能会被贴上"对自己的饭量心里没数"或者"挥霍浪费"这样的标签，于是这些决策者就会想方设法去保护他们未来的名誉，即他们是有道德观念的个体，或者他们是一个好的决策者。如果放弃沉没成本确实会对你未来的名誉产生消极的影响，那么不放弃它或许真的是一个明智的决定。放弃"埃德塞尔"的人可能会因为做出了一个"懦弱"的决定而遭人取笑，而且将来可能会在该组织中失去影响力和实权。而对于那个已经花费了 90 美元却要中途放弃的滑雪者来说，他可能不仅仅会被视为一个浪费金钱的人，而且可能会被人看成一个糊涂愚蠢的人，并因此失去朋友的尊敬。在我们考虑要不要放弃某一特定的行动方案时，名誉的损失也是我们不得不考虑的因素（见图 2.5）。然而，沉没成本本身不应该是一个因素，只是因为其他人相信沉没成本重要，那些放弃它的人才会被视为有悖常理。

在人们试图解释人类以及非人类物种的父母投资行为时，这一说法的奥妙便显现出来了。关于这一话题，有一篇里程碑式且现在仍然存在争议的文章，在这篇文章中，人类学家 Robert Trivers（1972）对父母投资行为的定义是："父母对某一个体后代的任何投资增大了后代存活的机会（因此也就增加了繁殖成功的可能性），其代价就是削弱了父母对其他后代投资的能力"（p.139）。Trivers 用父母投资（例如，区别饲养后代、保卫巢穴）的概念来解释各种各样的现象，比如雄性和雌性的不同死亡率、乱交、配偶竞争以及养育策略。雄性比雌性更可能遗弃他们的后代和配偶，Trivers 对这一倾向的最初解释，体现了一种真实的沉没成本谬误：

> 在任何时间点上的个体，如果其累积投资被配偶超过，那么理论上他会面临着遗弃家庭的诱惑，特别是当两者的投资悬殊比较大的时候。在这一诱惑下，遗弃行为可能会发生，因为，如果没有后代被抚养长大，遗弃者的损失要比他的配偶小，也因此，配偶留下来照顾后代的愿望则要强烈得多。（p.146）

然而，生物学家 Richard Dawkins（因普及进化生物学中"自私基因"的概念而闻名）和 Thomas Carlisle（1976）后来的分析指出，配偶遗弃现象有一种更具说服力的解释：遗弃者对未来后果的敏感性（这一解释后来也得到了 Trivers 的认同），也就是说，对于那些已经得到了最多父母投资的后代个体来说，他们最有可能存活下来，进而达到生殖成熟期，未来他们所需要的父母投资也会较少。

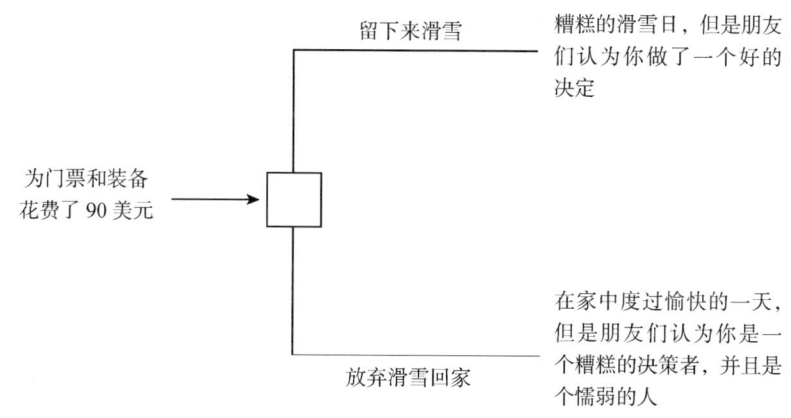

图 2.5　当把名誉和自我形象的损失包括在内时，滑雪的沉没成本树状图

有趣的是，在非人类生物的生存决策中，目前还没有熟知的沉没成本谬误的例子。对于生存决策问题，物种需要选择适应性的甚至是最优化的解决方案，而演化和学习为这一选择过程提供了极为有效的机制。Hal Arkes 和 Peter Ayton（1999）指出，人类对沉没成本的推理，可能源自于人们对行为准则过分概括的倾向，比如说"俭则不匮"。后来的研究发现，年轻人比成年人更少表现出关注沉没成本的行为，而这也为上述论断提供了进一步的证据，因为年轻人很有可能还没有把日常生活的一些诸如"俭则不匮"的经验内化。正如 Arkes 和 Ayton 所言，也许成年人"为了他们的自身利益变得过于聪明了"。

我们喜欢用控制性实验作为主要的科学研究方法，这也为探寻沉没成本现象的奥妙提供了另外一条路径。如上所述，自然发生的关于沉没成本谬误的例子非常难以"证明"，因为经常存在一些非常微妙的未来考虑因素，而它们可能解释为什么一个理性决策者会表现出沉没成本谬误。而实验法允许我们创设出一些特定的情境，在这些情境中，"其他因素"可以被排除掉。Hal Arkes 和 Catherine Blumer（1985）曾经在俄亥俄州州立大学做过这样一个实验：他们向人们出售该剧院的三种不同季票，经过事先的安排，随机抽取了三分之一的顾客，向他们出售的是面值 15 美元的全价票，另外三分之一的顾客买到的是同样的票，但是只收取 13 美元，最后还有三分之一的顾客只需花费 8 美元。实验结果发现，和那些购买了全价票的顾客相比，那些购买了打折票的顾客在接下来的 6 个月中观看演出的次数更少。那些为季票"沉没"了更多钱的顾客有更强烈的动机去使用它。这个实验很好地排除了自然情境中那些含糊不清的解释，尽管那些自然发生的例子同样重要。

最后，我们以实际应用为导向来做个总结：放弃沉没成本之后所带来的社会问题，可以通过某种类型的概念框架得到改善。这个框架应包含以下内容：向他人阐明自己并非放弃一个项目或一份事业，而是非常明智地拒绝发生"赔了夫人又折兵"这样的事情。理性地讲，这正是放弃沉没成本所包含的内容，譬如终结一个项目或一份事业。另外，运用这样的一种说法能够增强说话者的可信度，这也为说话者免去了一些麻烦，比如向别人解释关注沉没成本的不合理性。这种"于事无补"的框架将倾听者的注意转移到当下，并通过组织一些语言来说明放弃沉没成本实际上是在避免一个确定的损失（而这一点显然是有益的）。相比之下，关注沉没成本实际上是把注意放在了过去，这时候如果不放弃的话，实际上将接受一个确定的损失（这显然是无益的）。那些放弃了沉没成本的人因其理性的行为而从中获益，而且，如果你能让别人把注意焦点放在当下，你还能得到别人的赞美。你难道忘了吗？肯尼迪总统正是在放弃了猪湾入侵之后，其受欢迎程度才达到了顶峰。

2.6　仅考虑未来的理性

忽略沉没成本的观念也只是近些年才在现代决策理论中逐渐兴起，而当前的决策理论的基础是意大利文艺复兴时期兴起的概率思维。这种思维方式所基于的核心思想是，概率只有在参照未来事件时才能够被估计。比如下面的情境：一枚硬币已经被抛了四次，现在要抛第五次，那么它正面朝上的概率为1/2，先前出现的结果和第五次的结果是无关的，因为它们已经发生了，它们不会影响到第五次的结果。举例来说，即使前四次都是正面朝上，我们也不能说第五次正面朝上的概率很小。但是，总体上来说，"四个正面一个反面"（以任何顺序出现）这一结果的概率是"五个正面"的5倍。

其实，把概率估计限定在未来，这样一种思想在意大利文艺复兴之前并不十分明显（当然，即便在今天，对于那些不了解概率论的人来说仍然不明显），这一点可以从对一个著名问题的回答中推断得知，这个著名的问题出自卢卡·帕乔利（被誉为"现代会计学之父"——译者注）的《算术、几何、比与比例全书》，该书出版于 1494 年（对这一问题的讨论历史详见 David, 1962）。这个著名的问题是：A 和 B 在玩一个名叫 *balla* 的公平游戏，在这个游戏中需要得到 6 分才能赢（见图 2.6）。实际上，这个游戏在 A 赢了 5 轮，而 B 赢了 3 轮之后就结束了。那么奖金该如何分配呢？帕乔利考虑了"过去的成绩"，即先前的胜利决定如何分配，因此他的回答是：5:3。

在过去就有人对帕乔利的分配方式，即按照游戏双方先前已经赢得的轮数来分配奖金的方式提出了反对意见：帕乔利的分配方式就意味着，不论 A 赢得的游戏轮数是 1 次、2 次、3 次、4 次还是 5 次，只要 B 赢得的轮数为 0 的话，那么 A 获得的奖金都是一样的（全部奖金），显然这与 A 赢得的游戏轮数越多，他所处的地位越有利这最初的游戏规则相矛盾。另外，帕乔利的分配方式还意味着，A 在 2:1 领先时所得的奖金数要高于 5:3 领先时，尽管后一种领先方式显然比前一种赢得这个"6 分游戏"的可能性更大。

64 年之后，G. F. Peverone 提出了一种解决方式，这一方式既能避免上面列举

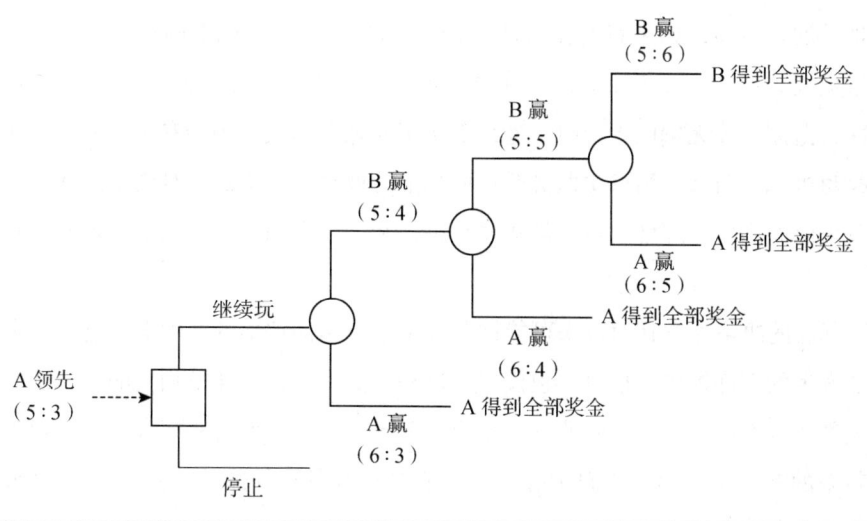

图 2.6　游戏 balla 的决策树

的问题（或者其他问题），又符合仅考虑未来事件的原则。根据 Peverone 的方法，连续得分越多，奖金的比例也越高，并且 5∶3 领先的游戏者比 2∶1 领先的游戏者应该得到更高比例的奖金。Peverone 的核心思想是：奖金的分配应该取决于游戏参与者未来的赢得"6 分游戏"概率。

这种解决方式基于两个原则：第一，从当下的情形向前看（即向未来看），如果 A 作为第一个赢得 6 轮游戏的人的概率为 p，那么 A 理应得到的奖金比例也应是 p；第二，通过分析 A 或 B 总分达到 6 分之前剩余的（未来的）所有可能情况来计算 p。下面以 A 和 B 的得分为 5∶3 来说明这种计算方法：当 A 以 5∶3 领先时，B 第一个赢得 6 分的唯一方式就是连赢 3 轮，因为该游戏是一个公平游戏，因此这一概率为（1/2）×（1/2）×（1/2），即 1/8。（令人遗憾的是，Peverone 在他的原始文章当中把 p 计算错了。）这样一来，由于 B 获胜的概率为 1/8，所以 A 获胜的概率则为 7/8，因此奖金应该按照 7∶1 的比例进行分配。当然，我们也可以用相似的计算方法首先计算出 A 第一个赢得 6 分的概率。同样地，当 A 以 2∶1 或其他比分领先时的计算方法大同小异。当然，如果 A 已经赢得了 6 分，那么他获胜概率为 1，他就该获得全部的奖金。

一般来说，只有在估计当前概率以及关于未来状态的意愿时，过去事件才是相关的。一枚硬币在先前的 20 次抛掷中有 19 次正面朝上，这一结果可能是有偏差的，因此，在第 21 次抛掷它时正面朝上的概率要大于 1/2，我们作出上述判断是理性的。然而，如果我们在估计第 21 次抛掷硬币正面朝上的概率时，把整个结果模式（包括已经发生的结果在内）考虑进来的话，就是非理性的。（再强调一次，抛掷一枚无偏的硬币时，连续 5 次正面朝上的概率为 1/32；过去的前 4 次抛掷均为正面朝上，第五次抛掷时正面朝上的概率仍为 1/2。）对概率的理性估计以及由此而作出的理性决策，都建立在过去和未来之间有一个非常清晰的界限之上。

理性的决策建立在对未来可能性及后果进行透彻评估的基础上。过去为未来可能发生的事件提供了信息，也仅仅在这种情况下，过去才是相关的。理性的决策还需要放弃沉没成本，除非这一放弃带来新的问题，而且所带来的问题超出了其带来的利益（比如，我们在滑雪的例子中所提到的名誉损失）。其实，今天正是我们剩余生命的第一天。

2.7 本书的其余部分

在决策的心理学研究领域有两个基本问题一直处于主导地位：什么因素使得一个决策成为好决策？什么因素使得决策变得困难？对第一个问题，传统的回答会参考理性原则：如果一个决策能够遵循逻辑学以及概率论的规则，那么它就是一个好决策。关于逻辑学和概率论对行为的影响，在传统决策理论中有相应的总结。我们将会看到，在对"好"进行专业评估时，这一标准仍然占据着主导地位，尽管现在已经开始转变，倾向于把其他一些"好"的指标也包含进来。决策过程有多强大？它能战胜诸多挑战性条件吗？比如：有限的计算能力（"脑力"）、信息缺失，或者处于一个混乱且"不稳定"的环境之中。在充满竞争的"零和游戏"环境中，决策过程需要和其他敌对性的决策策略较量，这种情形下，其有多大的稳定性和"生存能力"？

第二个问题更具有心理性，在行为研究领域也很少有一致性的结论。有诸多智力方面的因素使得决策变得困难：备选方案的个数、糟糕的决策所带来的潜在损失，以及做出不同的选择所带来的结果的不确定性程度。还有一点尤其重要，即必须从众多备选方案中选一个时人们需要权衡的数量和困难程度。情绪方面的因素就更多了：备选方案在多大程度上包含甚至威胁到了自己所看重的价值观、与选择过程相联系的情绪强度如何，或者在评估备选方案的可能后果时所唤起的情绪强度，以及时间压力或其他威胁因素的存在对决策过程顺畅性的影响。

对于上述这些重要问题，我们在本书的其余部分将呈现我们所知的最佳答案。我们将首先对判断过程的心理学进行回顾，所谓判断过程指的是我们知觉系统的一种扩展，它超越了感官为我们所搜集的信息（第3章到第8章）。接下来，我们会涉及一个前沿的并仍然存在争议的话题，即关于个人价值观和效用的心理学研究领域（第9章和第10章）：我们如何知晓和预测我们喜欢的事物？最后，我们会介绍现代理性决策理论及其所派生出的、更具心理有效性的一些现代理论（第11章和第12章）。

参考文献

Allison, S. T., Jordan, A. M., & Yeatts, C. E. (1992). A cluster-analytic approach toward identifying the structure and content of human decision making. *Human Relations, 45*, 49–72.

Arkes, H. R., & Ayton, P. (1999). The sunk cost and Concorde effects: Are humans less rational than lower animals? *Psychological Bulletin, 125*, 591–600.

Arkes, H. R., & Blumer, C. (1985). The psychology of sunk cost. *Organizational Behavior and Human Performance, 35*, 129–140.

David, F. N. (1962). *Games, gods, and gambling: The origins and history of probability and statistical ideas from the earliest times to the Newtonian era.* New York: Hafner.

Dawes, R. M., & Smith, T. (1985). Attitude and opinion measurement. In G. Lindzey & E. Aronson (Eds.), *Handbook of social psychology* (3rd ed., pp. 509–566). New York: Random House.

Dawkins, R., & Brockmann, H. J. (1980). Do digger wasps commit the Concorde fallacy? *Animal Behavior, 28*, 892–896.

Dawkins, R., & Carlisle, T. R. (1976). Parental investment, mate desertion and a fallacy. *Nature, 262*, 131–133.

Fischhoff, B. (1996). The real world: What good is it? *Organizational Behavior and Human Decision Processes, 65*, 232–248.

Galotti, K. M. (2002). *Making decisions that matter: How people face important life choices.* Mahwah, NJ: Erlbaum.

Lopes, L. L. (1994). Psychology and economics: Perspectives on risk, cooperation, and the marketplace. *Annual Review of Psychology, 45*, 197–227.

Newsome, W. T. (1997). Deciding about motion: Linking perception to action. *Journal of Comparative Physiology, Series A, 181*, 5–12.

Nickerson, R. S. (1998). Confirmation bias: A ubiquitous phenomenon in many guises. *Review of General Psychology, 2*, 175–220.

Pennington, N., & Hastie, R. (1991). A cognitive theory of juror decision making: The story model. *Cardozo Law Review, 13*, 519–557.

Quine, W. O. (1969). Natural kinds. In W. O. Quine, *Ontological relativity and other essays* (6th ed., pp. 114–138). New York: Columbia University Press.

Staw, B. M., & Ross, J. (1989). Understanding behavior in escalation situations. *Science, 246*, 216–220.

Teger, A. I. (1980). *Too much invested to quit*. New York: Pergamon Press.

Trivers, R. L. (1972). Parental investment and sexual selection. In B. Campbell (Ed.), *Sexual selection and the descent of man* (pp. 1871–1971). Chicago: Aldine.

第 3 章

判断的整体框架

> 心理学已经忘却了自己是一门研究有机体和环境之间相互作用的科学,而演变成了一种只研究有机体的科学。这让人不禁想起了那些大男子主义膨胀的中世纪神学家,他们认为只有男性拥有灵魂,而女性没有。
>
> ——埃贡·布伦斯威克(1903~1955)心理学家,
> 在机能主义和心理学史上做出过重大贡献

3.1 判断和预测的概念框架

"这场灾难不应该归咎于错误的安排,而应该归咎于所有风险中我们不得不承受的厄运……我们冒着风险,我们知道我们必须承担;总有些东西出来阻止我们,因此我们没有理由抱怨,只能向上帝的意志鞠躬,下定决心,尽最大的努力坚持到最后。"这些文字出自英国探险家罗伯特·斯科特的临终遗言。这位探险家没能寻找到南极极点,在仅离返回补给站 17 公里的地方,因饥饿和精疲力竭湮没在南极的冰天雪地里。斯科特意味深长的遗言把他和他的队友们描绘成了英雄——被不可战胜、变幻莫测的自然击败的英雄。但是历史似乎并不善待斯科特,如今,大多数的评论家都认为在斯科特进出南极的多次艰苦跋涉中,除了不可预测的不利事件之外,他一次又一次糟糕的判断应当对他的失败负责(Diamond,1989;Huntford,1999)。斯科特做了很多糟糕的判断,比如补给站的选址、队员、驼兽和机器的耐受力，还有探险中无数其他的细节。

本章将介绍判断的心理机制，介绍人类推理、估计和预测未知事件及其特性的能力。我们的判断能力常常会受到各种系统误差的影响，其中最突出的一个就是简单的过度自信。

人类的大脑可以超越我们的感官提供的信息，并进而超越这种"被动的提供"，成为地球上任何其他有机体的神经系统都无法媲美的"天然设计"。即便是不费吹灰之力的三维物理知觉，单靠视网膜上提供的信息，在数学上也没有办法实现（Attneave，1954；Pinker，1997）。然而进化却授予人类一套拥有特殊构造、可进行假设推理的认知系统，让我们能在三维世界里自由航行而不至于撞到大块礁石。我们的视觉系统非常擅长做一些无意识的推理，以至于我们几乎没有办法用能意识到的经验来检验我们是如何做出这些推理的。在一些脑损伤的案例中，盲视现象表明，即使因主要的视觉皮层受损而不能知觉到知觉过程本身，我们依然能做出判断。本章将要介绍的是判断的加工过程，这些加工过程让我们拥有一系列（傲人）的成就。从预期一个球的飞行路线，到内科医生通过一系列缜密的推理去判断病人的肾脏到底出了什么问题，无一不是判断的结果。

现在，我们将集中关注判断过程的心理，此处的判断特指那些以推断外部世界某些状况的本质为目标的判断（那种把判断视为衡量后果与个人价值观的内部心理活动的观点不在我们的讨论范围内）。在心理学领域，已经发展出一套专门的概念框架，用来处理事件和可能的行动路线及其结果之间的判断和预期。在今天看来，这套框架及其相关术语可能有些陈旧了，但是其中的基本概念仍然提供了一个极好的组织方案，可用来总结在不确定性无法减少的情境下的判断。不确定性无法减少，指的是在决定采取什么样的行动之前，不确定性是不能被排除的。

这个框架被称为透镜模型（Lens Model），由奥地利籍美国心理学家埃贡·布伦斯威克提出（Hammond & Stewart，2001）。我们的感官并不能与外部世界的物体和事件发生直接的联系，而只能通过介于外部物体和内部知觉之间的"透镜"来获取信息，这就是"透镜模型"名字的由来（Pepper，1942）。透镜模型分为两个部分，右半部分表示的是人们在做出判断时头脑中的心理过程，而左半部分

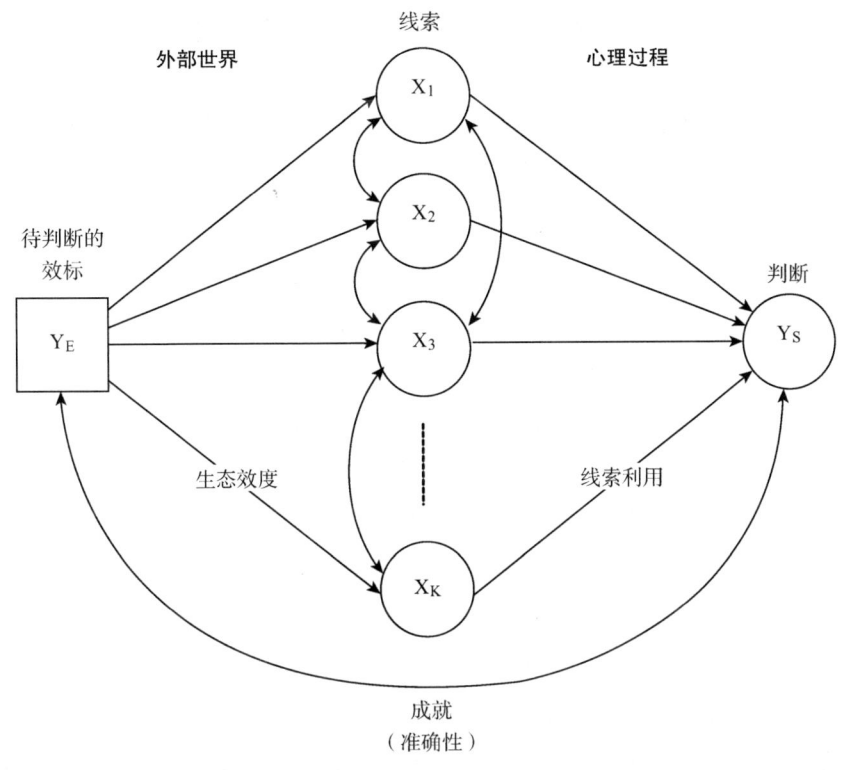

图 3.1 整体判断过程的透镜模型概念框架

表示的则是人们所处的真实世界中的事件和关系。这个框架提醒我们，一个完整的判断理论必须包括行为发生的环境。我们之所以称之为框架，是因为它不是一个描述判断过程细节的理论，而是借此把判断情境的各个部分装进一个概念模板之中。这一有效的模型也有助于更深入的理论分析。

让我们通过概念图（图 3.1），用透镜模型来分析一个判断的例子。假设我们要估计在街上遇到的某个人的生理年龄。（性别、年龄以及种族的判断通常都是自动加工的过程。）透镜模型把判断看成是一个过程。在这个过程中，我们试图通过离事物最近的透镜——也就是那些我们最容易得到的被称为线索的信息——去看清楚世界的真实状态（这个人的年龄）。在这个例子中，我们做出判断很可能是通过观察并且依据以下这些线索：头发的特征（是银白的还是秃顶的）、皮肤状况（是光滑的还是有皱纹的）、身体状况（看起来是匀称挺拔还是老态龙钟，是步态轻盈还是步履蹒跚）、他的衣着（是时髦艳丽还是保守古朴）、他的声音（是稚气未脱的、青春少年的、尖锐的、还是苍白无力），或者其他能支持年龄推断的线索。从这里我们就可以看到，就算是年龄大小这样的直觉判断，一个正在做判断的人也不能报告出来他们依据的究竟是什么样的线索。

透镜模型图的左半部分概括了所谓的效标与可能指向那些情形的线索之间的关系，效标指的是现实世界中真实的、待判断的情形，也即上例中那个男人的年龄。在年龄判断的例子中，物理人类学的研究能够阐明图表左边一列因素之间的关系：生理年龄与它自己产生的可见的线索或者符号之间真正的关系究竟是什么？在人们的概念中，这些关系通常是因果关系。要么是直接的因果关系，效标情形或者结果产生线索；要么是间接的因果关系，效标情形产生或者调节线索的价值。图中间是线索"透镜"，通过它把判断与判断的效标或者目标联系起来。连接线索（X_1, X_2, ……）间的箭头，表示在大多数判断中线索之间存在的相互依赖关系或交互关系。图的右半部分是模型框架中判断的心理过程。它显示了人们整合线索所传达的信息，以便形成估计、预测或效标价值的判断这样一个推理过程。图中标着"成就"的拱形曲线表示判断者对待判断效标进行准确评估的能力。

用统计模型去获取一个人内部的心理"判断策略"（透镜模型的右侧部分），在读者看来或许有些奇怪，因为大家早已熟悉了外部世界中变量与变量之间常用的关系模型（透镜模型左边的部分）。为了清楚地说明统计模型在内部心理过程的应用，让我们来看一个具体的例子吧。

几年前，一些学生对本书其中一名作者（海斯蒂）在评估他的博士项目申请人时使用的判断策略非常感兴趣。每年项目组都会收到近125份申请书，海斯蒂会一一阅读这些申请材料，评价每个申请人进入项目的资格。为了研究需要，他的学生审查了每个申请文档中的内容，并把海斯蒂判断时可能依靠的28条最突出的线索赋予了量化分值。其中一些信息本身就是定量信息（比如年龄，测验分数和GPA分数），但是其他的信息大多数都是非定量的，必须经过编码。比如"大学学习质量"这个指标用四点评分量表来编码。这个评分量表是根据全美国流行的评级服务和由学生研究员主观评价出推荐信的热度编制出来的（拥有较高的评分者一致性信度）。

然后海斯蒂审查了两年来录取过程中的申请材料，并且制作出了一个评定入选资格的 10 点评分量表。学生们利用 245 份申请中 28 条信息和海斯蒂的 10 点准入资格量表，构成一个矩阵，采用统计分析的方法来确定一个最适线性模型，预测海斯蒂从这 28 条线索中做出的评估（参见 Freedman, Pisani, and Purves, 2007 或者别的有关这些分析细节的统计模型）。基本上，这种方法能够粗略地估计不同信息对海斯蒂关于这 245 份申请做出判断会产生什么影响。虽然小心翼翼，但我们还是可以说统计模型能够总结海斯蒂做出准入判断的策略（透镜模型的右边）。在这个例子中，方程如下所示：

$$\begin{aligned}入选资格评估 = &\rightarrow + 0.012（GRE\ 词汇测试分数）\\&+ 0.015（GRE\ 数学测试分数）\\&+ 0.250（推荐信的"热度"）\\&+ 0.410（大学学习质量）\\&- 13.280\end{aligned}$$

这个方程告诉我们海斯蒂怎样的判断习惯呢？首先，他仅仅依据四条信息——两个测验分数、推荐信和大学学习质量。第二，他显然在很大程度上依赖于标准化能力测验的分数。最显著的结果就是这个模型对海斯蒂整体行为的预测有着相当好的效果。模型的预测和海斯蒂真实评估之间相关系数是 0.90。为了验证这个相关关系的正确性，海斯蒂在做完了 245 个申请书评测的两周之后，又找了 50 份申请书，重新进行了一次判断，考查海斯蒂第一轮和第二轮判断之间的相关，结果，信度为 0.88。换句话说，这个模型捕获了海斯蒂在准入资格评判预测习惯中可用的每一个可靠的线索！

尽管在描述海斯蒂的行为上有着不俗的表现，但该模型并不一定能告诉我们，我们到底应该如何进行准入评估。要想做到这一点，我们就需要分析环境中各种线索与效标之间的关系，也就是透镜模型的左半部分（见 Dawes, 1971，一个研究生准入资格的分析）。

3.2 透镜模型框架的研究

透镜模型既然是心理学家为了研究需要提出来的，那么它就可以被看成一个用来分析判断过程的蓝图（Cooksey 1996 年提供了一个很好的方法论介绍，并且综述了来自这个研究范式的结果）。一旦将判断作为研究变量，那么第一步就要确定和测量判断所依据的是哪些线索。这通常是一个很艰苦的工作，因为在所有有效的线索被发现之前，需要多轮的测量和试验。显然，对于直觉判断过程来说，这项工作就更加困难了，因为判断者根本不知道自己判断时依靠的是哪些线索。通常，专家需要做出重要决定的时候，这种状况就会出现。对于内科医生、工程师或者财务分析师来说，"分解"他们高度实践和自动化的判断过程并解释"那是如何完成的"是相当困难的。就拿年龄判断的例子来说，一开始我们可能会根据自己的直觉来判断，或许会向人请教他们是如何做判断的，或许查阅一些人体测量文献中关于老化的精确信息（一个良好的初次推测会适应性地使用科学上正确的线索来进行判断），最后形成一套初级的备选线索。然后我们会进行一个年龄判断的研究，并且保持一个开放的心态，相信在判断过程中，那套最初的线索可能需要进行调整，一直到它包含了判断过程中人们会用到的额外线索。

分析的第二步就是依据概念图的左边部分创建这个事件的模型。线性回归模型常常被用来分析效标与线索之间的关系，依据的是效标与每个可能被判断者用来推断效标的线索间的多个相关系数（参看介绍线性方程的初级统计教科书，如，Freedman, Pisani, Purves, & Adhikari, 1991, 或 Anderson, 2001）。在这种分析中，相关系数（或者是相关的统计量）表明的是效标和线索之间的相关强度（线索的生态效度）以及线索和判断之间的相关强度（通常称为线索利用系数，或者更确切的说是线索对判断的心理影响力）。尽管在很多领域，线性方程令人惊讶地、完整地概括了外部环境。模型的建造者仍会意识到，有时候线性模型也只是一个外部环境动力系统的简化或者缩影。几乎可以这么说，我们所经历的世界被近似的线性关系所主宰。

研究的第三步就要跳到图 3.1 的右边了。这就涉及对线索利用的心理过程建模并检验：人们是怎样利用线索对效标情境做出推断的？又一次，研究者会发现线性模型能够很好地描述这一情况。通常的研究策略是搜集待判断刺激的样本——举个例子，给被试呈现各个不同年龄段男人的录像，让其判断每个目标的年龄。此时判断者利用线索的习惯就会被代数方程所捕获，这个方程把判断和每个线索的权重联系起来（值得注意的是，这种分析的结果取决于研究者使用心理意义上的数量量表来测量线索价值的能力）。研究文献很清楚地表明，线性方程是描述线索利用过程最普遍的原理。神奇的是，不论日常的还是专业的判断，人们看上去就像是使用量表对线索进行测量、分配权重和做加减，从而推断出线索所隐含的意义。

想象一下你坐在一个医生的诊室，观察她诊断病人的过程。每个病人一进来就会先诉说自己病史，然后描述一些当前的症状。接下来医生通常会让病人去做一些实验室检查，也有可能是X光（或者是别的扫描检查）。综合了所有资料之后，医生就能做出诊断，判断出病人到底出了什么问题。把数周以来搜集到的和病症有关的资料记录下来，就可以得到这个判断任务中的线索（如病人的病史、症状和检查结果）和诊断的优良样本。或者，现在我们把情境转换到繁忙的招生办公室，想象一下考官正在审阅申请资料——对成就的客观性测量指标如测验分数、中学成绩，还有更多的像推荐信、课外活动以及个人陈述等主观性材料进行审查——然后在众多申请人中做出录取判断。同样地，你可以一直观察，直到获得了相当数量的关于线索和判断的样本为止。

用透镜模型方法分析判断，是通过代数模型计算每一个线索对某个个案的价值的总权重，从而预测判断者（内科医生或者大学招生老师）的判断。计算总权重的基础是每条线索和判断之间的线性相关系数；在其他条件都相同的情况下，相关系数越大，权重也越大。这个模型也可以扩展到非线性相关关系中（例如U型函数关系中，极端值在判断中就占据高权重——比如极度消瘦和极度肥胖的病人生病的风险较高，而适中体型的人生病的风险就要低很多；又比如一个大学招生办的老师要么喜欢参加了很多课外活动的申请者，要么喜欢专注于某一项活动的申请者，但是不会喜欢"平均的人"，即参加了2~3个活动的申请者）。这个模型也适用于基于联合线索进行判断的构型（configural）关系（比如血液中某种荷尔蒙含量处于较高水平，这对女性的身体是有害的，但是对于男性却没有什么影响；参照下面变量间"交互作用"关系的讨论）。在这里，我们又一次"令人惊讶地"成功运用了简单线性模型。之所以说惊讶，是因为很多判断者都声称他们做出判断的心理过程远比线性方程的预测要复杂得多——但事实上，线性方程却出色地"捕获"了他们的判断习惯。

如果我们掌握了判断样本的效标值，我们同样可以计算出透镜模型范式左边一栏的总括模型。然而，在现实判断任务中，很难获得效标值。在医疗情境中，要让一个医生追溯病人的病史，评估病人当前的情况并判断最终的治疗结果是件特别浪费时间的事情；类似地，在大学招生的情境里，我们也没有获取能够代表那部分未被录取的学生会在大学成功的效标值。通常我们感兴趣的是判断的心理过程，也就是透镜模型右边的一栏，而不是全部框架结构中所包含的完整的环境 - 行为系统。

从医疗诊断到高速路安全的判定、从股票价值到牲畜质量的判断，研究者都做了成百上千的研究（Brehmer & Joyce，1988）。不同的判断领域（比如，天气预测、内科医疗、大学招生和牲畜价格的判断各不相同）和不同的判断者（不同的个体会对不同类型的线索给予不同的权重——除去少数真正出色的判断专家外，大多数所谓的专家并不比一般新手懂得更多，见 Sherden，1998）其结果存在着很大的差异。冒着过分概括的风险，我们在这里大胆地总结一下专家和外行人典型的判断习惯：

1. 判断者（甚至是专家）倾向于只依靠相对较少的线索（通常是3~5条）来做出判断。但也有例外，比如说在专业的天气情况判断和牲畜质量判断方面。在这些例外的领域中，判断者之所以会对更多的线索保持较高的敏感性，是因为判断者在学习如何做出判断的训练中得到了及时和准确的反馈（这与医疗诊断、招生决定或者金融预测等领域的训练不一样。这些领域里，判断者得到的通常是延时反馈或者没有反馈）。
2. 只有很少的判断策略是非线性的；大多数是可加的和线性的——这与大多数判断者对自己判断过程持有的看法相反。
3. 判断者对自己的判断策略缺乏洞察——他们不能准确地评估自己判断时的"线索利用权重"——尤其是专家或有着丰富经验的人。
4. 很多研究（例如，学生对于外表吸引力的判断、教授对研究生院招生的判断、放射研究者对于肿瘤恶性程度的判断）表明，判断者在选择判断策略（线索利用权重的模式）时存在很大的个体差异，并且判断者在判断他们自身时，判断者之间的一致性也很低。在像医疗诊断这样重要的领域，这个结论格外令人不安，因为我们希望我们的医疗专家的诊断能和别的专家（以及生物学理论）保持一致。至少，判断者之间的不一致告诉我们，一定有人错了，这会破坏我们对所有判断的信心。

5. 给判断者呈现有联系但是非诊断性的、不相关的信息时，判断者会对自己判断的准确性更自信，尽管实际上其判断准确性并没有增加。

由本研究粗略勾画出来的专家形象并不令人恭维。然而，本节的关键信息是，在对判断者的表现做出任何结论之前（要么是自觉地承认他们的睿智和准确，要么就是不分青红皂白地认为所有的判断者都无能），我们必须仔细地审查他们的表现——并且做好大吃一惊的准备。很多自大的专家揣着一堆文凭，风度似乎也着实令人钦佩，但是其判断的专业水准可能跟一个大学二年级的学生相差无几。尽管如此，也确实存在一些真正的专家，的确值得我们遵从和聘用。

3.3　在统计模型中捕获判断

历史上一些早期的心理学研究提到了一个关于判断的问题：是否受过训练的专家比由统计推导以及加权平均所计算出的结果有更高预测力。采用多元回归法分析透镜模型框架（见图 3.1），我们会想到以下的问题：哪个更好？框架图左边的线性统计模型总结还是框架图右边的人类判断？大量心理学家和行为科学家研究过这个问题，他们感兴趣的是预测大学成就、违反假释条例的可能性、精神病诊断、医疗诊断、投资价值以及商业成败的结果。早期的研究中，临床专家做出推断时所依据的信息通常也被用到线性模型中。典型情况下，这些信息包括测验分数或者传记事实，但有一些研究也包含了观察者针对某些具体特性做出的评定。所有的这些变量都能够编码成与待预测的效标结果成正性或负性相关的数字（高测验分数和绩点能够预测在随后的学术工作中更好的表现；较高的白血球数预示着更严重的霍奇金淋巴瘤病症；更多的白发和皱纹表明这个人的年龄更大，等等）。

1954 年，Paul Meehl 出版了一本极具影响力的书，书中提到了近 20 个类似的研究，同样都是把人们（心理学专家和精神病专家）的临床判断与仅基于实证数据的线性统计模型的预测力做对比（即透镜模型的左边）。所有这些研究的结果中，统计方法表现出了更准确的预测力（或者两种方法打成平手）。差不多十年之后（1966），Jack Sawyer 考查了 45 篇对比临床判断和统计模型预测力的研究。其中，没有一个研究显示临床的判断比统计预测（Sawyer 把它叫做"机械性组合"）具有更准确的预测力。与 Meehl 不同的是，Sawyer 除了考查临床和统计两种模式下基于同样信息量去做预测的研究之外，还考查了两个获取了更多信息的临床判断研究（每个被评估的人都接受了访谈），但对比的结果却显示人工判断的预测准确率较低（这些研究中还有这样一个案例，二战期间有 37 500 名水手接受美国海军训练，对其在训练中的表现，仅仅依靠他们的成绩或测验分数或两者结合来做预测，要比既考虑成绩和测验分数又经过判断者面试后所做出的预测更加准确）。

同样是在 1954 年，E. Lowell Kelly 研究并探讨了非结构化面试作为一种预测技术几乎完全缺乏效度。（近年来的相关研究请参看 Hunter & Hunter，1984，和 Wiesner & Cronshaw，1988）。目前尚未有证据表明非结构化面试能提供除了过往行为以外的重要信息——除了能说明面试官是否喜欢来访者，这一点在某些特别的情境中很重要。（一些同学认为面试是为了避免招进"书呆子"，但是他们却不知如何在现场面试中确定一个人是书呆子，甚至，他们都不知道如何定义"书呆子"这个词。）

Lewis Goldberg（1968），一位在如何使用线性模型分析判断方面很有影响力的心理学教授，报告了心理诊断中的一个有代表性的研究。Goldberg 请一些有经验的临床心理诊断师依据人格测验分数，辨别病人到底得了精神病还是神经症（诊断结果对心理治疗实践中疗法的选择和保险范围有重要意义）。他构建了一个简单的线性决策规则（把病人在三个量表上的得分加起来，然后减去病人在另外两个量表上的得分；如果结果大于 45，病人得的就是精神病）。开始时用新病例为样本，以他们的出院诊断作为待预测效标值，结果，"Goldberg 法则"的预测准确率达到了近 70%。与此相比，人工判断的准确率刚超过随机猜测的概率（50%），最高也只到 67%。所以，即便最好的人工判断也比不过机械的加减法则。

Hillel Einhorn（1972）又做了一个统计预测和临床预测的对比研究。他研究的是，在霍奇金淋巴瘤还没有治愈方法的时代（1970 年代以前）如何预测患霍奇金淋巴瘤的病人的生存寿命。（Einhorn 之所以对这个病感兴趣，是因为他当时刚被诊断出患有霍奇金淋巴瘤。他在 1987 年因此病逝世。）一个世界级的霍奇金淋巴瘤专家和他的两名助手对患者的活体组织切片的九个方面进行评估（即线索），并对每个病人病情的"严重性"进行总体评估。根据病人的死亡情况，Einhorn 把专家的总体评估和病人的实际寿命做了一个相关分析。就算专家评估出来的病情不能准确到预测死亡的时间，但最起码也能够预测一个大概的趋势（至少这个专家是这样认为的）。而 Einhorn 发现并非如此。事实上，连这个大概的趋势都是错的：被评估为病情严重的病人反而活得更长。用专家们在评估时使用的组织切片的九个方面的特征作为数据，多元回归分析方法却在预测病人寿命上拥有更准确、更可靠的结果。

另一个惊人的例子来自于 Robert Libby（1976）。他让 43 名银行信贷人员（其中有些人是在资产高达 40 亿美元的银行中就职的高级信贷人员）预测 60 家公司中的哪 30 家在未来三年里即将因为财务报表问题破产。为了方便这些信贷人员做预测，这些公司的各种财务数据（线索）都会提供给他们，比如总资产中固定资产的比率。结果，人工判断的准确率只有 75%，而基于同样数据的回归分析，其准确率达到 82%。事实上，仅用资产负债率一项来进行回归分析，其准确率都能达到 80%。

从这些研究中我们可以得到一个经验，那就是在许多判断情境下，我们有必要向专家咨询他们会使用什么样的线索，但要让机械模型来整合线索做出判断。总体而言，线性组合模型优于人工总体判断。这个规律适用于许多不同的情境。在某些医疗和商业情境而不是心理学中，人工判断有时会显示出优越性，这是因为在这些情境中，人们多数是根据"内部信息"做出判断的，而这些信息并不适用于统计模型。如果要确保比较公平的话，就要保证专家和模型能使用相同的信息线索。一旦统计模型接收了外部信息——至少在下面的例子中——它的预测力就会略胜一筹。（比如预测重症监护室 24 小时内病人的存活率；参照 Knaus & Wagner，1989）。Meehl 后来又几次更新了他的经典结论，1996 年，他和同事总结道："对两种方法的预测准确性进行实证比较（包含 136 个涉及各种预测的研究），其结果表明，机械的方法几乎总是和临床方法不相上下，甚至更加优越"（Grove & Meehl，1996，p. 293）。

3.4 统计模型是怎样打败人工判断的

为什么线性模型的预测要好于临床专家呢？我们可以通过以下三个假设性"原理"来解释：一个数学原理，一个"自然"原理，一个心理学原理。

数学原理是指个体变量间的单调关系和单调（顺序的）交互作用都近似于线性模型。这种交互作用呈现在图3.2中。当两个因素联合起来的效应大于这两个因素各自作用之和的时候，我们就称这两个因素存在"交互作用"：但是当一个变量和结果之间的关系方向独立于另一个变量存在时，这两个因素就没有交互作用。真正的单调交互中，高－高作用和低－低作用是不相似的，但高－高（或低－低）会比用每个变量单独分析要高得多（或低得多）。如果高－高和低－低相似的话，交互作用就称为交叉，见图3.2。

举个例子，道斯的一个博士生（Glass，1967）把酗酒和非酗酒囚犯分配到轻松或者充满压力的两种不同体验中做实验。在接受心理学家对其过往经历的访谈之前，先让这些囚犯在休息室等待20分钟。在休息室中放有无醇宾治酒，实验要观察的变量是这些囚犯饮用宾治酒的量，操纵的变量是不同的体验，轻松的或者充满压力的。经历了轻松的体验后，酗酒者和非酗酒者喝了几乎一样多的量。但是在经历了压力体验后，酗酒者的饮酒量是非酗酒者的两倍（参看图3.2中间的两个图）。因此，我们就可以在压力和酗酒者的饮酒行为之间发现一个真正意义上的"单调交互作用"：饮酒量并不能被任何一个影响因素单独预测。在这个例子中，只有把酗酒和压力联合起来考虑才能有效地预测一个人的饮酒行为。然而，一项统计分析表明，这个交互作用可以近似等于两个独立的主效应：1.酗酒者会喝更多的酒；2.所有的被试在经历压力后都会喝更多的酒。只有两个主效应的情境是纯粹线性的。

为了澄清我们的数学原理，请看图3.2中的第一个。图中反映的是两个变量之间只有简单和独立的主效应：一个主效应是酗酒者会喝得更多（不管在什么情况下），另一个是在压力的情境下囚犯会喝得更多（不管是酗酒者还是非酗酒者）。线性的加权模型能很好地拟合数据。图3.2中最后一个图反映的是交叉交互作用，这是交互作用中最复杂的一种情况。在轻松的情境中，酗酒者喝得更少；但是到了压力情境中出现了反转，酗酒者喝得更多。这种情况下，线

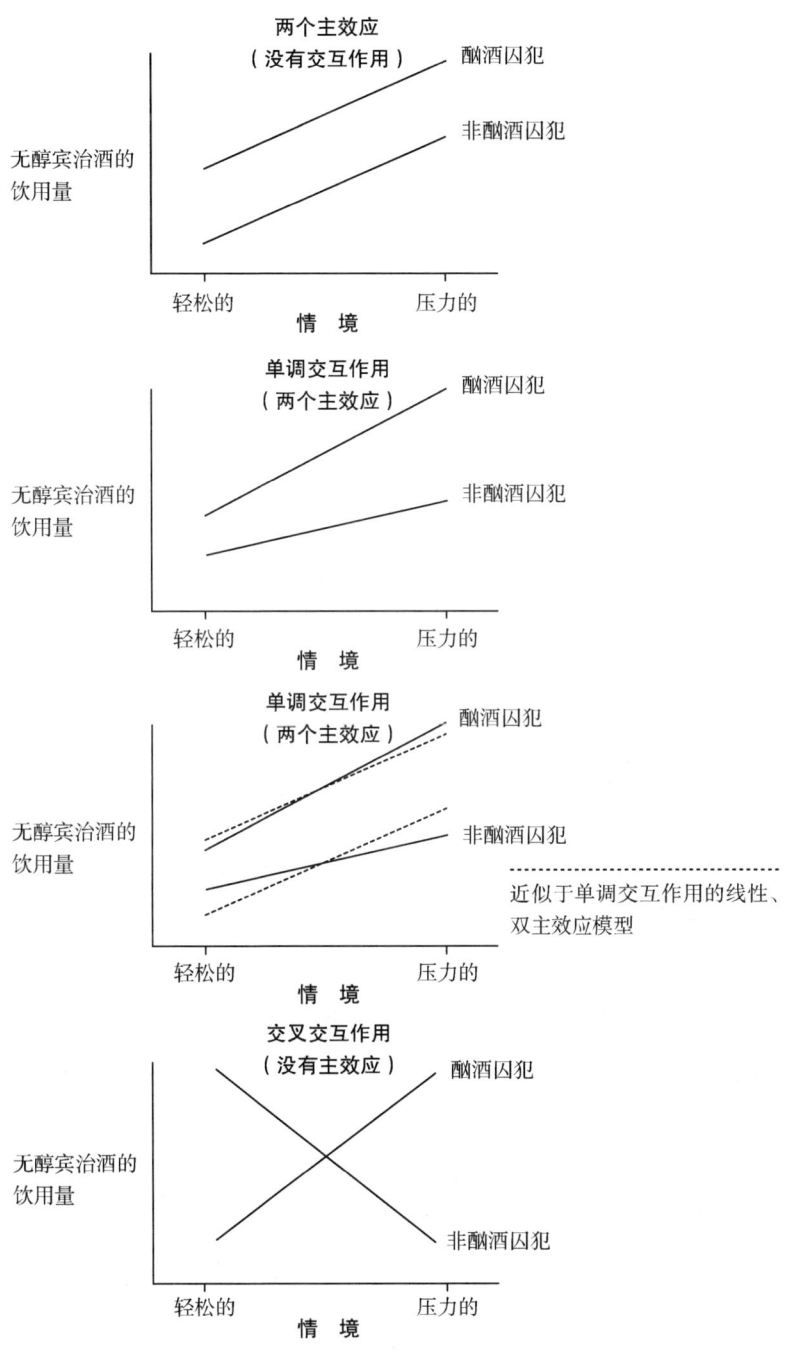

图 3.2 交叉交互作用和非交叉（单调）交互作用的例子

性模型就不能表示这种效应了，哪怕只是近似地。然而在实际应用中，交叉模式的因果关系是非常罕见的。所以正如我们观察到的，在非交叉的关系（更为常见的）中，线性模型几乎都能够很好地表示变量间的关系。（见图3.2第三幅图中的虚线部分。也可以参考任何一本优秀的介绍统计方法和数据分析的著作，例如Norman Anderson 2001年版的统计书就非常优秀；另外，Robert Abelson 1995年的《统计：原则性的讨论》(Statistics as Principled Argument)也是一本见地深刻的著作，在这些书中，包含了交互作用的透彻讨论及其在行为科学中的解释和应用。）

自然原理指的是，大多数交互作用都是单调的，这个原理部分地解释了为什么统计线性模型会如此成功。对两个变量做交叉交互作用假设很容易，但要想在日常生活中发现却很难，尤其是在心理学和社会交往领域。因为某个变量取得最佳值通常都不依靠其他变量，所以大量的交互作用都是单调的。此外，虽然在社会交往领域存在一些交叉交互作用的假设（比如，独裁的领导方式在一些情境中很有效果，而自由的领导方式在另外一些情境中会有更好的效果），但最后往往发现只有口头声明和选择性的事后数据分析能验证它。事实上，Goldberg（1972）在研究教学方法与学生特点的"匹配"如何预测学生学业成就中发现，任何一种类型的交互作用都是暂时的。他在一个大样本数据集的一半中，发现了38个交互作用，而在另一半数据中只获得24个同一方向的交叉验证（同随机的19个交叉验证相比，在统计上显著差异）。

心理学原理指的是，人们很难同时注意到刺激或者情境中两个或者更多非可比的方面，这也许能解释线性模型预测为什么会成功（除"非可比性"之外，"独立可分性"和"非可比性"也是标明刺激各维度之间关系的标签）。人的注意力会在线索之间来回转移。举例来说，Roger Shepard（1964）要求被试对画着各种角度"辐条"的圆圈（刺激物就像是一个怀表的表盘一样）进行判断，被试要么只注意圆圈的大小，要么只注意辐条的角度，但不能同时注意这两个方面。评估学术申请的情形也是类似的。通常人们在判断时只会锚定一条突出的线索，比如GPA分数或者测验分数的高低，然后根据申请者的其他信息来做调整。有时，突出的锚定价值取决于信息的呈现形式，因为将某条信息（如测验分数）置于突出位置时（如申请信息表开头），偏差就产生了。信息呈现的顺序会使其具备更显著的锚定价值，从而带来判断上的误差。一些人通常是先注意到一个线索，比如有利的测验分数，随后是第二重要的线索（可能是 GPA 分数），然后是重要性再次之的第三线索。从以上的例子我们可以注意到，尽管锚定 – 调整判断策略并不那么精美，但它在认知上却非常有效地整合了数量可观的信息，以至于一定程度上可以媲美于线性模型。然而锚定 – 调整判断策略还不是最优的。现实中，在对申请人这一总体的分布以及申请资料库中每个学生的可预测性知之甚少的情况下，一个招生委员会的成员怎么能够理性地把测验信息和 GPA 信息综合起来考虑呢？作这样的比较有一个理由，即纯粹的统计模型优于总体判断。统计模型能够利用从各种线索转换过来的有效和独立的信息，把情境中的所有可得变量"校准"到标准化的范围，最后做出严谨、一致的判断。

既然单调交互作用近似于线性模型（这是一个统计事实），而现实中存在的交互作用大多数又是单调的，并且人们对来自各个方面不具有可比性的信息进行整合着实存在困难，那么线性模型胜过临床判断就是显然的。要想推翻这一说法，唯一可行的做法就是，强调受过训练的专家在整合信息方面确实优于常人（而不是他们知道应该注意哪些信息）。但是并没有证据能够表明专家就一定与一般人的思考方式不同（记得第 1 章中提到的国际象棋大师吗？大师并不具备特别的视觉或者智力技能，只是相对于新手来说，他们知道"往哪儿看"，在长时记忆中有更多的各种棋局知识，并且清楚在每一种棋局下应该如何应对）。

由此我们可以做一个更大胆的设想：不仅仅现实经验的世界是线性的，相应地，人类的判断习惯也是线性的。因此，线性模型不仅广泛用于描摹透镜模型右边的线索利用部分，也正确地表现了人类的思维图式（如 Anderson，1996；Brehmer & Joyce，1988）。在很多基本的方面，人类的思维都遵循线性权重加法模式。事实上，我们熟知的人类大脑神经网络的工作原理也告诉我们，像大脑这样的自然"机器"，它的算法也是权重加法模式，很多基础的过程都可以很好地用线性方程来描述。我们将在下一章来探索这种判断习惯的微妙之处。

3.5 线性模型的惊人成功对实践的启示

无数的研究文献惊人一致地显示出,专家判断很少获得令人满意的准确率,几乎从未比机械判断更好。正如 Meehl（1986）所说,他那本"恼人的小书"出版 40 年后,"在社会科学领域,一大堆各种各样的定性研究在这同一方向上得出如此一致的结论,表明在此问题上已没有争议（p. 373）。"这一点对实践的启示好像也逐渐清晰：一旦有可能,人工判断就应该被简单的线性模型判断所取代。之所以说"一旦有可能",是因为我们同样也相信,在用一种新的方法做重要的决策之前,需要做一些实证测试。我们并不提倡违背"具体问题具体分析"的原理,在所有的判断情境中都用线性模型判断替代人工判断。在现实的判断环境中总有一些特例和变化（比如发明一种新的诊断方法）,需要远见和及时的调整。但是我们坚信,在专家判断上浪费的大量时间和资源,可以在统计模型中得到更公平、更有效和更准确的利用。利用人类构建的线性模型判断,比只靠人类自己判断要有效率得多。

我们提倡更广泛地使用准确的、机械的预测方法。道斯等人（1979）的研究表明,即便不使用统计上的最优权重数据,线性模型也能轻而易举地胜过专家判断。多年来,一个让道斯困扰不已的想法不断在他脑中盘旋：或许任何线性模型都能胜过专家。这种可能性看起来荒唐,但是道斯却执着于这个问题的研究。在一个助理研究员空闲的时候,道斯要求他去处理一些数据,并建立一个线性模型。要求是"除了正负号外、所有的数据都赋予一个随机的"权重（预知每条线索对效标的影响方向时,这样做是合理的）。在头 100 个这样的模型都胜过了人工判断之后,道斯又进行了 20 000 个这种"随机线性模型"的研究——其中 10 000 个模型的数据来源于正态分布中随机选择的一些系数,另外 10 000 模型的数据是从均匀分布中随机选择的一些系数。道斯用了三组数据集合：（1）根据《明尼苏达多项人格量表》的测验分数,对大约 860 个病人诊断其为精神病还是神经病（Goldberg "加三减二"法则中也用到过同样的数据）；（2）用招生评估的 10 个学术性变量和随后考查的人格特质变量数据,预测伊利诺伊州立大学心理系一年级研究生的 GPA；（3）用本科 GPA、GRE 分数以及本科院校的入学难度,预测俄勒冈州立大学 2~5 年级的研究生的表现。这三组预测都同时由线性模型和专家

（从研究生到优秀的临床心理学家）预测。平均来看，随机线性模型解释的效标和预测之间的方差变异是训练有素的专家基于直觉判断的1.5倍。基于数学推理，单位加权（就是把每个变量标准化，依据变化方向±1个标准差而引起的因变量变化）能提供更好的预测力，平均是人工判断的2.61倍。系统或随机线性模型常被诟病为不合理，是因为他们的系数（或权数）不是基于最优化预测的统计技术。然而这个研究表明，即便是如此不合理的模型，也能像那些合理的模型一样得出良好的预测结果。在解释线性模型中的系数时，系数前面的符号比具体的数字权重要重要得多。

还需要指出的是，在利用包含不同数字和单位的测量量表数据时，基于直觉的人工判断是没有竞争力的。如果一种类型的信息（如测验分数）被转换成了200到800的数值，而另外一种类型的数据（如绩点）被转换成了1到4，那么大脑很可能被愚弄，即面对大数值进行大调整。之所以举这样一个例子是为了说明，在做直觉判断时，把信息量表线索标准化是一种不错的方法。另一个有效但同样"不合理"的方法就是收集大样本的人工判断，拟合一个线性模型，用它来替代初始的判断。这个方法叫做自举引导式（bootstrapping）（不要和Efron 1988年提出的统计中的重抽样技术混淆），而且这个方法总会胜过人类专家，包括那些在原始模型中被当做"判断来源"的专家。关于自举引导式的成功有很多种解释，有人说它的信度、稳定性较好（方程不易受到不良情绪或疲劳的影响），也有人说与主观报告或者个案解释的方法相比，抽象判断策略或许能够更好地理解人们判断的真实过程。但是自举引导式成功的最大原因，可能还是要归功于它出色的稳定性和（即使是不合理的）线性模型的强大。线性模型的强大，来源于其数学性质及其与待判断环境中事件内在结构的匹配。

3.6 反对和辩驳

从上面的几个小节我们可以得出这样的结论，不论是随机的、系统的或者是自举引导式的模型，它们的预测力都普遍高于训练有素的专家。然而专家，或者是依赖这些专家做判断的人却不太乐意接受这样的事实。所有的这些发现几乎都不能对专家判断的应用造成影响。Meehl 在年轻的时候就被选为美国心理学会主席，但是他的这个研究成果的实际应用却没能引起同行们的重视。拥有联邦执照的心理学家、内科医生和精神病学家做（有利可图的）总体判断时总是以这样的字眼开头："依我之见……"。事实上，这些判断可能还比不上一个门外汉用一个可编程计算器计算出来的结果。人们对自己的总体判断没有信心，却对"专家"的总体判断深信不疑，这种强大的信念瓦解了一系列优良研究发现的价值，并且主宰着我们的法律和医疗系统。

人们反对这种准确的统计判断模型有很多原因。首先，它公然冒犯了很多专家的自恋情结（同时还威胁到他们的收入）。捍卫专家判断的一种常见方式是，对在特定研究中做总体判断时用到的专家的专业知识提出质疑。一位密歇根大学的心理学教授常常会嗤之以鼻地说："哼，对方只不过是明尼苏达的一名临床医生而已！"殊不知，大多数明尼苏达的临床医生都是在密歇根大学拿到博士学位的。"你们用过 X 博士的判断吗？"，一所很有名望的医学院院长告诉我们说，"他的判断一定与病人的实际寿命有关。"事实上，X 博士正是 Einhorn 在霍奇金淋巴瘤研究中的一名被试。

另一些反对线性模型的人坚持认为，线性模型只在一些短暂的和琐碎的事情上有更好的预测效果（比如死亡时间、出狱时间或者是退学）。他们声称，在"真正重要的长期结果预测"中，总体判断有着更好的预测结果。但是 Jay Russo（在私下交流中）指出，这个反对的理由只能说明长期预测比短期预测更容易。像预测死亡（100 年以后我们都会死去）和狂犬病（在潜伏期之后就会发病）这样的变量是可能的，但是这些变量并不是这些研究中要预测的那类变量。还有，如果我们了解一下过程（比如血液中存在狂犬病病毒或者艾滋病病毒），预测"潜伏周期"就变得像演讲中提到的某个数字一样不重要了，同样地，预测长寿比预测死亡更容易。

最后一项反对的理由就是，"不可能所有的人都错。"专家们因为他们"依我之见"的判断被人们敬畏了很多年，同时也获得了很丰厚的报酬。然而就像 James March 所说的，这种敬畏可能只起到了社会作用。老百姓和相关组织常常只需要在好坏参半的备选选项中做出选择。所以判断一个决策的好坏，咨询专家就成了一个标准，而且这个专家收费越高越好。"我们已经尽最大的努力去获取可能最好的医疗建议了,"这种想法可能是一场致命手术(或者输掉的官司)的安慰剂。就像丢掉《易经》就能使某些人免除对失败婚姻或者一个错误职业选择的悔恨。构建线性模型的专家给人的印象,根本比不上依靠"多年经验"的直觉"顿悟"而进行判断的专家。(据我们所知,一个收费很高的咨询专家在私下里偷偷地使用线性模型。)所以我们对专家判断价值的评判是独立于其效度的。

除此之外,还存在一种环境因素让我们不相信总体性直觉判断存在劣势。那就是反馈的可得性是有偏的。在一个预测情境中构建线性模型时,我们能够准确地知道这种方法的不足。但相反的是,我们对于直觉判断的反馈是有问题的。我们不仅选择性地只记住了成功的时候,还常常意识不到自己的失败——因为我们用已有的知识把它们"解释掉了"。谁知道被研究生院拒绝的申请人现状如何?教授只能接触到录取的学生,如果某个教授的工作成绩优异,被录取的学生同样可能会表现得很好,这就会强化教授对自己的判断效果的信心。但是被误诊为"精神病"的患者呢?如果幸运,他们将在诊断他们的权威人士眼前消失;如果不幸,他们有可能被安排到很快就会使其变成精神病的环境中。最后,病人因接受不了而自杀,医生会解释说:这是因为该病人送过来时的情况已非常严重了,以至于他们还没开始治疗就发生了悲剧。不相信?你可以去查看病历,所有的情况都记载在他的病历里。

有关反馈的问题在 Malcolm Gladwell 的畅销书《当机立断:不假思索的思考力量》(2005)中有举例解释。Gladwell 讲述的故事是关于盖蒂博物馆中一尊所谓公元前 4 世纪古希腊创作的、名为"科诺斯[1]"的年轻男性裸体大理石雕塑。这尊雕塑的来源并不确定,所以博物馆就请了专家,用科学方法来确定石头和它表面的材料成分是否和真正的古希腊雕塑相同。专家给了肯定的结论,博物馆也跟着把它买了下来。然而当雕像展出的时候,一些艺术历史学家看到这尊雕像的第一眼时便倒吸了一口凉气。希腊一间有名望的博物馆主管 Angelos Delivorrias 说,他感觉到了一阵"直觉上的厌恶"。当时世界上最有名的博物馆馆长 Thomas Hoving(1996)说,他看到雕像的第一个感觉就是太"新"了,并且评论道:"在西西里岛挖掘的时候,我们也发现了一些类似的零零碎碎的东西。只是没有这么成型(p. 315)。"(然而值得注意的是,这尊雕塑到底是真的还是高仿品至今仍然

---

1 希腊语青年之意。——译者注

存在争议；Goulandris Foundation & J. Paul Getty Museum，1993）。

从上面这个表面上直觉判断胜过系统分析的例子，我们能得到什么样的结论呢？第一，在检测这个领域的造假上，化学检测可能不是最好的方法。如果这尊雕塑真的是赝品，那么造假者肯定对何时选择大理石材料和如何"做旧"做了很多研究。但如果没有做过前景性研究（就像那些进行评价线性模型的例子），我们不知道在这事件上拥有正确直觉的专家，在其他伪造品的判断上有多少次正确。谁知道他们以前被愚弄了多少次？我们甚至不知道，就在这个雕像的真伪判断中，有多少其他专家的直觉是错误的。这就像我们举的一个例子，有 36 个人预感掷骰子的下一轮会出现两点，并且愿意在成败机会相当的情形下赌上一把，结果平均只有 1 个人会赢。赢的那个人引起我们的注意，而另外 35 个可能都不怎么被提及。

另一个有启发性的例子是"亲爱的阿比"提供的 1975 年时的一封信：

亲爱的阿比：在一个高级杂货店排队结账时，我看到一个在我正前方的女人在疯狂地翻找她的钱包，很尴尬的样子。看起来她的东西已经结算了，但她还差一美元。我很同情她，就把一美元递给了她。她很感激我并坚持要了我的名字和地址，写在一张皱皱巴巴的纸上，然后放进她的钱包里，说："我明天一定把钱邮寄给你。"然而几个星期过去了，我仍然没有收到她的来信！阿比，我认为我对判断人很在行，而且我并不想认定她是那样的一个人。这点小钱一点也不重要，但是这却动摇了我对人的信心和看法。希望得到你的看法。

——害羞的一美元

值得注意的是，"害羞的一美元"并没有对她今后的判断能力——几乎是不考虑任何信息的——失去信心，反而对人性失去了信心。"害羞的一美元"仍然相信自己"对判断人很在行"，只是其他人没有那么好而已。

Hillel Einhorn 和 Robin Hogarth（1978）检验了判断后信息的可得性并且演示了反馈如何系统地让直觉判断看起来有效。举这样一个例子：一个服务员认为他能根据客人的穿着判断其给小费是否慷慨。如果他认为这个客人在给小费上会很小气，那么他就会提供较差的服务，而最后也导致了小费较少——因此这就强化了这个服务员的判断。（不是所有的预言都是自我实现的——前提是必须有一种机制，而直觉判断恰好就提供了这样一种机制。直觉也有可能是某些自我否定预言的机制，比如一个人感觉自己开车时无论冒多少风险都不会受伤。）

相反地，线性模型的系统预测有时候也会得出不准确的数据。比如，在 Einhorn（1972）的研究中，用最好的线性模型来预测霍奇金淋巴瘤病人的寿命，结果方差仅为18%（参见本章3.3），与此相比，世界上最好的专家预测结果却为0%。这样的结果告诉我们一个令人不安的结论：我们最关心的那些结果大多是不可预测的。比如，告诉一个研究生招生办的老师，GPA 分数、GRE 成绩以及本科院校联合起来，在预测学生随后的表现中只能起到23%的作用，这一定是很难接受的，但与此相对的是，招生办老师的总体评估只能解释4%。然而，我们非常渴望预测那些对我们很重要的事情。如果想得出一种方法（线性模型）预测力不佳的结论，唯一理性的依据就是有其他更好的方法。然而在没有任何根据的情况下认为"别的方法"一定存在，而且它就是直觉总体判断，那就是不理性的，甚至可以说是荒谬的。

关于人工判断的大量研究给我们上了重要的一课，那就是，并不是所有的结果都是可预测的；在现实世界中存在大量的"不可降低的不确定性"，即透镜模型（图3.1）中的左边部分。就拿学业成就来说，它会受到研究生期间与谁共享一间办公室、哪个教授恰好有助理研究员的空缺、与之竞争第一份工作的人能力有多强（被哪些"研究委员会"指定的教授来评审）等等因素的影响（Bandura，1982）。此外，在学术生涯中的确存在着自我放大的特点。一次"小小的幸运"也许就能让一个刚毕业的博士得到某个好大学的任职职位（或者一个刚毕业的医学博士得到某优秀医院的职位，或者一个刚毕业的法学博士得到某出色的律师事务所的职位），随着工作的进行，幸运者就会发现周围的同事也非常优秀，这又会显著地强化个体对于自己在工作表现上的判断，认为自己把非凡的才华带到了工作中。（相反，一点点坏运气就能让一个刚毕业的博士肩负起九门课程的教学重任，遇上不利于学术成果产出的资源分配和"疲惫不堪"的同事。没有几个人能像爱因斯坦一样因为发表了一份3页纸的论文[1]，就从专利局办公室走出来获得一份全

---

[1] 1905年9月，爱因斯坦完成了论文《物体的惯性同它所含的能量有关吗？》，当时他还是瑞士伯尔尼专利局一个默默无闻的小职员。这篇不足3页的论文，通过演绎，轻而易举地导出了质能关系式 $E=mc^2$，得出"物体的质量是它所含能量的量度"的结论，从而叩开了原子时代的大门。——译者注

职的学术职位。）

人们发现用线性模型来评估他人尤其令人不快。比如，研究生面试真的很重要吗？一个字，"不"。在不能体现申请者长期表现的半小时面试中，我们又能获得什么呢？Len Rorer（与道斯私下交谈时）指出，认为一个人可以利用面试技巧完全了解另一个人，那简直是天方夜谭。而且，就算面试官认为他们能够在面试中筛选出申请者身上一些或正面或负面的信息，但仅仅根据考官对申请者在一次面试中表现的评价，而不是四年大学生涯中真正的成功（或失败），来判断他们到底是什么样的人就真的公平吗？GPA 或许仅仅只是一个数字，但是它代表了约50 个教授数年的意见；一些教授也许对某个学生有偏爱或者偏见，但是多次基于实际表现和考察的联合印象还是比仅仅基于与一个人（这个人也同样存在偏见和不可靠性）在一次简短的互动中所得出来的结果要公平一些。而且，GPA 预测的效果要比面试好，所以根据一个没有效度的印象来判断另一个人，是不是有点不公平呢？

一位研究医学决策的同事讲到这样一个故事，院长和著名的医学院都来咨询他，为什么他们的学院屡屡招不到女学生。这位决策研究人员就用统计的方法，从"外部的视角"研究了这个问题，并且找到了这个问题的症结：一个老教授用大量的时间来面试申请医学院的学生。他评估的主要维度有"情绪成熟"、"对医学的兴趣"和"神经质"等。每当他面试到未婚女性申请者时，他都倾向于认为她们不够成熟；而当他面试到一个已婚女性时，他又倾向于认为她"对医学的兴趣不够"；当他面试到离婚女性时，他又倾向于认为她"神经过敏"。几乎没什么女性申请者能从他的面试中得到正面评价，尽管他声称他的判断显然与性别无关（颇具讽刺意味）。

3.7 判断在选择和决策中的角色

在这一章中，我们一直把注意力放在事件和结果的判断上，实际上我们所讨论的判断框架可以应用到更大的决策框架和如何确定备选行动的判断中。线性模型可以有效地描述判断的心理过程，同时对预测外部事件来说，也是一个虽不完美但却相当实用的统计工具。此外，线性模型对预测我们自己的评估和偏好，也就是所谓的"内部"事件与主观世界，也是一种很有效的方法。从本质上讲，当下的决策就是要求我们预测我们将来会喜欢什么，但通常那时的条件和现在做决策的条件已经很不一样了。既然在预测的准确性能够被检验的情境中，线性模型预测的效果比直觉判断的效果要好，那么在实际缺乏明确效标的情况下，为什么结果不也是如此呢？如果我们希望在涉及多重因素的情境中做出选择，那么运用自己的（尽管还不尽合理）线性模型就能做出不错的判断。这本质上也就是本杰明·富兰克林建议的做判断的方法（充分讨论见第10章）。他建议在考虑一个行动方案时，列出利与弊，衡量它们的重要性，然后把利与弊的分数加权计算，看哪一个行动方案的得分最高。

因此，对于如何选择的实用性建议就是，我们要依赖强大而美妙甚至还不尽合理的线性模型。这一章的基本原理就是"只有数字才是真实的"，不管这些数字的质量是好还是坏。如同在其他情境中能够使用数字来达到建构或者解构的目的一样，把数字应用到决策领域，也可以让我们做出好的或不尽完美的决策。然而在使用数字时要克服"神秘的人脑"这个观点（目前没有研究可以支持这个观点），它会让我们不依赖任何可靠的、可控的思维过程而得出出色的结论。然而我们也不能否认神秘性依然存在，只不过不是在这个情境中。我们所有人无一例外都对自己的判断能力过度自信。想要做出好的判断，并且对他人公平，就必须克服不使用数字信息的坏习惯。当我们确实这样做的时候，就应当像我们利用数字的帮助修建一座历久弥坚的桥梁一样，由衷地感到骄傲。

参考文献

Abelson, R. P. (1995). *Statistics as principled argument*. Hillsdale, NJ: Lawrence Erlbaum.

Anderson, N. H. (1996). *A functional theory of cognition*. Mahwah, NJ: Lawrence Erlbaum.

Anderson, N. H. (2001). *Empirical direction in design and analysis*. Mahwah, NJ: Lawrence Erlbaum.

Attneave, F. (1954). Some informational aspects of visual perception. *Psychological Review, 61*, 183–193.

Bandura, A. (1982). The psychology of chance encounters and life paths. *American Psychologist, 37(7)*, 747–755.

Brehmer, B., & Joyce, C. R. B. (1988). *Human judgment: The SJT view.* Amsterdam: North-Holland.

Cooksey, R. W. (1996). *Judgment analysis: Theory, methods, and applications.* San Diego: Academic Press.

Dawes, R. M. (1971). A case study in graduate admissions: Application of three principles of human decision making. *American Psychologist, 26*, 180–188.

Dawes, R. M. (1979). The robust beauty of improper linear models in decision making. *American Psychologist, 34*, 571–582.

Diamond, J. (1989, April). The price of human folly. *Discover*, 73–77.

Efron, B. (1988). Bootstrap confidence intervals: Good or bad? *Psychological Bulletin, 104*, 293–296.

Einhorn, H. J. (1972). Expert measurement and mechanical combination. *Organizational Behavior and Human Performance, 7*, 86–106.

Einhorn, H. J., & Hogarth, R. M. (1978). Confidence in judgment: The illusion of validity. *Psychological Review, 85*, 395–416.

Freedman, D., Pisani, R., & Purves, R. (2007). *Statistics* (4th ed.). New York: Norton.

Gladwell, M. (2005). *Blink: The power of thinking without thinking.* New York: Little, Brown.

Glass, L. B. (1967). *The generality of oral consumatory behavior of alcoholics under stress.* Unpublished doctoral dissertation, University of Michigan.

Goldberg, L. R. (1968). Simple models or simple processes? Some research on clinical judgments. *American Psychologist, 23*, 483–496.

Goldberg, L. R. (1972). Student personality characteristics and optimal college learning conditions: An extensive search for trait-by-treatment interaction effects. *Instructional Science, 1*, 153–210.

Goulandris Foundation & J. Paul Getty Museum. (1993). *The Getty Kouros Colloquium: Athens, 25–27 May*, 1992. Athens: Kapon Editions.

Grove, W. M., & Meehl, P. E. (1996). Comparative efficiency of informal (subjective, impressionistic) and formal (mechanical, algorithmic) prediction procedures: The clinical-statistical controversy. *Psychology, Public Policy, and Law, 2*, 293–323.

Hammond, K. R., & Stewart, T. R. (Eds.). (2001). *The essential Brunswik.* New York: Oxford University Press.

Hoving, T. (1996). *False impressions: The hunt for big-time art fakes.* New York: Simon &

Schuster.

Hunter, J. E., & Hunter, R. F. (1984). Validity and utility of alternative predictors of job performance. *Psychological Bulletin, 96,* 72–98.

Huntford, R. (1999). *The last place on earth.* New York: Modern Library.

Kelly, E. L. (1954). Evaluation of the interview as a selection technique. In *Proceedings of the 1953 Invitational Conference on Testing Problems* (pp. 116–123). Princeton, NJ: Educational Testing Service.

Knaus, W. A., & Wagner, D. P. (1989). APACHE: A nonproprietary measure of severity of illness. *Annals of Internal Medicine, 110,* 327–328.

Libby, R. (1976). Man versus model of man: Some conflicting evidence. *Organizational Behavior and Human Performance, 16* (1), 1–12.

Meehl, P. E. (1954). *Clinical versus statistical prediction: A theoretical analysis and a review of the evidence.* Minneapolis: University of Minnesota Press.

Meehl, P. E. (1986). Causes and effects of my disturbing little book. *Journal of Personality Assessment, 50,* 370–375.

Pepper, S. C. (1942). *World hypotheses.* Berkeley: University of California Press.

Pinker, S. (1997). *How the mind works.* New York: Norton.

Sawyer, J. (1966). Measurement and prediction, clinical and statistical. *Psychological Bulletin, 66,* 178–200.

Shepard, R. N. (1964). Attention and the metric structure of the stimulus. *Journal of Mathematical Psychology, 1,* 54–87.

Sherden, W. A. (1998). *The fortune sellers: The big business of buying and selling predictions.* New York: Wiley.

Tversky, A., Sattah, S., & Slovic, P. (1988). Contingent weighting in judgment and choice. *Psychological Review, 95,* 371–384.

Wiesner, W. H., & Cronshaw, S. F. (1988). A meta-analytic investigation of the impact of interview format and degree of structure on the validity of the employment interview. *Journal of Occupational Psychology, 61,* 275–290.

第 4 章
基本判断策略：锚定与调整

给我一个支点，我能撬起地球。

——阿基米德（公元前 287~ 公元前 212 年）
古希腊哲学家、数学家、物理学家

为了理解人们的判断行为，我们喜欢对他们的认知和情绪加工过程进行描述。这些加工过程贯穿于理解判断任务和形成最终的印象、估值与选择之间。我们已经展示了代数模型如何为人们整合各种信息资源以做出判断提供合意的解释。因此，在某种层面上，代数模型可以有效地描述上述加工过程。本章中，我们将更深入地去认识和理解第 3 章中提出的、体现在更加广义水平上的加权线性方程背后的潜在认知过程。

4.1 凸显的值

通常，我们对频率和概率的估计，甚至对结果是否符合期望的估计都是模糊的。在这种模糊情境下，如果有一个"锚"作为估计起点，就可以产生戏剧性效果。人们会根据这个所谓的"锚"对自己的评估进行调整，不过估计的结果却不会离"锚"太远。当采用这种方法整合信息时，通常会出现"调整不足"

（underadjust）的现象。如果我们回想起一座房子的售价约为20万美元，那么在对它的价格进行更准确的评估时，我们会以20万美元这个评估值为起点，而最终的评估价格也将非常接近此数值。投掷四次硬币，我们理所当然地认为会有两次正面朝上（即使实际发生的概率只有3/8）。有时尽管我们评估的是非数字信息，也会落入"锚定与调整"的窠臼。当了解了某位职业足球运动员具有某种特征后，我们通常会预期其他职业足球运动员也具备类似的特征。当在某家饭店享用了一顿美味佳肴后，我们通常会预期该饭店的其他菜品也同样美味（然而，由于回归效应的存在，事实通常会让我们感到失望，见第7章）。

锚的产生可能完全是随机的。例如，Amos Tversky 和 Daniel Kahneman（1974）曾让学生估计联合国中非洲国家所占的比例（此研究于1972年进行，当时的正确答案是35%）。估计前，实验者要求被试通过转动"幸运转盘"得到1到100之间的一个数字，并判断非洲国家的比例大于或小于这个数字。当然，这个所谓的"幸运转盘"是由实验者控制的。通过"幸运转盘"得到数字10的被试，其估计的均值为25%；而对于那些得到数字65的被试，其估计的均值为45%。尽管10和65这两个数字是完全随机产生的，却成为人们估计时的锚。

其实，人们在判断的开始阶段会将注意力聚焦在一个所谓的锚上，而最终的估计无非是对这个锚的一个不充分调整。这种不充分的调整是普遍存在的，并与原始锚的可信度以及判断者头脑中或手边拥有的相关信息的数量有关。对于Tversky 和 Kahneman（1974）的实验结果，读者可能和我们一样有这样的疑问：那些知识渊博的被试是否知道联合国中非洲国家所占的实际比例低至35%呢？实际上，为了演示"锚定效应"，实验才被设计成上述形式，评估者头脑中缺乏相关信息，这就给随机产生的锚留下发挥的余地，使其对评估产生巨大的影响。

锚定与调整的过程在人们的判断中普遍存在，特别当这个所谓的锚是被"明显"随机选出时（类似上述Tversky 和 Kahneman 的"幸运转盘"的实验）尤为如此。一个有关心算的研究给我们呈现了另外一个武断地选取锚的例子（这个锚更加隐晦）。同样来自Tversky 和 Kahneman 在1974年的研究，他们要求被试估计"8的阶乘"是多少。被试并不知道正确答案。问题以两种方式呈现出来：一部分被试被要求估计乘积式 $8 \times 7 \times 6 \times 5 \times 4 \times 3 \times 2 \times 1$ 的结果，而另一部分被要求估计乘积式 $1 \times 2 \times 3 \times 4 \times 5 \times 6 \times 7 \times 8$ 的结果。Tversky 和 Kahneman 假设首先呈现给被试的数字会被看做锚（这个锚也可能是乘积式中的前3~4个数字的乘积）。事实也正如他们所猜想的那样。当乘积式中的数字按照递增的顺序呈现时（1×2×3×……），被试对结果的估计中值是512；而当乘积式中的数字按照递减的顺序呈现时（8×7×6×……），被试对结果的估计中值是2250（对于这两种呈现方式，人们都低估了正确结果，即40 320）。

4.2 锚定及（不充分）调整

这一连续的判断过程（锚定与调整）是我们有限的注意"频道"以及因认知局限而形成的选择性策略的自然结果。正如在一个视觉场景中我们只能关注于其中一点，又如在嘈杂的鸡尾酒会上我们只能专注于一次交谈一样，在判断或评估时我们一次只能注意到一条线索。我们可以用一个流程图呈现人们的判断过程（如图4.1所示）。

正如流程图所示，判断是一个复杂的过程，偏差可以产生于其中的很多环节。最基础的偏差是该过程有"调整不足"的倾向或简单称之为"首因效应"——判断过程的开始阶段所考虑的信息，在最终判断时被赋予过高的权重。这种锚定通过两种认知程式产生偏差。第一，在判断过程临近产生结果时，调整呈现出一种保守的特点（Epley & Gilovich，2001）。当新的信息出现时，人们习惯性地对先前估计的值进行向上或向下的微小调整，因而导致先前的信息被过分看重。也许人们只是很自然地将最先呈现的信息当成最重要的，所以才赋予其过高的权重。第二，锚，更确切地说是和锚相关的概念，对第二次、第三次以及随后考虑的信息会产生一种偏差效应，特别是当信息需要从记忆中提取时（Chapman & Johnson，1994；Strack & Musweiler，1997）。

Nick Epley 和 Tom Gilovich（2001）认为，只有当锚是由人们自己选出时，调整不足过程才会发挥重大作用。他们设计了一个巧妙的实验，实验者可以准确地知道被试所选取的锚。（例如，当问被试"继哥伦布之后第二个登上西印度群岛的欧洲探险家是在哪年登陆的？"几乎所有的美国大学生都会自我锚定在"1492"这个数值上。）行为结果清楚地表明，被试会从他们自我产生的这个数值开始连

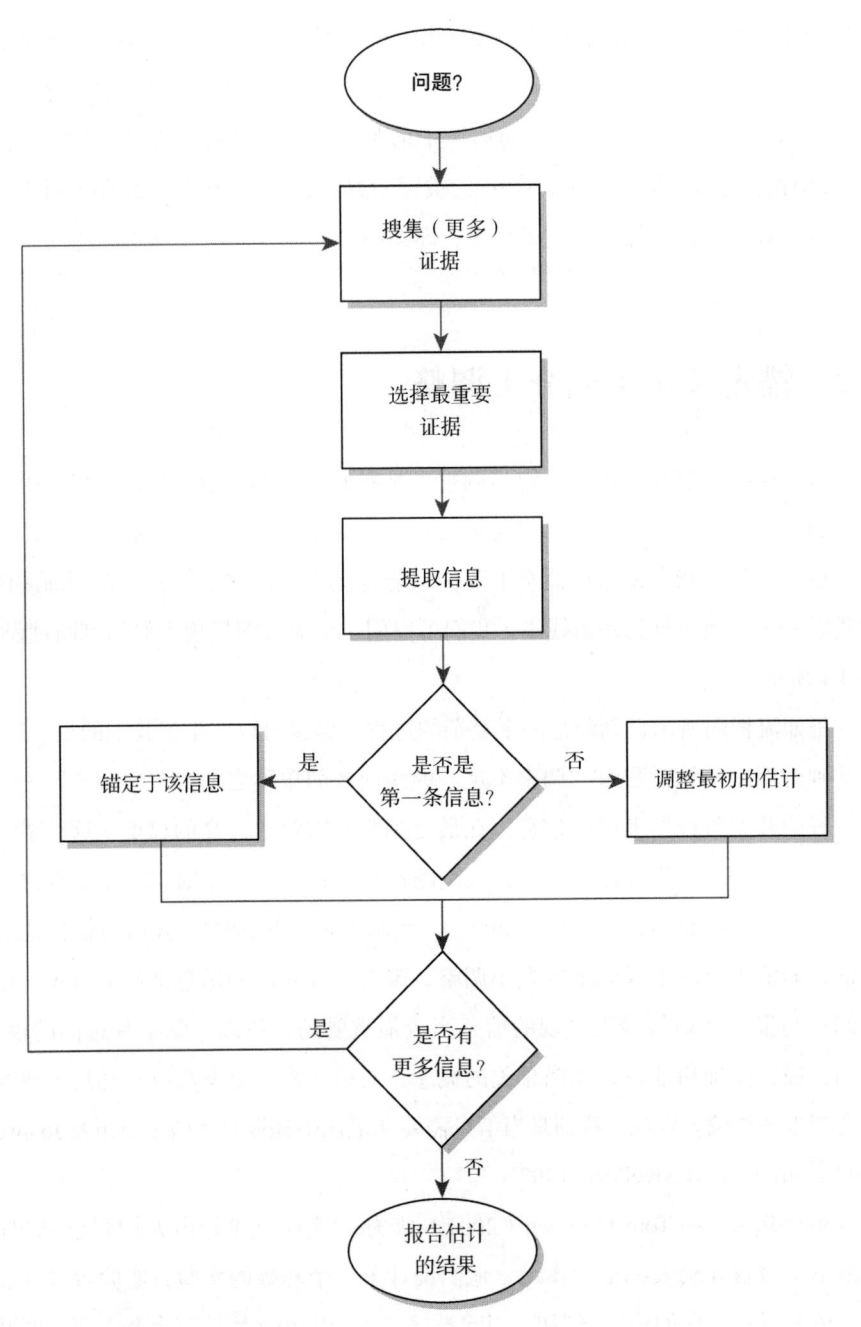

图 4.1 锚定与调整时的认知流程图

续地调整。但是，当被试被问及"蓝鲸的平均体长是多少"并且实验者主动提供一个锚定的数值时，这种连续的调整过程似乎并没有发生。因此，认知过程产生偏差的一个指标是锚的来源。尽管这些微观的加工过程还需要进行更多的研究，我们认为其中的一般化原则与可信度有关——越是可信的锚，对评估过程的影响越显著（自己回忆出来的相关值将是非常可信的）。

在人们有意识地整合信息的习惯中，锚定与调整最为常见。与之密切相关的加权平均模型被普遍认为是最能描述人们判断行为的代数模型（Anderson，1996），也是我们在本书第 3 章所介绍的透镜模型中普遍使用的统计模型的基础。坦率地讲，我们认为线性累加模型之所以能成功描述人们的判断行为，是锚定与调整这一信息整合过程在其中发挥了作用。判断过程的时间进程图表明，最常见的顺序效应就是首因效应，即人们会锚定在首先考虑的信息上，而在接收到新信息时，对先前的判断结果调整不足。我们认为平均加权的整合模型具有计算简单、稳健、适应性强的特点，特别当该计算过程执行于神经元之中。事实上，线性代数整合模型作为锚定与调整过程的核心，具有稳固的数学估计的性质（参见第 3 章关于"强大而美妙，但不尽合理的"线性模型的讨论）。

甚至看似不合理的极端的锚也会对估计结果产生影响。Fritz Strack 和 Thomas Mussweiler（1997）向大学生们提问，甘地去世时年龄大于还是小于 214 岁（Mussweiler & Strack，2001）。这个看似疯狂并且荒谬的锚依旧会对估计产生影响，即使没有人会相信 214 岁是一个可靠的值。锚值不一定都是极端值，例如人们经常用平均值作为锚。对于那些习惯折中、奉行中庸之道的人，当一个人说 1，另一个人说 11 时，他们通常会说 6。在一次州立法委员会召开的关于教育基金的小组会议上，一位同事发现了人们的行为展示了这种折中的习惯。当时没有人清楚地记得最初人们建议为继续教育提供多少美元的预算。两位与会人员对这一数额存在严重分歧，但也都不确定。当这两个数字被简单平均之后，大家便继续讨论最终的预算应该比这个均值高些还是低些。

毫无疑问，最常见的锚是现状（status quo）。尽管我们的大脑不像身体一样，必须受制于从现在的位置出发才能到另外的地点，但是实际上，我们的大脑经常这样做。因为对我们而言，改变现有计划或者政策制度可能要比产生一个新的更容易；即使是接近现状的备选方案也会被看做锚。这不仅会发生在各种组织中，也同样适用于个人。如 Cyert 和 March（1963）所说，公司"只在现有备选方案的范围内进行挑选"。个人和组织均趋向于依赖最新或当前的核算成本以及完成工程的时间去决定对不同工程如何分配资源和时间。实际上，对这些估计持乐观态度通常是不切实际的，因为锚定在之前的值上会导致估计不足——尤其在估计财务问题、完成时间和运动表现方面，因为通货膨胀、年龄和回归效应分别在其中扮演了"无情"的角色。

在关于锚定与调整的"经典"并具有重要理论意义的研究中，Paul Slovic、Baruch Fischhoff 和 Sarah Lichtenstein（1982）观察了人们在赌博时，通过出价和选择所表现出的偏好。研究者分别在两种情境下研究"赌博"中的出价和选择行为：一种是大学生被试在假设情境中进行选择并为假想中的赌博游戏下赌注；另一种是拉斯维加斯赌场的实际选择，即以赢钱为目的的真实赌博。两种情境下得到了一致的结果：被试所下的赌注均受制于最为凸显的数值。

上述实验中的赌博很简单，即以一定的概率或赢或输一定数额的金钱。研究者要求被试用两种方式进行回答：要求被试回答愿意接受多少钱以放弃玩这个赌博游戏（出价）；另外要求被试在两个赌博游戏间进行取舍（选择）。为了能让被试给出他们心里真实的价格，主试使用了一个能够随机还价的装置。如果还价低于参与者给出的价格，那么被试将被迫参与这一赌博游戏；如果还价高于被试给出的价格，那么他将得到与还价数等额的钱。当被试的出价低于该赌博游戏在他们心里的真实价值时，若随机产生的还价落在被试出价与他们心里的真实价值之间，那么参与者将得到与还价等额的钱，但实际上他们更想参与这个赌博游戏。当被试的出价高于该赌博游戏在他们心里的真实价值时，如果随机产生的还价落在被试出价与他们心里的真实价值之间，那么被试将不得不参与这个赌博游戏，而实际上他们更愿意得到与还价等额的钱。因此，无论被试出价过高或过低，他都有可能不得不接受一种并不情愿的方案。这种评估方法由 Becker、DeGroot 和 Marshak（1963）发明。人们一旦清楚地理解了这种评估方法的机制，就会努力给出赌博游戏在他们心里的真实价格，而非过高或过低的出价。这种真实估价程序被清晰地解释给被试，直到他们明白其中的逻辑之后，实验才会正式开始。

假设有两个赌博游戏。赌博游戏 A 有 11/36 的概率获得 16 美元，25/36 的概率损失 1.50 美元；赌博游戏 B 有 35/36 的概率获得 4 美元，1/36 的概率损失 1 美元（两个赌博游戏的期望价值都趋近于 3.85 美元，见附录）。被试为赌博游戏 A 的出价更高，毕竟参与赌博游戏 A 赢钱时的收益更大。但是，当要求这些被试在这两个赌博游戏中选择一个时，更多的被试却选择了赌博游戏 B，毕竟参与赌博游戏 B 更可能赢钱。对这一偏好反转现象，研究者的解释是：当要求被试为两个赌博游戏出价时，他们锚定在赢钱的数值上，然后根据概率信息进行不充分的调整。相反，当同样的人比较收益和损失时，他们锚定在赢钱的概率上，概率越高越好。然后根据赢或输的钱数进行不充分的调整。实验结果证实，无论是在调查问卷还是赌桌上，被试都更加偏好赌博游戏 B，但为赌博游戏 A 出价更高。

锚定与调整的习惯可能把人变成"钱泵"。假设主试按照被试给出的价格将第一个赌博游戏"卖"给被试。然后给被试一次机会在两个赌博游戏中选择，被试会选择第二个，用第二个赌博游戏交换第一个。随后，主试再用被试给出的价格将第二个赌博游戏"买"回。而这个价格低于之前将第一个赌博游戏卖出的价格，主试获利，而被试留下了最初的赌博游戏。假设主试重复这一过程，就可以将被试口袋中的钱像水泵抽水一样不断地抽出来，那么即使开始的时候送给被试其中任何一个赌博游戏，主试仍然可以得到无穷多的利润（理论上）。有趣的是，按照如此模式选择和出价的人，仍对这样的买入、选择、卖出过程乐此不疲，即使他们也会意识到，这样做主试将会获得利润。每每还会听到诸如"我忍不住这样做"和"我知道这么做是愚蠢的，你在占我的便宜，但是我确实喜欢这个（赌博游戏），虽然我知道另外一个可能更值钱"这样的评论。

这些微妙但稳固的偏好反转现象证明：不同的任务下，人们会选择不同的锚（在出价任务中，人们选择赢钱的数值；在选择任务中，人们选择赢钱的概率）。此外，偏好反转现象也挑战了传统经济学理论，该理论把物品对人们的效用（个人价值）和人们愿意为它支付的价格等同起来。两位经济学家 David Grether 和 Charles Plott（1979）回应了这一非理性选择所带来的挑战。他们以真实金钱作为报酬进行了一系列实验，旨在检验他们能想象到的、可能导致这种非理性选择和出价行为的人为干扰因素。（例如，因为这个研究是由心理学家完成的，所以，主试可能在实验过程中存在欺骗行为。）不过，他们没有找到任何人为迹象，因此，我们有理由相信最初的发现是确切可信的。

很多重要的财务问题容易受到锚定效应的影响，尤其是在双方就共同投资和收益分配进行磋商时，锚定效应可能表现出一定的作用。Greg Northcraft 和 Maggie Neale（1987）让专业房地产经纪人评估住宅的价值，这是帮顾客讨价还价时要经常完成的一项任务。评估前，会提供给这些房地产经纪人一份长达10页的关于某个地区住宅情况的报告，他们根据这些情况对住宅的市场价值进行评估，并给出预期的售价——这些都是他们日常工作的一部分。合理的市场价格应该是客观的（通常受到地点、面积大小、所有权状况以及类似房屋在最近的销售价格等因素的影响）。Northcraft 和 Neale 操纵了一个不相关的变量，即材料上所描述的那些房产的原始上市价格，它们按照原始实际市场价格上下浮动12%。原始上市价格由房屋出售方提供，可能趋近于真实市场价值，也可能高于或低于市场价格，这取决于出售的目的。然而，正是对原始上市价格的操纵，对经纪人评估房产价格产生了巨大的影响。

Dan Ariely、George Loewenstein 和 Drazen Prelec（2003）为我们展现了关于金钱锚定的一个生动的例子。他们在教室里拍卖葡萄酒、书、高级巧克力等平均市场价格在70美元左右的商品。每卖一个商品，都要求学生们先看一下自己社会保险号的后两位数字，然后问他们是否愿意为这个商品支付同样数额的价格。例如，你的社会保险号后两个数字是85，你会被问到：你是否愿意为一瓶葡萄酒支付85美元？当学生们被锚定在自己的社会保险号后，实验者要求他们说出一个自己愿意为每个产品支付的价格。锚定在社会保险号后的出价，与正常的出价有着显著差异。社会保险号后两位数组成的数值与最终的出价之间的平均相关系数趋近于+0.40；社保号后两位数值大的学生（80~99）为葡萄酒平均出价39美元，而数值小的学生（00~19）平均出价12美元。Ariely 和他的同事将这种效应称为"随机一致性"，因为这个随机产生的数值设定了学生们出价的大致等级。但是对于每一个人，不同消费品的出价高低具有一致的顺序。（对于这一组学生而言，无线键盘的出价一致性地高，而高档巧克力的出价一致性地低。）然而，虽然不同消费品出价的高低顺序具有一致性，但绝对价格却严重地受到这个随意给定锚的影响。

这个结果——人们的判断依赖于锚——其实并不奇怪。然而，要紧的是，它既会出现在重要的财务判断中,也会发生在那些所谓经验丰富的专业人士的身上,更可能发生在那些专家们拥有极多有效信息的现实情境中……Northcraft 和 Neale(1987)发现,这些专业人士声称,他们绝对会注意到上市价格与房产的真实价格间存在超过 5% 的差异,但是他们却忽略了原始价格在 12% 范围内的变化,并使其潜移默化地影响到他们的评估。

锚定与(不充分)调整效应在许多重要的司法判断上同样扮演着重要的角色。例如民事侵权行为诉讼中,原告通常要求特定数额的补偿,有时还要求惩罚性的赔偿。在由 Reid Hastie、David Schkade 和 John Payne(1999)进行的一个模拟法庭实验中,原告或声称"要求赔偿 1 500 万到 5 000 万美元",或声称"要求赔偿 5 000 万到 1.5 亿美元。"(辩护人经常提供一个范围而非一个确定的数值,因为他们认为这样做是一个有效的策略——可以使法官的注意力不知不觉地向他们希望的方向转移,但是表面上看却将最终的决定权交到陪审团手中。)毫无疑问,在两种情形下,实际判决的中值分别是 1 500 万美元和 5 000 万美元。这个结果尤为有趣,因为在判决前法官已经清楚地告诉陪审团"原告律师的建议仅供参考,不能作为证据。"Gretchen Chapman 和 Brian Bornstein(1996)用一句俗语总结了这一结果:"要的越多,得到的越多。"

一个类似的事件发生在刑事保释金的设定以及量刑上。与陪审团类似,主审法官也容易受到律师建议所产生的锚的影响。例如,Ebbe Ebbesen 和 Vladimir Konecni(1975)让他们的学生到法庭中观察审判前确定保释金的听证会。他们发现刑事法庭的法官对检察官提出的保释金数额所赋予的权重(确保被告可以出现在随后的审判中而缴纳的一定数额的金钱)高于其他信息的权重;或许这与保释金的信息首先被呈献给法官有关。Gerd Gigerenzer 和他的同事们甚至认为,在某些情况下,当人们有了一个锚后,他们甚至不愿意花费精力去调整。这个所谓的"选最好的"判断过程,直到一个有说服力的、凸显的值出现才会终止。Mandeep Dhami 和 Peter Ayton 发现,英国刑事法庭中的文职人员只根据检察官的建议来确定保释金的数额,正好验证了上述观点。

因此,这种凸显的或者被认为重要的值,会影响到很多重要的判断和决策。这对很多专业人士来说可能并不奇怪。有经验的谈判者和销售人员知道,一桩买卖或者生意很可能被首先建立起交易参照框架或者首先给出提议的一方所控制。

然而，令人惊奇的是，我们对"锚对自己行为的影响"却视而不见。我们能够很容易地想象到，锚定效应会对"其他每个人"的行为产生影响，但是，却忘记了一个事实——我们也和其他人一样。

4.3 自我锚定

我们做出的某些重要决策和推断常常涉及其他人喜欢什么、在想什么、要做什么。比如我们如何推断朋友是否喜欢新上映的电影？如何推断在全国人口中拥有本科文凭的人群所占比例是多少？如果一名女汽车工人被解雇，她会有怎样的反应？当我们需要对一些我们不是很了解的人做出决策时，我们往往会进行一种以自我为中心的推断过程——这种过程被某些学者称之为"投射"。正如2005年诺贝尔经济学奖得主Thomas Schelling（1966）所说："如果你足够机智冷静，那么你可以坐在摇椅上，通过不断自问自己会有哪些反应来预测人们是如何反应的。如此一来，你会得到大量免费的实验样本。"Thomas Schelling是在谈论某些专家是如何从事行为科学研究的，但他同时也描述了我们自己是如何预测其他人的行为的。我们依据自己的态度或者行为（或者是我们认为我们会如何做）来进行锚定，必要时，根据他人与我们的不同或者我们自认为不同的那些方面进行调整。

发展心理学家（和几乎所有的父母）观察到，非常年幼的孩子在看待世界时是以自我为中心的。要想让这些年幼的孩子们懂得他人的喜好或知识跟自己是不一样的，需要相当长的一段时间。但即使是成年人，在看待他人时也仍然存在着自我中心的情况。例如，Nick Epley和他的同事们（Epley，Keysar，Van Boven，& Gilovich，2004；Nickerson，1999）曾经做过一个实验：让不同的被试分别从相反视角观察一个场景，然后让被试就这个场景进行交流。在实验中，选出一名被试作为指令的发出者（或称之为"指挥者"），另一名被试则作为指令的接收者。这名指挥者会给其他接收者发出指令，指出需要拾起哪些物体。这个游戏的"诡计"是：从指挥者的角度看，一些物体已经被遮挡住了，但这些被遮挡的物体却可以被指令接收者看到（指挥者和接收者均知道存在被遮挡的物体，但只有从接收者的角度才可以准确分辨出被遮挡物体的具体形态）。有种情境下，接收者可以看到三支蜡烛，而指挥者却仅能看到两支。这意味着，如果指挥者的指令涉及"最小数量的蜡烛"，那么对于接收者来说，所指的蜡烛会与指挥者眼中的不一样。在这种以及其他类似任务中，被试很难克服自我参照的缺陷，在看似简单的操作任务上，未能进行协调一致的行动。在后续研究中，Epley 和他的同事们考察了由于不同视角所引起的、更细微的沟通失误的情况。在一次精心设计的系列实验中，被试需判断一条电话留言是否含有讽刺意味。当然，留言是否有讽刺性涉及留言内容（"喜剧演员总是十分滑稽的"）和留言者真实观点（他其实认为喜剧演员是乏味和无趣的）之间的区别。事实上，我们都曾经有过这样的经历：不太熟悉某人时，我们不能确定这个人所说出的话是真诚还是嘲讽。Epley 等人指出，这种微妙的判断始于对外显信息内容的锚定——我们可以暂且称这种情况为首次解释。他们还指出，只有深入思考之后，这种首次解释才能脱离其表面意思，进而展现出真正的含义。该研究成果非常有价值，因为它仔细分析了对讽刺性消息的反应有一个时间过程，证实了理解信息时先是对表面意思的锚定，若要理解深层含义，则需要对首次解释进行必要的调整。

　　Lee Ross 和他的学生（Ross, Greene, & House, 1977）发表了一系列引人注目的研究来论证他们命名的"虚假共识效应"。他们在校园中展开调查，问大学生：他们是否愿意在校园中表现出一些大胆的、夸张的行为（例如，挂着写有"忏悔"大字的牌子在校园中步行 30 分钟）。如果他们进行了类似的大胆和夸张行为，身边会有多少比例的学生也愿意与他们一样进行类似的行为？那些愿意挂着"忏悔"牌子在校园中步行的被访者们认为，在他们身边会有 63% 的同行者；而不愿做出如此夸张行为的被访者们则认为，如果自己做出这样的夸张行为，那么在身边仅会有 23% 的同行者。目前，有 100 多项研究证实，在预测同伴的知识、态度和行为时会出现类似的效应。例如，你会认为你所选择的候选人将得到相当大比例选民的支持，而这种预测往往会比实际大（Granberg & Brent, 1983）。这种预测甚至延伸到对候选人的信念，选民更愿意认为他们所选择的候选人具有和自己一样的理念，尽管事实上并没有那么相似（Page & Jones, 1979）。另一个有趣的例子则要求参与游戏的人估计观众中有多少人具备游戏中的相关知识。当参赛者自己知道问题的正确答案时，他们会高估观众对问题的了解，反之亦然（Mullen,

1983）。

至此已经能够充分证明，人们倾向于从自己的角度推测他人，而且很显然，锚定-调整的过程可以解释其中的大部分现象（更多的例子参见 Krueger，1998 和 Nickerson，1999）。但是，这种倾向会成为一种适应不良的判断偏差吗？在缺乏其他信息的情况下，自我中心投射的确是一个推断别人想法的不错的启发式。我们与其他人有着大量相似的"身体构造"和相似的经历，所以回答"我认为是什么"、"我想怎样"或者"我希望如何"等问题，是推断他人意图的最近似估计和合理锚定。例如，考虑极端情况下，你不知道某人会喜欢哪首流行歌曲，但你知道人们对最喜欢的流行歌曲总有一些共识。在这种情况下，很明显，你自己的偏好将是推断哪首流行歌曲最受欢迎的有益线索。即使实际情况中，它们的相关性小于1.00（例如，共识为70%，不是100%），你自己的偏好将仍是一个有效的线索，只是并不完美而已。

本书的一位作者指出了这一点，并且还认为，任何研究，若想证实一个真正的"虚假共识效应"，就必须表明人们在一系列的判断任务中过分看重自身判断从而违背了统计理性（Dawes，1989）。至少，研究要表明，随机抽取的个体在决策时考虑自己的权重大于考虑他人。（在这方面，Sherman，Presson，and Chassin［1984］是唯一一个做了准确分析的研究者，他们得出结论，虚假的共识是不存在的，除非情境中涉及对自我的威胁。）道斯仔细研究过 Ross 等人的研究数据（1977），并指出被访者63%和23%的估计非常接近贝叶斯后验概率的估计值（基于只有一人同意挂着"忏悔"牌子或者只有一人不同意的样本）。问题的关键不在于人们是否认为别人和自己会做出同样的决策，或者认知过程是不是符合某一个锚定与调整的过程，关键在于，这一做法并非不合理的，也不是不具有适应性。

4.4 "今"为"古"锚

锚定和调整也能严重影响我们的记忆。尽管这种记忆是一种"回忆"实际发生过什么的内省过程，但它在很大程度上是以我们现有的信念和感受为"锚"的。

这一原理已经通过心理学实验和问卷调查等方式得到了证实。毕竟，我们在回忆时所拥有的仅仅是我们现有的状态。当然，这些现有的状态包括了我们过去经历的一些片段（记忆痕迹）。但在很大程度上，由于我们现在的感知要比我们的记忆在意识上显得更加真实，所以这些记忆痕迹事实上是存在偏差的。此外，将这些过去经历的碎片组织成富有意义的模式时，更容易受到我们当前信念和心境的影响，尤其是当我们特别沮丧或是兴高采烈的时候。

例如，Greg Markus（1986）研究了1973年和1982年时人们政治态度的稳定性和变动性。具体来说，在一项调查中，他以其中1669名1965年毕业的高中生作为被试，分别于1965年、1973年和1982年进行了三次追踪调查，在每项调查中每个学生的父母至少有一人也参与调查。占总数57%的父母（这些受访父母当中有64%现在仍然健在）和68%的学生（其中70%仍然健在）接受了所有的三次调查。所有受访者均需要就保障性就业、被告人权利、少数民族援助、大麻合法化以及男女平等这五个问题用7分制量表（最后以口头报告方式）表明自己的态度。此外，受访者还需要把自己的观点定性为自由派或保守派。对于回顾性偏差分析来说，最重要的数据是Markus让受访者在1982年回忆他们在1973年受访时是如何回答同样问题的。调查结果相当令人吃惊。对于自由－保守的一般政治态度而言，受访者回忆自己在1973年的政治态度，与事实上自己1973年的情况相比，更接近于自己在1982年时的政治态度。受访者们认为，自己九年以前的态度与现在的态度是非常接近的，他们回忆的接近程度远比事实上更接近。这种偏差是如此强烈，以至于可以设定一个模型来预测受访者的回忆结果，这个模型中受访者1982年的态度几乎占绝大部分权重，而其1973年的态度几乎不占任何比例（学生总体上的自由相对于保守的评价例外）。此外，受访者在1982年的态度与其回忆自己在1973年时的政治态度之间的差异性，可以用文化变化中态度改变的刻板信念来解释；受访者会认为他们在一般意义上会变得更加保守，但（同样在一般水平上）他们却始终热衷男女平等。与一般文化态度改变方向相反的受访者往往对这种变化毫无意识。最后，相比学生群体而言，父母群体的态度往往被认为是更稳定的，这与年长者态度不易变化的看法一致。但在现实中，父母群体的态度却比学生稍显更不稳定。

当然，态度有时候是模糊的和难以确定的。但在调查了高中生使用烟草、酒精以及非法毒品的情况之后，Linda Collins 和她的同事们（Collins，Graham，Hansen，& Johnson，1985）发现在实际行为中也存在着颇为相似的结果。他们分别在 1 年后和 2.5 年后进行了追踪调查。在每一次调查中，受访学生（其中许多已经是在校大学生）都会被问及他们在之前的调查中报告自己使用了多少（烟草、酒精以及非法毒品）。（Collins 和她的同事们与受访群体建立了良好的关系，因此有理由相信学生们对研究者的保密承诺是坚信不疑的。）结果再一次证明，受访学生忽略了过去与现在的变化，从而产生了严重的回顾性偏差。例如，那些饮酒量在最近 2.5 年内不断增加的受访者，此时对自己 2.5 年前酒精使用量的估计远高于他们 2.5 年前的报告。

因此，变化可以使我们对自己撒谎。这一点不仅仅局限于向不良方向的改变。正如曾追踪研究个体成年生活的 George Valliant（《适应生活》一书的作者，1977）写道："毛毛虫变成蝴蝶之后，习惯性地认为它们在年幼时便已经是小蝴蝶。成熟让我们所有人变成了说谎者。"

一般来讲，我们对认知过程领域的第一次探索主要讨论了一种最普遍的判断习惯：从最凸显或最重要的信息入手，进而向你认为的"真实"去调整。锚定－调整启发式主要关注我们在注意资源有限的情况下如何逐条加工信息。接下来，我们将讨论认知系统中的另外两个基本特征：我们的记忆系统会以何种方式影响判断，以及相似性（一种最基本的认知评估）在判断中有何作用。

参考文献

Anderson, N. H. (1996). *A functional theory of cognition*. Mahwah, NJ: Lawrence Erlbaum.

Ariely, D., Loewenstein, G., & Prelec, D. (2003). Coherent arbitrariness: Stable demand curves without stable preferences. *Quarterly Journal of Economics, 118*, 73–105.

Becker, G. M., DeGroot, M. H., & Marshak, J. (1963). Probabilities of choices between very similar objects. *Behavioral Science, 8*, 306–311.

Buehler, R., Griffin, D., & MacDonald, H. (1997). The role of motivated reasoning in optimistic time prediction. *Personality and Social Psychology Bulletin, 23*, 238–247.

Chapman, G. B., & Bornstein, B. H. (1996). The more you ask for, the more you get: Anchoring in personal injury verdicts. *Applied Cognitive Psychology, 10*, 519–540.

Chapman, G. B., & Johnson, E. J. (1994). The limits of anchoring. *Journal of Behavioral Decision Making, 7*, 223–242.

Collins, L. N., Graham, J. W., Hansen, W. B., & Johnson, C. A. (1985). Agreement between retrospective accounts of substance use and earlier reported substance use. *Applied Psychological Measurement, 9*, 301–309.

Cyert, R. M., & March, J. G. (1963). *A behavioral theory of the firm.* Englewood Cliffs, NJ: Prentice Hall.

Dawes, R. M. (1989). Statistical criteria for establishing a truly false consensus effect. *Journal of Experimental Social Psychology, 25*, 1–17.

Dhami, M. K., & Ayton, P. (2001). Jailing the fast and frugal way. *Journal of Behavioral Decision Making, 14*, 141–168.

Ebbesen, E. B., & Konecni, V. J. (1975). Decision making and information integration in the courts: The setting of bail. *Journal of Personality and Social Psychology, 32*, 805–821.

Epley, N., & Gilovich, T. (2001). Putting adjustment back in the anchoring and adjustment heuristic: Differential processing of self-generated and experimenterprovided anchors. *Psychological Science, 12*, 391–396.

Epley, N., Keysar, B., Van Boven, L.,&Gilovich, T. (2004). Perspective taking as egocentric anchoring and adjustment. *Journal of Personality and Social Psychology, 87*, 327–339.

Gigerenzer, G.,&Goldstein, D. G. (1996). Reasoning the fast and frugal way:Models of bounded rationality. *Psychological Review, 103*, 650–669.

Granberg, D., & Brent, E. (1983). When prophecy bends: The preference-expectation link in U.S. presidential elections, 1952–1980. *Journal of Personality and Social Psychology, 45*, 477–491.

Grether, D. M., & Plott, C. R. (1979). Economic theory of choice in the preference reversal phenomenon. *American Economic Review, 69*, 623–638.

Hastie, R., Schkade, D. A., & Payne, J. W. (1999). Juror judgments in civil cases: Effects of plaintiff's requests and plaintiff's identity on punitive damage awards. *Law and Human Behavior, 23*, 445–470.

Krueger, J. (1998). On the perception of social consensus. *Advances in Experimental Social Psychology, 30*, 163–240.

Markus, G. B. (1986). Stability and change in political attitudes: Observe, recall, and "explain." *Political Behavior, 8*, 21–44.

Mullen, B. (1983). Egocentric bias in estimates of consensus. *Journal of Social Psychology, 121*, 31–38.

Mussweiler, T., & Strack, F. (2001). Considering the impossible: Explaining the effects of implausible anchors. *Social Cognition, 19*, 145–160.

Nickerson, R. S. (1999). How we know—and sometimes misjudge—what others know: Imputing one's own knowledge to others. *Psychological Bulletin, 125*, 737–759.

Northcraft, G. B., & Neale, M. A. (1987). Experts, amateurs, and real estate: An anchoring-and-adjustment perspective on property pricing decisions. *Organizational Behavior & Human Decision Processes, 39*, 84–97.

Page, B. I., & Jones, C. C. (1979). Reciprocal effects of policy preferences, party loyalties, and the vote. *American Political Science Review, 73*, 1071–1089.

Quattrone, G. A., & Tversky, A. (1984). Causal versus diagnostic contingencies: On self-deception and the voter's illusion. *Journal of Personality and Social Psychology, 46*, 237–248.

Ross, L., Greene, D., & House, P. (1977). The "false consensus effect": An egocentric bias in social perception and attribution process. *Journal of Experimental Social Psychology, 13*, 279–301.

Schelling, T. (1966). *Arms and influence.* New Haven, CT: Yale University Press.

Sherman, S. J., Presson, C. C., & Chassin, L. (1984).Mechanisms underlying the false consensus effect: The special role of threats to the self. *Personality and Social Psychology Bulletin, 10*, 127–138.

Slovic, P., Fischhoff, B., & Lichtenstein, S. (1982). Responsibility, framing, and information-processing effects in risk assessment. In R. Hogarth (Ed.), *New directions for methodology of social and behavioral science: Question framing and response consistency* (Vol. 11, pp. 21–36). San Francisco: Jossey-Bass.

Strack, F., & Mussweiler, T. (1997). Explaining the enigmatic anchoring effect: Mechanisms of selective accessibility. *Journal of Personality and Social Psychology, 73*, 437–446.

Tversky, A., & Kahneman, D. (1974). Judgments under uncertainty: Heuristics and biases. *Science, 185*, 1124–1131.

Valliant, G. E. (1977). *Adaptation to life.* Boston: Little, Brown.

第 5 章
启发式判断

我们认为自己与猿类的区别在于我们拥有思考的能力。但是我们不曾记得,这种能力只类似于一岁孩童的行走能力。我们的确在思考,但是却思考得如此糟糕,以至于我时常感觉,也许我们不去思考反而更好。

——伯特兰·罗素（1872~1970）,
20 世纪著名的英国哲学家、数学家、逻辑学家,
当代西方影响最大的学者,曾获诺贝尔文学奖

5.1 超越已有的信息

我们人类拥有一种无与伦比的能力,可以推断隐藏物体或尚未发生事件的特征。这种"超越感官信息"的能力是知觉过程的自然扩展。有几种近乎自动化的基本认知能力可以支撑我们的这种判断才能：判断客体或事件彼此间相似性；识别出经历过的情境或见过的人；提取已辨识客体或情境的额外信息以及"洞察"事件之间因果联系。这些认知过程的发生几乎不需要意识努力,它们被牢牢地"捆绑"进我们的大脑,以至于在健康成年人的一生中都不会有太多的改变（Kahneman, 2003）。

本章,我们将用更多的信息加工模型来介绍心理过程,这些过程通常将某些特殊线索联系起来,从而促使人们做出判断（第 3 章透镜模型中公式右边所介绍

的线索利用过程）。依据 Amos Tversky 和 Daniel Kahneman（1974）的见解，我们认为对潜在认知判断过程的一种较好解释是，我们的长时记忆中贮存着一个装有"心理启发式"的认知工具箱。用启发式来解决问题效率较高，但并不精确——也就是说，它只对频率、概率和数量进行粗略的估计。"启发式"这个术语来自于数学和计算机科学，这些学科区分了算法和启发式。算法（algorithms，通常效率较低）指的是针对某类特殊问题的解决方案；而启发式（heuristics）则指的是用一种更有效率的方法解决同样问题，但通常会得到有偏结果。这些启发式程序通常以简单的心理能力为基础，如我们的相似性原则、记忆以及因果判断过程。

上述认知工具是在人类毕生的经验中获得的。它们告诉我们应该在环境中选择什么样的信息，以及如何整合不同来源的信息以推断出无法直接知觉的事件特征。我们通过一次次的试错试验，通过家庭和同伴的影响，以及通过有意的传授等途径习得这些认知工具。有些认知工具是需要意识控制并且要经过深思熟虑的（例如，我们在学校里学过的除法运算规则，或者决定是否在扑克牌游戏中下赌注的推理过程），而另一些却是自动化的、内隐的（例如，我们在判断一个人是否撒谎，或者决定菜里该放多少盐时所依赖的一些无意识习惯）。

每当我们碰到一个需要做出判断的情境时，我们就从认知工具箱中挑一个合适的工具来帮助我们做出恰当的判断。对于很多日常判断情境来说，我们通常使用启发式策略，因为它需要耗费的心理努力较少，并且在绝大部分情况下能够得到较好的结果。正如 Tversky 和 Kahneman 对认知启发式所做的经典描述那样："总的来说，这些启发式是非常有用的，只不过它们有时候会造成严重的系统性错误"（p. 1124）。

在本章，我们将关注两种主要的判断启发式，它们均依赖于我们那与生俱来的记忆提取和相似性评估等基本能力。我们将列举一些实例，说明何时何地会用到这些判断启发式，同时指出这些判断将会带来何种系统性的评估偏差和预测偏差。从根本上而言，当要求我们对难以估计的频率、数量或概率进行判断时，我们会将原来的评估方法替换成一种更简易更自动化的评估方法（例如，依赖于记忆提取的简易程度或者客体间的相似程度来进行估计）。

5.2 估计频率和概率

我们拥有与生俱来的估计频率的能力。当我们经历外部事件时，知觉和记忆系统会自动记录这些事件发生的频率。当然，很多信息毫无用处，例如，我们阅读过的文本中某个字母的出现频率、上班沿途路过的快餐店的数量、上学期校园里放映过的电影数量，等等。但是，有些信息却可能对生存至关重要，至少在某些原始环境中（这些环境通常对人类的进化意义非凡），例如，注意到森林中不同地方的可食植物的数量、水塘旁遭遇过的食肉动物的数量或竞争部落中敌人的数量等都将是非常必要的。

对于基于记忆做出的频率估计，我们能够构建一个将客观数量对应于主观数量的心理物理函数。在客观频率较低的一端，主观频率倾向于高估。随着被评估事件客观频率的增加，主观估计误差则朝着低估方向发展。（这种先高估再低估的模式叫做回归，类似于统计回归曲线。）图 5.1 显示的是人们根据记忆对各种致命事件（如心脏病、车祸、自杀等等）发生频率的估计结果。在数以百计的评估情境中都能观察到类似的心理物理曲线，这证明我们具有某些普遍存在的频率估计习惯。

当对事件进行即时评估而非通过记忆提取的时候，心理物理评估曲线会与上面的有所不同。在即时条件下，小数量的客观频率（1~5 个/次事件）能够被准确估计。事实上，早期的经验论哲学家们曾做过一些关于短时记忆的研究，在实验中他们将一把鹅卵石撒到桌子上，然后迅速盖住，要求参加实验的人估计鹅卵石的数量。当不超过 5 个时，人们能够精确地估计，因此"5"也被称为"理解范围"。然而，当要求人们估计的项目数量超过 10 个时，低估倾向开始出现，正如以记忆为基础的函数那样。所以，当项目数超过 7 个时（"7"被认为是短时的、有意识的工作记忆的容量），人们就会用一种更审慎的评估策略来进行频率判断。

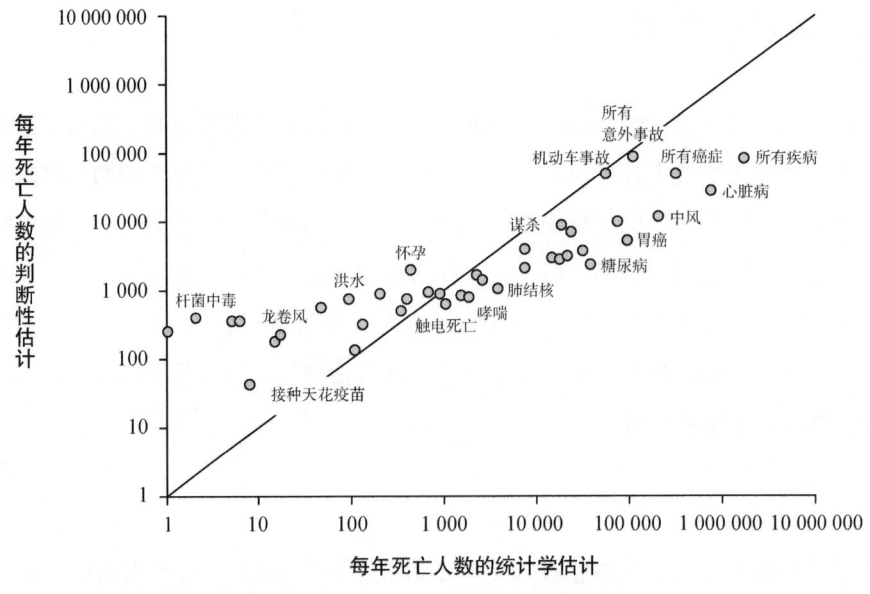

图 5.1 致命事件的频率估计曲线（备注：为使关系更加明显，图中的坐标轴进行过对数化处理，但是其中高估低频率事件和低估高频率事件的基本模式仍然清晰可见。）

5.3 记忆可得性

我们做出的许多判断都是以记忆为基础的，即在做判断时虽然手头上没有必要的信息作为依据，但是我们可以利用过去习得并存储于长时记忆中的相关信息。这种简单的联想思维被称为可得性启发式（availability heuristic），我们依赖于简便的检索提取来应对名目繁多的判断任务。

有时我们做出的判断全部取决于在头脑中提取信息的便捷程度（或流畅程度）。比如我们正在计划一次航空旅行，这时飞机撞击世贸大楼的惨象很快闯进了我们的脑海，于是我们就改变想法了。2001年"9·11"恐怖袭击后的第一个月内旅客乘坐飞机的数量下降了20%（Gigerenzer，2006）。此外，当没有其他信息可用时，人们甚至依赖于简单的可识别性来估计数量（里诺、内华达、埃森和德国哪个地区人口最多？）和价值（可口可乐和伯克希尔－哈撒韦，这两支股票哪支投资收益更好？）。当我们使用更多的意识努力从记忆中提取数据来帮助判断时，我们也会依赖于提取的流畅程度。Norbert Schwarz 和同事们曾经要求大学生对他们自身的果断性（或犹疑性）进行评估（Schwarz et al.，1991）。但是在评估之前他们需要回忆出能够表现果断性的事例。一半的被试需要回忆起 6 个事例，这是相对容易（流畅）的任务；另一半被试需要回忆起 12 个事例，这是相对困难（不流畅）的任务。结果发现，提取的流畅性是一个中介因素：自我评估的结果与提取任务的流畅性水平是相对应的，回忆事例的数量与自我评估呈现负相关。这种效应在判断心脏疾病的危险性和推断消费者的个人偏好任务中也得到了证实（流畅性也是判断喜好的一个基础；Schwarz，2004）。

有时我们会依赖于即刻闯入脑海中的事例的数量进行判断。离婚率在增长吗？当我们要回答这个问题时，几个熟人离婚的例子瞬间闪入意识，然后我们做出了离婚率很高而且在一直增长这样的判断。当我们回答自杀和谋杀哪个对大学生更具有威胁这一问题时，更多的缘于谋杀的死亡事例闯入我们的脑海，所以，我们支持在校园警力上而不是在自杀求助热线上增加投资。

可得性启发式的过程可以被分解成几个子过程或子程序（见图 5.2）：（1）在长时记忆中获取或存储相关信息；（2）保持存储信息，同时伴随一些遗忘；（3）情境再认，包含与决策相关的信息；（4）探测记忆或提供记忆线索以找到相关信息；（5）提取或激活与记忆探测相匹配的项目；（6）评估提取的便捷性（可能基于回忆的数量、速度或信息的主观生动性）；（7）基于感知到的提取便捷性来估计频率和概率。

在可得性启发式过程中存在着几个关键点，如果这些地方出现偏差，则会影响到最后的判断结果。首先，存储于长时记忆中的事件样本（被

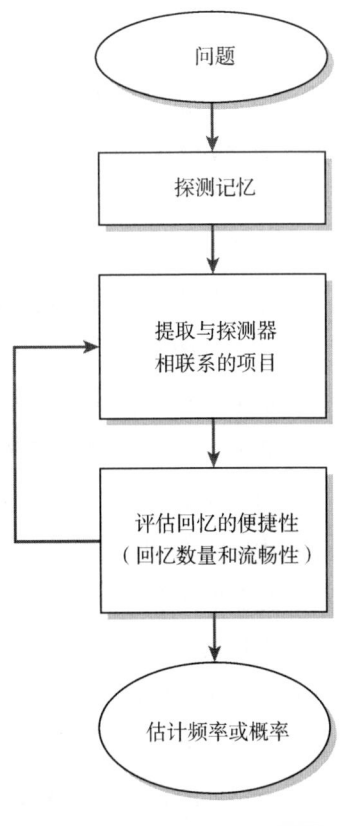

图 5.2 可得性启发式判断的流程图；箭头代表子阶段在总过程中的顺序

记住的信息）可能出现偏差，正如上面有关自杀和谋杀的例子；其次，作为提取基石的记忆线索可能出现偏差，这样一来，即使总体是有代表性的，也会生成有偏的样本。最后，记忆中的事件可能具有不同的凸显性或生动性，以至于某些更凸显的事件主导着提取便捷性。这些因素单独或共同存在，都有可能会使以记忆为基础的判断结果产生系统性偏差。

5.4 记忆中的有偏样本

统计数据表明，死于自杀的人比死于谋杀的人要多，而且，由于人们倾向于把无法确定的案例看成"意外死亡"，因此自杀和谋杀的实际比率很可能被低估了。单人驾驶时出现的车祸事故中有多少人实际上是死于自杀呢？这些事故中有很多通常被认为是由酒精导致的，即使那些司机可能是为了自杀而喝酒壮胆。然而，大部分人认为谋杀更常见。为什么呢？最简单的解释就是谋杀得到公众更多的关注。无名小卒的自杀案件很少见诸于报端，但是无论受害者的身份如何，对谋杀案的报道却比较常见。这一解释已经在 Barbara 和 Paul Slovic 的研究中得到验证（见图 5.1），研究发现人们对各种死因的估计与它们被报道的频率有正相关，并且这种关系独立于实际的发生频率。所以，由飞机事故、鲨鱼袭击、龙卷风、恐怖袭击引起的以及其他得到媒体大量报道的死亡被高估了，而诸如中风、胃癌、家务事故和铅涂料中毒之类的死亡则被低估了。通过体验而获得的信息（存储于记忆中以便于判断之用）在其获得之初就产生了偏差。

犯罪事件中由精神病患者引发的比例占多少？由非裔美国人引发的呢？每当一个有过精神病史的人犯下罪行时，特别是暴力罪行，此人曾经进过精神病院的历史就会被新闻提及。但是，新闻从不会报道某犯人没有进过精神病院，"从来没进过精神病院的史密斯被指控犯罪……"，类似的报道是绝不可能出现的。针对媒体报道的系统研究显示，少数族裔的罪犯受到过度的新闻报道，尤其是暴力犯罪者（Franklin Gilliam、Shanto Iyengar 和他们的同事将此描述为"当地新闻眼中暴力恐怖的世界"）。Wendi Walsh、Mahzarin Banaji 和 Tony Greenwald（引自 Park 和 Banaji，2000）的实验证明了这种记忆偏差的存在。他们请大学生在一份名单中圈出他们所知道的罪犯的名字,而实际上名单里的名字没有一个是真正的罪犯。但是结果却发现,大学生们"记得"的非裔美国人的名字(如"Tyrone Washington"等)几乎是其它族裔人名(如"Adam McCarthy"、"Wayne Chan"等)的两倍。即使研究人员提醒实验参与者"种族主义者认出的黑人名字要多于白人名字;请不要利用名字的种族性来做出判断",这种记忆偏差仍然存在。

社会学家 Barry Glassner(1999)记录过很多偏差,这些偏差源自于那些"流血事件必上头条"的新闻报道,也有的是被特殊利益集团所引导,从而控制了公众对犯罪、疾病及其他危害的恐惧情绪。50 个州 7 年时间里公路暴躁症案例上升了大约 700 起,这是否意味着公路暴躁症成为"流行病"?孩子的日托管理正在(或曾经)经历一场撒旦崇拜的危机,这可信吗? 1994 年,某研究团队在美国政府的资助下历时 4 年花费 750 000 美元,得到的结论是,有关日托中心撒旦阴谋的神话完全是子虚乌有(Goodman, Qin, Bottoms & Shaver, 1994;Nathan & Snedeker, 1995)。携带自动武器的高中生真的是青少年安全问题的首要关注对象吗?(1999 年,大约 2 000 名学龄孩子被谋杀;只有 26 人死于学校,其中的 14 人死于科罗拉多州利托顿哥伦比亚高中的一场悲惨事故。)人类学家 Douglas(Douglas & Wildavsky, 1982)指出,每一种文化都有很多被夸大的恐惧,其中有许多是被特殊利益团体所强化的,或者是用来捍卫其意识形态的。例如,欧洲的"不洁之水"在 14 世纪就已经是一个危害了,但仅仅是在犹太人被指控在井中投毒之后,居民们才开始把它当成一个重要问题来对待(p. 7)。

但是,最初的新闻报道并非总是动机不良的。我们都倾向于把反常的特征(不常发生的)进行编码和表述,比如住过精神病院的人比没住过的要少、在美国黑人比白人要少、左利手的人比右利手的人要少。结果就导致这些独特的特征在整个人群中的频率被高估。绝大部分接受福利救济的人并不是"福利女王"(滥用福利制度的人),但是这却导致公众把更多的注意转向那些是"福利女王"的人,从而进一步导致对"福利女王"人数的高估。

进行概括化时,只发生一次的事件是非常不可靠的证据,特别是当该事件并不典型时。然而,这样的概括化却经常发生。而且事件越凸显,发生的可能性越大。例如,一个非犹太人认为自己被一个或两个犹太商人欺骗了,那么她很容易将这种消极评价概括到整个犹太民族:

一个年轻女士跟我说:"与毛皮商打交道时我经历了最可怕的事情;他们抢劫我,烧掉了我托他们照管的毛皮。他们全部是犹太人。"但是,为什么她选择去仇恨犹太人而不是毛皮商呢?(Sartre, 1948, pp. 11–12)

Richard Nisbett 和 Lee Ross(1980)指出,理性的演绎逻辑是一个具体化的过程,即从一般到特殊("所有的人都难免一死,因此罗宾·道斯难免一死");而与之相比,归纳逻辑是一个概括化的过程,即从特殊到一般("这个犹太商人是不诚实的,因此所有的犹太商人都是不诚实的")。相对而言,归纳逻辑的可信度会下降。但是我们的所作所为正好与它们的可信度相反:过分归纳而演绎不足。

5.5 记忆抽样偏差

显然,如果存储在记忆中的信息样本有偏差(也许因为主流媒体的过滤作用),那么随后以此为基础的判断也将出现偏差。不过记忆过程的其他方面也能引起同样的系统偏差。

有多少6个字母的英文单词以如下形式构成?
_ _ _ _ n _ ? 不多吧?
有多少6个字母的单词以如下形式构成?
_ _ _ ing ? 更多吗?

当 Tversky 和 Kahneman(1974)要求人们做上述预测时,人们认为以 -ing 结尾的6个字母的单词比第5个位置上是 n 的6个字母的单词更多。(第5个位置上是 n 的6字母单词当然比以 -ing 结尾的6个字母的单词多。逻辑上也是如此,因为所有以 -ing 结尾的6个字母的单词的第5个位置上必然是 n,而除了以 -ing 结尾的6个字母的单词之外还有其他形式的单词第5个位置上是 n——比如,absent。)当然,想起以 -ing 结尾的6个字母的单词要容易得多——比如,ending;查阅字母表时也更容易找到它们:aiming, boring, caring,等等。但是想起第5个位置上是n的6个字母的单词就要难得多（除非-ing突然进入脑海）。我们甚至可以从直觉上评估出生成这两种不同形式的6字母单词的困难程度。

人们相信，自己在超市结账时特别容易排到行进缓慢的结账队伍中，自己没带雨伞时更有可能下雨，运动员在被体育解说员赞赏之后就犯错误是因为解说员的乌鸦嘴。为什么呢？鉴于这些事件之间并没有逻辑联系，如此这般的迷信信念只能是建立在对经验的总结之上。但是那些总结只是被记住的经验，并且在结账队伍里躁动不安、被淋成落汤鸡、走霉运的经历以及其它巧合事件在记忆里特别容易提取；我们认为其它记忆也是存在的，只是不易被记起。事实上，人们普遍信仰包括透视力在内的灵力，这也是由可提取性不同以及各种巧合记忆的偏差造成的。例如，某天突然想起多年未见的某个人，恰巧那天接到了他的电话。诺贝尔获奖者Luis Alvarez（1965）针对这种个人经历进行了一项分析，结果显示任何人在任何地方都不可避免地会碰到一些巧合事件。虽然巧合事件在一个人的经历中是少见的，但是我们必须记住，它们在一大群人的经历中是普遍存在的（Diaconis & Mosteller，1989）。

Robert Reyes、William Thompson和Gordon Bower（1980）通过实验证明了提取可得性偏差如何影响司法裁决。他们在一个酒后驾驶的案例中操纵了材料的呈现方式，使起诉方的证据或者辩护方的证据看起来更生动或更容易记住。该案例的裁决取决于被告撞向垃圾车时是否喝醉酒。辩护方的免罪证据——因为垃圾车被涂成灰色所以很难看到——用两种版本呈现，一种是描述贫乏、容易遗忘的版本（"垃圾车司机在盘问中供认他的车由于涂成灰色所以在晚上很难看到。"），另一种是描述生动、容易记忆的版本（"垃圾车司机供认他的车由于涂成灰色所以在晚上很难看到。他说车之所以涂成灰色是因为'它是一辆装垃圾的车，灰色能藏住污垢。你想怎么样？难道我应该涂成粉红色？'"）。起诉方的定罪证据也进行了同样的操纵——描述贫乏的版本（"被告离开聚会往门口走时步履蹒跚地撞向一张餐桌，把一个碗撞到了地上。"），或者描述生动容易记忆的版本（"被告离开聚会往门口走时步履蹒跚地撞向一张餐桌，把一个盛有绿色鳄梨酱汁的碗撞到了地上，四散的鳄梨酱溅泼在昂贵的白色粗毛地毯上。"）。案件中使用生动证据来进行描述的一方可以靠愚弄陪审员而在裁决中占尽优势；当在听取证词小时后才进行裁决时，产生了更加显著的生动性效应，因为此时记忆的优势会更重要。

律师们使用示意证据给陪审员留下深刻印象正是利用了可得性偏差。律师马尔文·贝利曾受理一起个人伤害案件，审判过程中他始终将一个用包肉纸裹着的、形状极似当事人截肢的包裹放在身前的桌子上，并使它处于陪审团的视野范围内。他能想出这种办法，也难怪会赢得创纪录的奖项了。

事件激发的情绪对记忆有长远的影响，进而也会影响到根据记忆所做出的判断：当我们处于一种特定的情绪状态时，会倾向于记住与情绪状态主题一致的事件。Eric Johnson 和 Amos Tversky（1983）的一项实验室实验证明了情绪对风险决策能够产生影响。他们要求实验参与者评价风险和事故的等级（同图 5.1 中的相似）。一些实验参与者在休息室等候的时候会听到背景广播里的新闻报道，以引发他们的焦虑或者忧虑情绪（报道事件为一个与实验参与者情况相似的人的死亡）。结果发现，与那些听到高兴或中性新闻的参与者相比，引发负性情绪的参与者给出了更高等级的风险评估。

William Wright 和 Gordon Bower（1992）使用更加强烈的情绪操纵手法重复并拓展了上述实验。他们使用催眠手段将实验参与者置于一种高兴、中性或悲伤的情绪中。由此表现出来的情绪一致性效应更加明显，即参与者认为与其情绪一致性的事件非常可能发生，而与其情绪不一致的事件不可能发生（图 5.3）。所以，通过催眠产生高兴情绪的参与者认为"幸事"（如世界和平，治愈癌症疗法的新发现）的发生概率高，"灾难"（如在车祸中受伤，大规模核电站事故）的发生概率低。

类似的例子不胜枚举。原则很简单，我们经历过某类现象（人、物或事件）后，再想起时，往往更容易记住那些具有显著特征的。进而，如果让我们估计某群体里具有显著特征的个体比例，那么我们倾向于高估它。当我们仔细计算了（比如用机械计量器）类似群体中具有该特征的成员数目时，会发现我们的估计远远超过了它。记忆的选择性提取能够引发较大的估计误差，造成对重大社会问题的错误理解，最终导致严重的决策偏差（诸如投票人群、陪审员和政策制定者所做出的决策）。

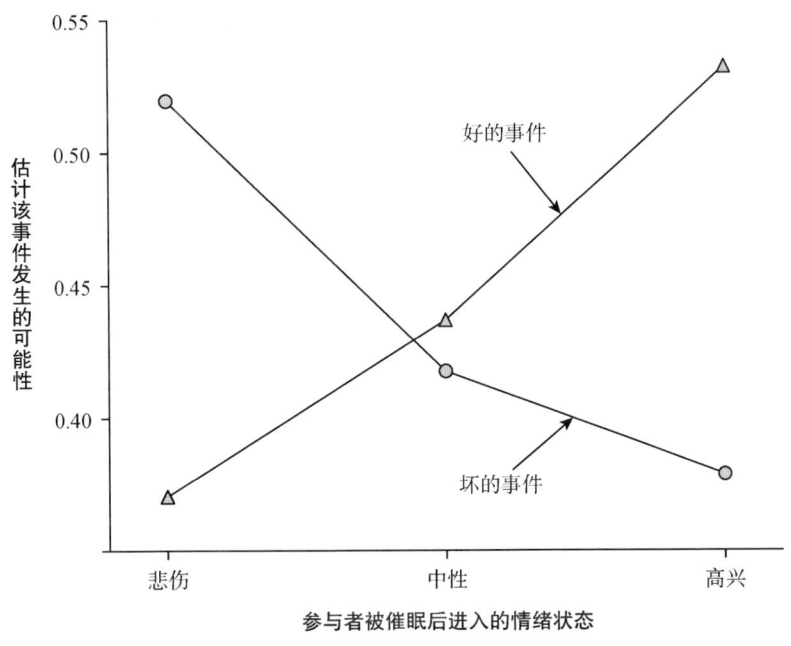

图 5.3 情绪操纵对概率估计的效应（基于 Wright 和 Bower 的实验结果，1992）

5.6 想象可得性

对孩子来说，以下两个事件哪个更具威胁性：在家里藏一支枪还是建一个游泳池？即使你无法想起任何一个先例，也总是很容易就想象到孩子在家里翻出枪然后伤害到自己的画面，而不可能第一直觉是一具漂浮在游泳池里的尸体。或者请想象一个由 10 人组成的小组，然后凭直觉估计从小组中选出 2 人组成一组，会有多少种组合方法？之后再估计选出 8 人组成一组，有多少种组合。人们通常对前者的估计大于后者，因为人们会认为从 10 人组中选出 2 个人成组比选出 8 个人成组要简单得多，而且做出这种估计并不需要在心里罗列出所有的组合，仅凭直觉我们就已经形成这一印象，人们会感觉两两成对要比 8 人成组更容易实现。

实际上，8 人成组的数目与 2 人成组的数目完全相同，纯逻辑运算可以证实这样的结果。每一次从 10 人组中选出 2 个人成组，都会留下另外 8 个人形成另一个组。所以 2 人组与 8 人组是一一对应的关系；甚至无须任何公式即可推出它们数目相等的结论。很明显，"想象"在判断可能性时存在着缺陷。

在上述事例中，想象的可得性影响到我们对频率的估计。如同直接体验或间接体验的可得性一样，"想象"的问题在于其可得性也受到实际频率之外的因素影响。某些类型的思考明显比其他类型的简单，某些想法也比其他的想法更容易闯入脑海。而且这种区别不完全依赖于过去的经验。（试问有多少人过去体验过分 2 人组或 8 人组的问题？）想象的便利性使我们的频率估计产生偏差，进而影响以这些频率为基础的概率判断。

5.7 从可得性到概率和因果关系

人们在评估集合（集合中各元素彼此独立、互补，且穷尽了所有元素）中每个元素发生的频率或概率时，往往出现一种可得性效应，这个概念在理论上很重要。Tversky 和 Kahneman 以及他们的同事 Donald Redelmeier 和 Varda Liberman 请 52 名医生根据下面的描述估计住院病人出现不同结果的概率：

- 住院治疗期间死亡
- 活着出院，但是一年内死亡
- 活了 1~10 年
- 活了 10 年以上

因为这四种情况穷尽了所有可能的结果，所以它们的概率之和应该为 1。而这些事件被单独评估时（每个医生只评估其中的一种）其概率之和为 1.64，如果医生们果真遵循概率论的法则使相互穷尽的事件集合的总概率为 1 的话，那么 1.64 显然太高了。医生们的这种行为与棒球运动员尤吉·贝拉（因总是说错话而出名）一样，后者曾经对记者说："如果我们有 50% 的机会再次赢得美国联盟的冠军，那么也不该忘记仍有 75% 的可能输掉比赛。"Tversky 和同事们将这种概率的次可加性（subadditivity）解释为医生只是凭借自己的想象评估每个事件的发生概率。互补性子事件的描述为每一种特定结果提供了有效线索。例如,"死于住院治疗期间"的描述使医生想到一些"死在医院中"的具体生动的例子(手术并发症、麻醉事故、术后感染等等),而其暗含的反向结果("住院治疗期间未死亡")却没有给想象提供有效的线索或联系。Tversky 和他的学生 Derek Koehler(1994)在其他领域也发现频率估计的次可加性模式,如汽车故障修理、天气预报、体育结果预测等等。

本书的作者之一(道斯)对个人事件判断中存在次可加性很感兴趣,这源于他曾经收到的一份报告"外星人绑架所带来的创伤后应激是严重的心理健康问题"。报告还声称至少 2% 的美国人受到该问题的困扰(暗示在国家有关政策中该问题应排在"无家可归"之前)。这份报告的作者(Hopkins & Jacobs,1992)用近期 Roper Poll 民意测验中一道题目的肯定作答率来支持以上结论,该题目是:"你是否有过下述情形:醒来后浑身发麻,感觉屋子里有陌生人或别的什么东西?"

道斯和同事 Matthew Mulford(Mulford & Dawes,1999)对 Hopkins 和 Jacobs 的荒谬结论进行了后续研究。他们请一组参与者回答同样的问题,令人吃惊的是,被问及这种古怪体验时 40% 的人回答至少发生过一次。另外的对照组参与者(随机分配)需要回答的问题只是"醒来后浑身发麻"(没有被问及"陌生人存在的感觉"),而这一次,只有 14% 的人做出了肯定回答。显然,提及"陌生人或别的什么东西"的详细描述使人"回忆起那些原本可能从大脑中溜走的事例"(引自 Tversky 和 Koehler [1994] 对潜意识过程的描述)。

另外,Michael Ross 和他的学生 Fiore Sicoley(1979)也研究了判断的次可加性。他们请"团队"里的成员估计自己为团队付出的贡献。配偶、师徒和篮球运动员都高估了他们的个人贡献:每一个组合中个人贡献之和都远远超过最大值 100%。最有趣的是在两类自我夸大上——积极贡献以及消极贡献("引发争吵","分析数据时犯错","犯规")这种高估均会发生。这种高估现象的潜在认知过程可能存在于记忆提取和生成想象之中,其中记忆提取无疑是解释之一:后续研究显示次可加性评估与受试者回忆具体贡献的能力高度相关,这暗示记忆可得性也是该认知过程的一部分。

Tversky 和 Koehler(1994)认为将整体事件(如汽车无法发动、病人死亡、经济衰退等）的各种子成分分开再描述是对整体事件的"解压缩"（也见 Rottenstreich & Tversky，1997）。大部分研究发现，次可加性描述的是整体事件与其分离解压后子成分之间的关系（"汽车无法发动"与"没油了，没电了，打不着火了等"）。不过，也有超可加性（superadditivity）的例子存在，即在概率估计上整体要大于部分之和。这似乎也是由潜在的可得性加工过程的本质导致的：当解压后的成分难以考虑、想象和回忆时，它们被判断为不可能发生，从而使整体－部分的关系发生逆转，整体事件发生的概率比其各部分发生的概率之和要高。Laura Macchi、Daniel Osherson 和 David Krantz 为概率估计中的超可加性提供了解释，即"反向提取困难效应"。在他们的研究中，要求大学生判断难解的科学问题和百科知识方面的问题（汽油的熔点比酒精高吗？泰国的人口出生率比缅甸低吗？）。结果发现，解压后子成分的概率之和小于 1。

次可加性、超可加性的发现以及其他针对提取流畅性的精巧论证，都证实了可得性在潜在认知过程中的显著作用。这一发现最重要的现实意义是，帮助我们理解公民（与他们的政治领导人）在制定公共资源的分配方案时应该如何思考和决策。被孤立的高中生、不诚实的福利受惠者、有恋童癖的牧师、有缺陷的航线、激进的恐怖主义分子以及许多其他的范例，所有这些因素在公众想象里的认知可得性会对我们如何分配税收和如何制定相关法律产生重大的影响（见 John Kingdon 的经典之作——《议案、备择及公共政策》（1984），关于政治议案的开拓性研究）。

5.8 基于相似性的判断：老一套

第二个利用启发式判断数量、频率和概率的基本认知过程是相似性。有许多判断任务涉及将某客体或某事件归类到合适的范畴中。比如说，当我们想知道持续两周的咽喉痛究竟只是轻微感冒、过敏症状，还是严重的脓毒性咽喉炎时；当我们在餐馆的菜单上找哪些菜低盐低脂时；当我们想知道新同事是行为主义者、运动狂、忧郁者还是面目一新的天主教徒时。

请思考下面的社会成员分类判断任务：

佩内罗珀是一个大学生，朋友们形容她稍微有些不切实际、情绪化和敏感化。她游遍了整个欧洲，能说一口流利的法语和意大利语。她目前还不确定毕业后的职业发展方向，但是却已经证明过自己高水平的才能，并且多次获得书法比赛的奖项。她在男朋友过生日时写了首十四行诗作为礼物。你认为佩内罗珀的主修专业是什么？

- 心理学
- 艺术史

大部分人按照我们的诱导，相当肯定地认为佩内罗珀是一个艺术史学生。她似乎恰好符合我们概念中艺术史学生的特点。但是现在请思考下面的问题：假设你在一所大学的学生名单中随机挑选一个名字并查看其主修专业，那么上面问题中所涉及的两个专业哪个更流行？哪个不太流行？你随机选出来的学生主修心理专业的概率有多大？而主修艺术史专业的概率又有多大？（最近一项统计数据显示，在一所人数接近18 000的公立大学中，大约2 300名学生主修心理学而仅有15名主修艺术史；心理学专业在大学本科生中的基准概率约为0.13，即随机挑选一个学生其主修心理专业的概率为13%，而艺术史专业的基准概率是0.0008，两者比率为150比1！［若仅限于女性的话，该比率为140比1］）。许多人在明确了这些问题之后改变了最初的选择。他们意识到无论"人格描写"如何，那个人是（从18 000个人中挑出的）15个艺术史学生之一的概率总是非常低的。而且，一些受试者为他们最初的回答感到非常难堪。个别人甚至恼怒自己被一则听起来非常符合主修"极端人文"专业的描述给"骗"了——他们意识到自己不能仅凭简单的信息和艺术史学生非常小的基准概率就做出如此判断。

这个例子说明在分类判断任务中存在一种普遍倾向，即依据我们对类别的概念与待归类客体、情境或事件印象的相似性来做出判断。与基于可得性的判断一样，相似性自动地发生在判断过程并自发地主导判断任务。依赖相似性判断的主要行为特征是人们在情境中没有抓住重要的统计或逻辑结构，并且忽略了一些相关信息（例如，背景、基准概率，如佩内罗珀问题中大学各专业的总人数）。

佩内罗珀问题直观地证明我们在判断时忽略了情境中的关键要素。让我们再看一个错误更明显的例子。Tversky 和 Kahneman（1974）要求被试依据简短的人格描述来判断一些人从事某类职业的概率。比如，某人被描述成"不善社交，厌烦政治，在业余时间喜欢到他的船上做点事"，听起来像一个工程师。此外，被试被明确告知了基准概率数据：此人要么是工程师要么是律师，他是从一个大多数人（70%）是工程师或大多数人（70%）是律师的群体中随机挑选出来的。实验结果表明，人格描述的信息以绝对优势压倒了基准概率信息。无论这个人是来自于 70% 工程师的群体还是 70% 律师的群体，对其从事某类职业的概率判断总是相同的。即使是平淡的无任何有效信息的人格描述（"有一个老婆和两个孩子，事业上有成功的潜力，深受周围朋友的喜爱"），也被判断成 50% 的可能性是律师或工程师，完全忽视了基准概率的作用。只有当完全没有描述信息时，被试才能正确地判断来自 70% 工程师 30% 律师群体的人有 0.70 的可能是工程师（或者来自 30% 工程师 70% 律师群体的人有 0.30 的可能是工程师）。

很明显，人们完全依赖于自己对职业类别的刻板印象与对某人背景只言片语的描述来做出判断。当同一组被试评估职业类别与背景描述的"相似性"时，他们的估计与之前的概率判断毫无差异——相似性 - 概率之间的相关高达 0.95。即使人们意识到所使用的描述性信息是不可靠的、不完整的、非预测性时，这种对相似性的过度依赖依然存在。

人们在基于相似性做判断时不仅仅只忽略基准概率信息。请思考另外一个例子，Tversky 和 Kahneman（1983）请大学生做如下任务：

> 琳达，31 岁，单身，说话率直，性格开朗，主修哲学专业。学生时代关注歧视和社会公平问题，参加过反核武器示威活动。请按照概率高低（从高到低）排列以下项目：

- 琳达是小学老师。
- 琳达在书店工作，上瑜伽课。
- 琳达积极参加女权运动。
- 琳达是从事精神病治疗的社会工作者。
- 琳达是妇女选举委员会成员。

- 琳达是一位银行出纳员。
- 琳达是一位保险推销员。
- 琳达是一位积极参加女权运动的银行出纳员。

86% 的大学生认为,"琳达是一位银行出纳员并积极参加女权运动"的概率比"琳达是一位银行出纳员"高。理由呢?基于琳达的信息,我们很容易想象出她是一名女权主义的银行出纳员,而很难想象她仅是一名普通的银行出纳员,尽管对她的描述中并没有直接提到女权主义。甚至当银行出纳员的项目被改成"琳达是一位银行出纳员,她可能积极参与女权主义运动,也可能不"时,另外 75 名被试中仍有 57% 的学生认为"琳达是一位积极参加女权运动的银行出纳员"的概率更高。

这个例子中的逻辑错误是忽视了"银行出纳员"和"女权主义银行出纳员"之间的从属关系。女权主义银行出纳员是银行出纳员的一个子集,但是肯定还有其他类型的银行出纳员:"传统女性角色"的银行出纳员、信奉基督的银行出纳员、无政府主义的银行出纳员等等。这些子集之间的关系也许并不明朗,但是有一点是肯定的,若定义所有的人都是银行出纳员而且必定存在一些不是女权主义的银行出纳员。所以,怎么可能"琳达是一位女权主义的银行出纳员"比"琳达是一位银行出纳员"的概率更大呢?很明显后者的外延更广甚至包含前者。因此,这样的回答在逻辑上是不可能的。但是人们(比如我们)判断女权主义银行出纳员比单纯的银行出纳员概率更大,主要是因为他们"忽视"了判断任务中的逻辑结构,并且过度依赖于描述,依赖于我们关于社会分类刻板印象之间的相似性(相似性-概率相关再一次高达 0.95)。

多数人都熟悉韦恩图(19 世纪的数学家和逻辑学家约翰·韦恩发明创造的,他还在"The Logic of Chance"上发表过论文,韦恩图用交叉的圆圈来代表不同分类的关系)。每个圆覆盖的区域代表某结果属于该集合的概率,各圆重叠的部分代表某结果属于对应的复合事件的概率。琳达问题的韦恩图明确表明,她是一位女权主义银行出纳员的概率不可能比她是银行出纳员(包括各种类型)的概率高(见图 5.4)。

Tversky 和 Kahneman(1974)将这种错误叫做错觉,因为它像许多常见的视

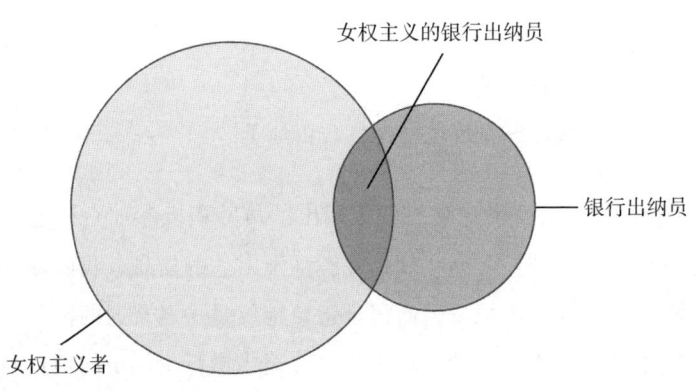

图 5.4 用韦恩图表示琳达问题中隐含的基本逻辑关系

错觉一样,即使我们理智上承认它是错误的,但却仍然坚持己见。Steven Pinker(1997)曾说,一名学生在面对一系列这样的错觉时"为人类感到羞愧"(p. 344)。进化生物学家Stephen J. Gould(1991)表达了我们大多数人都体验到的直觉冲突:"我知道出现在交集处的可能性极小,但是我脑子里一直有个小人在上蹿下跳地大喊大叫——'仔细阅读那段描述,她不可能只是一位银行出纳员'"(p. 469)。他总结说:"我们的思维不是按照概率法则运作的(不管什么理由)。"我们的思维似乎是按照基本的相似感觉运作的,实验被试对相似性的评估与对概率的评估(将被描述的人归类到某刻板类别中的概率)之间完美的相关证明了这一点。

5.9 代表性思维

上述实例主要证明:(1)分类判断任务通常以判断对象的特征与原型的代表性或相似性程度为基础;(2)代表性并没有反映实际的变化;(3)估计的概率或者判断的信心与相似性有关而不一定与判断情境的深层结构有关。在佩内罗珀问题和律师-工程师问题中,人们似乎忘记了专业或职业的基准概率背景;在琳达问题中,人们忽略了银行出纳员和女权主义的银行出纳员两个集合间的逻辑关系。

图 5.5 对基于相似性的启发式判断过程进行了总结。

我们发现早期研究非常确信人们在多数概率判断任务中依赖于（甚至过度依赖）相似性，这也许是因为我们在解决原始问题时的自我反思过程与代表性－相似性的解释模型完全一致。一个更富争议性的话题是这些判断中表现出来的非理性。Tversky 和 Kahneman（1974）将教科书中的概率问题具体化并设计成实验中的两难困境。被试对这些问题的回答通常是错误的。但是对类似问题的行为反应却并不完全呈现出跨研究的一致性，错误也并不总是如上述例子那样极端，即使被试给出明显错误的答案也是有理有据的（Birnbaum，1983；Koehler，1996）。因此，我们的重点将转到另一个话题，即这些结果是否证明人们是非理性的，从而导致了第 8 章中将会提到的各种适应不良的日常判断。

当代心理学家假设，诸如银行出纳员、女权主义者、微型计算机和臭鼬等各种事物分类的概念在我们头脑中是以属性列表的方式被表征的，我们认为这些属性正是对这些实体的定义和表征。这种概念表征方式非常有用，但也有些虚构化和简单化。所以，如果我们问某个人"鸟"所代表的意思，通常会得到一系列与"鸟"这个标签相关的特征。如果某物是鸟的话，它就应该会飞、有羽毛、下蛋、吃虫子等等；如果某人是"艺术史学生"的话，就应该包含敏感、情绪化、富有文化底蕴、女性、文雅等特征。我们在思考大部分日常概念时往往考虑的是关联性、典型性和相关性属性，而不仅仅是分类的本质定义。我们还经常用一些明知不适用所有成员的特性来代表分类（如鸟能"飞"，艺术史学生"富于文化底蕴"）。此外，当我们试图回答"它是什么意思？"

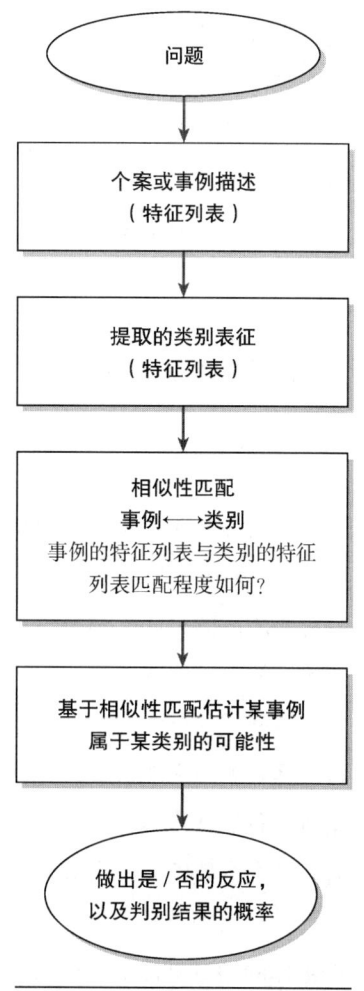

图 5.5 代表性启发式的判断流程图

时，会借用进入思维的某些成员的特征来考虑某个类别的概念。所以，记忆可得性即使在类别概念表征中也有一定影响。

我们讨论分类这一命题时需要用到的最后一个认知理论是相似性判断过程的模型。其中最通行的模型是对比模型，它假设我们在评估某两个或多个实体的相似性时会将它们的属性一一对照（非常快）。该过程的一种有效模型假设我们对相似性的总体印象来自于两实体"匹配"属性数目和"不匹配"属性数目的快速对照表。此模型能够给匹配组和不匹配组赋予权重，以反映我们经验和信念中各属性的重要程度。因此，举个例子来说，如果我们在森林里看到一种生物，它不会飞，并且它体表覆盖皮毛，这两个特征对于我们判断它是"鸟类"的影响力是不同的，后者要强一点。在佩内罗珀的判断情境中，描述的属性与我们刻板印象中艺术史的属性（我们读到此类别的名称时从记忆中提取出来）有太多的"良好匹配"，以至于我们的反应是"艺术史"。在琳达的问题里，对琳达的刻画与由类别标签激活的表征（刻板印象）之间的良好匹配也是女权主义（银行出纳员）多于单纯的银行出纳员。

在许多例子中，一旦某客体被划归为某一类，那么一种基于联想的认知随之被激活。就拿臭鼬来说，这种联想性的认知提供了快速有用的信息：躲开它。但是有时我们基于类别的联想在道德上是令人困扰的，或者直接是非理性的。对后者的研究主要涉及社会刻板印象；我们的"心理资料库"里存储着关于艺术史学生、银行出纳员和瑜伽老师的相对中性的刻板印象，但是也包括一些针对重要社会群体的相对负性的刻板印象。也许最麻烦的就是，这些种族、性别和宗教的刻板印象能自动激活我们的情绪反应，进而影响到针对该类别中具体成员的行为表现。一旦我们将某人归入引起负性联想的范畴中，那么我们会情不自禁地用消极的行为对待他。虽然这不属于本书的讨论范围，但是社会心理学关于刻板反应的研究已经表明，当社会类别被激活或者直接适用到人身上时，我们会做出许多不受控制的演绎或类比推论（Kunda, 1999; Wittenbrink & Schwarz, 2007）。刻板信念的无意识效应中可能包括反弹效应，即刻板反应在有意削减之后，会在随后的社会交往中发生反弹。

下面描述了大学入学审查委员会的决策过程，为自发的、但是逻辑上可疑的类别联想提供了一个范例。

[布朗大学]入学审查委员会浏览了来自西南部的一所小型农村高中的申请表,旨在寻找被称为"优雅小镇中的孩子"的优秀申请人。埃米在班里名列前茅,英文中等 500 分,数学和科学上等 600 分。她家庭贫困,白种人,外地人。她若被录取,将使布朗大学学生的生源地分布更广泛,家庭经济水平更加多样化,可避免使该校成为新英格兰州的研究生预科学校。因此,来自纽约州的申请只有 20% 会被接收,但是来自七区——俄克拉荷马、德克萨斯、阿肯色州和路易斯安那等州的申请却有 40% 会被接收。埃米所在的高中对她赞赏有加,她想学习工程学。布朗大学需要学习工程学的学生。但不幸的是,埃米把工程学这个单词拼写错了。语言学教授吉米·雷恩说:"阅读障碍"。争论过后,委员会把她的申请放在了待批行列。

基于代表性思维的决策错在哪里?这又是因为相似性并不总能反映情境中潜在的统计学和因果性结构。拼写错误是阅读障碍的症状,但是拼写不好的人中没有阅读障碍的要比有阅读障碍的多。然而这种图式(拼写错误-阅读障碍)已被存取,埃米被判定为阅读障碍。在做这样的决策时考虑阅读障碍既不切题也不符合伦理,但是本书作者在研究生入学委员会和奖学金分配委员会中却多次观察到类似的情况。

一位申请者在被问及"研究生入学委员会可能看重的其它个人信息"时写道:"身为摩羯座,我将会是一位严谨的实验者。"委员会中一位教授蔑视地说,"我们这儿不需要任何占星术疯子!"。这位在 700 多人中 GRE 和 GPA 综合排名第二的申请人就这样被拒绝了。当然知道自己星座的人中更多的不是"占星术疯子",但是类别图式("占星术疯子,因此是不可靠的怪人")再一次占据上风。

以代表性特征为基础来做判断的基本问题在于,存取的图式实际上比未存取的图式更不合理,特别是当未存取的图式在世界上有更大的覆盖范围时。"非阅读障碍者"和"非怪人"在现实中比"阅读障碍者"和"怪人"占更大的比例。因此,拼写错误的人更可能不是阅读障碍者,知道自己星座的申请者更可能不是怪人。然而,当类别图式通过相似性被自动存取时,它的基准概率则不值一提。那需要一种二级的自我反省式的判断:"这种类型有多普遍?"(阅读障碍者或占星术疯子或艺术史专业)。这样的判断需要忽略描述特征评估基准概率。比如,对佩内罗珀专业"重新考虑"的提醒旨在使读者能够仔细考虑大学生中艺术史和心理学专业的基准概率。漠视情境中的统计学结构和忽略基准概率等关键信息是基于代表性进行判断的行为标志，但是，我们做判断时又该如何恰当地使用基准概率信息呢？

5.10 比例规则

与代表性判断不同，我们可以利用简单的概率论法则进行精确的判断。假设 c 代表某个特征，S 代表某种图式（范畴）。c 在多大程度上可以代表 S 由条件概率 $p(c|S)$ 表示——即 S 中每个成员具有特征 c 的概率。（在目前的例子中，该条件概率是挺高的。）

但是，特征 c 必然指向 S 成员的概率由条件概率 $p(S|c)$ 表示，指具有特征 c 的人属于 S 中的成员的概率，该条件概率是 $p(c|S)$ 的逆反。现在，由概率论的基本原理可知：

$$p(c|S) = \frac{p(c \text{ and } S)}{p(S)} \tag{5.1}$$

即，c 与 S 同时发生的概率除以 S 的概率。相似地：

$$p(S|c) = \frac{p(S \text{ and } c)}{p(c)} \tag{5.2}$$

但是，$p(c \text{ and } S) = p(S \text{ and } c)$；所以如下所述：

$$p(c|S)/p(S|c) = \frac{p(c)}{p(S)} \tag{5.3}$$

一般而言，

$$p(A|B)/p(B|A) = \frac{p(A)}{p(B)} \tag{5.4}$$

这种关系被叫做比例规则——逆反概率的比率等于简单概率的比率。

在以上讨论推断某个人是否属于某个类别的情境中，这种简单的比例规则能

够有效地将 $p(c|S)$ 和 $p(S|c)$ 联系起来。在 $p(c)$ 和 $p(S)$ 不相等的情况下将两个条件概率等同对待是不合理的，但是代表性思维却没有反映出 $p(c|S)$ 与 $p(S|c)$ 之间的差异，因而表现出现实中不存在的对称性。

由于混淆逆反概率而发生误解的情况有很多，其中广为人知的当属哈佛大学法学教授 Alan Dershowitz（他是"辛普森谋杀案"辩护律师"梦之队"成员）的一段电视讲话。他在辩词中没有对辛普森虐待前妻尼克尔的历史做争论。他说，"殴打妻子的男人中只有百分之零点一的人会杀害他们的妻子"（p [丈夫谋杀妻子 | 丈夫殴打妻子]）。但是统计学家 I. J. Good（1995）寄给科学杂志《自然》的信中指出，相应概率的条件应该是丈夫殴打妻子并妻子随后被谋杀。Good 采用 Dershowitz 的假设计算出了相应概率，结论是在这种情况下 1/2 的丈夫是杀人凶手：p（丈夫谋杀妻子 | 丈夫殴打妻子并妻子被谋杀）。（实际的简单概率似乎是 1/3 左右，不过具体的统计数据不详，因为"殴打妻子"这个范畴很难操作化定义。）Good 教授还说："当然，这个观点不仅仅适用于辛普森案件。它再一次戏剧性地表明贝叶斯的简单概念是法律审判的基础。它同样是医学诊断和科学哲学的基础。贝叶斯法则在大学之前就应该掌握！"（p. 541）。

关于吸食大麻与严重的药物成瘾之间关系的声明和信念，为上述有关非理性的阐述提供了丰富的证据。例如，1970 年 12 月 11 日《红木城（加利福尼亚）论坛》上的一篇文章的标题写道："大部分吸食大麻者还使用其他致瘾药物。"但是接下来的第一句是："根据研究发现，高中生只要吸食致瘾药物几乎毫无例外地就会吸食大麻。"尽管正文明确表明吸食致瘾药物的学生中大部分都吸食大麻，但是标题却逆转了这种关系。

标题指的是随机选择一个吸食大麻者（M），其吸食致瘾毒品（H）的概率，或者说是"吸食大麻的人中使用致瘾毒品者的概率"。可以用既吸大麻又吸致瘾毒品的人（M and H）的频率除以吸大麻的人（M）的频率得到该概率：

$$p(H|M) = p(M \text{ and } H)/p(M) \qquad (5.5)$$

但是所引用的研究指的却是随机选择一个吸食致瘾毒品的人（H），其吸大麻（M）的概率，可以用既吸大麻又吸致瘾毒品的人（M and H）的频率除以吸食致瘾毒品的人的频率得到该概率：

$$p(M|H) = p(M \text{ and } H)/p(H) \tag{5.6}$$

吸食致瘾毒品者中吸大麻的人与吸食大麻者中吸食致瘾毒品的人相比，其比率很大，因为吸大麻的人与吸食致瘾毒品的人相比，其比率很大，而这两个比率是相等的（方程5.4）。调查发现前者的条件概率——吸食致瘾毒品中吸大麻的比例——非常高，这也符合我们的日常经验。但是这并不表示逆反概率也非常高。比例规则表明后者的概率——吸食大麻中吸致瘾毒品的比例——比前者要小得多，所以前者值大并不意味着"大部分吸食大麻者［还］使用其它［致瘾］药物。"然而在该研究发表的那个时期，一个民主党总统候选人在竞选前夕的电话问答中把大麻称作"制药行业的讨厌鬼"。

韦恩图（图5.6）再次明确地显示出逆反概率——p（吸大麻 | 吸致瘾毒品）和p（吸致瘾毒品 | 吸大麻）——之间的不同。吸大麻的人并不意味着有很高的可能性吸食其它致瘾毒品，但是吸食致瘾毒品的人意味着有很高的可能性吸食大麻。

在大多数关于逆反混淆（也叫条件概率谬误）的文章中，作者们会给出很滑稽的例子。比如，1967年8月27日《本周》杂志刊登了一篇文章，建议人们如何在交通拥堵的劳动节周末保证生命安全（Barns，1967）。作者声称"驾驶时离家越远越安全"，因为大部分的死亡事故都发生在离家25英里范围内。

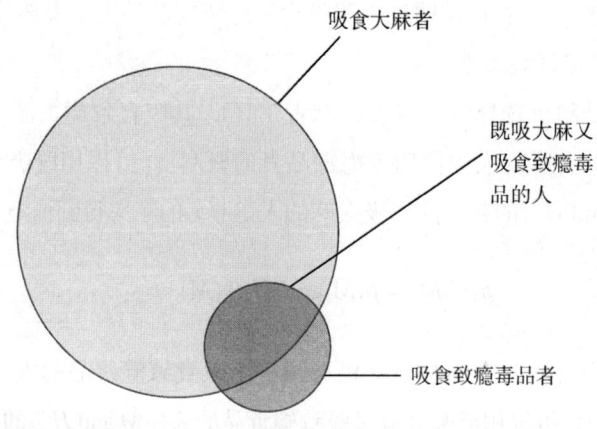

图5.6 吸大麻与吸食致瘾毒品之间的逻辑关系韦恩图

这是将"距离条件下的死亡概率"与"死亡条件下的距离概率"错误地等同了。通过分析比例规则（方程 5.4），我们能很清晰地发现该等同完全是无稽之谈，因为在离家近的地方驾驶的概率要远大于发生死亡事故的概率。这种混淆很容易闹出笑话，一个人如果发生了混淆很可能把车拖到高速公路上之后再自己去开。但是，当同样的非理性被用作正当的借口——甚至有时作为理由——强制对大麻实施严厉的禁令时，混淆便不再仅仅是笑话了。虽然因吸食大麻被逮捕的人可能将逮捕看做政府报复性、保守性和剥削性的自然结果，但是许多人却对逮捕表示赞同，因为他们相信——与已故的 Hubert Humphrey 一致——大麻是"讨厌鬼"。

偶尔，人们在未考虑任何基准概率（特征［如吸大麻］的发生率，类别［如吸食致瘾毒品］的发生率）的情况下，就断言两种事物之间的相依性以及相依性的方向。请看下面来自《管理聚焦》的例子。

> 最近一项针对 74 名 CEO 的调查发现，童年时期抚养宠物可能与未来的职业成功有关。94% 的 CEO 在小时候都养过狗或猫，而他们现在都受雇于财富 500 强企业。

被调查者声称，与宠物的相处帮助他们培养了许多积极的品格特质，从而使他们成为今天的优秀管理者。这些特质包括责任心、同理心、对生命的尊重、宽容以及良好的沟通技巧。众所周知，在类似于这些 CEO 们成长背景下长大的孩子中，有超过 94% 的人都抚养过宠物，但是此时相关性的方向却可能是负的。也许 CEO 们的成功与儿童时期刷牙有关。可能所有的 CEO 都刷牙，至少偶尔刷，然后我们猜测刷牙所需的自律性导致了他们今天的事业成功。这似乎比童年时与宠物互动而习得的"沟通技巧"能够促进他们与其他经理及雇员的关系要更加合理些。

心理学家也不可避免地会做出这种错误判断。例如，Nathan Branden（1984）写道："我想不出来有哪个心理问题不是起源于低自尊的——从焦虑、抑郁到亲密恐惧或成功恐惧，到酒精或药物滥用，到配偶虐待或狎童。"换句话说，c 代表低自尊而 S 代表心理问题，$p(c|S)$ 是高的。但是说这些心理问题的根源在于低自尊即是声称 $p(S|c)$ 高，而这点我们并不清楚——来访者之所以来咨询

Branden，是因为他们已经有了心理问题。Branden 的经验仅限于那些因心理问题而想寻求帮助的人——他的经验是以 S 作为条件的。即使我们真地发现了高概率的 $p(S|c)$，我们也不能做出因果推论：人们的自尊也许是因为身患心理疾病才变低的。Branden 的总结如下：

> 大量证据（包括一些科学研究发现）表明，个体的自尊水平越高，对待他人时就会越尊重、越友善、越宽容。没有体验过自爱的人是没有能力去爱别人的。体验过深层不安全感和自我怀疑的人，倾向于把其他人知觉成可怕的和敌意的。没有自尊的人无法对这个世界做出任何贡献。

套用 Branden（1984）的"我想不出来"的句型，我们想不出来有哪个科学研究中的因变量是"无法对这个世界做出任何贡献"的。有心理问题的人（Branden 的案例中）有低水平的自我意象，但这并不意味着"深层不安全感和自我怀疑"（不常见的特征）条件下出现心理问题的概率就一定高。"深层"这个词模糊性太强，以致于无法用清晰的统计来反驳 Branden 命题的不可能性，但是，使用代表性思维同一群"无法对这个世界做出任何贡献"的人交流在理智上是不负责任的行为。事实上，Branden 的观察能够证明一点，低自尊对于这些有心理问题（如虐待儿童）的人来说是好现象，否则他们也不会去寻求改变（如接受治疗）。

庆幸的是，并不是所有人在任何时候都将逆反条件概率弄混淆，比如伟大的哲学家伯特兰·罗素就不会这样。他的祖母曾不遗余力地劝他别跟他的第一任妻子结婚，这让他深刻地意识到他们家的精神病人何其之多。九年后，当他考虑要孩子时向医生咨询了精神病的遗传情况。他的传记作家 Clark（1976）是这样描述的：

> 四天后他见了医生，"医生说冒险受孕需要承担起责任，人们对遗传的恐惧被夸大了。他说 50% 的精神病患者的双亲酗酒，但是只有 15% 的精神病患者的双亲也是精神病。这似乎使我稍稍心安。"也就是说，直到罗素这位准父亲成为统计学家罗素时才能稍稍心安。他在日记下方的脚注中写道："但是，他没有特别指出总人群中患精神病者和酗酒者的比例分别有多大，所以他的论点没有一点价值。"

在这个例子中，即使是罗素也能被挑出"没头脑"的毛病。比如，为何他刚开始时那么严肃认真地看待 50% 和 15% 呢？问题在于想避免发生混淆，就有必要把很少经历过的客体或事件也假设成一类——比如，低自尊却仍然有能力爱别人或"能对世界做出些贡献"的人。然后，要想估计出条件概率值，则必须估计这类罕见事件的囊括范围，尽管我们很少接触到这类人或事。这需要控制性的"科学"思维——用皮亚杰的术语来说是，把真实（已经观察到的）看做可能（可能被观察到的），而不是反过来。

当我们直接体验各种事件而不是阅读书面材料时，即使不是伟大的哲学家，普通人也能恰当地利用基准概率信息。当研究对象是在职的医生和会计时，他们似乎能意识到相应的基准概率，例如当地疾病的发生率或财务问题的发生率。虽然这能使人稍微放心一些，但是在嘈杂的日常情境中仍然有某些忽略基准概率的情况存在。模拟医疗诊断的实验室研究发现，给参与者呈现基准概率不同的病例之后（如，25% 的情况演变成疾病 burlosis，75% 的情况演变成疾病 coragia——疾病 burlosis 和 coragia 均为虚构），他们对基准概率反应敏感，但是在某些实验条件下仍存在着对基准概率的忽略（Gluck & Bower, 1988；Goodie & Fantino, 1995, 1996）。

还有一种情况能让我们重视基准概率，即人们给不一致的比率赋予某种因果性意义时。当人们能够看出基准概率的因果关联时，他们经常把基准概率纳入推理过程中。例如，若模拟陪审员相信一家公交公司比另一家公交公司发生更多的交通事故是由于他们的司机没有经过严格的筛选和培训，那么他在评估目击者证词时会将不同的事故发生率考虑在内。但是，若他认为一家公交公司交通事故多仅仅是因为公司比较大，那么他将不会考虑不同的事故发生率。研究反复证实，当基准概率只具有统计学意义而缺乏因果性意义时，它们通常会被忽略。相同的效应似乎在真实的法庭上也出现过，赤裸裸的统计学证据非常没有说服力——比如，在指控辛普森杀害妻子及其男友的案件中，DNA 证据无法说服陪审团定罪。当然，比例规则的等式右边为什么碰巧是 $p(A)$ 和 $p(B)$，这个问题也很重要，理性应有其用武之地（Koehler, 1997）。但是因果思维有自身的陷阱，这点我们将在下一章讨论。

总之，我们似乎更擅长将潜在关系用具体数字和具体频率表示出来，而不是将潜在关系用抽象的比例和概率表示（见最近的综述文章，Barbey & Sloman，2007）。我们将在第 8 章重新回到这个问题上并且给出一些正确建议，以便于处理条件概率关系。

在大部分时间里，我们的绝大多数思考被无处不在的思维和联想规则掌控，因而我们会做出代表性联结，特别是在评估概率时。本章关注了非正式的观察和理论。此外，研究者也做过大量关于代表性思维的实证研究（通常用大学生作为被试），结果都证实了相似性和联想的主导作用。幼稚天真的被试们在许多情境下对 $p(A|B)$ 和 $p(B|A)$ 不加区分，而且当给出一个条件概率时，他们直接推断出另一个概率而并不参考 $p(A)$ 和 $p(B)$ 的基准概率，这明显违反了比例规则。我们具有一种很自然的习惯，即用联想的方式来思考当下情境中凸显的事物或者第一时间从记忆中提取到的事物。要想逃离这种"被现成性所主导"并思考那些经验中并不明显的事物和关系时，意志力和训练必不可少。

参考文献

Alvarez, L. W. (1965, June 18). A pseudo experience in parapsychology. *Science, 148*(3677), 1541.

Barbey, A. K., & Sloman, S. A. (2007). Base-rate respect: From ecological rationality to dual processes. *Brain and Behavioral Sciences, 30*, 241–297.

Barns, L. R. (1967, August 27). This quiz could save your life next weekend. *This Week*, 10–11.

Birnbaum, M. H. (1983). Base rates in Bayesian inference: Signal detection analysis of the cab problem. *American Journal of Psychology, 96*, 85–94.

Branden, N. (1984, August/September). In defense of self. *Association for Humanistic Psychology Perspectives*, 12–13.

Clark, R. W. (1976). *The life of Bertrand Russell*. New York: Knopf.

Combs, B., & Slovic, P. (1979). Newspaper coverage of causes of death. *Journalism Quarterly, 56*, 837–843.

Diaconis, P., & Mosteller, F. (1989). Methods for studying coincidences. *Journal of the American Statistical Association, 84*, 853–861.

Douglas, M., & Wildavsky, A. (1982). *Risk and culture: An essay on the selection of technical and cultural dangers.* Berkeley: University of California Press.

Gigerenzer, G. (2006). Out of the frying pan into the fire: Behavioral reactions to terrorist attacks. *Risk Analysis, 26*, 347–351.

Gilliam, F. D., Jr., Iyengar, S., Simon, A., & Wright, O. (1996). Crime in black and white: The violent, scary world of local news. *Harvard International Journal of Press/Politics, 1*, 6–23.

Glassner, B. (1999). *The culture of fear: Why Americans are afraid of the wrong things.* New York: Basic Books.

Gluck, M. A., & Bower, G. H. (1988). From conditioning to category learning: An adaptive network model. *Journal of Experimental Psychology: General, 117*, 227–247.

Good, I. J. (1995). When batterer turns murderer. *Nature, 375*, 541.

Goodie, A., & Fantino, E. (1995). An experientially derived base-rate error in humans. *Psychological Science, 6*, 101–106.

Goodie, A., & Fantino, E. (1996). Learning to commit or avoid the base-rate error. *Nature, 380*, 247–249.

Goodman, G. S., Qin, J., Bottoms, B. L., & Shaver, P. R. (1994). *Characteristics and sources of allegations of ritualistic child abuse.* Washington, DC: National Resource Center on Child Abuse and Neglect.

Gould, S. J. (1991). *Bully for brontosaurus: Reflections in natural history.* New York: Norton.

Hopkins, B., & Jacobs, D. M. (1992). How this survey was designed. In B. Hopkins, D. M. Jacobs, R. Westrum, J. E. Mack, J. S. Carpenter, & Roper Organization, *Unusual personal experiences: Analysis of the data from three major surveys conducted by the Roper Organization* (pp. 55–58). Las Vegas, NV: Bigelow Holding Company.

Johnson, E. J., & Tversky, A. (1983). Affect, generalization, and the perception of risk. *Journal of Personality and Social Psychology, 45*(1), 20–31.

Kahneman, D. (2003). A perspective on judgment and choice: Mapping bounded rationality. *American Psychologist, 58*, 697–720.

Kingdon, J.W. (1984). *Agendas, alternatives, and public policies.* Boston: HarperCollins.

Koehler, J. J. (1996). The base-rate fallacy reconsidered: Descriptive, normative, and methodological challenges. *Brain and Behavioral Sciences, 19*, 1–53.

Koehler, J. J. (1997).One in millions, billions, and trillions: Lessons fromPeople v. Collins (1968) for People v. Simpson (1995). *Journal of Legal Education, 47*, 214–223.

Kunda, Z. (1999). *Social cognition: Making sense of people.* Cambridge: MIT Press.

Macchi, L., Osherson, D., & Krantz, D. H. (1999). A note on superadditive probability judgment. *Psychological Review, 106*, 210–214.

Mulford, M., & Dawes, R. M. (1999). Subadditivity in memory for personal events. *Psychological Science, 10*, 47–51.

Nathan, D., & Snedeker, M. (1995). *Satan's silence*. New York: Basic Books.

Nisbett, R. E., & Ross, L. (1980). *Human inference: Strategies and shortcomings of social judgment.* Englewood Cliffs, NJ: Prentice Hall.

Park, J., & Banaji, M. R. (2000). Mood and heuristics: The influence of happy and sad states on sensitivity and bias in stereotyping. *Journal of Personality and Social Psychology, 78*, 1005–1023.

Pinker, S. (1997). *How the mind works*. New York: Norton.

Redelmeier, D. A., Koehler, D. J., Liberman, V., & Tversky, A. (1995). Probability judgment in medicine: Discounting unspecified possibilities. *Medical Decision Making, 15*, 227–230.

Reyes, R.M., Thompson, W. C., & Bower, G. H. (1980). Judgmental biases resulting from differing availabilities of arguments. *Journal of Personality and Social Psychology, 39*, 2–12.

Ross, M., & Sicoly, F. (1979). Egocentric biases in availability and attribution. *Journal of Personality and Social Psychology, 37*, 322–336.

Rottenstreich, Y., & Tversky, A. (1997). Unpacking, repacking, and anchoring: Advances in support theory. *Psychological Review, 104*, 406–415.

Sartre, J. P. (1948). *Anti-semite and Jew* (G. F. Becker, Trans.). New York: Schocken Books.

Schwarz, N. (2004). Metacognitive experiences in consumer judgment and decision making. *Journal of Consumer Psychology, 14*, 332–348.

Schwarz, N., Bless, H., Strack, F., Klumpp, G., Rittenauer-Schatka, H., & Simons, A. (1991). Retrieval as information: Another look at the availability heuristic. *Journal of Personality and Social Psychology, 61*, 195–202.

Tversky, A., & Kahneman, D. (1974). Judgment under uncertainty: Heuristics and biases. *Science, 185*, 1124–1131.

Tversky, A., & Kahneman, D. (1983). Extensional versus intuitive reasoning: The conjunction fallacy in probability judgment. *Psychological Review, 90*, 293–315.

Tversky, A., & Koehler, D. J. (1994). Support theory: A nonextensional representation of subjective probability. *Psychological Review, 101*, 547–567.

Wittenbrink, B., & Schwarz, N. (2007). *Implicit measures of attitudes: Procedures and controversies.* New York: Guilford Press.

Wright, W. F., & Bower, G. H. (1992). Mood effects on subjective probability assessment. *Organizational Behavior and Human Decision Processes, 52*(2), 276–291.

第 6 章
基于解释的判断

千百年来，也许数百万年来，人类彼此讲述着故事。他们围着篝火讲故事；他们在从一个小镇走到另一个小镇的旅途中，讲述每天发生的故事；他们通过电子设备，给另外一些观众和听众讲故事。人类在不停地讲故事，是因为那些故事都是他们不得不去讲述的故事。

——罗杰·尚克（1946~），美国认知心理学家、研究人工智能的学者
罗伯特·埃布尔森（1928~2005），耶鲁大学心理学家、政治学家，
在统计学和逻辑学方面有所建树。两人合著有关人类知识结构的著作

6.1 每个人都喜欢好的故事

当人们被问及："一个酒精成瘾、每天五分之一的时间都在喝酒的网球明星，赢得 8 个月后一个大型锦标赛的可能性有多大？"，他们十有八九会认为非常不可能。如果问另外一些人"一个酒精成瘾、每天五分之一的时间都在喝酒的网球明星，一月后加入一个戒酒协会，并戒掉了酒瘾，然后赢得 8 个月后一个大型锦标赛的可能性有多大？"，大多数人会认为有一定可能性。

然而，对于酒精成瘾且每天五分之一的时间都在饮酒的明星而言，第一种结果（赢得锦标赛）比第二种结果（参加戒酒协会，并戒掉酒瘾，且赢得锦标赛）在逻辑上更可能发生，三个事件同时出现的概率肯定小于其中任何一个事件单独

出现的概率。仔细想想就能意识到，这位明星在不参加戒酒协会的情况下，可以通过多种方式赢得锦标赛（比如，自己戒掉酒瘾，向其他选手行贿，或者仅仅是运气非常好）。因此，"赢得锦标赛"这一事件肯定比"参加戒酒协会，并戒掉酒瘾后，再赢得锦标赛"这一系列特定事件出现的可能性更大。然而，参加戒酒协会这一事件将各个部分串连起来成为一个故事，形成了一个看似合理、具有一致性和说服力的情境（Heath & Heath，2007）。

人类或许是最特殊的动物，他们可以为自己所处的情境创造一个心理模型，并且那些情境模型经常以故事的形式呈现（生物学家 Stephen Jay Gould 曾把人类描述为"讲故事的灵长类动物"）。与人类心理的其他基本特征类似，故事建构在判断与决策中也发挥着作用。情境或者故事呈现的是当下通过因果关系粘合在一起的连续事件——这种"粘合剂"大多是建立在以目标为行动导向的人的动机和意图基础上。通常故事以简单的线性因果链条出现——丢失了钉子使得马没有了蹄钉，没有了蹄钉导致马变跛，马变跛导致信息传递延误，信息传递延误导致军队没有做好战斗准备，没有做好战斗准备导致侵略者获胜，侵略者获胜导致国家战败，国家战败导致君主失去了王位……

6.2 合取概率谬误

人们相信多个事件联合发生的可能性要大于各独立事件，Tversky 和 Kahnemay（1983）将这种信念称之为合取谬误（conjunction fallacy）。更确切地说，应是合取概率谬误（conjunction probability error），基于代表性偏差的"琳达是女权主义出纳员"的身份类别判断谬误即是它的典型范例。在上述"酗酒网球运动员"情境的判断中也会出现相同的谬误。Tversky 和 Kahneman 提供了另外一个情境判断的例子来解释该现象。他们向大学生呈现如下情境：

> 约翰 P. 是一个谦恭温顺的人，42 岁，已婚，并育有两个孩子。邻居们认为他温文尔雅，却又有点诡秘。他在纽约拥有一家进出口公司，频繁穿梭于欧洲和远东地区。P 先生曾因为走私钻石和稀有金属（包括铀）被判 6 个月监禁（缓期执行）并罚处大笔罚金。目前，他正在接受警方的调查。

根据发生概率的大小对调查结果中的下列描述进行排序。请注意各种可能性描述，正确结果不止一个。用 1 代表最有可能的描述，2 代表其次可能，以此类推。

- P 先生是一个恋童癖；
- P 先生从事间谍活动，并出售机密文件；
- P 先生是一名吸毒者；
- P 先生杀害过一名雇员。（p. 306）

一组 86 名本科生对以上描述进行排序。另一组的 86 名学生则对另外一份描述进行排序（这份描述将最后一个句子替换为"P 先生杀害过一名雇员，以阻止其报警"）。尽管事实上增加特定动机降低了事件发生的可能性（类似于第 5 章中提到的"琳达是女权主义银行出纳员"与"琳达是银行出纳员"的比较），但是人们对联合事件（"为阻止其报警而杀了他"）的排序（平均可能性排序为 2.9）却高于对单纯的"谋杀事件"的排序（因任何可能的理由而杀害他，平均可能性排序为 3.17）。

假如我们一开始就知道 P 先生杀害了一名雇员，那么在"为了……而杀害一名雇员"的描述中则必须将"杀害一名雇员"与作为理由的"为了"区分开来。因为多个原因的联合看起来会比单个原因发生的概率更高。比如，对于一个人为什么感到非常寒冷，人们认为他身处摄氏零度以下的户外要比单纯的身处户外（也包括夏季的户外）更为合理。

Tversky 和 Kahneman（1983）还发现，内科医生在关乎"生死"的情境下做出的症状判断和诊断结果中，也存在合取概率谬误，详情如下：

一位 55 岁的妇女患有肺动脉栓塞（肺部的血液凝块）。请问她同时伴随下述症状的可能性有多大？

- 呼吸困难和部分偏瘫；
- 小腿疼痛；
- 肺膜炎性胸痛；
- 昏厥和心跳过快；

- 部分偏瘫；
- 咳血（Tversky & Kahneman，1983，p. 301）

调查的 32 名内科医生中，91% 的医生认为，联合两种症状（例如：呼吸困难——可能伴随的症状，和部分偏瘫——不大可能伴随的症状）发生的概率要比单独呈现的不大可能伴随的症状更高。两种症状的结合，在医师的心理形成了一个前后一致或更好的解释。

6.3 从解释到判断

合取概率对理性的违背是广泛的。当我们设想未来时，想象的内容倾向于符合我们自身的知识架构。我们设想的许多情景是若干个特定事件的联合，因此，我们会认为该情景发生的可能性更高。同理，这种信念也是自动形成的。人类的思维过程有一种视觉化的倾向，我们对于未来的预期会通过"看到"自己和他人可能会做什么来实现。因此，人类的想象是相当具体形象的。我们知道，几乎没有任何事情会精确地像我们想象的那样成为现实，但这并不会阻止我们按照一定的序列构建关于未来的生动情景。只有再三考虑，对单一事件发生的概率进行评价，这样才有可能避免合取概率谬误（结论可能有些出乎意料，即避免合取谬误在于以独立的方式评价事件发生的概率，而非以整体、序列的方式评价）。

情景或情节构建过程及其决策判断结果如图 6.1 所示。构建故事（至少要反映事件之间的因果关系）是很自然的，我们可以将其看做一种自动化的认知能力，就像个体的频率登记、记忆识别、相似性判断等自动化过程一样。Roger Schank 和 Bobert Abelson（1995）曾经给出一个有趣的论断：几乎所有的日常知识，从计算能力到鲸鱼是哺乳动物之类的知识，都以叙事形式存储于记忆之中。这说得可能有点远了，但是，记忆中的海量知识是以故事或与故事相关的形式表征的。维系情境模型的这一基本认知功能将我们置于当下的情境，为行动作准备，整个过程都由叙事格式所主导。经验是按照时间顺序排列的一系列事件，它是我们总结过去、放眼未来的认知格式。

当然，我们为自己预测的事件（或者判断过去事件）寻找恰当理由的这一做法并不值得惊讶。当获得某主力队员受伤、公司聘用了新 CEO、某某是个瘾君子等信息时，尽管信息仅限于此，但是我们仍可以有足够的理由做出自信的预测。人类总有一种想要解释发生在身边的各类事情的冲动，该冲动体现了一种一般适应性的习惯——维持当前情境中有用的、有助于生存的心理模型。但许多预先编撰的情景或情节也很容易进入到我们的想象中，这是因为它们可能对应着我们头脑中的某些原型脚本或是某些过去的经历，从而提高了它们的可得性。[此类可得性（availability）并不一定基于事件发生的实际频次，详见第 5 章]。在这里，可得性指的是我们通过想象可得到的，而非事实上可得到的，因为从逻辑上推论，我们对联合事件的体验频次不可能高于单个事件。尽管如此，想象力对我们的情感、思维和行动起着决定性作用。

一个故事的可信度与其各个情节发生概率的大小是一致的，各个情节可信，则整个故事也必定可信。完整、详实且合乎情理（与其他故事有关或者与我们对人类动机以及自然因果关系的认识一致）的故事均是有影响力的故事。下面的两个例子似乎是合理的：埃及艳后极具吸引力的外表能让古罗马最有权势的两个男人为之疯狂，像热血青年一样地彼此争斗。同样，24 岁的美女实习生能以美色让美国总统（当今世界最有权势的男人之一）拜倒在其石榴裙下。

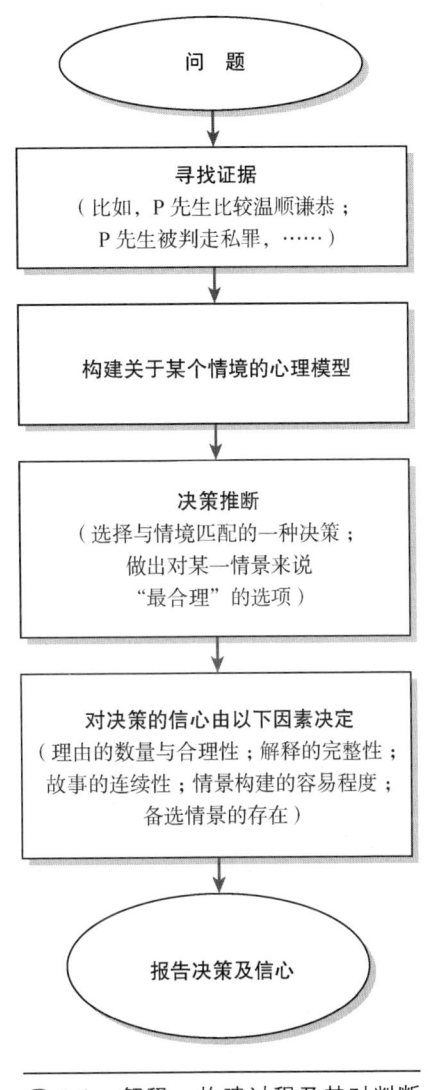

图 6.1 解释 – 构建过程及其对判断和决策的影响

如果一个故事的内部情节能构建出良好的整体框架，如果它们与我们熟悉的叙事图式比较匹配，那么这个故事就更容易使我们相信。比如，前文中的酗酒运动员通过参加戒酒协会，恢复了正常状态，并最终获得比赛胜利的叙述，就是一个很典型的关于康复、失而复得的故事。故事情节的连贯性会使人们过高估计故事的真实性及其发生的概率，而导致高估的原因有以下三个方面：

第一，尽管每个事件都有可能发生，但它们的组合并不一定会发生。事件1，2，…k 共同发生的概率为 $p_1 \times p_2 \times \cdots \times p_k$，这里 p_1 表示事件1发生的概率，p_2 表示事件2发生的概率，p_3 表示事件3发生的概率，依此类推。（$p_1 \times p_2 \times \cdots \times p_k$ 的结果是比较小的，尽管每个 p_i 可能都不小，比如 $0.90 \times 0.80 \times 0.85 \times 0.80 \times 0.85 \times 0.90 = 0.37$，但在这组数据中最小的0.80都比0.37要大。）依靠单个"有代表性"的概率（平均为0.85）去估计一组数列，多数人都会大大高估这组数列的概率。事实上，即使各个独立事件不能组合成一个合理的故事，但联合事件发生的概率还是会被高估，例如，判断赌博老虎机上赢得四枚红心的概率。行为研究表明这种高估概率的现象来源于锚定-调整（anchor-and-adjust）评估策略。人们的判断首先被其中有代表性的个体事件发生的概率锚定（例如老虎机上赢得一枚红心的概率），然后，由于调整不足而导致对整体事件发生概率高估（见第4章）。

第二，想象力作为一种认知性影响因素，既会使人们高估独立事件的发生概率，更会导致对整体事件或联合事件的高估。事实上，人们对于整体事件的想象会促使他们更愿意相信联合事件发生的概率高于独立事件。P先生的故事就可以说明这个问题，人们相信，他因某一特定动机犯下谋杀罪的可能性要高于因任意动机犯下谋杀罪。

第三，在运动、犯罪和医疗保健等诸多领域中，当一些富有戏剧性的巧合发生时，人们倾向于去关注、重复和记忆它们，致使可得性增加，从而导致人们放大和高估联合事件发生的概率（见第5章）。

6.4 司法情景：最好的故事在法庭中往往会胜诉

在不算太久之前的一次备受瞩目的审判中（Silkwood v. KerrMcGee Corp.,

1984），著名律师杰瑞·史潘赛给陪审团讲了一个故事：动物园的饲养员由于粗心大意忘记锁笼门，使得一只凶猛的狮子逃出铁笼袭击了一名妇女。饲养员这样玩忽职守的故事，让陪审员们进一步了解了案件中被告的所作所为——据说该公司曾使员工遭受放射性元素钚的污染。最后，陪审团判决该公司支付1千万美金的赔偿金以示惩罚。由此可见，陪审团的决策主要依赖于他们所听到的故事，以及在审判过程中知悉的那些证据。

优秀的律师知道好故事能够打赢官司。著名律师海恩斯（绰号"赛马"）就曾说过："会讲故事的律师才能打赢官司"，他不止一次向辩护律师们建议："要想在谋杀案件的审判中获胜，最有效的办法就是让陪审团相信死者在整个案件中是死有余辜的。"安东尼·阿姆斯特丹是另一位富有传奇色彩的律师，他分析了辩护律师的陈词记录文本，发现辩护律师们往往采用两种方式陈述案件：第一种是关于细节的故事——犯罪现场发生了什么；第二种是关于审判的故事，他们非常重视陪审团在故事叙述中发挥的作用（Amsterdam & Hertz, 1992）。在辛普森谋杀案的审判中，玛西亚·克拉克作为起诉人做了最后陈词，原原本本地总结了案件的经过，包括完整的时间表。相比之下，辩护律师约翰尼·科克伦则力劝陪审团，在法庭上有义务保护那些受迫害的少数种族，甚至为他们复仇（Hastie & Pennington, 1996）。

陪审团决策的核心认知过程就是故事建构（story construction），即对争议事件做一个概要叙述。该假设的关键在于，陪审团所构建的故事（他们相当审慎地去拼凑历史真相）决定了他们的判断。当你问任何一名陪审员为什么会做出某种裁决时，多半会得到这样的答复："让我告诉你发生了什么……"。Nancy Pennington 和 Reid Hastie（1991）采用会聚测量（converging measures）法，对数百个模拟陪审员在案件裁定前后的思考内容进行"认知快照"（cognitive snapshots）。他们发现，叙述故事的结构始终是陪审员记忆结构的最佳概括。以一个众所周知的民事诉讼案为例：一名商场员工在下班去停车场的路上受到殴打，她起诉雇主并要求赔偿。图6.2的网络图呈现了模拟陪审员对证据的认知表征。

值得注意的是，审讯证据几乎从来都不会按照案件发生的原有时间顺序被呈现给陪审员。因此，陪审员需要依据自己的理解重新整理证据，形成记忆结构来重现事件的原始时间顺序，如图6.2所示。这个诉讼案从一开始就被定下了一

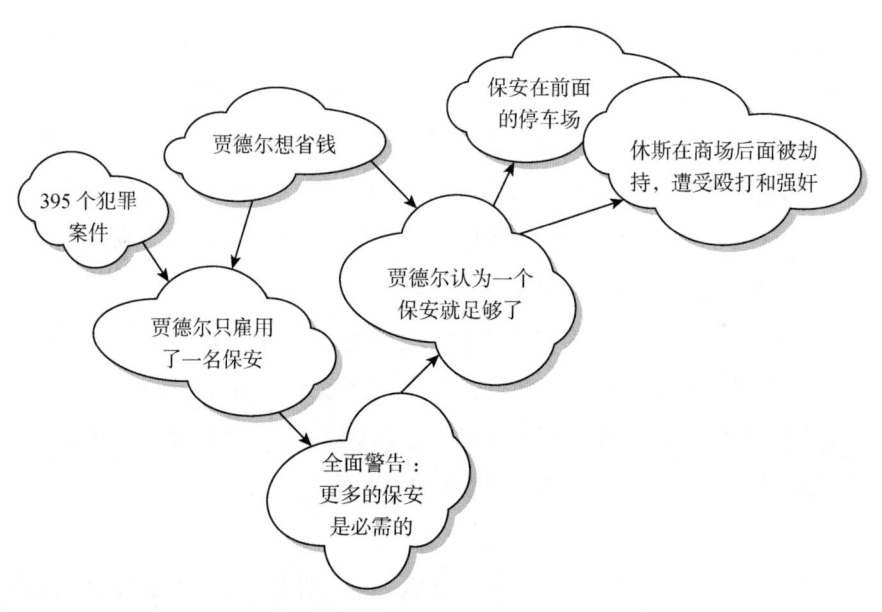

图 6.2　一名陪审员根据对民事诉讼证据的理解和解释所构建的故事结构图（*Jardel Co. v. Hughes*，1987）

个基调——强调遭受残忍殴打的受害者的权益——该购物中心员工下班后去停车场的过程中遭到袭击。该审判比较复杂，其争议的焦点在于商场雇主是否因疏忽而没能安排更多的保安以防止类似事件的发生。虽然模拟陪审员们听到的证词非常混乱，不按案件发生的原始顺序排列，但他们都会以适当的历史－时间顺序来记忆这些证据。

然而，一个更为重要的发现是，做出不同判决的陪审员确实有着不同的心理表征。黑斯蒂等人（1991）的研究表明，在陪审员对法律纠纷中所看到和听到的证据进行综合分析的过程中，通常会有至少两种截然不同的诠释（否则这个纠纷也不会上法庭——超过 90% 的刑事案件和民事诉讼案件在上法庭前就已达成认罪或和解协议——大概是因为某一方或其他人没有足够的证据来做出一个看似可信的陈述）。不同的陪审员可能会对案件建构出不同的故事，从而做出不同的裁决。至少，他们在做出不同裁决之后，脑海所保留的故事是不同的。图 6.3 对这种情况进行了归纳（以一个刑事案件为例）。首先，陪审员会根据案件证据构建一个

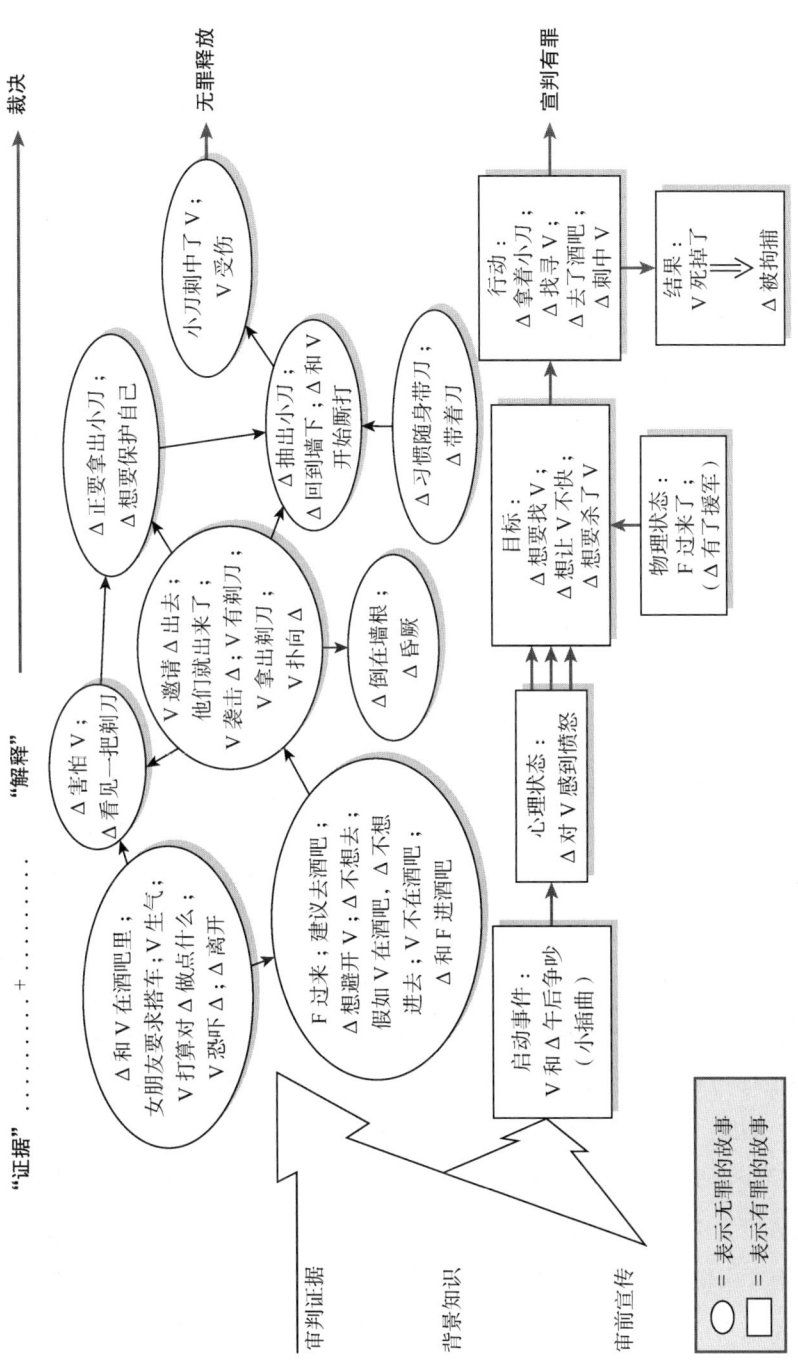

图6.3 做出不同判决的陪审员构建的故事：无罪的故事和有罪的故事

故事（一般情况，每个案件会构建一到两个，最多不超过三个故事）。其次，在审判末了，陪审员可以从法官的指导中了解到一些可被采取的裁决。最后，陪审员将其构建的故事与可能被采取的裁决进行最佳匹配，并依此做出决策。彭宁顿和黑斯蒂也发现，那些拥有更完整、更具体、更独特故事的陪审员对自己的裁决有信心。

在辛普森谋杀案中，欧洲裔美国人和非洲裔美国人对判决结果所持有的截然不同的反应，更能说明故事对案件判决所起的强大影响（甚至于陪审团和辩护律师团里的反应也显现出种族差异）。我们认为，陪审员的种族会影响其是否接受辩护团所讲的故事（这个故事声称种族主义警察马克·弗尔曼虚构了犯罪证据）。相比于欧裔美国人，有更多的非裔美国人认为含有警察的行为不良和偏执的故事是可信的。许多非裔美国人及其亲属以往在与司法部门打交道时得到过负性体验，甚至遭遇过种族歧视。非裔美国人了解到的一些故事是，种族主义和警察暴行更多地针对少数族群，而更少针对欧裔美国人。拥有上述的经历、信念和相关背景，使得非裔美国人更倾向于以这种方式解读案件：警察捏造和布置了关键的犯罪证据。（为了努力发现欧裔美国人版的"种族主义警察"的刻板印象，本书其中一名作者对其同事进行了访谈，调查他们是否曾遭遇权力部门的不公平或偏袒待遇。结果怎样呢？不公平待遇的来源竟然是美国国税局官员！在以白人和中产阶层为主的调查样本中，几乎每个人都声称他们的噩梦来自于那些过度热情的所得税审计员。）

Nancy Pennington 的研究（Pennington & Hastie，1991）生动地说明了故事建构对陪审员判决所产生的影响。表明了证据呈现顺序的重要性。在时间顺序上，当证据的呈现与事件的发生保持一致时，故事更容易被构建（故事顺序组）。而当它们不一致时，故事就较难被构建（目击者顺序组，证据呈现顺序与原始审判中目击者呈现证据的顺序相同）。结果正如预期，当原告以故事顺序呈现他们的证据，被告以目击者顺序呈现时，陪审员更有可能裁决被告有罪（78% 的陪审员认定被告有罪）；但是，当原告以目击者顺序呈现证据，而被告以故事顺序呈现时，陪审员则不太可能认定被告有罪（只有 31% 的陪审员认为有罪）。两种情况下定罪率的差异高达 40 个百分点（我们并不认为证据呈现顺序在实际审判中会有如此大的效应，但是，我们相信这个效应确实存在于实际审判中，所以建议律师们还是要把故事讲好。要像杰瑞·史潘赛、"赛马"海恩斯还有约翰尼·科克伦那样才能打赢官司）。

这种基于情景的判断非常微妙，其中一个原因是：故事通常别具一格，不会有多种解释或多个版本。在 Pennington 等人（1988）关于陪审员决策的研究中，诉讼一方是否有理取决于证据的呈现顺序。而这些证据中既有支持己方的，也有支持对方的。这个研究结果暗示，陪审员依据证据所构建的故事概要不止一个，而其中最好的故事的独特性及其精髓是陪审员决策的基础。基于审判制度的惯例，决策者几乎都需要构建多个故事。但是，我们猜测，日常生活的大多数情况下，只要有一个构建的故事成为决策基础，人们就不再构建其他故事了。

人们在构建和评估一个故事时，确实会利用故事的各个组成成分构建多个版本（这种推理形式叫做反事实思维，它指的是根据已经发生的既定事实想象其他的可能性——即皮亚杰所谓的"科学推理"，本书其他部分对此也有所论述）。比如在 Jardel Co. v. Hughes 的案子中，区分那些认定商场业主应承担责任和不应承担责任的陪审员的一个关键推断是：假如增派额外的保安去保护员工，可能导致的结果是什么。有的陪审员分析："假如有更多的保安，强奸事件就不会发生"，进而认为商场业主应该承担责任。毕竟，假如业主们不那么吝啬，假如他们肯多花点钱，多雇些保安，那么这个袭击就不会发生了。另一方面，有的陪审员却认为："就算有更多的保安，强奸事件仍有可能发生"（在一个大商场中，如果要做到完全保护，需要一支数量庞大的保安队伍，这是不可能做到的），因此认定业主不应承担责任。在法律用语中，这类推断是对因果关系的假设性检验（倘若没有……，要不是……）。而一位哲学家可能会通过验证一个待定原因（保安的匮乏）是否是一个结果（Hughes 遭受袭击）产生的必要条件来说明因果关系是否成立。因此，尽管在任何情境下，一个故事总会以某种趋势来主导我们的心理表征，我们在构建这个故事时通常也会考虑各种可能的成分和情节。当故事的某些方面不能确定时（如一个陪审员无法判断增加保安是否可以防止强奸），这种局部的不确定性会泛化到整个故事，从而降低了人们对整个故事的信心。

后续研究提出了对抗辩制审判中关于审判策略的一些实际问题。比如，在许多刑事诉讼中，原告只提供一个故事，辩护方便会抨击这个故事的可靠性，从而"提出合理质疑"（一些愤世嫉俗的律师认为这种辩护策略是"在陪审员的心智中编织'疑云',然后给其贴上'合理质疑'的标签")。在这些单方诉讼中,陪审员只构建一个故事,单个故事与判决类别的一致性和匹配性决定了陪审员对裁决的信心。在这种情况下,与其提出一个糟糕的辩护故事还不如不提。事实上,当辩护方的故事比较单薄时,即便起诉方的故事也同样单薄,后者也会得到陪审员的支持,使陪审员最终更倾向于做出定罪的判决。这个结果再次表明,当有多个故事被构建出来时,故事与故事间的相对独特性因素就显得尤为重要了。

另一种观点强调审判策略是一门学问。当在案件辩论中需要采用某种叙事策略的时候,律师在开场白中就要向陪审员编织自己的故事。若故事事先被启动,并且已灌输到陪审员的思维中让其依此去解读案件的证据,那么判决与故事的一致性就会得到提升。但是,Gerry Spence(1994)告诫我们:"我总是会以一个故事作为开场白。可是最好能够证明你的故事是真的,即使陪审员相信你,一旦他发现你不能告诉他一个完整的故事,那么他就不会再信任你了。"

6.5 有关我们自身的情景

人们普遍认为,在精神分析流派的临床医生中,弗洛伊德式分析学家的来访者会做弗洛伊德式的梦,荣格式分析学家的来访者会做荣格式的梦(行为治疗学家的来访者有快速眼动,除此之外没有其他的东西值得一提)。延伸一下,我们可以认为,弗洛伊德和荣格式分析学家的来访者分别引导了这两个学派的发展历程。这一延伸稍许有点令人不安,因为它暗示,那些对于来访者来说非常有益的见解也许是由来访者与分析学家共同创造的(对于未知和不可知有效性的创造)。关于回溯性的甚至是被压抑的记忆本质方面的研究进一步扩大了这一可能性,这类记忆所具有的可塑性暗示,仅仅与治疗专家一致并不能说明判断的准确性(Campbell,1998)。治疗过程会不会在一定程度上,甚至在很大程度上都是针对来访者的生活创造的一个好故事?如果是这样,这类"故事"在有助于培育自由和负责任的选择的同时,也具有阻碍作用。

"叙事性事实"的概念与许多心理治疗背后的基本原理是一致的。这些疗法认为,来访者对其生活的呈现方式(叙事性)是理解其适应性不良行为的关键。治疗专家在治疗中的主要目标，就是把来访者的生活故事重构成一种更合理、更具适应性的叙事。弗洛伊德最初认为适应不良行为是由实际的生活事件引起的，但后来却发现，他的几个来访者都具有一些不可能发生事件的虚构记忆。因此，他意识到那些关键的、可能成为"病因"的事件可能根本没有发生过。因此，治疗的目的不仅仅要唤醒实际发生的事件的回忆，同时也要去重构一种更加具有适应性的故事，即便这类故事与现实和历史真相不完全一致。这种更具有适应性的生活故事旨在帮助来访者接受他们过去的痛苦，把这些痛苦看做过去事件所带来的正常结果，最终促使他们放弃这个行为。（Paul van den Broek 和他的同事 Richard Thurlow［1991］曾从实验室研究及认知心理学的角度，全面论述了叙述性自传重构在心理治疗中的作用。）

自我会随着个体从童年到成年的发展而不断变化，在讨论这一自然发展过程中"自我发现"的问题时，James March（1972）指出基于重构生活故事的疗法是存在问题的：

> 模型中的这一想法可以为个体的自我剖析提供一个稳定的基础。坚持"形成性发展"假设的人似乎更倾向于认为，有关个体同一性的问题是一种对已存在的"真实"自我的"发现"过程，而非去"创造"一个"有趣"的自我。这种发现的观念是与成年变化相违背的。

通过他们创造的归因，如此这般的发现便成为了一种语言或词汇上的自我束缚。例如，"我已经接受自己是一个自恋狂这一事实"这一归因会导致自我放纵（"我能做什么呢？毕竟，我是一个自恋狂，并且确实如此"），以及对他人不切实际的投射。认知导向疗法的艺术正是建构出具有适应性的生活故事。（精神治疗学家 Donald Spence 充分发展了这一理论，他撰写的《叙事性事实和历史真相》成为当代精神分析理论中里程碑式著作。）

人们在重构自己过去是什么样子的过程中会产生偏差，这一研究结论也暗示我们，创造和重构连贯的生活故事存在潜在的负面效应。在本章的最后我们将会说明，自传体记忆会受我们当前的态度、信念和情绪所支配。

当我们审视自己的生活时，如果我们认定某种个人情景很有可能出现在我们身上，那么，与之相关的所有必要元素都会出现，包括源自家族神话、文化信仰、文学、戏剧、电影以及电视的刻板印象。而对于职业心理治疗师和精神病学家来说，这些元素则来源于教科书中传播的历史原型，或者是与爱好者或专业人士的接触和交流。这些来源都为我们的娱乐、教育和生活应用提供了丰富的元素。因此，一些主张"我们经常会实现预设的生活脚本"这一观点的心理学家大受欢迎也就不足为奇了［例如，Grie Beme 广为流行的著作《人间游戏》（1964）］。

6.6 难以想象的情景

你认为在接下来的 12 个月内，北美洲洪水泛滥造成 1 000 人溺死的概率有多大？现在，请考虑在接下来的 12 个月内，加利福尼亚州发生地震引发了洪水，进而造成 1 000 多人溺死的可能性有多大？或者，在接下来的 12 个月内，墨西哥海湾热带风暴导致海岸线洪水泛滥，进而造成 1 000 多人死亡的可能性有多大？更加具体、有因有果的故事显得更有说服力，更有可能发生。一场灾难性洪水发生的原因有许多，但是提供一个生动的情景可以增大人们认为其发生的概率。当然，这是我们的"老朋友"合取概率谬误——逻辑上而言，越是具体的事件发生的可能性越小，却被认为比范围更大、更抽象、更可能出现的事件发生的概率更大。

某些国家正致力于核武器的研发。其中的一个或几个国家可能由一些狂热分子所领导，这些人热衷于煽动像"9·11"恐怖袭击一样的自杀式行动。氢弹的体积现在仅相当于一个小孩子玩的雪橇，被偷运到纽约或洛杉矶是很有可能的。自杀或袭击狂热分子甘愿在爆炸中死去，因此往往很难追踪到他们。可能在没有任何形式预警的情况下，一个城市就消失了。各种恐怖组织声称对此负责（这种负责实际上也是虚张声势）。市民的生活随着城市一起消失，国际核战争不再遥远。

生动吗？是的。恐怖主义者消瘦、肤色黝黑、易激惹且长着大胡子。［实际上，这一情景最初是道斯（1988）在本书的第一版中描述的，也是 1998 年的电影《全面围攻》剧本的基础。］

可能吗？非也，但也并非没有一点可能性。事实上确实有成千上万的情况会导致核毁灭。核武器的可得性、精确性以及投递速度的逐年递增都切实存在，而我们却只关注了其中的几种可能情景。比如，学习决策课程的学生大约 60% 相信

"在未来的 25 年内,由于中东危机,美国与一个阿拉伯国家之间爆发核战争的可能性,比由于其他任何原因发生核战争的可能性都大。"进一步而言,当我们只专注于几个情景时,我们会因为(只是)对它们有一定的防备而形成一种错误的安全感。如果某情景的头一个事件没有发生,我们便会相信该情景的其余部分也不会发生(正如我们之前所确信的网球明星一定会参加匿名戒酒会,然后戒掉酒瘾进而赢得锦标赛)。认为像核战争这样的事情只会在特定情景的情况下发生,这是一种短视、非理性的思考方式。

每年发生核战的概率有多大?我们认为这个概率并非是仅仅用单一的数值而不采纳其他任何信息就可以估计的常数。为了分析方便,我们假定 1960 年到 2000 年之间发生核毁灭(实际没有发生)的概率为 1/3。这意味着,假设每年发生核战的概率为常数 p,并且这些年之间核战的发生是相互独立的(基本符合现实),则 $(1-p)^n=2/3$,可得每年发生核战的概率 p=0.01。因此,如果 p 为常数,那么下个世纪发生核战争的概率为 2/3($1-0.99^n$)。但实际上 p 并非一个固定不变的数值。举例来说,如果我们接受 p 为 1/3 这个假设的数值,自此之后每过 40 年 p 值就会翻一倍,那么人类在下一个 40 年内不发生核战争的概率只有 0.44。

对于核战概率的分析还应该包含正面的信息:任何能够降低核战发生概率的东西,哪怕数量很少都是有价值的。比如,假设每年发生核战的概率为 0.02。正像之前指出的那样,下一个 40 年不发生核战的概率只有 0.44(假设它是恒定的,并且每年都是相互独立的)。现在假定某种已达成的国际协定使这一概率降低了 1/3,即每年发生核战的概率下降为 0.0133,那么,下一个 40 年不发生核战的概率则为 0.58。

如果你认为上述的概率的降低不太重要,那么请看下面的这一情况:

一个桶里面有 100 个球,44 个绿的,14 个蓝的,42 个红的。每次随机取出一个球。请从以下两个选项中选择:

如果抽中绿球,你将赢得 10 000 美元。如果抽中蓝球或红球,你就会丧命。

如果抽中绿球或蓝球,你将赢得 10 000 美元。如果抽中红球,你就会丧命。

你会选择哪一个呢？当 0.58 与 0.44 之间的概率差异以这种方式呈现出来时，显然 0.58 更可能。（但不幸的是，人们倾向于以比率的形式去评估概率差异的重要性——例如，抽烟者相对于不抽烟者的"死亡率"——而非以实际差异的形式。）

我们的同事 Paul Slovic 曾强调以概率的方式去减少核战争以及其他社会和个人风险。小间距之间的微小概率差异可以在大间距上产生大的差异。正像 Paul Slovic 指出的那样，情景思维会再次阻碍概率评估。对于大多数人来说，理想的局面是所有有能力生产核武器的国家能够共同达成协议，在技术上将核武器控制在一定的水平，使各国都无法草率或随意地使用核武器；而最遗憾的局面是国际冲突进而引发战争。接下来的几十年之内可能发生的这些情景，会在人们的头脑中形成生动的、扣人心弦的画面。因此，当我们忽视了可以小幅度降低每年核战发生概率的政策因素，我们便夸大了对抗和总体协议发生的概率。

解决问题的第一步是仔细考虑问题。情景思维的主要问题在于，它会使思考者从更宽泛、更系统的决策情境中转移注意力，仅聚焦于某一个或少数几个因果故事。情景思维会使人们在总体上高估了进入意识的情景的发生概率，而低估了事件以其他某些方式发生的长期概率。此外，记忆和推理存在一种普遍的倾向，会产生偏差以便于使情景的主题与理论相一致。本书想要传达的一个主要信息就是，理性分析要求对情境和可能结果进行系统全面的表征，以便评估事件发生的重大潜在概率。

我们认为，概率（以及一些其他统计量）是人类文明发展出来的用以处理不确定性及其他决策困境的最好工具。与陷进一些少数几个扣人心弦的情景细节相比，概率评估更加有效。此外，概率思维意味着可能性的微小改变往往具有巨大的长期效应。例如，假如我们必须要玩俄式轮盘赌，我们会希望有更多空的枪膛存在，然后去（生动形象地）想象子弹会在哪一个膛中。在第 8 章，我们将会探讨如何在不确定情境下进行清晰理性的思考。

6.7 后见之明：对过去的重构

人们关于复杂事件的记忆基本上是一个重构过程。正如小说家阿兰·罗伯·格里耶所说："记忆属于想象。人类的记忆并不像计算机那样记录所有的事情；它属于想象过程的一部分，有点类似于创造发明。"回忆以一定的方式组织是为了便于理解现在，因此强化了我们关于过去如何决定现在的信念。总体而言，我们逐字逐句地编造了关于生活以及现实世界的故事，我们使记忆与故事之间相互吻合，这一点又强化了我们对它们的信任。通常是故事创造了记忆，而非相反。

Baruch Fischhoff 通过一系列设计巧妙的实验指出，那些已经了解事件本质的人会错误地高估他们事先预测事件发生的概率［参见 Hawkins & Hastie（1990）关于后见之明效应研究的综述］。在其最初的研究中，Fischhoff 让人们在特定事件（比如美国总统尼克松于 1972 年访问苏联和中国）发生之前对其进行预测，然后再对自己预测的内容进行回忆。结果发现人们的回忆存在偏差，人们倾向于认为自己正确预测了实际发生的事情。其结果，正如 Fischhoff 指出的，我们对于已经发生的事情往往不再好奇，从而导致我们不能有效地从中学习。

David Wasserman、Richard Lempert 和 Hastie 的一项研究指出了因果关系在产生后见之明效应中的作用。他们沿用了 Fischhoff 的实验程序，对比了实验组被试的预见性判断与另外一组被试的事后判断。他们给被试呈现一段简短的历史或小说中的故事（英国殖民者和印度当地的金矿企业发生武装冲突的后果），并要求他们在知道或不知道"真实"结果的情况下（他们采用了一种实验方法，使得事后判断条件下所有可能的结果在不同组被试看来都是"真实的"），评估各种结果发生的概率（例如，英国人获胜，得到金矿企业）。与 Fischhoff 的研究结果类似，他们也发现了明显的后见之明效应。甚至在要求被试预测像他们一样的其他人将给出什么样的概率时，该效应也同样存在。但更重要的是，Wasserman 等人操纵了可以造成这一结果的不同原因的性质；在一半的事后判断条件下，结果被归因为有因果联系、有说服力的事件（更好的装备，训练有素的军队，以及对战斗地形相当熟悉的游击队等等），或者被归因为出人意料的天灾（一种非季节性风暴使得英国人的武器与战术均无法使用，风暴阻碍了游击队利用他们所擅长的地形知识等等）。结果是显而易见的：只有在被试能够生成具有说服力的因果解释，把原因与结果融合在一起的条件下，才会出现后见之明效应。

后见之明偏差的产生并非仅仅因为人们希望使自己自始自终都显得无所不知，某些时候，动机因素也可能发挥作用（比如一位气愤的朋友声称他预测到自己国家的球队将会输掉球赛,或者预测一匹黑马将赢得竞选)。实际上,人们在回忆自己曾经认为什么事情会发生的时候往往也会犯错误,即使要求他们尽可能准确地回忆,同样的结果仍会出现。一个典型的例子是,尼克松总统的前任助理约翰·戴恩在国会调查委员面前,被要求尽可能地回忆"水门事件"期间发生的真实事件(戴恩在1973年6月份提供证词的时候尝试去回忆1972年6月到1973年3月之间发生的事情)。戴恩详细列举了无数尼克松总统关于"水门事件"讨论会的事情以及其他政治事件。但在收集了这些证词之后,人们偶然发现,有许多类似的谈话内容曾被总统秘密录音。对比尼克松总统的录音与戴恩的证词,人们发现尽管戴恩的记忆非常准确,但是证词依然存在记忆错误与假象,几乎全都偏向于与戴恩当时作为证人描述的情境相一致,而非与原初事件发生时一致〔以上分析由 Ulric Neisser(1981)做出〕。"渐进决定论"(creeping determinism)——借用 Fischhoff 的说法——已经得到很好的证明,而且导致后见之明偏差的主要决定因素在于,当我们知道了事情发生的结果之后,就会倾向于把我们的经历描述为一个具有前后一致性的故事。

有时候,当我们认为事情会产生变化时,即使后来变化并没有发生,我们却依然会回忆出发生了变化。为了使回忆与信念一致,我们会倾向于(无意识地)改变先前的记忆。例如,我们可以简单地夸大之前的事情有多么糟糕,从而强化我们关于改变后会更好的信念。例如,肯定有这样的时候、一个人在宗教信仰改变或者精神病好转之前,会处于非常糟糕的境地(我们都有感觉糟糕的时候),关于那些时期的记忆会保存下来,而事后的回忆正是围绕这些线索进行组织的。当一个节食者一点都没有瘦下来时,她可能会认为自己在进行节食之前更重——通过故意忘记自己先前的体重,以错误的记忆来为节食的"成功"提供证据。

实验证据表明,当我们相信改变已经发生时,我们会倾向于扭曲过去,以使之与改变相一致。Michael Conway 和 Michael Ross(1984)随机分配一批被试进入实验组参加一个旨在提高学习技能的项目;同时设置一个控制组,其中的被试自愿参与该项目,并被列入候选名单。在项目开始前后,分别对实验组与控制组进行测量——在两个时间点,要求被试评价其学习技能(你的学习时间的利用效率如何?你对自己记笔记能力的满意程度有多高?)以及他们花在学习上的时间量。实验的第二阶段,要求被试回忆在第一阶段中报告的关于学习技能与学习时间的内容。

在第一阶段实验中，实验组与控制组在技能、学习时间以及其他变量上都没有显著差异。两组都完成得一样好，尽管该研究中的这一学习计划本身并没有任何提高学习技能和学习成绩的作用。但当要求被试回忆这一计划实施之前（或他们被列入候选名单之前）的情况时，两组被试间竟然出现了显著差异。两组被试关于学习时间的回忆没有差异，但是关于学习技能的回忆却差异显著。参与计划的实验组被试在回忆他们参加计划前的学习技能时，回忆的结果比其初始报告的结果更差，而被列入候选名单的控制组被试回忆的结果则与初始报告的学习技能几乎一样。可见，参与计划的实验组被试夸大了自己技能的提高程度，使之与他们认为"该方法应该会提高学习技能"的信念相一致（由于参加了该计划而提高了技能）。他们不是通过夸大自己最终的技能，而是通过重构他们的记忆使之与他们的预期相符合，也就是说，他们重写了个人自传式记忆，以使其与自己当前的信念相一致。而被列入候选名单的控制组被试则没有这种歪曲记忆的行为。

心境也会影响回忆（见第 5 章）。同样的原理会发生在我们对自己生活的回忆中吗？从弗洛伊德开始，很多心理治疗师的一个基本认识就是，当前的痛苦源自童年的不幸经历，尤其是与父母的不良关系。但实际情况会不会是当前的痛苦以一种后见之明的方式选择和重构了童年记忆，以使其与当前痛苦状态相一致呢？Peter Lewinsohn 和 Michael Rosenbaum（1987）通过一个对一千多名市民志愿者的研究回答了这个问题。被试从普通人群（非临床抑郁群体）中招募，并被随机分入四组：非抑郁组（从来没有抑郁的人）、潜在抑郁组（3 年内曾有过抑郁的人）、严重抑郁组和抑郁治愈组（曾经抑郁，但现在已经不抑郁）。研究者同时要求被试报告其父母的行为，以期探讨当前心境与关于父母的记忆之间的关系。主张"抑郁来自童年问题"的理论指出，有抑郁倾向的人与没有抑郁倾向的人经历了不同的童年，因此回忆就会不同；而强调当前心境会影响人们对过去事件的回忆的理论则指出，当前抑郁的人与当前不再抑郁的人在回忆上存在区别。也许关于父母的回忆会受到当前抑郁或者不抑郁状态的影响，又或者有抑郁倾向的人对于父母的回忆确实不同于非抑郁者。结果发现，那些把父母回忆成排斥性和无爱心的人受到当前心境的强烈影响，消极的回忆并不是有抑郁倾向者的独有特征：

尽管当前抑郁的被试把他们的父母回忆成更加排斥自己，使用了更多消极而非正常的管教方式；但抑郁治愈组的被试与从来没有抑郁过的被试，在回忆父母行为上并没有差异。类似地，那些在实验后不久变得抑郁的被试，他们与控制组被试在关于父母使用消极管教方式的回忆上并没有什么差异。（Lewinsohn & Rosenbaum，1987，p. 617）

这项关于抑郁的研究很重要，因为它挑战了成年后的心理问题是由童年的不幸经历造成的这一论断。受到情绪的影响，记忆会产生偏差，那些痛苦的成人更倾向于回忆童年的痛苦事件。并且，如果一个人相信当前的问题可以在童年找到根源（或许是他们的治疗师这样告诉他们的），那么这一信念本身将会作为一个组织原则，更大程度地歪曲记忆（回忆上面提到过的 Conway 和 Ross 在 1984 年做的研究）。后见之明的偏差记忆强化了"三岁定终身"这一生命发展理论。

6.8 有些时候最好还是忘却

我们的心智的一个主要功能在于创建一个模型，以揭示我们当前处在什么样的情境。当一辆车在我们前面突然改变了行驶路线，我们会更新自己关于交通状况的心理模型以免被撞；当我们发现一个之前信赖的人实际上并不值得信赖，我们会调整自己关于那个人的心理模型，使自己即便身处困境也不会依靠他。为了使情境模型保持最新，我们就需要不断更新关于我们在哪里以及将要发生什么的想法。当我们必须为以后做出打算时，这一过程是具有适应性的。的确，我们应该还记得决策理论的基本原则，我们不用去理会沉没成本，而只需聚焦于未来的概率和效用以做出理性选择（见第1章）。但是，当我们忙于这种不断调整的过程时，我们就遗失了过去，发现很难重新找回过去所思甚至所做的事情。通常来说，这倒是件好事。

参考文献

Amsterdam, A. G., & Hertz, R. (1992). An analysis of closing arguments to a jury. *New York Law School Review, 37,* 55–122.

Berne, E. (1964). *Games people play: The psychology of human relationships.* New York: Grove Press.

Campbell, T. W. (1998). *Smoke and mirrors: The devastating effect of false sexual abuse claims.* New York: Plenum Press.

Conway, M., & Ross, M. (1984). Getting what you want by revising what you had. *Journal of Personality and Social Psychology, 47,* 738–748.

Fischhoff, B. (1975). Hindsight ≠ foresight: The effect of outcome knowledge on judgment under uncertainty. *Journal of Experimental Psychology: Human Perception and Performance, 1,* 288–299.

Hastie, R., & Pennington, N. (1996). The O. J. Simpson stories: Behavioral scientists look at The People v. O. J. Simpson trial. *University of Colorado Law Review, 67,* 957–976.

Hawkins, S. A., & Hastie, R. (1990). Hindsight: Biased judgments of past events after the outcomes are known. *Psychological Bulletin, 107,* 311–327.

Heath, C., & Heath, D. (2007). *Made to stick: Why some ideas survive and others die.* New York: Random House.

Jardel Co. v. Hughes, Del. Supr., 523 A.2d 518 (1987).

Lewinsohn, P. M., & Rosenbaum, M. (1987). Recall of parental behavior by acute depressives, remitted depressives, and nondepressives. *Journal of Personality and Social Psychology, 52,* 611–620.

March, J. G. (1972). Model bias in social action. *Review of Education Research, 42,* 413–429.

Neisser, U. (1981). John Dean's memory: A case study. *Cognition, 9,* 1–22.

Pennington, N., & Hastie, R. (1988). Explanation-based decision making: Effects of memory structure on judgment. *Journal of Experimental Psychology: Learning, Memory, and Cognition, 14,* 521–533.

Pennington, N.,&Hastie, R. (1991). A cognitive theory of juror decision making: The story model. *Cardozo Law Review, 13,* 519–557.

Schank, R. C., & Abelson, R. P. (1995). Knowledge and memory: The real story. In R. Wyer, Jr. (Ed.), *Advances in social cognition* (Vol. 8, pp. 1–86). Hillsdale, NJ: Lawrence Erlbaum.

Silkwood v. Kerr-McGee Corp., 464 U.S. 238 (1984).

Spence, D. F. (1982). *Narrative truth and historical truth: Meaning and interpretation in psychoanalysis*. New York: Norton.

Spence, G. (1994, November 29). Winning attorneys. *New York Times*, p. E1.

Tversky, A., & Kahneman, D. (1983). Extensional versus intuitive reasoning: The conjunction fallacy in probability judgment. *Psychological Bulletin, 90*, 293–315.

Van den Broek, P., & Thurlow, R. (1991). The role and structure of personal narratives. *Journal of Cognitive Psychotherapy, 5*, 257–274.

Wasserman, D., Lempert, R. O., & Hastie, R. (1991). Hindsight and causality. *Personality and Social Psychology Bulletin, 17*, 30–35.

第 7 章

偶然与因果

> 假设你正在想着一盘虾，突然就有人提到了盘子，或者虾，或者一盘虾。完全出乎意料，也没法找到一个理由。这就是一种巧合，巧合存在于所有的事物之中。
>
> ——摘自电影《报信的人》，由阿莱克斯·考克斯编剧和导演，1984

7.1 对偶然性的误解

1972 年 1 月 26 日，22 岁的南斯拉夫空服人员维斯娜·瓦洛维奇正在南斯拉夫航空 JAT 367 次航班上为乘客们提供饮料。不料，一个克罗地亚的民族主义恐怖组织在这架飞机上装了一颗炸弹,炸毁了飞机。大多数人会觉得她倒霉透了——首先，她工作的航班遭到了这样一次罕见的袭击就够倒霉了，更倒霉的是，她本来不该在这次航班上工作，但安排工作时搞错了她的名字，因此这对她来说完全是一次阴差阳错的飞行。不过这个故事也有好的一面：瓦洛维奇小姐奇迹般地生还了，她现在还保持着不带降落伞从高处坠落生还的世界纪录——33 000 英尺（10 000 米）。而此次飞机失事后仅仅过了一年多，她就宣布已经做好重返工作岗位的准备，她将自己描述为一个"乐观主义者"，为上帝怀有新的信仰。这么一来，许多人又会认为她是一个千载难逢的幸运儿。不过瓦洛维奇小姐自己却比较赞同人们对她的第一个评价："我并不幸运，每个人都认为我是幸运的，但他们弄错了。如果我真的幸运，就根本不会遇上这样的事故"（Bilefsky，2008）。

人们在思考和讨论一些非同寻常的事件时，常常会有截然不同甚至有时完全相反的观点。这并不奇怪，毕竟这些事件往往都神秘莫测，人们对其知之甚少。但即使撇开这一点不谈，我们大脑本身的设计似乎也不太善于对偶然性和不确定性进行系统的推理。可能是因为一些演化上的原因，我们倾向于对不确定的事件进行过度解释，而且，即便明白这些事件本质上就是无法预测的，我们还是会对事件的经过产生奇异的想法，其中包括许多迷信的观念（Sagan，1997）。正因为我们对不确定性和随机事件有一些与生俱来的错误观念，因此，只要对概率论这样一个技术框架略知一二，我们看待世界的方式就会发生巨大的变化。但是，如果没有特别的训练，没人会以概率的方式看待世界。相反，在人们看来，整个世界中的各种事件和事物看起来都像是由因果关系粘合在一起的，并且大多数人确信这些因果关系是存在的，他们在思考的时候关注的是因果关系的强度，而非概率。

我们一直以来都尽量注意不将世界说成是概率的或随机的。概率论是一种用以描述世界的语言，更准确地说，描述的是我们关于这个世界的信念之间的关系。对大多数人来说，这是一种不太熟悉的语言，有一堆特殊的符号性词汇和语法规则（概率论的简介参见附录）。就像我们前面所说的，一直到近代的西方文明史中，概率论才开始出现，而"概率"（probability）这样的词汇直到17世纪才进入英语词典。[词典编撰者认为"可能"（probable）这个词是从"认可"（approvable）这个词中提取出来的，比如，一个"可能"的丈夫最初是指一个可以接受或者在道德上获得"认可"的丈夫。]

有的时候，我们确实会在日常生活中谈论到偶然性、运气、概率或随机性这样的词汇——我们说"她运气真好"，"这件事是偶然发生的"，"那是一个随机事件"。但是对这些说法最到位的解读则是：这些话反映了说话人头脑里的知识状态。哲学家庞加莱（1914/1952）在一篇睿智的文章中探讨了偶然性的本质。他认为，日常生活中我们所提到的事件都是由确定的物理过程所引发的，而有些特别的事件之所以会被说成是随机、偶然性或概率性的，是因为这些事件的因果关系比较隐蔽或复杂，还不为人所知。回到本章开头的故事，我们说不清楚到底发生了什么样的物理事件而让维斯娜·瓦洛维奇与死神擦肩而过，但是我们相信，她得以幸存的原因，所涉及的一些物理条件是可以具体阐释清楚的——只要有足够的信息。如果我们当时能够对她的坠落过程进行观察，包括在那一瞬间她是如何接触地面的，以及接触前最后一刻她身体内部的状态，我们应该就可以从物理因果关系的角度来解释这次载入史册的死里逃生。

再举一个例子，我们把抛硬币看成一个随机过程，并且把"正面"事件（理想）的概率值定为 0.50，但实际上我们却相信，抛出一枚硬币会得到什么结果，其背后隐藏的所有生物和物理事件都是确定的。事实上，手法娴熟的魔术师（如数学家戴康尼斯）已经发展出了一些技巧，能够对抛硬币这个看起来明显不可控的过程进行控制，并准确无误地抛出他们想要的正面或反面的结果（Bayer & Diaconis, 1992；Diaconis, Holmes, & Montgomery, 2007）。当然，物理分析也有不同的水平，比如，如果在量子水平上进行分析，科学家们所讨论的因果关系就不会直接对应于我们所体验到的那些机械原理下的因果关系，不过我们并不是在量子水平上体验世界，所以探讨那些事件的时候很少会这么来讨论。

当然，在我们周围的环境中，某些部分是与理论随机过程（theoretical random processes）中的理想行为非常接近的——那些在赌场或彩票中的事件看起来是由确定的物理过程所"引发"的，但是其中的因果机制太过复杂，事件的决定因素太过微妙，因而最好是在概率论的框架下来考虑这些情境。本书最重要的一个信息就是，对于所有不确定情境中的判断，我们都应该用概率论来组织思维，哪怕我们对其中某些情况的因果机制比对赌场的了解更多（或更少）。不过，即使在一些我们知道是由偶然性决定的琐碎小事上，我们还是倾向于否认这些事件里存在随机的成分。有一个有趣的故事，说的是一位西班牙全国彩票中奖者，当采访他有什么秘诀时，他说他有意选择了一张尾数为 4、8 的彩票，他解释道："我连着 7 个晚上梦见了数字 7，而 7 乘以 7 等于 48"（Meisler, 1977）。

7.2 控制的错觉

在一系列巧妙的实验中，哈佛大学的 Ellen Langer（1975）证明，我们常常会自然而然、无意识地将偶然的事件看做与技巧有关，从而认为它们是可控的，比如赌徒们想要掷出一个较大的数字时会更用力地掷骰子。Langer设计了一种彩票，每个被试会获得一张卡片，上面有一个美国橄榄球联盟的球员名字和照片，另外有一张相同的卡片会放在一个袋子里，如果被试从袋子中摸出的卡片与自己拿到的那张相同，就能赢得彩票。这个实验分为两种条件，其中一组被试可以自行选择要哪个球员的卡片，另一组被试则由实验者来分配卡片，显然，无论被试能否自由选择卡片上的球员，他们赢得彩票的概率都不会受到影响，因为袋子里的卡片是随机抽取的。然而，当实验者向被试提出要购买他们的卡片时，那些自己选择卡片的被试所开的价钱平均是那些随机分配卡片的被试的4倍之多。在被试接受询问的时候，没有人提到自由选择球员会影响到他们赢得彩票的概率，但他们的行为却好像在说这种影响是存在的。

在另一个令人震惊的实验中，Langer和Susan Roth（1975）能够让耶鲁大学的本科生相信他们对抛硬币结果的预测能力是在平均水平之上或之下。这是如何做到的呢？在实验中，被试会得到一个虚假的反馈，知道自己的表现与机遇水平差不多——猜30次对了15次。但是实验者操纵了被试在30次猜测中是前面对得多还是后面对得多。实验结果与首因效应（primacy effect）[或锚定和调整（不足）效应]相符，前面对得多的被试倾向于认为他们在预测方面是"在平均水平之上"的，而后面对得多的被试则判断自己比较差。（显然，由于随机波动的缘故，在30次那么少的情况下，预测抛硬币结果的成功概率是不可能保持不变的。）此外，"超过25%的被试报告自己的预测表现会受到分心物的干扰，而40%的被试认为预测表现可以通过练习来提高。"因此，人们不仅在行为上会表现得他们好像可以控制随机事件，也直接表达出他们有意识的想法，认为这样的控制是一种能力，和其他能力一样，会受到分心物的干扰，还可以"熟能生巧"。重要的是，要知道这些被试都来自于世界上顶尖的大学，但是他们仍然认为预测抛硬币的结果是涉及某种能力的，而非纯属运气。

此外，就像心理学的大多数日常应用一样，赌场和彩票经理这样的从业者对于这些原则已经有了一些直觉性的了解。许多有关概率的商业博弈常常会包含一些欺骗性的技巧元素，这些有意设计出来的元素，用以迷惑玩家，使他们误以为自己在这些博弈中可以有控制的能力和机会。在许多国家，彩票玩家可以自行选择下注数字，而在彩票中也常常会有一些广告语，令玩家相信彩票是与能力相关的:"打出全垒打,赢得大联盟奖金"、"只要买个保龄球,你就能成为赢家。"

控制错觉还会导致一个更为严重的后果,那就是我们更偏爱开车而非坐飞机。这个(从生存角度来说)非理性的习惯,至少部分原因是因为我们认为开车相比坐飞机"更有控制感"。实际上,在一次越洋飞行中丧生的概率与开车20公里丧生的概率大致相等——许多时候,只要你到达了机场,就意味着旅行中最危险的部分已经结束了(Sivak & Flannagan, 2003)。根据 Gerd Gigerenzer(2006)的估计,在"9·11"恐怖袭击事件中,除了3 000 名直接受害者之外,其后由乘飞机改而选择开车的转变,额外导致了1 500人死亡。

控制错觉研究中最有趣的研究之一表明,在现实世界的投资情境中,控制错觉与随后的不佳表现存在联系。四名英国金融学专家请四家投资银行的交易员玩一个计算机游戏,在这个游戏中,游戏者试图去影响一个虚拟的投资指数(Fenton-O'Creevy, Nicholson, Sloane, & Willman, 2003)。实际上,指数的变动完全独立于这些交易员的行动——指数是随机的,有一个微弱的增长趋势。这些交易员进行了四轮游戏,然后对自己在拉升指数方面所做的贡献进行评估——因为指数的变动与交易员的行为无关,因此这个问题测量的是个体的控制错觉。平均来看,交易员们都陷入了这样的错觉中,他们均认为自己确实影响到了指数的变动。更为有趣的是,交易员的控制错觉水平与其收益以及上司对其才能和绩效的评价呈负相关。控制错觉程度更强的交易员的收益大大少于那些更切实际的交易员(差异金额在10万美元的量级上),对所在银行的利润贡献更少,上司对他们在风险管理、分析能力和人际技能方面的评价也更低。

7.3 看到并不存在的因果结构

代表性和基于情景的思维导致的恶果就是使我们看到一些并不存在的因果关系或结构(即非随机性)。这是因为,我们对于随机性的朴素概念中包含了过多的变化,于是,哪怕某个过程代表了一个理想的随机试验,我们对随机性的错误概念也往往会让我们认为这个过程不是随机的。让我们考虑一个再简单也再熟悉不过的随机过程——抛硬币,如果要求人们"表现得像一枚硬币",自行生成一个序列，包含正面反面的抛硬币结果，这个序列要反映出一枚"公平"硬币（这里的"公平"是指抛出正反面的概率相等且多次抛掷结果互相独立，详见附录A.2。——译者注）所抛出来的典型结果，那么大部分人所生成的序列中都会包含过多的交替——非随机性地出现过多的正面 - 反面和反面 - 正面的变换。[在不同的结果序列中选出"真实硬币"的任务中，人们也表现出了同样的偏差（Lopes，1982）。] 代表性之所以在其中产生影响，是因为当我们需要对随机和非随机的事件"发生器"进行区分时，会依赖于我们对随机过程的刻板印象（就和我们对女权主义者、银行职员或艺术史专业学生的刻板印象一样），采用相似性来判断或生成一个序列。因此，当我们遇到一个真正随机的序列时，就很容易会因为它看起来不够随意杂乱（因为它出现的交替少于我们对一个随机序列的错误刻板印象）而断定它是非随机的。

假设你用一枚公平的硬币（从你自己的口袋里拿出来的）来玩Langer和Roth（1975）的抛硬币游戏。抛了8次之后，你尝试要预测下一个结果是正面还是反面。值得注意的是，之前硬币每次都是得到正面，一连8次正面。如果你和大多数人一样，那么你会感觉第9次出现反面的可能性更大（你感觉"应该这样"），甚至可能会下点赌注在反面上。这种感觉还有一个例子，我们常常会看到这样一个并不正确的赌博建议："在拉斯维加斯，如果你看到一个轮盘赌连着3次以上都停在红色，那就押黑色，稳赢。"人们对这样的说法甚至可以讲出其原理：连续9次正面（或红色）的情况非常少见，几率显示这几乎不可能发生［对硬币来说是$(1/2)^9$，即1/512或大约0.002的概率，轮盘的概率则更小］，因此如果你连续8次出现某一面，那么连续9次出现可能性会很小。这样的直觉和推理称为赌徒谬误（gambler's fallacy）——这种观念认为，如果一个（独立随机的）事件有一段时间没有发生，那么就该说"这个事件发生的时机已经成熟了"。硬币和轮盘都没有记忆，在一个序列中每次事件发生的几率都与其他所有事件互相独立，因此出现反面或红色的概率是恒定的。

许多人都相信空难是接二连三"扎堆"发生的——祸不单行。[笔者认识的一位临床心理学家将这样的巧合作为"荣格共时性"（Jungian synchronicity）的证据。] Russell Vaught和Dawes从美国联邦航空局那里获得了1950年至1970年各家航空公司空难的所有数据，对空难发生的间隔天数进行了考察。一个完全随机的模型假定，在任意一天发生空难的概率是恒定的 p，于是从某次空难发生之后算起，考察第二次空难发生的概率。在紧接着的第一天发生第二次空难的概率为 p，而在第二天发生第二次空难的概率则为 $(1-p)p$，因为紧接着的第一天必定是没有发生空难，随后在第二天发生空难。[请注意 $(1-p)p$ 小于 p，这个结果对一些人来说是与直觉相反的，也许可以类比第 5 章中"女权主义的银行职员琳达"。] 以此类推，第二次空难发生在第一次空难后第三天的概率为 $(1-p)(1-p)p = (1-p)^2 p$，第二次空难发生在第 n 天的概率为 $(1-p)^{n-1}p$。

Vaught 和 Dawes（未发表研究）对所有的空难和所有毁灭性的坠机事件分别进行了考察，发现基于 p 值恒定的随机理论模型的拟合程度接近完美。那么空难看起来会"扎堆"发生，这是为什么呢？因为当 $j < k$ 时，$(1-p)^j p > (1-p)^k p$，所以真正的随机序列确实包含了事件的"扎堆"。问题在于代表性思维会引导我们断定这样的随机模式是非随机的，相反，我们会假设出一些诸如"势头"这样的正反馈机制来进行解释（采纳"荣格共时性"假设的人是少数）。举例来说，虽然像"乐极生悲，否极泰来"这样的箴言可能是对的，但是我们也能找到一些反驳证据，在那些成功概率很高的人或组织身上我们会发现连续成功的模式，或在那些失败概率很高的人或组织身上看到连续的失败——哪怕这样的模式来自于独立事件。

有一个情境，人们在其中清楚看到的模式在数据中并不存在，这就是篮球比赛中的热手现象（hot hand phenomenon）。热手并不纯粹是指有些球员的投篮比其他球员更为精准，而是指一种（人们假设出来的）正反馈表现过程，即球员在得分后更容易得分，失分后接着失分。（请注意，同样的词语"热手"也用来形容成功的骰子赌徒，尽管根据一般的常识，我们都知道在正常运行的游戏中，赌徒们无法控制骰子滚动的结果。）Tom Gilovich、Robert Vallone 和 Amos Tversky（1985）以实验证明了热手效应并不存在，对一个球员来说，某次投篮命中之后紧接着投篮再命中和投篮不中的可能性差不多。至少，无论是费城 76 人队的原地投篮、波士顿凯尔特人队的罚球，还是作为实验控制组的康奈尔大学校篮球男女队的原地投篮，都没有发现有关热手效应的证据。但是，球员对自己投篮命中与否的预测则出现了热手效应，即便他们的实际表现并不存在这样的效应。一个球员之前刚刚投进 2 到 3 个球后再次投球，其成功率是不是会高于之前没投中 2

到3个球的时候？在一个针对一群篮球运动员和体育记者的调查中，90%以上的人回答"是"。

Jay Koehler 和 Caryn Conley（2003）在以往研究的基础上，分析了美国职业篮球比赛4年远投大赛的情况，从中寻找非随机的模式。在这个比赛中，NBA中投篮命中率最高的投手们要在60秒的时间限制内在三分线外（从球场的这个区域投篮命中可得3分而非2分）尽可能获得高分。这个研究同样没有发现任何非随机的证据。即使研究者在分析中特别考虑了转播解说员所提到的"热手"，也还是没有出现这样的模式。值得注意的是，在其他一些诸如保龄球、射箭、台球和高尔夫这样的运动中，一些非随机的连胜或连败得到了证实，这说明如果在数据中确实存在这样的模式，统计分析足以敏感地将其捕捉到的。（这里看起来似乎存在一个更大的假设：在非互动的、均匀场地的运动中，球员的表现中会出现一些微妙的序列效应；而在无序的、球员之间正面接触的互动型运动中，就不存在这样的模式。）

这些研究并没有证明篮球比赛中热手效应的普遍不存在性（如果你考虑这个问题，你觉得证明存在和证明不存在哪个更困难？），不过这些结果暗示我们，如果热手效应存在，这个效应也是很小、很罕见、很不可靠的。要说任意一组具体的数据都是随机的，未免牵强，因此比较站得住脚的说法是，生成这批数据的过程是随机的，也就是说，数据的观察者无法获得必要的信息来对数据中的事件进行任何程度的具体预测——对观察者来说，概率或随机过程就是对这批数据的最佳描述。热手效应这个例子会让人备感惊讶，因为对人们来说，这样一个因果过程似乎很容易就能想象出来，能够产生预期（可惜观察不到）的模式。举例来说，有一个对 Gilovich 等人（1985）和 Tversky 和 Gilovich（1989）的观点的回应，认为他们没有发现隐藏在数据中的真实的热手效应模式，其原因在于他们忽略了得分的时机。Patrick Larkey、Richard Smith 和 Jay Kadane（1989）发表了一篇重新分析这些研究数据的文章，其中的数据只包含那些在时间相距很近的情况下的连续得分。他们发现有一个球员，底特律活塞队的"微波炉"文尼·约翰逊，他的表现偏离了随机模型，"微波炉"这个绰号正是来源于他连续得分的名声。然而，Gilovich 等人（1985）在反驳中指出，重新分析数据只发现了一个"热"球员，并且他的连续得分情况之所以在统计上达到显著，完全是依靠了一个连续7次得分的情况。随后他们进一步指出,回顾原始的比赛录像,并没有发现连续得分7次的情况,事实上,那一次是"微波炉"连续得分4次,然后在1次投篮未中后抢下篮板补中,之后又得分1次。纠正了这个数据收集上的错误后,连"微波炉"也没有偏离随机模型。

如果有一个病人连续3周情况良好,是否就意味着针对他的疗法是成功的?连续3周情况不良是否意味着失败(或者乐观一点说是"开始出现问题")呢?球队连输3场是否意味着教练要下课?某公司连续3个季度业绩下滑是否就意味着CEO要下岗?不,抛硬币的时候区区3次连续正面并不能说明这个硬币是被人动了手脚的。然而,了解某个人成功与否的基础率(尤其在这几个星期或季度的表现之间完全无关的时候还要去预期比实际更多的交替变化),使得人们极有可能去推测在这样的连续中存在因果因素,尤其是一些与行动者自身行为存在关联的因素。[还有一个解释的角度:在日常表现中,我们比较容易看到的那些"热"或"冷"模式,其关键因素是不是在这些情况下"连续"击中或漏过具有知觉突显性?在球迷们热烈讨论"热手"的那些职业篮球比赛中,投篮命中的成功率大大高于50%,因此,连续"命中"会比较寻常,从而与我们所预期的较多转换(命中-未中和未中-命中转换)相违背。如果换作是在棒球击打中,球迷谈论更多的是"低谷",因为棒球平均击球成功率远远低于50%,所以连续"漏击"就会变得更为明显。]

为什么我们会期望有过多的交替变化?Tversky 和 Kahneman(1974)将这种预期归因于我们的错误信念,即认为哪怕是很小的序列也必须要能代表总体,也就是说,我们框出来的很小一部分事件的比例也必须匹配(或代表)总体中的比例。举例来说,抛硬币的时候,我们知道可能序列的总体中正面数量应占50%,因此我们会预期在一个抛4次的样本中,也是有50%的正面。当每次抛掷互相独立的时候,就会比实际情况需要更多的交替。(极端情况下,2次抛掷的序列中如果要50%的正面,则需要每次正面都是接在一个反面之后,反过来亦是如此。)在这里,代表性思维使我们从对模式的关注变成对特征的关注,而不是从特征到模式。然而,无论是特征还是模式,这种基本的信念同样都源于相似性匹配,也就是联系。此外,这个效应也会受到我们相对狭窄的注意广度的影响——我们希望自己能记住或想象的较短序列是具有代表性的。

考虑下面 Tversky 和 Kahneman（1974）的研究中的一个问题：

有调查访问了一个城市中所有生育 6 个孩子的家庭。在其中的 72 个家庭中，男孩和女孩的实际出生顺序是"女男女男男女"。那么根据你的估计，实际出生顺序为"男女男男男男"的家庭数量为多少？实际出生顺序为"男男男女女女"的家庭数量又为多少？

几乎每个人（80%以上的回答者）都判断后面两个序列比第一个序列的可能性要小。然而，所有实际序列都具有相同的可能性（任意实际序列的概率都为 0.5×0.5×0.5×0.5×0.5×0.5，即 0.015625，差不多相当于在 1 000 个生育 6 个孩子的家庭中每种序列上会有 16 个家庭。）为什么人们会有一种很强烈的直觉认为"女男女男男女"的情况更多？因为这个短序列捕捉了我们关于随机过程的所有直觉：这个序列表现出正确的比例（一半男孩，一半女孩），并且看起来是随意的，有许多交替的情况——一句话，这个序列看起来"确实很随机"。（这种序列也和我们对于一个普通篮球运动员的命中失误情况的预期差不多，即命中和失误并没有很长的连续性而是不断地交替变换，因此当我们看到一个球员的表现有许多连续的命中时，我们会倾向于说："这不可能是随机的，这个球员绝对是'打热了'。"）与之相反，第二个序列看起来可能性就不那么高了，因为它的出生比例不对（男孩太多），违反了小数定律，而第三个序列虽然比例上没问题，但是看起来太整齐了（连续 3 个男孩，然后连续 3 个女孩）。

有时候，这种对于随机序列交替的信念（因为上 6 次轮盘赌结果都为黑色，所以确信"红色应该来了"这样的赌徒谬误）会走向一种荒唐的极端。举例来说，请看下面"亲爱的阿比"这封信的开头：

亲爱的阿比：我和丈夫刚刚有了我们的第八个孩子，又是一个女孩，我现在真的非常失望。我的小女儿很健康，我想我应该感谢上帝，但是阿比，这个孩子应该是个男孩，医生也告诉我说，根据平均律，这次我们心想事成的可能性是 100 比 1。

人们倾向于看到或推断出一些完全不存在的模式（或因果关系），第二次世

图 7.1 伦敦 V-1 和 V-2 炸弹命中模式

界大战中德国 V-1 和 V-2 导弹轰炸伦敦的事件就是一个很"形象"的例子。伦敦报纸刊登了轰炸地点的地图(见图 7.1),市民们立刻就看出了一些集中打击的地点,并且将这些信息作为参考来解释敌军的意图。他们是如何来解释自己所看到的这些模式的呢?英国市民们推论,他们所看到的打击模式反映出敌军有意避开某些区域,而这些区域正是德国间谍的藏身之处。然而,古典概率模型分析的结果证明,这些打击地点与一个随机泊松过程生成装置所模拟的结果是完全一致的,也就是说,没有任何理由能推断在这个模式背后存在着一个系统性的动机或因果关系(有关的数学分析参见 William Feller 经典的教科书《概率论及其应用》)。

从地理图式中推断因果关系的倾向还有一个很现实的例子,是有关"癌症集群"癔症的心理学。在过去的 20 年中,有关某些社区中癌症发病率奇高的报道越来越多(见 Gawande,1999)。当一个社区注意到当地的癌症发病数量不同寻常时，自然而然就会想要在环境中寻找原因——水、陆地或空气中的某些东西，但如果对被隔离的癌症高发地进行调查，却往往一无所获。面对局部地区不断上升的癌症率，一些公共卫生机构每年开展了数以千计的"热点追踪"研究。但（在1999年）加利福尼亚首席环境健康调查员雷蒙德·理查德·尼特拉指出，在成百上千的此类公开调查报告中，没有一个明确地指出了某种环境因素（引自Gawande，1999）。在这些调查中，只有一个调查发现了一个不明致癌物质。尼特拉指出，在美国公共卫生署有80种不同的典型癌症登记在册，根据概率论的预测，在加州5 000个普查统计报告中，你能够在其中2 750个报告中观察到某种癌症的发病率在统计上显著过高，但这种情况只是随机的结果。因此，如果检查一下你的邻居们在那80种癌症上的发病率，那么有0.50以上的可能性他们会至少在某1种癌症上的发病率显著过高——但是这样的发现与一个假定没有任何环境因素参与的随机影响模型是完全一致的。艾伦·本德（引自Gawande，1999）是明尼苏达州卫生部门的一名流行病学家，他对这些由社区癌症集群所引发的热点追踪调查作如是评论："实际上这完全是在浪费纳税人的钱。"

但是我们应该做些什么来维持公众信任，并发现真正的环境卫生风险呢？事实上，一个随机概率模型与我们观察到的模式相一致，并不能证明其中不存在因果关系——这又回到了那个问题："你怎么能证明这个效应完全不曾存在于任何地方？"但是我们会将这些事件的重要性情感化和符号化，浪费大量的公共资源去应对，并且错误地发现了集群与其周围环境之间的许多相关。对个人集群进行分析，并且寻找这些集群与某些（任意）环境因素之间的关联，这样的策略被流行病学家们称为德州神枪手谬误（Texas sharpshooter fallacy）。这个说法源自一个火枪手的故事，这个火枪手朝着一个谷仓的墙壁射了一串子弹，然后在这些弹孔周围画上一圈圈的靶心。在这种情况下，我们需要接受那些统计专家们的意见，只有在之前已经有充分的理由假设出一种环境因素，或者确实存在极为不同寻常的统计模式时，才对之做出反应。一个广受关注的癌症集群案例发生在马萨诸塞州的沃本恩，在同名为《法网边缘》的图书和电影中均有详细描述。这个案例最终也没有发现由瑞利皮革厂排放的污染物与工厂周围居民的癌症病例之间存在科学可靠的因果关系。

7.4 趋均数回归

对含有随机（未知因素）成分的事件进行代表性思维还会带来一个问题，就是会使我们做出一些非回归预测。要了解为什么会出现这样的情况，我们首先要了解什么是回归预测。

假设一些父亲的身高都非常高，那么平均来说，他们的儿子也会是高个子，但是会比他们的父亲要稍微矮一点。同样，特别高个儿子的爸爸平均也会比他们的儿子矮些。我们看图 7.2 中，首先，横轴表示父亲身高，纵轴表示儿子身高，椭圆表示"数据"，我们以那条垂直实线代表高个父亲，这条线与椭圆形成上下两个交点，而因为儿子的身高在垂直维度上的分布可能并不是绝对对称的，会朝矮个儿子的方向有一个长尾，因此，高个父亲的儿子平均身高就可能在水平虚线的位置，即那条标有"高个父亲的儿子身高均值"的虚线。这样通过考察一个典型的"高个父亲"，我们就能由一个简单的逻辑来确定这些父亲的儿子的平均身高，结果显示这个均数出现了"回归"——也就是说，儿子的身高相比这些父亲的极端身高，变得不那么极端了。d 与 D′ 之间的差异就是这个数据集的回归程度指标。如果我们从"高个儿子"入手，会发现一个完全一样的反转模式，水平实线表示"高个儿子"，由垂直虚线向交于轴（x 轴）的那一点，即为高个儿子的父亲的平均身高。

英国科学家高尔顿（1886）第一个发现了这一关系，他将其命名为"后代趋中回归"（filial regression towards mediocrity）（p. 246）。一开始，他认为这种关系来源于某种遗传过程，这种遗传过程使有机体朝着平均属性转变，但是在考虑了逆转关系（时间上倒转）后，他得出结论，认为这是所有相关关系中都存在的统计属性。图 7.2 解释了这种关系，你看到的就是一个简单的趋均数效应。因为父亲和儿子的身高并不完全相关（无论出于什么原因），所以就存在回归。非回归预测（non-regressive prediction）是指人们存在这样一种倾向，即忽略一些隐蔽的回归关系，而预测极端值会与一些异常极端值相联系——就如我们马上会看到的那样。

我们来考虑另外一个例子［来自 Quinn McNemar（1940）的工作，Quinn McNemar 是一位心理学家，也是最早指出这个统计结果并说明其对人类行为研究

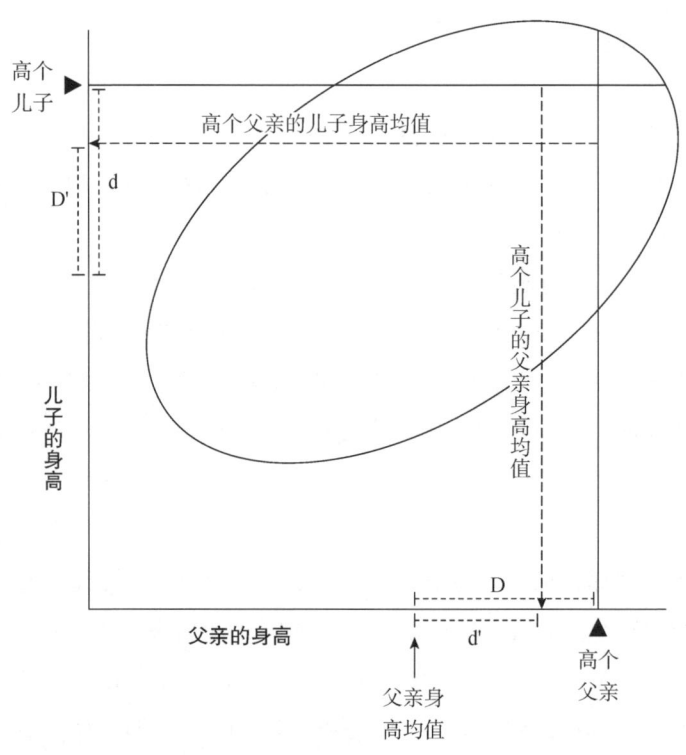

图 7.2　统计回归解释

的启示的学者之一]：假设在一家孤儿院中对所有的孩子进行一项智力测验，施测两次，期间相隔一年。再假设两次测验的群体均数和标准差都相同，但是两次测验分数之间并不完全相关（实际相关大约在 +0.80）。现在只考虑那些在第一次测验中得到高分的孩子：他们第二次的测验分数平均来看会低一些。（因为相关系数低于 +1.00，我们预期其中会有一些变化；因为两次分数的分布是相同的，因此第一次测验中的高分者平均说来一定会在第二次测验中稍低一些。）那些最低分的孩子同样如此：第一次测验的低分孩子在第二次测验中平均分数会高一些。如果我们将时间逆转，从第二次测验看到第一次测验，结果又会怎样呢？答案是同样的，这种关系也能够成立——极端分数会变得不那么极端。趋均数回归对于不完全相关的量化变量来说是必然的。

也许最容易理解回归的方式是考虑完全回归的极端情况。抛 8 次硬币，随后重新再抛 8 次。无论第一个序列中有几次正面,第二次序列中正面次数的期望(平均)都为 4,因为硬币是没有动过手脚的,所以第一个序列中的正面次数与第二个序列中的次数是完全不相关的——因此就是取平均,也就是 4,这是完全的趋均数回归。随着变量之间的预测力提高,回归程度就会降低。举例来说,平均而言,非常高的父亲所生的儿子都高于普通人,但是不如他们的父亲高。只有当一个变量完全能由另一个变量预测的时候,才不存在回归。事实上,标准相关系数(的平方)可以很简单地定义为一个变量由另一个变量进行线性预测的非回归程度。趋均数回归的技术定义为完全相关(即 +/-1.00)与线性相关之间的差异:

$$回归 = 完全相关 - 相关$$

在日常判断中,有许多例子证明我们会忽略趋均数回归。我们常常会惊讶于为什么在一次华尔街的突出业绩、一部热门电影、一支榜首歌曲或一次比赛优胜之后人们就表现平平了。《体育画报》封面厄运就是一个经典的例子。读者们发现,每当一个运动员或一支球队上了《体育画报》的封面(这常常是因为他们取得了一些优异的成绩)之后,这个人或这支球队就可能会表现低迷,或者遇到其他一些不幸。统计分析更是强化了这种印象,而球迷们则为这样的现象提出了许多看似合理的解释——这个运动员因为出名而骄傲、因为媒体的追逐而分心,等等。当然,我们知道大部分(即便不是全部)的"效应"其实是因为人们选择了极端事例并观察到了趋均数回归,"选择性极端事例"这样的解释就已足够,不需要再加入其他特别的解释了。

霍雷斯·赛克雷斯特在 1933 年的《商业中庸才的胜利》一书中举了一个学术方面的经典例子。赛克雷斯特的观点是,成功和不成功的企业"都会走向平庸",这个观点通过上百幅企业业绩图得到证明。这些图显示,在第一年选出的业绩处于两极的公司中,最为成功的那部分企业之后会变得不那么成功,而最初最不成功的那些企业则会慢慢向成功的方向发展。杰出的统计学家 Howard Hotelling 对此评论道:"这种表面上的汇聚情况是一种由分组方法导致的统计谬误,这些图表最多只能证明各组企业的比例会产生波动。"他指出,要验证数据是否真的出现趋向于中间的汇聚,应该考察各组企业之间的方差是否随时间持续降低——但在这个研究中并没有考察。同样的错误也出现在彼得斯和沃特曼在 1984 年的畅销书《追求卓越》一书中。这两位管理咨询师挑选了43家业绩优异的公司，评述了一些能够使这些企业走向"卓越"的突出特点，但5年之后，《商业周刊》的封面故事《哎呀，现在谁还是卓越的？》指出，在最初那些因为卓越而入选的公司中，超过三分之一正面临财务危机或破产。

在许多案例中，我们都非常关心各种改善绩效的方法所产生的效果——对成绩不良的学生进行课程辅导、奖励业绩突出员工、为身体欠佳者补充营养等。在这里，我们再次遇到这个问题，需要将这些方法实际产生的效果和单纯的回归作用区分开来。这个问题只存在于极端事例中，有些随之而来的错误是非常隐蔽的。比如在二十世纪六十年代中期，当Daniel Kahneman（Tversky & Kahneman，1974）向以色列国防军的飞行教官们解释奖励比惩罚具有更好的激励作用时，一个教官向Kahneman提出了反对意见。

> 尊敬的先生，您所说的只对实验室里的小鸟有用。我常常热烈地表扬出色完成飞行练习的士兵们，但是下一次他们几乎都会做得比前一次差；而当士兵们表现得很差时，我会对他们发火，于是下一次他们的表现基本上都会进步。别告诉我奖励有用而惩罚没用，我的经验正好相反。

这位飞行教官看到的就是一个回归效应。人们在"出色完成飞行练习"后会倾向于做得没那么好，这是因为一次表现与下一次表现之间并不是完全相关（同样，无论出于什么原因）。每次"表现得很差"之后同样会有所进步——同样只是因为每次表现之间并不是完全相关的。（要在某个学期获得"学业进步"奖，最简单的方法就是前一个学期的成绩在班级里接近垫底，而得到"后进生"称号的方法就是在某次能力测验上得个高分。）遗憾的是，就像飞行教官的故事一样，许多不了解回归效应的教师也许就会系统性地认可惩罚的作用（因为极端的不佳表现会朝着较好的方向回归）而对奖励失望（因为极端的出色表现会朝着较差的方向回归）。（事实上，要说明为什么一些像飞行教官这样的人会偏好用惩罚而非奖励作为一种行为操控的手段，回归效应的解释就足够了。）

我们对这些不可避免的回归效应视而不见，这还会带来一个令人不快的副作用，那就是，我们对于一些通过解雇教练或CEO来获得成功的干预方式存在过度自信。考虑这样一种典型的情境：在某个赛季的上半赛季，某支球队表现得特别糟糕，球队老板于是决定解雇教练，在随后的下半赛季，球队的表现转好了。我们应该将这种改善归因于解雇并替换教练，还是归因于简单的回归效应呢？毕竟总体来说，赛季中段解雇教练这样的事情往往是在球队表现极为糟糕的情况下发生的。因为我们缺少这样一个随机解雇教练的实验（而且这样的实验不太可能实现），所以无法确定到底是哪种因素在起作用。但是谨慎的统计分析一致显示，大部分的进步都是因为回归作用（Koning，2003），解雇公司经理人的情况同样如此。（体育运动中的实际情况是这样的：如果一个球队在某个赛季的上半段表现非常差，通常很可能是因为他们遇到的对手都是一些强队，而后半赛季往往就会遇到一些弱旅，从而更大程度地夸大了替换教练所带来的作用。）

应对回归效应的理性方式是，在做出预测的时候把"回归"考虑进来。因此，当我们需要或想要评估差异（比如，应该奖励"优秀表现"还是改善"糟糕表现"）的时候，要比较实际值和预测值（predicted value）——不要用两次测量中的实际值来进行比较。举例来说，当我们要比较一个病人在时间点 1 和时间点 2 上的 MMPI 测试得分，以此考察这个病人的"进步"时，首先用相关的方法由各个得分得到每个病人在时间点 2 的一个（回归的）预测分数，然后将时间 2 的实际得分与这个预测分进行比较，而不是比较时间 2 和时间 1 的实际得分。否则的话，那些在时间 1 上（病理）得分较高的病人们可能会被误判为"进步"了（"他们的分数已经无法再高，只能往下走"），而那些 MMPI 得分正常的病人可能会被误判为治疗不起作用。遗憾的是，代表性思维就会使人们在不做回归的情况下直接比较差异，这显然会导致错误的结果。举例而言，"最值得注意的是，那些在症状改善方面得分最高的人……正是那些最初症状最为严重的、最没有希望用保守疗法的人"（Dawes，1986）。（道斯在其作为一名临床心理实习医生时，他请医院的心理学家和精神病学家将一些出院的病人划分为进步程度高于平均和低于平均两组，结果那些归类为进步程度高于平均的病人，都是住院期间在各种 MMPI 测试中得分较高的人——相对于大部分接受治疗的病人来说，其得分差异显著。）

我们试图评估一些用来提高绩效的干预手段（比如飞行教官试图用惩罚糟糕表现的方式来提高学员表现）是否成功时，趋均数回归就特别容易蒙蔽我们的判断。如果采用干预手段是因为"我们出现了问题",就意味着我们很难清楚地了解干预手段的效果。比如,在发生惨绝人寰的交通事故之后采用一个严格的交通管理计划、在公司几次糟糕的业务表现之后聘请一个新的CEO、在连输几场比赛后换一个新的教练,这些情况下我们都不可能准确地评估其中的因果关系。干预手段能否起到改善的作用,这一点存在偶然性,而几乎可以确定的是,其中一部分或绝大部分的效应来自于趋均数回归。

7.5 关于我们无法接受随机性的反思

前面所描述的判断中的一些错误,对我们来说可能已经不是那么出人意料了。赌场经营者们花了几百年的时间来美化坑人的概率游戏的形象,就是为了引诱那些不够警惕的顾客,我们怎么能精明过他们呢?同样,在哪些条件下(在某些体育项目中)确实会出现连胜的情况、而在哪些类似的情况下则不会出现,球迷们又怎么会分得清楚呢?我们就是会看到很多实际不存在的因果结构,面对许许多多自然发生的情景时会想象自己在其中有更多的控制能力,为什么会存在这种普遍倾向?这依然是一个让人疑惑的问题。在下一章中,我们会介绍一个良方来应对这些难以根除的坏习惯——像一个概率理论家那样思考。

参考文献

Bayer, D., & Diaconis, P. (1992). Trailing the dovetail shuffle to its lair. *Annals of Applied Probability, 2*, 294–313.

Bilefsky, D. (2008, April 26). Serbia's most famous survivor fears that recent history will repeat itself. *New York Times.* Retrieved June 20, 2009, from http://www.nytimes.com/2008/04/26/world/europe/26vulovic.html

Dawes, R. M. (1986). Representative thinking in clinical judgment. *Clinical Psychology Review, 6*, 425–441.

Diaconis, P., Holmes, S., & Montgomery, R. (2007). Dynamical bias in the coin toss. *Society for*

Industrial and Applied Mathematics Review, 49, 211–235.

Feller, W. (1968). *Introduction to probability theory and its applications* (3rd ed.). New York: Wiley.

Fenton-O'Creevy, M., Nicholson, N., Sloane, E., & Willman, P. (2003). Trading on illusions: Unrealistic perceptions of control and trading performance. *Journal of Occupational and Organizational Psychology, 76*, 53–68.

Galton, F. (1886). Regression towards mediocrity in hereditary stature. *Journal of the Anthropological Institute of Great Britain and Ireland, 15*, 246–263.

Gawande, A. (1999, February 8). *The cancer-cluster myth*. New Yorker, pp. 34–37.

Gigerenzer, G. (2006). Out of the frying pan into the fire: Behavioral reactions to terrorist attacks. *Risk Analysis, 26*, 347–351.

Gilovich, T., Vallone, R., & Tversky, A. (1985). The hot hand in basketball: On the misperception of random sequences. *Cognitive Psychology, 17*, 295–314.

Hotelling, H. (1933). Review of The Triumph of Mediocrity in Business. *Journal of the American Statistical Association, 28*, 463–465.

Kareev, Y. (1992). Not that bad after all: Generation of random sequences. *Journal of Experimental Psychology: Perception and Performance, 18*, 1189–1194.

Koehler, J. J., & Conley, C. A. (2003). The "hot hand" myth in professional basketball. *Journal of Sport & Exercise Psychology, 25*, 253–259.

Koning, R. (2003). An econometric evaluation of the effect of firing a coach on team performance. *Applied Economics, 35*, 555–564.

Langer, E. J. (1975). The illusion of control. *Journal of Personality and Social Psychology, 32*, 311–328.

Langer, E. J., & Roth, J. (1975). Heads I win, tails is chance: The illusion of control is a function of the sequence of outcomes in a purely chance task. *Journal of Personality and Social Psychology, 32*, 951–955.

Larkey, P. D., Smith, R. A., & Kadane, J. B. (1989). It's okay to believe in the "hot hand." *Chance, 2*(4), 22–30.

Lopes, L. L. (1982). Doing the impossible: A note on induction and the experience of randomness. *Journal of Experimental Psychology: Learning, Memory, and Cognition, 8*, 626–636.

McNamar, Q. (1940). A critical examination of the University of Iowa studies of environmental influences on IQ. *Psychological Bulletin, 18*, 63–92.

Meisler, S. (1977, December 30). Spain lottery—Not even war stops it. *Los Angeles Times*, p. D1.

Oops! Who's excellent now? (1984, November 5). *BusinessWeek*, 76–88.

Peters, T., & Waterman, R., Jr. (1984). *In search of excellence.* NewYork: Harper & Row.

Poincaré, H. (1952). *Science and method* (F. Maitland, Trans.). London: Dover. (Original work published 1914)

Sagan, C. (1997). *The demon-haunted world: Science as a candle in the dark.* New York: Ballantine.

Secrist, H. (1933). *The triumph of mediocrity in business.* Chicago: Bureau of Business Research, Northwestern University.

Sivak, M., & Flannagan, M. J. (2003). Flying and driving after the September 11 attacks. *American Scientist, 91,* 6–8.

Tversky, A., & Gilovich, T. (1989). The "hot hand": Statistical reality or cognitive illusion. *Chance, 2*(4), 31–34.

Tversky, A., & Kahneman, D. (1974). Judgment under uncertainty: Heuristics and biases. *Science, 185,* 1124–1131.

第 8 章
理性思考"不确定性"

当今的逻辑学只擅长于分析确定的、不可能的或完全不确定的事情,而这三类事情其实都没有分析的必要(谢天谢地)。因此,这个世界真正的逻辑在于概率计算过程,即一个理性者头脑中认为概率是多大,或应该多大。

——詹姆斯·克拉克·麦克斯韦(1831~1879),英国物理学家、数学家,他提出的理论将光和电统一起来,其成就与牛顿齐名

8.1 面对偏差,我们该怎么办

尤利塞斯在听到塞壬的歌声之前就聪明地把自己绑在了桅杆上[1]。他这样做并不是因为害怕塞壬,而是因为害怕自己对塞壬歌声做出的反应。于是,他事先做好了防范措施。同样,自动化思维造成的认知偏差就像海妖的歌声,以一种可预知的方向,将我们的判断引入歧途。我们必须采取预防措施,避开这些未经审视的判断所设下的圈套。

本书的目的之一就是教会读者对判断过程进行分析性思考。我们认为,要系统地分析一个判断,最好的方法就是学习一些概率论和统计学基础知识,并将之

---

[1] 塞壬是希腊神话中半人半鸟的海上女妖,常用美妙的歌声诱惑过路的航海者而使航船触礁沉没。英雄尤利塞斯率领船队经过墨西拿海峡的时候,因为事先得知塞壬的致命诱惑,所以命令水手用蜡封住各自的耳朵,并将自己绑在船的桅杆上,方才安然渡过。——译者注

应用于重要的判断过程。拉普拉斯[1]有一句著名格言:"概率论本质上只是一些计算方面的常识（p.196）。"其实，任何学过或者教过概率论的人都会知道这句话肯定是错误的，因为概率论的发明只不过是近期的事情，而且我们的头脑似乎天生就不是按这些概念来思考的，何谈"常识"？本书的前七章可以理解为是对违背（有时甚至是根本抵触）概率论的认知习惯所做的总结。本书附录中提供了一些基本概率论基础的总结，而在本章中，我们将辅之以具体事例来阐述概率思想的本质。

曾有人尝试训练人们不要根据代表性来思考，或者不要受可用性或其他偏差的影响，但是多数情况下都不太成功。我们在思考过程中在事物之间建立简单联系的情况实在是太普遍了，以至于早期英国的实证主义者认为这种"联系"是我们思维的基础单元。再者，基于经验来做判断是十分合理的，而且对我们的生存至关重要。

所以，我们需要另一种方法，能在必要的时候，至少是在我们做重要判断时，将我们从依赖直觉、联系、启发式的歧途上引导回来。预防偏差的其中一个选择是利用外部帮助。例如，一个临床心理学家能够在纸上、在电脑里记录案例（例如，自杀威胁），然后利用符号公式或图表来编码数据以估计案例发生的频率。把度过的每一周用一个简单的图表来区分"好"或"坏"就可以揭示出或者否定一个模式。又或者仅仅记下基础概率、尝试去应用基本的概率论，也能够避免很多不理性的判断。

我们在本章中将要举例说明如何利用外部帮助，而利用这些外部帮助的最大阻碍是说服我们像尤利塞斯那样对自己采取预防措施。自我施加的外部约束实际上更能增加我们的自由度，因为它能使我们从一些可以预见的、讨厌的内部限制中解脱出来——这个道理虽简单，但不太为人们所意识。并非人人都能成为尤利塞斯。而这些内部限制既可以是情感层面的也可以是认知层面的，这一观点更难以得到认同。因此很多人认为，让自己的判断建立在"纯数字"或图像或计算机结果的外部帮助上是一件令人极其厌恶的事情。事实上，甚至有证据表明，当存在外部帮助时，不少专家试图在这些外部帮助的预测之上再根据自己的直觉去改

---

[1] 拉普拉斯（1749~1827），天体力学的主要奠基人，天体演化学的创立者之一，分析概率论的创始人，应用数学的先驱。——译者注

进他们的判断，但结果呢？反而比不动脑地相信外部预测更糟糕。可能性的估算的确只涉及纯粹的数字，但正如 Paul Meehl（1986）所指出的那样："当你从超市出来的时候，你不会打量一下你买的那堆商品然后问服务员：'我觉得这些东西大概是 17 美元，你觉得呢？'，你当然不会这样的，你会进行计算。"（p.372）计算、跟踪记录和明确写下概率论推断的规则，能够极大地帮助我们战胜由代表性思考、可用性思考、锚定－调整以及其他偏差引起的系统性错误。如果能做到这些，我们甚至能够从经验中学到一些东西。

8.2 开始用概率来思考

现代概率论起源于富有的贵族们雇用数学家来帮助他们赢得与熟人之间的博弈游戏（就像第 1 章 Cardano 的例子一样，只不过他是给自己建议）。概率分析最基本的规则应该是，告诫人们在分析过程中要从全局视角审视情境（任何情境，包括掷骰子游戏、博得市的交通问题、匹兹堡的犯罪问题甚至是膝盖疼痛的情况），然后定义一个包括所有可能事件的样本空间，并确定这些事件间的逻辑关系。以上步骤就是理性分析与那些以可用性、相似性、情景建构为基础的判断的分歧所在：当我们根据直觉进行判断时，思维会被拖入一个有限的、有系统偏差的可能事件的子集。例如在情景建构中，我们经常陷入情景的细节，只注意到一个特定的（而且是荒谬的）结果路径。

Daniel Kahneman 和 Dan Lovallo（1993）指出，决策者倾向于强调每个问题的独特性，并做"内部观察"（inside view）。他们提出的补救办法跟本书一样，就是慎重地进行外部观察（outside view），也就是说，把当前问题看做一系列类似问题中的一个，并将概率思想应用其中。为了阐明外部观察的重要性，Kahneman 讲了一个他亲历的设计某个新课程的故事：

> 那个团队运作了一年，并取得了一些重要的成果，在某次团队会议上我们的讨论转到了这个项目还会持续多长时间这个问题。为了使讨论更加有效率，我请每个人在纸上写下他们估计再要多少个月才能向教育部提交一份完稿。结果，大家（包括我自己在内）估计的时间是 18~30 个月。此时，我突

然产生了一个想法，询问团队中的一个成员（他是课程设计的著名专家）："我们肯定不是惟一一个设计新课程体系的团队。你能不能回忆一下以往类似的例子，想象其他团队也处于与我们现在类似的阶段，你觉得他们还需要多久才能完成项目呢？"一段长时间的沉默过后，他用明显带着不安的声音说道："首先，我得说并非所有处于与我们类似阶段的团队都完成了项目，大概 40% 的团队最终放弃了。至于剩下的，我想不起来有任何一个团队是在 7 年之内完成项目的，当然也没有多于 10 年的。"他进一步补充："我想不出我们优于其他团队的地方。不得不承认，根据我的印象，我们的资源和潜力似乎还稍有点低于那些团队的平均实力。"（Kahneman & Lovallo, 1993, p. 24）

我想通过这个故事说明的是，如果判断时能够退一步做外部观察，并从整体分布和概率的角度来思考，即便这一思考只是定性的，也能使判断更为准确。如果能基于系统收集的数据和概率论中的定量规律来思考的话，判断就会更好。

概率论用精确的术语来描述基本事件、事件集及它们之间的关系。让我们从一个定义明确的例子开始：掷两枚骰子。首先，骰子朝上那一面的数字可称为一个最简单的事件，比如"我掷出一个 1"；第二，两个简单事件的合取，比如"我两颗骰子分别掷出 1 和 6"，（顺序任意）；第三，两个简单事件的析取，比如"我掷出一个 1 或一个 6，或 1 和 6 同时出现"（有时这叫做"或"逻辑）。第四，条件事件，就是某事件的发生以另一个事件的发生为前提，比如"当我掷出的两个骰子点数合计为 7 时，其中一个为 1"。如果两个骰子是均匀正常的，我们就可以系统地描述共包括 36 种等概率事件的样本空间——你掷一个骰子的结果可能是 1 到 6 中的任何一个数字，另一个骰子所得结果也是如此，这样就共有 6 × 6 种可能的合取事件。

在明确了可能事件的样本空间后，我们希望知道简单事件和相关事件在样本空间中的频率和概率。在理想化情境中，我们可以按逻辑推导出骰子、扑克牌和其他可靠的赌博设备中的事件类别、频率和概率。比如，因为骰子的六个面中有一面是 1，因而我们说 1 出现的概率是 1/6；在 36 种情况中，同时掷出 1 和 6 共有 2 种情况，于是我们有 2/36 的概率掷出这一合取事件；此外，我们有 20 种情况掷出一个 1 或一个 6，或者 1 和 6，于是我们有 20/36 的概率掷出这一析取事件。

最后，对于条件事件"给定两个骰子和为7，而其中一个是1"，我们把条件限制在"和为7"，则可以计算出"其中一个是1"的概率是2/6，因为共有6个事件满足和为7，而在其中2个事件里有一个骰子被掷出了1。

现在我们考虑定义不那么精确的情形：假设我们想研究大学生的一些特征。如果我们随机从芝加哥大学的学生中选出一个，那么选到女生的概率是多少？2008年芝加哥大学有5026名学生，其中2513名是女生；因而随机选到女生的概率是2513/5026，接近0.50。那么选到物理专业学生的概率呢？有815名同学选择物理学作为自己的专业，所以随机选择到物理专业学生的概率是815/5026，约为0.16。那么，选到一个物理专业的女生的概率呢（这是一个合取事件）？共有211名同学既是女生又学物理，因而概率是211/5026，约为0.04。若考虑到析取事件，物理专业学生或女生这两个条件至少满足一个的共有3117人，其概率为3117/5026，约为0.62。而物理专业中女生的概率呢（这是一个条件事件）？我们只需考虑学物理的815名学生，然后求从他们中选到女生的概率即可——其概率为211/815，约为0.26。这是另一个能准确定义区分事件的例子（我们假设女性、物理专业都能被准确定义），因此我们能够通过经验频率来推断概率（而不是像骰子那样通过理想的、逻辑的频率来推断）。

需要注意的是，反向的条件概率——即给定女生这个条件而选到学物理的学生的概率（211/2513或0.08）——与之前所说的给定物理专业为条件而选到女生的概率（211/815或0.26）并不一样。一般而言，一个条件概率并不等于其相反的条件概率，正如第5章所阐述的比例规则那样，例如，p（女生 | 物理专业）≠ p（物理专业 | 女生）。

再考虑一个更加模糊的情形，在这种情形中我们只能确定事件的集合和范围，却无法统计频率。假设我们正在考虑共和党是否能赢得2012年美国总统大选。当我们在2008年写这本书的时候，民主党的候选人是奥巴马（现任总统），但对4年后的共和党候选人却所知甚少。一些成功州长的名字一直在流传，如Sarah Palin（阿拉斯加州），David Petraeus将军（当今最有名的军事领袖），和Newt Gingrich（前众议员，现为保守派权威），但没有人知道谁将在4年后被提名为候选人，甚至奥巴马的候选人资格也仍不确定，因为他的第一个四年任期必将充满了各种变数。然而，概率分布依然是帮助我们分析情境和作出预测的最好方法。

我们可以列出大部分可能出现的事件，比如两党下一届候选人的提名、对两党和全民公投可能产生影响的不确定事件（如经济条件、个人丑闻、医疗问题、领袖因素、竞选资金等等）。在这种情况下，系统地列出这些事件并不能使我们对这些事件发生的确切概率有把握，但却能够提醒我们未来有多么不确定，提醒我们别目光短浅，别仅仅着眼于某一种可能情况并对其抱以过多信心。尽管有些模糊，但分布表征和概率分析相对于直觉判断已是一个重大进步。然而，我们不太可能主要依靠鲜活的、独立的事件的相对频率作判断——尽管当我们失误时会去参考可能有关的统计资料，如 p（现任总统获胜的概率）。但是，当我们基于情境和某个结果的可能原因来推理时，审慎地尝试去系统表征这些问题也能够提高我们判断的连贯性和准确性。

让我们考虑一个更严重的情况：在未来十年中会出现一国针对另一国的核武器部署吗？在这里连情境的结果都无法明确定义：如果恐怖组织（也许不能归于任一国家）引爆了某个中东国家的核设施，这算是核武器部署吗？我们设想的情景（对具体的可能结果的描述）是模糊的："联合国维和部队与非洲某组织间的小冲突逐步升级……"，"一个针对以色列领导人的刺杀失败了，那么其报复行动……"在这里，似乎没有相关频率可以计算。未来的情形将不同于我们所能想到的任何历史上的情形。但我们仍然相信系统分布方法是做概率估计的最好方法，虽然存在不确定性，但是有可靠的依据。事实上，Asher Koriat、Sarah Lichtenstein 和 Baruch Fischhoff（1980）的心理学研究表明，仅仅列出一些相关事件并系统地考虑每个事件发生和不发生的原因，就能提高我们的判断质量。

通过这些例子我们想表明什么呢？第一，我们介绍了可以根据集合内成员间的基本关系对事件进行概率描述。第二，我们介绍了四种可能需要概率描述的情境：（1）传统的机会游戏情境（比如掷骰子），在这种情境中，理想的随机设备为潜在的问题提供了良好的描述，因而逻辑分析能够用于推断概率；（2）定义明确的"实证"情境，在这种情境中，相关频率的统计信息能够用来计算概率（例如，我们对于芝加哥大学学生类别的判断）。（3）中等定义明确的情境，我们必须根据因果关系和偏好而不是相关频率来推理（比如预测下届美国总统大选的结果），但在这种情境中，稍加思考就能够定义非常完整的相关事件及其样本空间；（4）大量未知情况的情境，在这种情境中，即便是相关事件的样本空间都难以建构，而且似乎也不存在相关频率（例如，未来十年的国际冲突）。

概率论的一个显著特征就是，四大公理（见附录）提供的法则可用来进行理性推理，尽管对于这些数字究竟代表什么仍有大量的争论。以上选出的四个例子是为了给读者一个关于用概率进行解释的整体感觉：它是基本演绎逻辑的扩展；是基于外部事件发生频率计算出的实际数字；是对头脑中的主观可信度而非外部世界的量度。

第三，对不确定事件进行判断与推理时很多错误都源于这个过程的最初阶段，即人们对需要判断的情境进行理解的时候。如果人们能够对将要判断的情境建立真实表征，并在整个推理过程中不断理清集合中成员间的关系，那么就能避免很多错误。当然，关于概率和随机过程也有很多误解，但很多时候，在还没有来得及综合分析不确定性信息之前，我们的判断就已经出现了偏差。如何在不确定的情况下做出更好的判断，我们的主要建议是，对于将要判断的问题和情形，建立一个有效的外部表征（图示的和符号的）。

8.3 理解判断的情境

尽管从直接经验中建立一个情境模型可能会更加困难，但仅仅基于一段对新奇而不确定情境的书面描写来建立一个可理解的情境表征也不容易。Raymond Nickerson（1996）在一篇关于概率问题的语义模糊性的论文中列举了理解阶段可能犯的多种错误。其中，一些流传已久的例子在脑筋急转弯这类畅销书籍中被奉为经典。让我们从一个在概率推理领域经多次研究过的简单问题开始（作者为 Maya Bar-Hillelt 和 Ruma Falk，1982，p. 119）；试试下面这个游戏，在继续阅读后面的文字之前做出自己的估计：

> 帽子里有三张卡片。一张两面都是红色（"红-红"），一张两面都是白色（"白-白"），一张一面红色一面白色（"红-白"）。从里面随机抓出一张卡片扔向空中，落地后红色一面朝上。问：这张卡片是"红-红"的概率是多少？

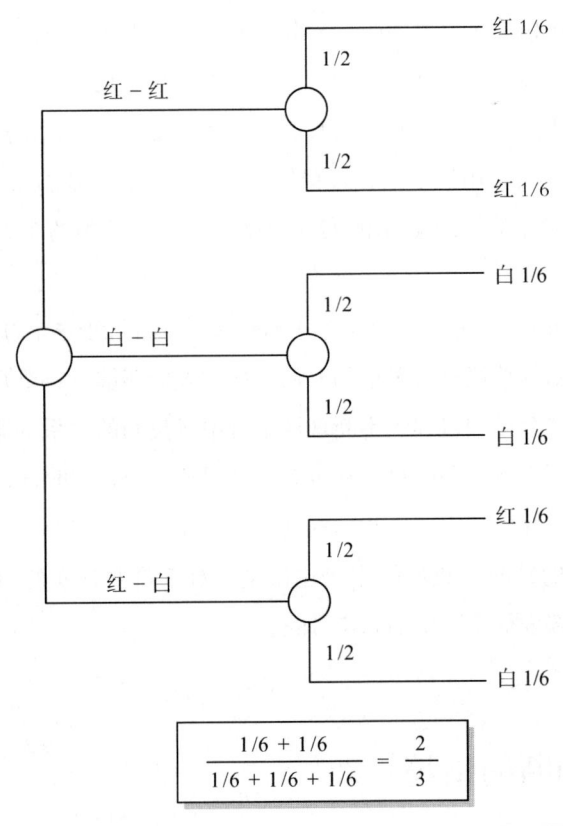

图 8.1　表征三张卡片问题的概率树

通常的回答是"1/2"或"0.50"（在 Bar-Hillel 的实验中，有 66% 到 79% 的参与者给出这个答案）。对这些参与者的访谈表明，对于这个问题他们有一个典型的判断模式："因为这张卡片红色向上，我们知道它不是'白-白'卡，而由于还剩下两种卡片，于是它有 50% 的概率是'红-红'卡。"这表明，纸上的文字叙述导致被试形成了"先有三张，剩下两张"的问题表征。然而，正确的问题表征是根据卡片的面，而不是整张卡（见图 8.1；Brase, Cosmides, & Tooby, 1998 也指出了这点）。所有结果的样本空间包括六个事件——每张卡片的每一面各为一个事件。由于红色的一面向上，因此在"有效样本空间"中共有三个事件：红-白（红面向上）、红-红（一个红面向上）、红-红（另一个红面向上）。因此正确答案是 2/3——三个等概率事件中，其中两个是红-红。

某流行杂志中的"向玛丽莲提问"专栏发表了一个更为复杂的问题，这个问题受到了相当多的关注，因为其答案出乎大多数人的意料，并且足够深奥，以至于引起了很多著名数学家的争论（vos Savant，1991；Deborah Bennett 在她介绍概率论的著作 *Randomness*［1998］中提供了对这个问题的总结）：

> 假设在一个游戏节目中，有三扇门供你选择。其中一扇门后面是一辆豪华轿车，而另两扇门后面都是山羊。你选择了一扇门（比如 1 号门），之后，知道每扇门后面分别有什么的主持人打开了另一扇门（比如 3 号门），门后是只山羊。这时主持人对你说："你想选择 2 号门吗？"，即改变主意选择 2 号门是明智的吗？（vos Savant，1991，p. 12）

这个脑筋急转弯问题的第一个难点是各种"可能事件"所包含的惊人的复杂性。试一试用图表来系统地列出每一个相关事件：参与者可以选择三扇门，轿车藏在哪里共有三种可能（这样一共有九种情境）；主持人可以打开不同的门（主持人究竟面临几种选择会因碰到九种情境中的哪一种而有所不同）。之后，参与者的两种选择（改主意或不改主意）使这个问题更为复杂：共有 18 到 36 种情况——这取决于解决问题者对问题采用的不同表征。

这个脑筋急转弯问题的另一个更加困难的地方在于，对主持人选择打开哪一扇门的规则描述得很模糊；除非这种模糊性被解决了，否则难以用唯一的样本空间对这个问题进行表征。根据问题的描述，主持人的规则至少有三种可能的解释。第一种规则，主持人总是随机打开没有被参与者选择的门（例如，在上面的情境中，主持人掷一枚硬币来决定打开 2 号或 3 号门）。这表示主持人可能打开一扇门并展示出门后的轿车，然后（和观众一起）笑话你选错了门，游戏结束。但也存在第二种规则：假设主持人总是挑选后面藏着山羊的门打开，决不打开参与者挑选的门；当参与者已然选中了藏有轿车的门，主持人就随机打开一扇门。这样，参与者的选择和主持人开门之间的关系就更复杂了。但是还存在更加复杂的第三种规则：假设主持人总是挑选藏有山羊的门打开，决不打开参与者挑选的门；在参与者已然选中了藏有轿车的门之后，主持人有偏向地挑选剩下两扇门中序号较小的一扇打开（针对这种规则可能存在其他偏差）。尽管这三种规则均符合上述问题的表述，但其潜在概率却各不相同。

对这个问题最普遍的表征是，主持人总是打开与参与者最初选择不同的门，且绝不会打开藏有轿车的门（即遵循上文第二种规则）；于是，参与者改变主意就可能提高但绝不会降低得到轿车的概率。因此，基于这种表征，问题的答案是参与者应该改变主意。在图8.2中，我们提供了清晰表征这个问题的概率树。这里要说明的是，问题表征是概率推理过程中最基本的、起决定性作用的第一步。这个"三门问题"的模糊表述引发了很多困惑和争议，很多学术期刊的讨论也随之而来，可是要想把这个问题毫不含糊地表述清楚，本身也是件极其复杂的事情。而实际上，现实世界的不确定性和决策的模糊性比这个问题要更加令人生畏。

学习概率和统计课程的主要好处在于，我们有机会练习将情境转化为更精确完整的表征；或者在复杂的真实世界中，练习提取最基本的不确定事件和因果联系。我们介绍了表格、概率（或决策）树以及韦恩图，用以描述本书中大多数判断和决策情境。然而，这些合适而有效的图表是应待解决的特定问题的不同情况而创造的。我们会首先尝试树状图，因为总的来说它们最有效，但有时其他图表会更有启发意义。幸运的是，构建这些表征的技巧是任何一位愿意学习的读者都能通过练习掌握的，第一步就是学习本书中的例子。

进一步讲，思考概率问题时，用频率来表示某个事件在相关子集中出现的情形，通常更有利于形成准确的判断。当人们想象个体、客体或事件的频率时，就可以更好地分析总体中某些部分之间的联系。事实上，当鼓励人们学会基于频率而非可能性去表征情境时，前几章中所阐述的许多判断错误都会大大减少（例如Gigerenzer & Hoffrage, 1995；Sedlmeier & Betsch, 2002）。频率图表对于减少人们关于条件概率[例如，p（癌症|阳性检验结果）对p（阳性检验结果|癌症）]和合取谬误（类似"琳达更可能是一位女出纳员而非出纳员"的描述）的迷惑是非常有用的。

下面，我们将回顾不确定性条件下理性判断的概念，然后再回到我们的主题，即如何清楚地用分布的形式来表征需要判断的情境。

第 8 章 理性思考"不确定性" 171

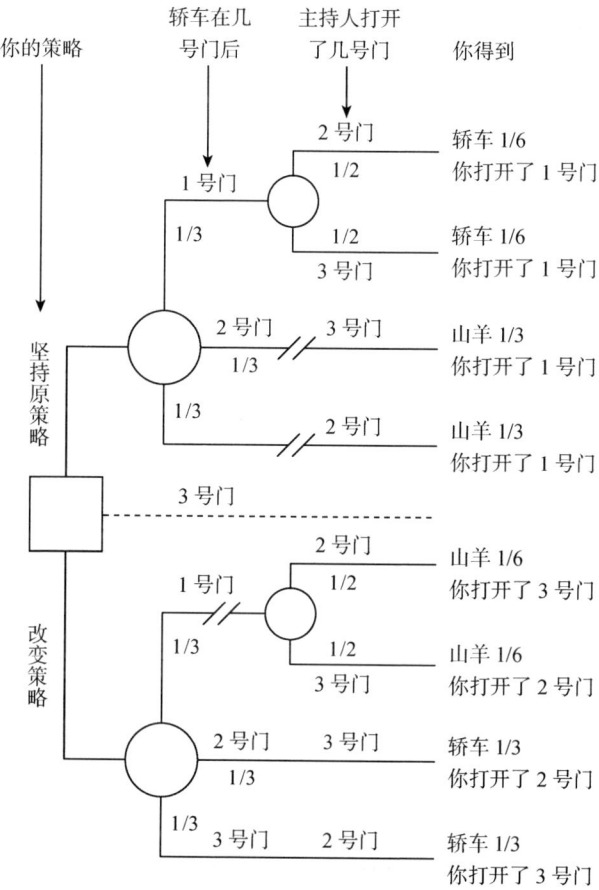

图 8.2 最初选择 1 号门之后用概率树来表征三门问题（这只表征了三分之一的可能性——当你先打开 2 号或 3 号门时，可以画出两个相似的概率树，这样就穷尽了所有可能性。）

8.4 理性的测试

在本书的前半部分,我们提供了许多不准确或非理性判断的例子。我们基于什么原因做出这样的评价呢?评价一个判断准确或不准确是很简单的:(1)我们在头脑中需要有一些可衡量的标准事件或情境作为判断的目标;(2)要确保做判断的人与我们对该判断目标的本质认识一致,而且与我们采用同样的标准来估计、预测和判断;(3)我们还要确保做判断的人希望预测的偏差最小化,且由于偏差的"代价"是对称的,因而判断者不会总是过高或过低地估计标准。[例如,本书的一个作者指出他对于熟人年龄(标准)的判断常常不准确,而且系统性地偏低。但你也要知道这种偏差带有一些故意的成分,是为了避免伤害那些对自己显老很敏感的人。] 评估判断质量的这种逻辑被称为准确性方面的一致框架,这个框架是构成本书第3章所介绍的透镜模型的基础。(更多相关的讨论参见 Hammond, 1996 或 Hastie &Rasinski, 1988。)

然而,我们也讨论了在无法明确使用一致性检验的情况下判断的非理性和不一致。例如,我们说,那些认为琳达更可能是"一位女权主义的出纳员"而非"一位出纳员"的人是非理性的,其判断有偏差,尽管没有一位真实的琳达存在,否则其职业和态度可以作为对判断准确性进行一致性检验的标准。在这样的例子中,我们评价判断的质量,只能将这种方法应用到两个或更多判断中,通过考虑它们之间的统一性或逻辑一致性来做出评价。逻辑规则和概率论是我们普遍接受的理性推理标准,我们常常参考它们来评价判断之间的一致性。此外,如果我们的一系列判断是不一致的,我们就能确信其中有一些判断是不准确的,尽管我们没法说出哪一个判断有偏误。(更普遍地说,正如第2章所言,自相矛盾无法构成对世界的真实描述。)

另一个能够帮助我们证明某些判断错误确实是非理性的理由是:在向实验被试展示他们的反应并告诉他们违反了规则之后,他们会马上总结说"我犯错了,"或者甚至是"哇,我真蠢,我都不好意思了"。Kahneman 和 Tversky(1982, 1996)首先指出了我们所讨论过的大部分错误,他们将这些判断错误统称为错觉,因为这些偏差已然成为行为习惯,虽然当我们仔细思考后会知道自己犯错了,但当我们没有运用自我控制来抵抗这种本能趋势时,这些错误仍然会出现——很像那些我们所熟悉的但无法抗拒的视错觉。

深思熟虑地进行推理和出于自动反应而做出某种行为是不同的，对这两者的辨析是区分分析性推理和直觉性推理的基础（Kahneman，2003）。Seymour Epstein 和他的学生（Denes-Raj & Epstein，1994）发现，仅仅通过引导实验被试回答"一个完全逻辑性思维的人会如何思考"这个问题，就能减少甚至消除 Kahneman 和 Tversky 提出的一些偏差（例如第 5 章的琳达问题及其他脑筋急转弯类型的概率问题）。他们给自己的文章起了个恰如其分的名字：《人们什么时候会与自己的最优判断作对》。然而，一般而言，仅仅引导某人"理性地做"，还不足以诱导出理性思维。

当我们致力于利用逻辑、数学和决策理论作为评价一个判断和选择是否理性的标准时，在实践中真正做到理性评价还需要更多的努力。第一，如何客观表征一个决策问题，以便可以应用理性原则，做到这一点并不总是那么容易。即使有清楚的文字描述，例如本章一开始所举的那个脑筋急转弯问题，我们对于所要分析情境的认识仍有不完整、模糊甚至矛盾之处。此外，明确个体在情境中的确切目标通常是困难的，大多数理性分析都需要知道决策者究竟最重视什么，以便定义一个理性的评价标准。因此，即使我们有很明确的理性标准，但判断一个决策是否非理性、以及非理性到什么程度仍是个问题。

第二，总是关注一个有充分信息、有足够时间来安静思考的人的短期行为表现并不合适。我们应该更关心人们在嘈杂的、有干扰的、信息不充分的环境中做出长期决策时的表现。在实际条件下，理想化的理性判断并非一定就是适应性的最佳判断。John Payne（Payne，Bettman，& Johnson，1993）、Lola Lopes 和 Gregg Oden（1991）及 Gerd Gigerenzer（Gigerenzer，Todd，& the ABC Research Group，1999）所领导的一些学者近期探讨了这一话题。这些科学家认为，在判断和决策中，"快而省"的算法或启发式可能比理想化的计算更加稳健，更有生存价值；后者仅在信息、计算容量和时间都很充分的情况下才更有优势。

到目前为止，我们以导致判断出错的认知过程及启发式为线，阐述了前 4 章提到的判断错误，即已经完成了关于判断中"行为方面"的讨论。现在我们将要讨论的是违反概率规则和逻辑的判断错误，并且给出一些如何避免这些不理性判断的建议。我们必须告诫读者，推断一个判断过程到底先违反了哪一条概率论规则有时是困难的。因为这些规则互相关联，很难确切地指出哪个是首要错误——是对需要判断的事件中子集成员关系进行了错误地表征，还是错误地认为两个不同的可能性或不同概率是一样的，抑或是忽略了与判断有关的重要信息（如背景基础比率）等。

8.5 如何思考逆概率

由于人们（包括本书作者）不认真区分那些容易混淆的逆概率而导致判断出现偏差，对此我们已经给出了很多例子（参见章节 5.10）。让我们花一些时间来详细分析一个具体的例子（来自于 Gay McGee 在 1979 年的一篇新闻报导）。

> 密歇根州海湾市，1979：本地有一名外科医生，查尔斯·罗杰斯博士，他是全国范围内采用先进疗法治疗乳腺癌的几位先驱之一，他们的做法是在肿瘤形成之前就切除有高患癌风险的乳房。
>
> 乳房 X 光透视中所呈现的乳导管和小叶的形态是判断是否存在发病风险的依据，属于高患癌风险组的女性中会有一半以上的人在 40 到 59 岁之间形成肿瘤。底特律放射学家约翰·沃尔夫博士开展了诸多如上所述利用 X 光透视检查乳房形态的研究。
>
> 被称为预防性乳房切除术的外科手术包括去除皮肤和胸腔之间的乳腺组织和乳头。
>
> 利用剩余皮肤进行乳房复原的工作通常与切除手术同时进行。按照医生的说法，植入硅胶和乳晕（乳头周围的深色皮肤）替代物，使术后的女性"看上去仍是个女人"。
>
> 他在两年内已经对 90 名女性实施了这一手术。
>
> 手术的基本原理基于外科医生对放射学家沃尔夫所做研究的解释。报纸中的文章在此处继续写道：
>
> 沃尔夫的研究发现，大众群体中每 13 名女性就有 1 名会患上乳腺癌，然而每 2 到 3 名 DY 型（高风险）女性中就会有 1 名在 40 到 59 岁之间患病。

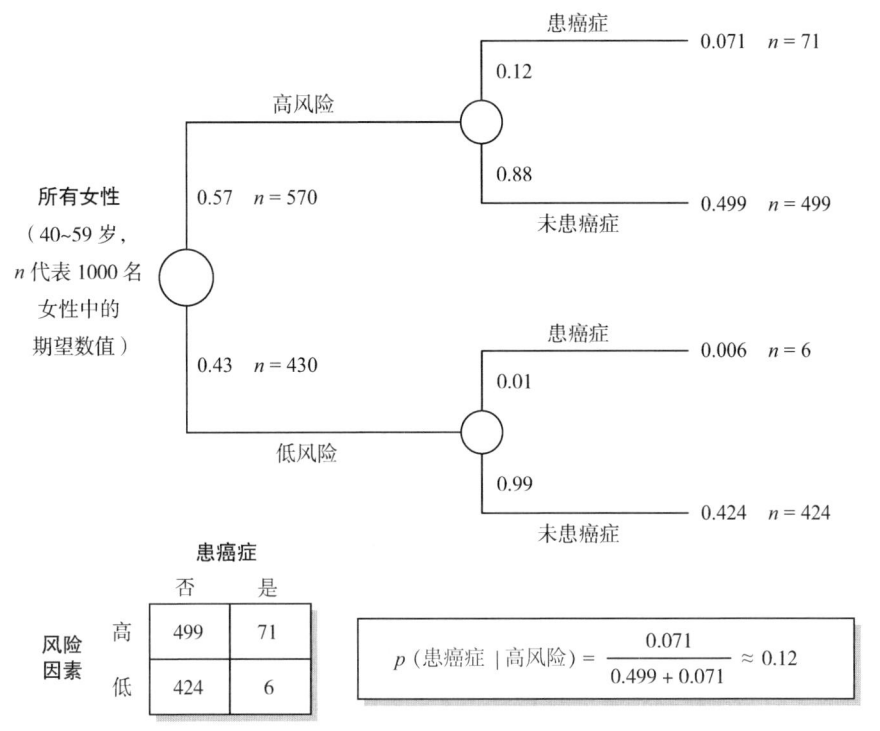

图 8.3 表征罗杰斯乳腺癌问题的概率树

(斜体是后加的,沃尔夫并没发现这一点,他的发现在下一段叙述。)

低风险女性(NI型)占总体的42%,她们中只有7.5%的人会患上癌症。通过检查DY型女性和风险其次的P1和P2型,沃尔夫认为93%的乳腺癌可能在57%的人身上发现。

在此问题中,减少混淆的一个方法是将问题转换为系统的符号表征。将每一个需判断的情境转换为概率论符号,然后仔细地应用概率论的基本规则。(参见章节5.10对比例规则的讨论,更综合的讨论见附录概率论部分。)让我们来看看这一方法,将概率树表征应用于罗杰斯的例子。根据罗杰斯的数据,我们可以建立一个1000名典型女性的模型(见图8.3中的表格)。注意到499+71=570,即总体的57%,这个数字表示高风险组人群的比例。同样地,71/(71+6)=0.92,表示92%的乳腺癌病例在57%的人口中被查出来。乳腺癌在总体中的患病率是(71

+6）/1000 = 0.077。

让我们回到罗杰斯对乳腺癌的研究，尽管 92% 的癌症在高风险组被查出是真实的，但一个高风险组女性患癌症的估计概率只有 71/570 或 0.12。（别忘了这些计算都基于罗杰斯自己的数据。）

应用比例规则可以更容易算出 0.12 这个数字。根据沃尔夫的数据，p（癌症）= 0.075，p（高风险 | 癌症）= 0.93，且 p（高风险）= 0.58。因此

$$\frac{p（癌症 | 高风险）}{0.93} = \frac{0.075}{0.580}$$ 所以，

$$p（癌症 | 高风险）= 0.12$$

根据大量信息所得出的统计结论并不支持文章中医生的观点。根据上述数字，低风险组女性患上乳腺癌的估计概率是 6 /（424 + 6），即 0.014。基于这篇新闻报导是不可能得出 DY 组在患癌症上是高风险的结论。

罗杰斯博士并没有强调以上这个否定推论的价值。在强调所有超过 30 岁的女性都应该每年做乳房 X 光检查后，文章引述他的话说："最大的危险在于做乳房 X 光时没有同时经由医生做医学检查。很多时候医生都检查出了 X 光没有反映的问题……这肯定是 1+1 大于 3 的一个例子"（McGee，1979）。

同意，但顺便说一句，他的 X 光检查建议同样也是基于对逆概率的混淆而做出的。大约 20% 的癌症没有被 X 光检查查出——即外科医生检查出了"X 光没有反映的问题"。但这与检验中呈阴性（即正常）但其后患病的百分比有很大区别；p（癌症 | 阴性）≠ p（阴性 | 癌症）。事实上，在这篇文章写作时，根据哈佛保险计划刚刚完成并公布的数据，前一个数字大概是 0.5%，也就是大部分人都不会认为这意味着"极大的危险"。（公平地讲，我们必须指出这篇文章没有明确说明高风险组患者在罗杰斯做手术前到底有多高风险。我们评论的要点是，从理性的角度来讲，他用于论证的整个推理过程是完全没有说服力的。）

一般而言，若要思考逆概率，文字不是个好的媒介。很显然，一些文字关联并不对称，例如，"玫瑰是红色的"并不意味着红色的花都是玫瑰。然而，其他的文字关联也有可能是对称的，"充满氢气的飞艇会爆炸"也可以说成"爆炸的飞艇充满了氢气"。我们很容易混淆对称和非对称的文字关联。事实上，语言关

联常因其模棱两可而遭人诟病。(例如,"天空并非整天多云"意思是天空只在一部分时间多云,还是整天晴朗无云?)也有时候,人们用语言表达的信念是真诚的,但却未完全理解其意义。(多少学生唱美国国歌时将 *o'er* 正确理解成 over 而非 or?或者有人问"摩西用方舟接走了多少种动物"时,会有多少人信心满满地回答"两种",却并未注意到接走动物的不是摩西而是诺亚——《圣经》所记载洪水中乘坐方舟而幸存的人)

然而对于很多人来说,不用词汇思考是很困难的。事实上,一些卓越的思想家坚决认为不用词汇思考是不可能的:"我们如何知道头上有天空而且它是蓝色的?如果它没有名字我们还会知道它是天空吗?"(麦克斯·穆勒);"语言由智慧所创造,并将创造智慧"(阿伯拉尔);"人类的本质是语言"(《奥义书》)。"最初产生的是词汇"(《创世纪》第一章第一节)。但可能《楞伽经》的建议更加有用和正确:"信徒应该防范词汇和句子及其虚幻含义的诱惑,因为无知者和愚蠢者将因此陷入困境变得无助,就像大象在泥浆中挣扎。"也许我们应该培养非语言思维模式,就像爱因斯坦写道:"被写或说出来的词汇或者语言,似乎并没在我的思维机制中发挥任何作用。"不过,具体的、视觉的形象也并不总比文字好,图像也可能导致决策偏差。

符号,特别是代数表征是有效的,但很多人并不擅长代数。幸运的是,图像方法对表征概率问题和日常情境很有帮助。我们数次利用韦恩图来理清逻辑关系,特别是涉及条件概率的时候。但对于大多数问题,我们推荐使用决策树和概率树,因为它们的应用更加广泛,且能更有效地组织与决策问题有关的数字信息。

8.6 避免次可加性与合取谬误

当人们依靠相似性感知对涉及不同范畴的事件进行判断时,很容易出现另一个臭名昭著的习惯性偏差,即估计了几个独立事件概率之后,发现其概率相加超过 100%。例如,你的汽车无法启动,这可能是由于电池故障、线路松动、输油管阻塞、油箱没油或安全带挡住了点火装置——这些可能性之和居然是 1.55。在极端情况下,次可加性意味着单一子事件的概率大于上级事件(例如,琳达是一

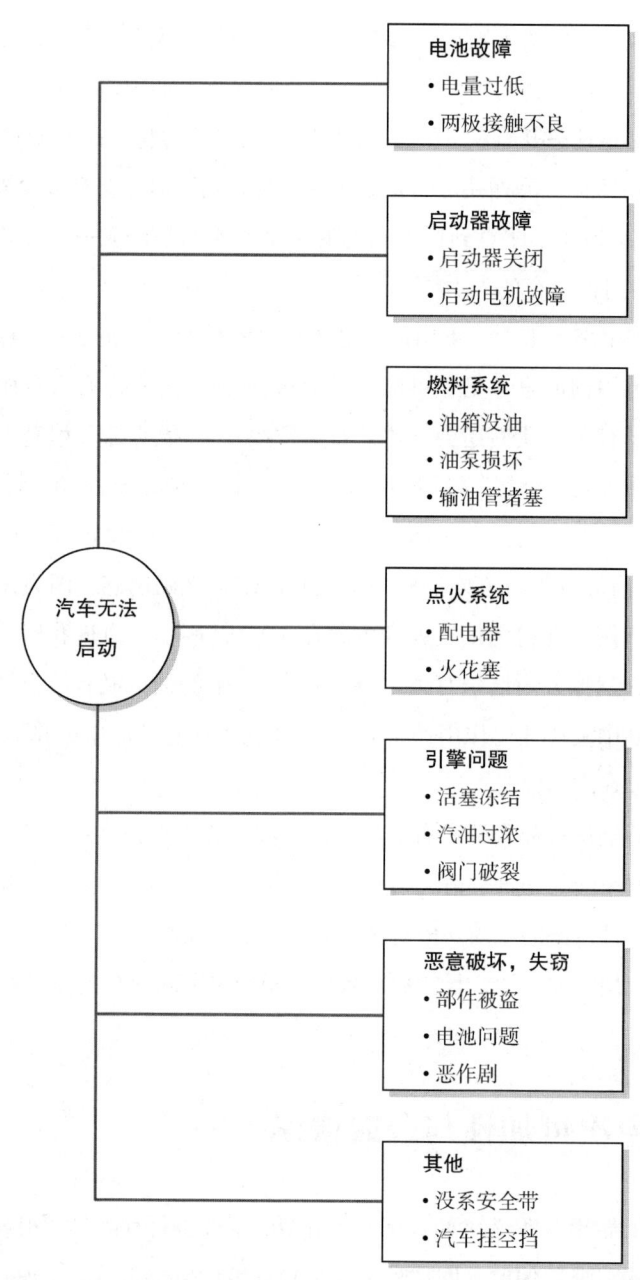

图 8.4 表征汽车无法启动的一个似乎合理但并不完整的概率树（"故障树"）

个女权主义银行出纳员的概率比她是银行出纳员的概率还大）。这个问题之所以被称为次可加性，是因为整体的概率小于各个部分概率之和——在合取谬误中，甚至小于其中某一单独部分的概率。

如果我们用图表来表示"我的车无法启动的原因"中各个独立子事件的关系，我们就不太可能得出一个大于100%的概率空间，我们也会更加敏感地估计各种故障的基础概率（见图8.4）。事实上，在人们做多子事件决策时，仅仅口头提醒他们所有独立子事件的概率之和不能超过1.00（只要他们能正确使用概率数字），就能有效地引导他们做出更加理性的推理。Lori Van Wallendael 和 Hastie（1990）曾要求高校学生解决一些侦探推理谜题。如果没有提醒学生不同的、互相独立的犯罪嫌疑人犯罪概率之和应该为1的话，他们的推理就会表现出很大的次可加性。当发现一些新的犯罪证据时，他们会更加高估嫌疑人犯罪的可能性，但同时对其他嫌疑人的怀疑却不会降低。然而，如果提醒他们相互独立事件的概率像"水泵"一样有增就应该有减时，他们就会更加理性地权衡有罪与无罪的判断。

概率树和韦恩图表之类的表征(见图8.5)也能够减少合取谬误。在章节5.8中，我们注意到如果画一个韦恩图表来表示"银行出纳员"和"女权主义的银行出纳员"之间的关系，那么我们就不太可能认为"女权主义的银行出纳员"的概率高于"银行出纳员"。概率树也可以防止我们犯这些思维表征错误，而依据频率框架来思考这个问题更能消除思维中的偏差。86%的高校学生在一开始的概率框架中会犯"琳达是女权主义银行出纳员"问题的合取谬误，但当Klaus Fiedler（1982）再次用频率框架来说明这个问题时，错误率降低到约20%（例如"假设有100个人符合对琳达的描述，那么她们中有多少人是银行出纳员？多少人既是银行出纳员又是女权主义者呢？"）。

8.7　硬币的另一面：事件的析取概率

考虑一系列事件1、2、…、k。假设这些事件是独立的，即某一事件是否发生不影响其他事件的独自或联合发生。（独立性的更准确定义见附录。）假设这些

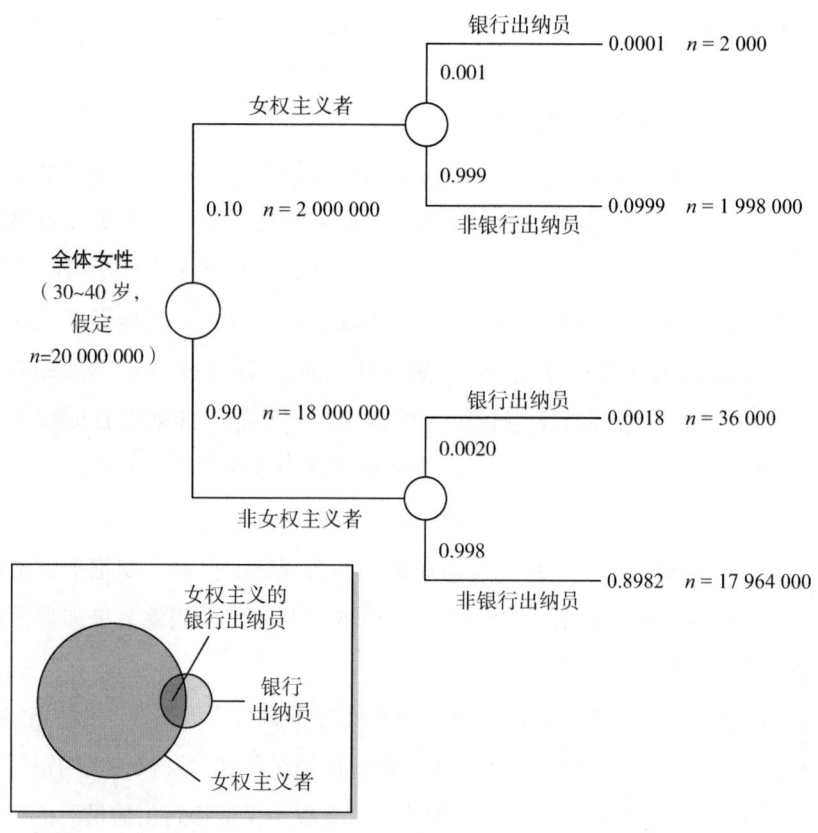

图 8.5 表征女权主义银行出纳员琳达问题的概率树和韦恩图表（为了得到一个不精确但大体合理的频率，本图作了一些频率假设：美国人口中共有 20 000 000 名与琳达年龄相当的女性，一名女银行出纳员不是女权主义者的可能性比她是女权主义者的可能性高 20 倍，每 1 000 名女性中有 2 名是银行出纳员。）

事件都发生的概率（合取概率）是 $p_1 \times p_2 \times \cdots \times p_k$，那么至少一个事件发生的概率是多少？也就是说，这些事件的析取（disjunction）（与合取相对）概率是多少？析取概率等于 1 减去所有事件均不发生的概率。第一个事件不发生的概率是 $(1-p_1)$，第二个事件不发生的概率是 $(1-p_2)$，依此类推。因此，所有事件均不发生的概率是 $(1-p_1) \times (1-p_2) \times \cdots \times (1-p_k)$（详见附录。）即使由于每个 p_i 很小从而使得每个 $(1-p_i)$ 很大，其乘积的结果也可能非常小。例如，设六个事件的概率分别为 0.10、0.20、0.15、0.20、0.15 和 0.10。那么（$1 - p_i$）乘积的结果为 0.90 × 0.80 × 0.85 × 0.80 × 0.85 × 0.90 = 0.37，至少一个事件发生的概率即为 1 - 0.37 = 0.63。尽管每个单一事件发生的概率都很小（平均为 0.15），但其析取概率也可能较大。

就像我们倾向于高估事件的合取概率一样（合取概率谬误），我们也倾向于低估事件的析取概率。这可能有两个原因。第一，我们倾向基于单一事件概率进行判断；如上所示，尽管那些事件的概率都很小，但析取概率可能很大。我们将这种错误归因于"锚定 – 调整"的估计过程；第二，导致我们低估单一事件概率的任何非理性因素——例如该事件难以想象——可能会导致我们低估整体的析取概率。在有些情况下，这个低估的问题很直观、容易为人理解。例如，律师在总结时常常避免析取而趋向合取。（著名律师 Richard "Racehorse" Haynes 为说明"在选项中辩论"的错误而举了一个幽默的例子："比如你控告我，说我的狗咬你。那么以下是我的辩护：第一，我的狗不咬人；第二，我的狗在夜晚是拴着的；第三，我不相信你真被咬了；第四，我没有狗。"[1] 还有更一针见血的，比如辛普森的著名辩护："我没有这样做；没有人看见我这样做；你无法证明任何事情。"）当然，从理性而言，析取事件发生比合取事件发生的可能性要大得多。

这里有一个与合取概率谬误类似的析取概率谬误的证据，即认为一个析取事件较其包含的单一事件来说更不可能发生（Bar-Hillel & Neter, 1993）。然而，逻辑上讲，如果理所当然地认为 A 且 B 的概率大于 A 单独的概率（合取谬误），那么非 A 的概率就会小于非 A 或非 B 的概率。这是因为非 A 的概率是 1 减去 A 的概率，而非 A 或非 B 的概率是 1 减去 A 且 B 的概率。因此，前一个谬误必然导致了后一个。事实上，如果我们能够任意决定将什么称为 A 和非 A（例如，称非女权主义者为 A，女权主义者为非 A）、B 和非 B（称非出纳员为 B，出纳员为非 B），那么这两个谬误的不等式难道不是一样的吗？我们的回答是，它们在逻辑上是等价的，但在心理上不相等。我们是基于类别思考，而非他们的补集（即对立面）。对于一个受过训练的逻辑学家来讲，非 A 就像 A 一样是定义明确的一个类别，但对我们而言 A（可能有很多关联）充满了我们的脑海，非 A（好像只有很少）却没有。我们需要一个福尔摩斯一样的头脑来想明白，"狗没有叫"这

---

1 越往后，论点越趋向于一个"合取事件"，越难以被推翻。——译者注

个事实构成了至关重要的线索（表明狗与犯人相当熟悉）。这就是说，将"没有叫"当做一个事件。

8.8 改变我们的想法：贝叶斯定理

在考察一个假设是否成立时，我们会不时接收到一些新的信息，这时，我们在判断中的一个常见问题就出现了。我们需要调整关于该假设成立可能性的判断。我们来看看内科医生感兴趣的一个问题，即医生和患者到底如何解读医学检查结果所呈现的新信息（Casscells，Schoenberger，& Graboys，1978）。

> 40岁以上妇女的乳腺癌患病率为1%。广为应用的X光透视检查会对10%未患乳腺癌的妇女报告出阳性结果，也对80%真正患乳腺癌的妇女报告出阳性结果。那么一个在此年龄段得到阳性检查结果的妇女，其真正患乳腺癌的概率是多少呢？（p. 999）

当David Eddy（1988）问在一线工作的内科医生这个问题时，100人中居然有95人回答"大约75%"。这个估计错得离谱。对于这些每天都要做此类判断的内科医生而言，此判断反映了他们在真实情境下根据X光检查结果所做出的判断，这个错误的确太大了。正确答案是多少？大约7%——比那些内科医生的估计低了一个数量级！

计算正确答案需要用到代数方法。如果我们学习过概率论，那么不难看出下式可用于解决这个问题，附录提供了一个一般性（非正式）推导，参见附录A.5：

$$p(癌症 | 阳性结果) = \frac{p(癌症_{检查前}) \times p(阳性结果 | 癌症)}{p(阳性结果_{患或未患癌症})}$$

原问题为我们提供了需要代入等式右边的所有概率：$p(癌症_{检查前}) = 0.01$；$p(阳性结果 | 癌症) = 0.80$，$p(阳性结果_{患或未患癌症}) = 0.107$。最后一项0.107这个数据需要一些计算才能得出：如果一个人患癌症（1%妇女属于此类），那么结果是阳性患有癌症的概率是0.008（$= 0.01 \times 0.80$）；如果一个人未患癌症（99%

妇女属于此类），那么阳性结果且未患癌症的概率是 0.099（= 0.99 × 0.10）；因为人只可能患或未患癌症，那么我们将这两个概率相加即得结果，0.099 + 0.008 = 0.107。我们将所有数据代入等式右边，得：（0.01 × 0.80）/ 0.107，约为 0.07。这个结果也可从更简单的式子得来：p（癌症 | 阳性结果）× p（阳性结果）= p（癌症）× p（阳性结果 | 癌症）。

这个有名又有用的公式用于解决在给定条件下调整判断的问题（比如更新了证据之后对某事件是否为真或是否会发生所做的判断）。它被命名为贝叶斯定理（Bayes' theorem），以纪念 Thomas Bayes———一位在得到（对他来说的）上帝有所做为的丰富证据以后试图以理性方法来评估上帝存在的概率时，以代数方法得出此公式的英国牧师。（令人惊讶的是，几乎所有本书的读者都能够在问题得到清晰陈述之后，用概率论四个基本法则推出这个深刻的定理；见附录。这个公式也能轻易地以概率树的形式表示；见图 8.6，用概率树呈现 Eddy 癌症诊断问题。）

$$p（假设 | 证据）= \frac{p（证据 | 假设）\times p（假设）}{p（证据）}$$

当人们收到新信息并试图更新关于该事件的看法和判断时，会产生什么系统偏差呢？我们要重复我们的忠告：通常很难指出判断过程中究竟哪一部分的错误是致命的，而将偏差归结为对概率论的特定误解或误用则更加困难。在 Eddy 的 X 光检查例子中，我们可以把错误描述成未能考虑到另外一种可能，忽视了即使假设不成立、支持假设的证据也可能出现的可能性——即上例中的 p（阳性结果 | 未患癌症）经常被忽略。关注凸显信息是我们在注意和推理时普遍存在的一个习惯；这甚至可以归因于那些可得到的凸显信息带来的普遍偏差，正是这种信息支配着我们的判断。（Nickerson，1998，提供了关于这种证实性偏差的全面介绍。）第二种错误是，忽视了单一事件发生的基础概率（例如，低估了走进诊所的人里只有 1% 的乳腺癌症患者这一事实——在我们知道检查结果之前）。

我们在这之前已经遇到过忽视基础概率的坏习惯，其中最明显的例子是章节 5.8 中的对 Penelope 主要研究领域判断的错误，以及对工程师和律师的职业判断

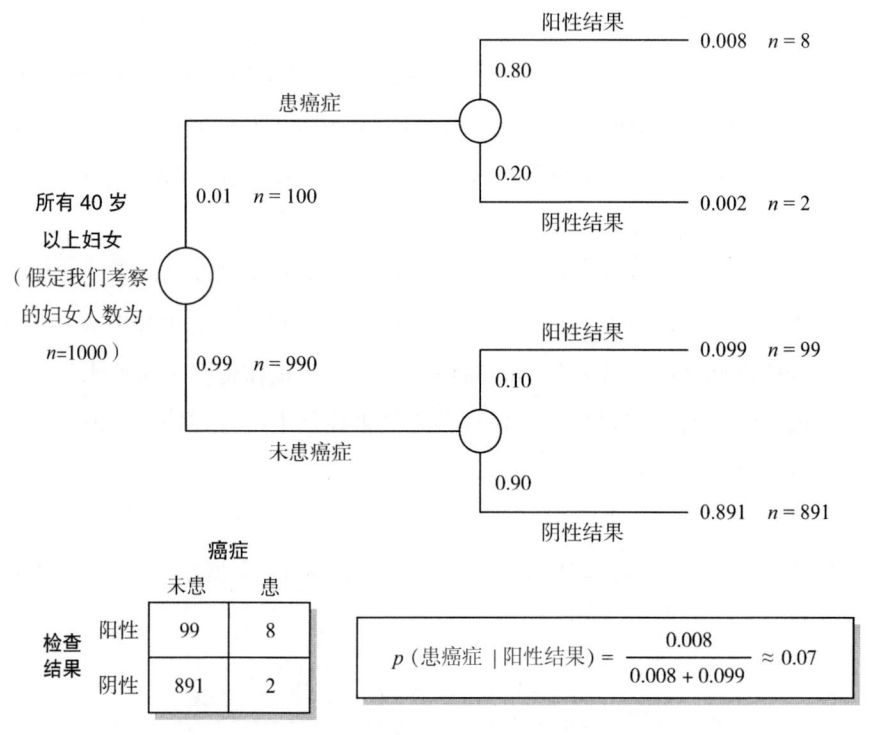

图 8.6 表征 Eddy 癌症诊断问题的概率树和表格

的错误,人们之所以犯这些错误,是因为其判断依据的是对各种人的性格概述和社会刻板印象。但如果根据概率论而非心理学给这个错误赋予一个概念的话,我们会说这是由于人们忽视基础概率或对其利用不足。这里有 Bar-Hillel(1980)提供的另一个例子,在这个例子中基础概率很显然被忽略了(再次提醒,在阅读本书关于每个例子的分析之前先做出你自己的判断)。

某城有两个出租车公司,根据它们各自出租车的颜色,分别命名为蓝色和绿色公司。在所有出租车中85%的出租车是蓝色,15%的是绿色。

一辆出租车涉嫌一桩深夜肇事逃逸案。目击者事后确认那辆车是绿色的。法庭测试了该目击者在夜间视觉条件下辨别蓝色和绿色出租车的能力,发现他在80%的次数中能够正确辨别各种颜色,但20%的次数却与另一颜色混淆。

那么你认为肇事车辆如目击者所言是绿色的概率是多大呢？（p. 211）

让我们将这些信息依据贝叶斯定理一一呈现：在此问题中，最重要的基础概率是道路上蓝色、绿色出租车的比例，这应该成为判断的起始点——在所有证据（例如目击者证词）呈现之前的"先验概率"。Bar-Hillel（1980）发现，当她将此问题呈献给不同群体的人时，人们普遍都忽视基础概率；当人们听到具体的目击证词时，基础概率便黯然遁入背景之中。于是，Bar-Hillel发现，典型的答案是目击者的正确率为0.80，人们并未根据基础概率信息进行调整。如果我们将这些数字代入贝叶斯定理的公式中（见图8.7），我们可以得到正确答案：0.41。

我们需要承认，上一问题的陈述有模糊之处：目击者是否在"15%绿色出租车"的条件下接受测试，从而使准确率已在后验概率的基础上得以调整？进一步讲，除了问题陈述中的信息以外还有其他解释，即读者可能将自身经验得来的关于出租车、交通事故、目击者等多种信息加入问题表征（例如，见Birnbaum, 1983）。然而，并没有直接证据证实有人构想出这些备选表征，除了那些想通过考虑备选表征来批评Bar-Hillel结论的专家。事实上，本书作者之一（海斯蒂）收集的未发表数据大体与Bar-Hillel的解释一致，即大学生按照前面呈现的贝叶斯公式来理解这个问题，但忽略了基本概率信息。

如何补救这些错误呢？第一，我们在章节5.10中指出，在陈述问题时，若将基础概率与结果紧密联系在一起，特别当这种联系是因果关系时，人们更可能在决策中考虑基础概率。Bar-Hillel（1980）提出了一个关于出租车问题的新的表述："警察的统计数据表明，在由出租车造成的交通事故中，15%的肇事车为绿色。"基于这个因果联系，大多数人表征问题时使用了基础概率来调整目击者识别的准确度（80%），尽管调整得并不充分（正如我们预期的那样）。这些发现也许可以证明，人们本能地倾向于依据情境中的因果关系进行判断是有其潜在道理的（见Krynski & Tenenbaum, 2007）。我们推测，依据情境中的因果关系进行判断可能是人们弄清楚事件之间大部分重要关系的直觉性途径——当我们需要做预测、诊断或更新"情境模型"时，这条途径尤为重要。然而，仅靠自发的基于情境的推理并不够，当采用这种判断模式时，我们讨论过的大多

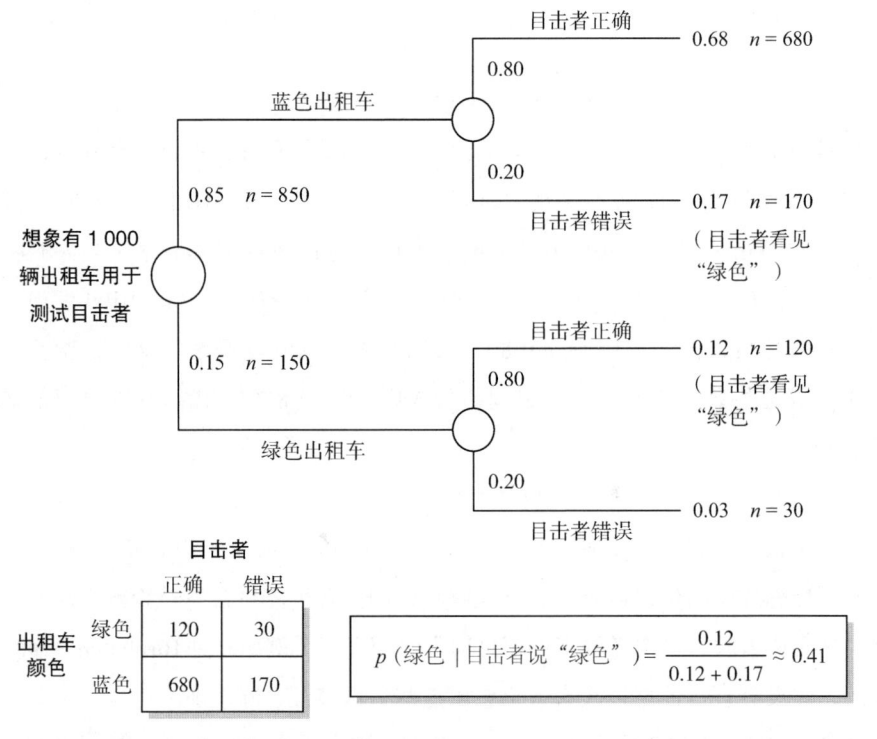

图 8.7 表征出租车辨别问题的概率树和表格

数概率错误仍然存在。

第二，利用如上所示的代数符号表征问题，会对判断的结果产生重大影响。现在在医疗诊断情境中会有软件为医生提供决策帮助，先询问医生对相关"先验概率"和"证据诊断力"的估计，然后计算事后概率。这些系统在重复的临床判断情境中改善了医生的判断，尽管医生的直觉推理和系统的反应形式间仍存在一些心理层面上的不匹配。人们仍然很难估计"假定条件或疾病不存在时仍发现证据（测试结果、目击者证词、症状等）"的条件概率。但如果一个要做判断的人能按照贝叶斯公式慎重地阐述问题并列出所有相关信息，其表现就会得到改善。即使这个人仅用这个公式来组织其思维而非用于计算，我们基于以下原因仍认为其会有行为表现的提升：（1）能够识别问题的不完全或模糊描述；（2）考虑到计算时所需要的不明显信息；（3）有动机去搜寻某些特殊信息以及去思考与假设不一致的信息（例如，假定出租车确为蓝色时目击者说"绿色"的概率;假定患者未患癌症但检查结果为阳性的概率;甚至嫌犯并非凶手但 DNA 检测匹配的概率)。

第三,也是最有帮助的,我们建议利用图表来表征情境,引导信息搜索、推断和计算,如图 8.6 和图 8.7。要注意,按因果和时间顺序来画概率树通常是最好的。在 X 光检查诊断的情境中,先从 40 岁以上妇女的乳腺癌患病率为 1% 这个事实开始。然后,考虑 X 光检查可能会为 10% 未患乳腺癌和 80% 患有乳腺癌的女性给出阳性结果这个事实。那么,一位此年龄段的检出阳性结果的女性确实患有乳腺癌的概率是多少呢?最后,我们提醒大家从频率的角度来思考情境。例如,考虑 1000 个妇女接受了检查,然后遵循相关条件来进行思考。

连贯地、理性地进行概率推理不仅仅是一个课堂作业的问题。我们会越来越多地遇到那些在法院、医院、金融机构中以概率数值呈现的概率证据。想想看在辛普森刑事和民事审判中关于 DNA 匹配、血型证据的旷日持久的争论——或者下面某女记者在其乳房内发现肿块后向她的外科医生们咨询的故事(Kushner,1976):

"我希望你去做个 X 光检查。这是乳房检查的一种新方法。"

"这方法准吗?"

他耸了耸肩,"可能跟其他片子的准确率差不多吧,你知道的"。接着,他警告说:"即使结果是阴性,就是说肿块不是恶性的,想要确认的唯一办法还是切除肿块然后在显微镜下查看。"

于是,这位妇女与她的丈夫讨论了一会儿这个问题。

"医生说了什么?"

"他希望我做一个 X 光检查,之后,无论结果如何,都要把肿块切除。"

"那干嘛还要先做 X 光啊?"

"这得按顺序吧,我觉得。医生说 85% 的时候它都是准确的……所以,我们先安排个时间去做个热谱图。无论结果是阴性还是阳性,无论它和 X 光片的结果是否一样,统计上说检查结果有 95% 的可靠性。"

有没有可能这位患者不必做检查呢?或者有没有可能无论检查结果如何她都不需要去做肿块活体检查呢?

8.9 统计决策理论

我们对不确定条件下估计和判断的讨论引出了一个重要的理论性和现实性问题：我们应该如何利用判断来决定是否采取行动？通常统计决策理论会提供"应该做"的规范化答案。（我们只能展示该理论的重要而精巧的部分；其余可参见 Macmillan & Creelman, 2004；Swets, Dawes, & Monahan, 2000）。让我们来考虑一个简单的例子，一位医生评估病人患有严重疾病（如癌症）的概率并决定是否手术。（如今，这通常是由医患双方共同决定，尽管大多数病人希望医生替他们决策。）图8.8是描述这一情境的散点图，表征了很多相似患者接受这种判断的情形。这种呈现方式可以总结数百万个决定，其关键问题是："多高的概率才能促使我们必须采取行动？"接受或拒绝、投资或不投资、进入或退出、转手或不转手、报复或不报复，等等。

"我必须采取行动吗？"这一问题的答案基于这些概率（与你现有知识和需要推断的真实情况有关）以及你对四种可能结果中的每一种到底有多重视。（提醒一下，在这个简单但现实的例子中，如果我们能够确定真实情况是什么，我们当然知道如何做；但由于存在不确定性，我们不得不面临艰难的选择。）进一步讲，如果我们知道该如何评价结果，我们就可以退回来计算一个规定行动与否的概率阈限，以便获得最大化价值。

图8.8给四种可能的判断结果赋予了广为人知的称谓：（1）击中（hit）或正确肯定（true positive），意味着正确判断出目标条件，如正确判断了癌症事件；（2）未击中（miss）或错误否定（false negative），意味着错误的作出患者没有患病的判断；（3）虚假警报（false alarm）或错误肯定（false positive），意味着错误作出患者患病的判断；（4）正确拒绝（correct rejection）或正确否定（true negative），意味着正确判断出患者没有患病。（这张图描述的情景是，在200人中，30人真的患有癌症，170人是健康的，而医生诊断与患病与否之间的相关接近+0.65。）

从散点图中立即可得到的一个发现是，我们通过改变是否决定要做手术的阈限，就能够控制多种判断结果出现的比率。如果我们将手术阈限设为当判断患癌症概率是0.60时，我们看到15例击中，但也有15例未击中（即占总体7.5%；30例患癌症者中的15例，即50%未击中），但我们的代价是较多的虚假警报（即

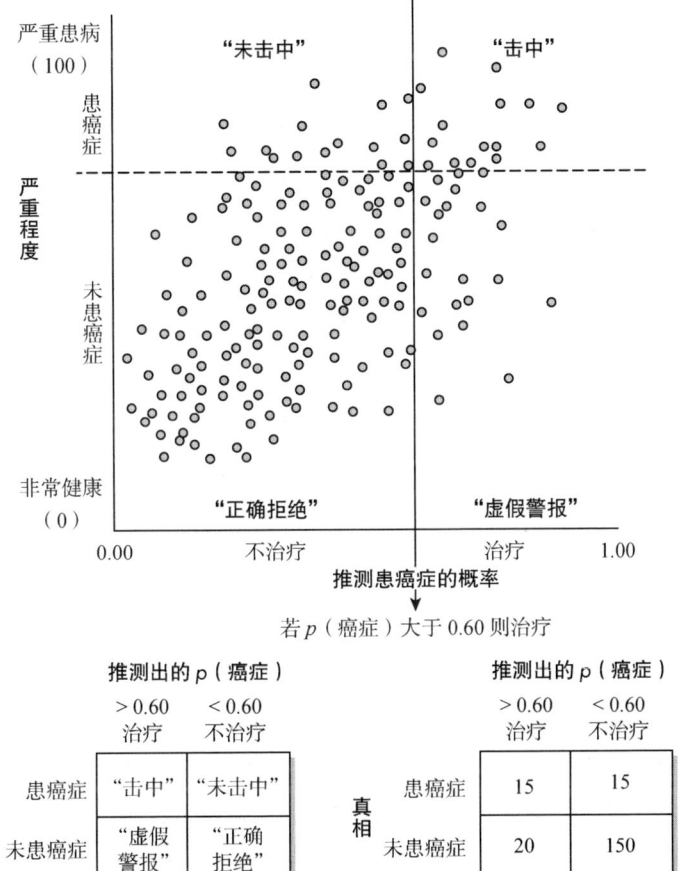

图 8.8 统计决策理论图表（此图表征了不确定性下的医疗决策，医生判断患者患有癌症的概率，并基于其判断结果决定是否医治患者。此处假设以健康状况不同的 200 名患者来表征该问题。判断是中等准确的，判断与真实健康状况的相关为 r = 0.65。判断方法是，若 p（癌症）大于 0.60，则决定治疗该患者；根据统计决策理论中的"击中""未击中""虚假警报""正确拒绝"概念，针对 200 名患者的判断和结果总结在图下面的表格中。警告：统计决策理论的不同应用需要不同的总结表格；此处的表征与心理学信号检测论的惯例一致，后者是统计决策理论的一个有效版本。）

不必要的手术——总体10%；35例中的20例，占到实施手术的57%）。如果我们将阈限降低到当判断 p（癌症）为0.50时，我们会提高击中至20例，减少未击中到10例，但代价是更多的虚假警报（30例，或总体的15%）。

似乎很多政策讨论都忽视了非常重要的一点：很多时候，仔细思考我们重视什么，最想避免哪种错误，就能提高决策水平。我们通常无法提高诊断或其他判断的准确率（在这个例子中，我们无法提高医生的诊断准确率），但我们却能权衡两种错误（也包括"正确"）。如果未击中的代价更高，我们可以降低决策阈限以便减少未击中（但代价是更多虚假警报）；如果虚假警报是更严重的问题，我们就可以提高决策阈限以减少虚假警报（当然代价是更多未击中）。我们常常通过提高准确率来试图避免这些悲剧性的权衡，这样两种类型的错误率都会下降。因此，这就是为何我们每年花费数十亿美元来提高医疗、军事、金融和气象预报的准确性的原因所在。但是，几乎不存在什么政策情形能使我们能消除所有的不确定性。在大多数情况下，我们必须认识到我们总面临着权衡和取舍，必须明智地讨论我们看重什么，再据其设定决策阈限（Hammond，1996）。

如果我们面临权衡取舍，我们就要评估多个"判断 – 结果"，之后应用统计决策理论来确定一个合适的决策阈限。例如，假设数字 +100，0，+30，和 +80 分别代表四种结果对于我们的价值（击中、未击中、虚假警报、正确拒绝；价值的取值范围约定俗成为 0~100）。需要注意的是，对于不同人，这些价值可能有显著的差异。一位患者可能最看重"击中"的价值，但最不看重"未击中"（就如我们在价值量表上的排序一样），但一个政策制定者可能更看重"正确拒绝"而更厌恶"虚假警报"。我们的例子假定了单一的数字价值，我们可以据此计算出使价值函数取最大值的决策阈限。在这个例子中，当设置决策阈限 p（癌症）接近 0.55 时，取得最大化的总体价值（因为计算过程涉及到微积分，故而省略）。

于是，在很多实际情境中，我们应该更努力地思考价值，而非准确率。但决定价值是一个复杂的过程，即便只涉及一个决策者（见下两章），这是因为日常选项经常是多属性且多目的的。我们在进行组织或社会政策分析时，必须综合分析具有不同个人价值取向的利益相关者，这样任务就会更加令人畏惧。然而，这些困难不应该成为我们更努力、更系统地思考的阻碍，我们应当从不同角度思考那些无法避免的权衡取舍。

8.10　关于理性的总结

如果一个科学理论无法说明事件何时发生，那么怀疑者就会问：这理论有什么用？事实上，一个彻头彻尾的行为主义者（如果还存在的话）可能会批评这整本书，因为既然我们讨论的现象都无法控制，那么对它们的描述（和假设的机制）是没有科学价值的。我们的回答是，到目前为止，我们在处理繁杂而令人困惑的真实世界中人们的心理事件和决策时，我们既无法完美地预测它们，又无法完美地控制它们。所谓"其他条件相同"的限定条件也常常证明了这一现象。预测实际结果时存在的不确定性，对于决策问题本身以及决策结果而言都是无法避免的。当然，可能有人会说，真正的科学家不应该研究这些不确定的现象，而应该仅限于研究环境中只有一个杠杆可动时，老鼠按压杠杆的比率。（除了操控惟一能够被操控的设置所产生的结果，还有什么能改变老鼠的行为呢？）但若所有科学家都按照这个法则待在象牙塔里，我们就不会有气象学、农学、遗传咨询、计算机科学，还有许多其他实用的应用科学了。

当然了，完全理性的思维过程不保证一定可以获得真实结论，还必须有实际、有效的信息输入。当海斯蒂第一次讲授他的判断与决策课程时，他在满教室20多岁的年轻人中发现了一位中年学生。过了几节课，那位中年学生做了自我介绍并解释了为什么会选这门课程。就如那位学生所述，他遭受了一系列不幸，处于离婚和即将失业的阴影之中。他说，最初他非常困惑，为什么这些事情会发生在他身上，但经过深思，他意识到他实际上只是一个庞大的"心理学实验"中的一个被试。（事实上，他来哈佛学习的一个原因是他想要见 B. F. 斯金纳教授，他相信斯金纳教授就是控制他生活的实验者。）他又引用了几十个难以解释的行为和事件，只有当他假设自己真的"在一个心理学实验"中才能够解释这一切。海斯蒂想要他提供具体的例子，但他提出的证据都不够有力，因为大多数例子在其他的假设下（即那位学生并不处在心理学实验中）也有可能发生（例如，"我妻子打断我的话，然后正好说出了我之前想要说的话"；"我下班后和同事正在喝酒，他说起公司正在裁员，仅仅几天之后我就被炒鱿鱼了"）。不过，他的这一妄想系统的积极一面是，他相信这场实验最终会结束并公之于众，相信他已然显露的天资（由于被实验者所控制）将证明他有做领导的品质，能够在政府高层担任可靠的领导。

可能这则轶事最吸引人的部分是那位学生对于为什么接近海斯蒂所做的解释：他担心自己由于对这些事件的解释不理性而被欺骗。因此，为保证他不得到一个错误结论，他试图尽可能小心谨慎地应用老师的忠告。选了海斯蒂的课之后，他意识到他需要慎重地运用贝叶斯定理，参考他收集到的诸多证据，来评估"我是一场庞大而神秘的心理学实验的被试"这一假设的后验概率。他在评估假设的计算方面希望得到帮助！

这个故事在那一学期并未结束。几个月后，那位同学拜访了海斯蒂，希望后者能在自己保住工作的诉讼中作证。但其雇主的精神科医生已经诊断其患有严重的偏执妄想（海斯蒂觉得可能是真的）；认为贝叶斯定理是他妄想系统的一部分，而且医生还认为托马斯·贝叶斯教士是其精神分裂症所导致的一个虚幻角色。（海斯蒂郑重反对那位精神分析师关于托马斯·贝叶斯是幻觉的断言，尽管他也很怀疑那 999999/1000000 的后验概率以及那位学生是某庞大社会实验的被试这些结论。当然，准备证词的经历也使得海斯蒂怀疑，自己与这个模糊的历史人物的交集仅仅只有一个以其名字命名的概率定理，为什么自己就这样坚信其存在。）"如果输入的是错觉，那输出的也必然是错觉。"——无论两者之间经过多么严密的计算。

我们一直致力于指出那些导致我们所有人做出非理性判断和选择（在非理性判断的基础上）的因素和思维方式。人们未必要陷入这些思维过程，如同一个惊慌的游泳者并不需要拼命将头伸出水面。像游泳者的生存训练一样，我们能够学会对抗这种本能反应而变得更加理性，但与游泳的例子一样，这需要知识、自控和努力。然而，从一个规范的角度而言，学会区分哪些情形会促进或阻止特定的行为、哪些思维方式是有效的或无效的，这都是心理学家和其他社会科学家十分重要的成就。

最后，我们要指出的是，那些试图掌握全部情境以便准确预测或控制的人，很少能比得上另外一些人，后者会在无法减少不确定性，而这些不确定性又起决定作用的情形下寻求适度目标。一个人试图理解所有的事情，却往往会一无所知。理解了思维的非理性并非一无是处，即使我们无法准确预测非理性何时出现，也并不总能知道如何控制它。

参考文献

Bar-Hillel, M. (1980). The base-rate fallacy in probability judgments. *Acta Psychologica, 44,* 211–233.

Bar-Hillel, M., & Falk, R. (1982). Some teasers concerning conditional probabilities. *Cognition, 11(2),* 109–122.

Bar-Hillel, M., & Neter, E. (1993). How alike is it versus how likely is it: A disjunction fallacy in probability judgments. *Journal of Personality and Social Psychology, 65,* 1119–1131.

Bennett, D. J. (1998). *Randomness.* Cambridge, MA: Harvard University Press.

Birnbaum, M. H. (1983). Base rates in Bayesian inference: Signal detection analysis of the cab problem. *American Journal of Psychology, 96,* 85–94.

Brase, G. L., Cosmides, L., & Tooby, J. (1998). Individuation, counting, and statistical inference: The role of frequency and whole-object representations in judgment under uncertainty. *Journal of Experimental Psychology: General, 127,* 3–21.

Casscells, W., Schoenberger, A., & Graboys, T. B. (1978). Interpretation by physicians of clinical laboratory results. *New England Journal of Medicine, 299*(18), 999–1001.

Denes-Raj, V., & Epstein, S. (1994). Conflict between intuitive and rational processes: When do people behave against their own better judgment. *Journal of Personality and Social Psychology, 66,* 819–829.

Eddy, D. (1988). Variations in physician practice: The role of uncertainty. In J. Dowie & A. S. Elstein (Eds.), *Professional judgment: A reader in clinical decision making* (pp. 200–211). Cambridge, UK: Cambridge University Press.

Fiedler, K. (1982). Causal schemata: Review and criticism of research on a popular construct. *Journal of Personality and Social Psychology, 42,* 1001–1013.

Gigerenzer, G., & Hoffrage, U. (1995). How to improve Bayesian reasoning without instruction: Frequency formats. *Psychological Review, 102,* 684–704.

Gigerenzer, G., Todd, P. M., & the ABC Research Group. (1999). *Simple heuristics that make us smart.* New York: Oxford University Press.

Hammond, K. R. (1996). *Human judgment and social policy: Irreducible uncertainty, inevitable error, unavoidable injustice.* New York: Oxford University Press.

Hastie, R., & Rasinski, K. A. (1988). The concept of accuracy in social judgment. In D. Bar-Tal & A. W. Kruglanski (Eds.), *The social psychology of knowledge* (pp. 193–208). Cambridge, UK: Cambridge University Press.

Kahneman, D. (2003). A perspective on judgment and choice: Mapping bounded rationality. *American Psychologist, 58,* 697–720.

Kahneman, D., & Lovallo, D. (1993). Timid choices and bold forecasts: A cognitive perspective on risk-taking. *Management Science, 39,* 17–31.

Kahneman, D., & Tversky, A. (1982). On the study of statistical intuitions. *Cognition, 11,* 123–141.

Kahneman, D., & Tversky, A. (1996).On the reality of cognitive illusions. *Psychological Review, 103,* 582–591.

Koriat, A., Lichtenstein, S., & Fischhoff, B. (1980). Reasons for confidence. *Journal of Experimental Psychology: Human Learning and Memory, 6,* 107–118.

Krynski, T. R., & Tenenbaum, J. B. (2007). The role of causality in judgment under uncertainty. *Journal of Experimental Psychology: General, 136,* 430–450.

Kushner, R. (1976, March 24). Breast cancer—the night I found out. *San Francisco Chronicle,* p. C1.

Laplace, P. S. (1951). *A philosophical essay on probabilities* (F. W. Truscott & F. L. Emory, Trans.). New York: Dover. (Original work published 1814)

Lopes, L. L., & Oden, G. D. (1991). The rationality of intelligence. In E. Eels & T. Maruszewski (Eds.), *Poznan studies in the philosophy of the sciences and humanities* (Vol. 21, pp. 225–249). Amsterdam: Rodopi.

Macmillan,N. A.,&Creelman, C.D. (2004). *Detection theory: A user's guide* (2nd ed.). Mahwah, NJ: Lawrence Erlbaum.

McGee, G. (1979, February 6). Breast surgery before cancer. *Ann Arbor News,* p. B1 (reprinted from the Bay City News).

Meehl, P. E. (1986). Causes and effects of my disturbing little book. *Journal of Personality Assessment, 50,* 370–375.

Nickerson, R. S. (1996). Ambiguities and unstated assumptions in probabilistic reasoning. *Psychological Bulletin, 120,* 410–433.

Nickerson, R. S. (1998). Confirmation bias: A ubiquitous phenomenon in many guises. *Review of General Psychology, 2,* 175–220.

Payne, J. W., Bettman, J. R., & Johnson, E. J. (1993). *The adaptive decision maker.* New York: Cambridge University Press.

Sedlmeier, P. (1997). BasicBayes: A tutor system for simple Bayesian inference. *Behavior Research Methods, Instruments, & Computers, 29,* 328–336.

Sedlmeier, P., & Betsch, T. (2002). *Etc.: Frequency processing and cognition.* New York: Oxford

University Press.

Swets, J. A., Dawes, R. M., & Monahan, J. (2000). Better decisions through science. *Scientific American, 283* (4), 70–75.

Van Wallendael, L. R., & Hastie, R. (1990). Tracing the footsteps of Sherlock Holmes: Cognitive representations of hypothesis testing. *Memory & Cognition, 18*, 240–250.

Vos Savant, M. (1991, February 17). Ask Marilyn. *Parade Magazine,* 12.

第 9 章
对后果的评价：基本偏好

你可以决定自己的口味和偏好。

——佚名

9.1 快乐有何好处

著名哲学家边沁曾经将"乐和苦"比作主宰，认为"它们会指出我们应当做什么以及将会做什么"。很多人会说，决策的目标能使决策者感到快乐。美国独立宣言也宣称"追求快乐"是"一项不可剥夺的权利"。然而当决策被"追求快乐"的动机驱动时，最重要的不是快乐和痛苦的体验；这个时候最重要的是我们对结果的预测以及使我们决策后感到快乐的东西。Daniel Kahneman 把这种预期的满意感称为"决策效用"，以便与"体验效用"形成对比（Kahneman, Wakker, & Sarin, 1997）。许多经过深思熟虑而做出的决策，都包含我们的一种预期，即每一种选择结果会给我们带来何种感受。当我们选择在学校里学什么时，我们会考虑未来的经历会让我们有怎样的感受以及随后我们会有怎样的机遇；当我们决定结婚时，我们会预测我们在多大程度上愿意与这个伴侣共度余生；当我们选择一种医疗方案时，我们会评估对于生或死的结果我们会作何感受。

我们主观所体验到的快乐或者痛苦的感觉，即为体验效用，心理学家刚刚开始揭示这一过程。这些过程常常具有神秘色彩，因为许多评价式反应发生得非常迅速，还没来得及进行完整的认知分析，这些反应就完成了。人们常常会用本能反应一词来描述这种评价式反应，因为他们无法从意识水平解释这种反应发生的基础和机制，他们会说"我就是知道我喜欢什么"，其实这种无意识的反应过程是可以被认知的。任何需要从记忆或知觉分析中提取信息的认知反应都多少含有内隐的成分，当然这也包括任何判断与决策研究者所感兴趣的反应。

亚里士多德鼓励人们寻找两个极端之间的"居中之道"，即"万事都要取中庸之法"（在这里我们也可以理解为在对中庸之道的追求过程中也要讲究中庸之法）。但是为什么这个"中庸之道"如此可取呢？Clyde Coombs 和 George Avrunin（1977）给出一个非常简单的原理："好的事物会使人生腻而坏的事物会逐渐升级"，这个原理也可以用来形容人们在量上有差异的选项之间所做的抉择。食物就是一个非常典型的例子。在经历过严重的食物匮乏之后，得到很少量的食物也能给个体带来非常重要的营养价值和愉悦感。而随着食物量的逐渐增多，获取营养的重要性逐渐降低，每吃一口食物所带来的愉悦感也逐渐降低。所谓好的事物使人生腻就是这个道理。另一方面，随着食物消耗量的增加，食物中的卡路里、添加剂、食糖、脂肪等等造成危害的可能性就越来越大。不仅如此，这些成分的有害性还会逐渐累积和增强。例如，大部分人都会认为，如果每天摄入超过正常水平 500 单位的卡路里，其坏处要比每天摄入超过正常水平 250 单位卡路里的坏处多出不止两倍（超重 30% 比超重 15% 的坏处要高出两倍不止）。

Coombs 和 Avrunin（1977）用假期的长度作为另一个例子来对此进行说明。远离工作的前几天是很愉快的。但是很快，休假者就适应了度假时的新环境，假期带来的享受开始变得不那么强烈。就像第 200 次看到一座山峰、一座宫殿或伦勃朗的画作远远不如第三次看到时令人兴奋一样（当然，这个广泛适用的规则也有例外的时候，在一些情况下，反复暴露于一些微妙精细的体验——这里我们指的是音乐、艺术或者文学——会使我们对之有更深的理解和更大的满足感）。除此之外，度假中有趣的挑战会逐渐变成麻烦事。与此同时，由于度假而耽误的工作越来越多，这些都需要以后弥补。因为繁琐工作带来的效应是逐渐增强的（两个小时的繁琐工作比一个小时带来的痛苦的两倍还多），假期带来的这种不好感受也会随着休假时间的增加而逐渐增强。"好的事物会使人生腻而坏的事物会逐渐升级"的原理可以用图 9.1 来表示。

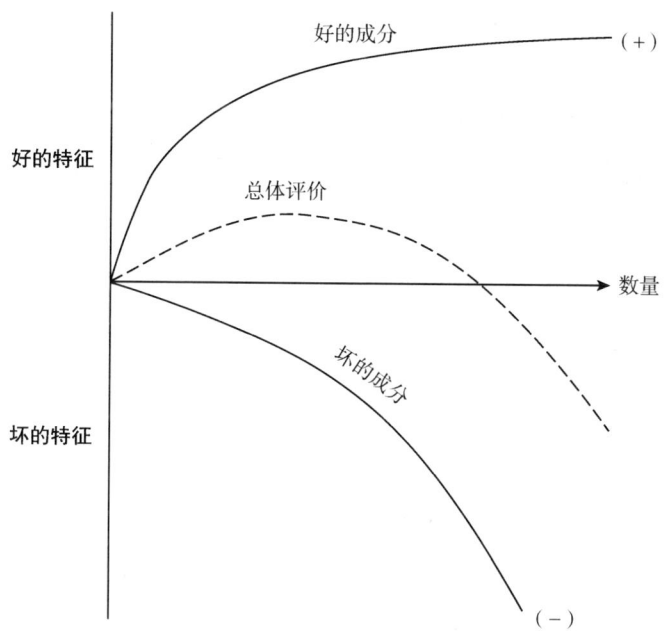

图 9.1 Coombs 和 Avrunin（1977）关于单峰偏好函数的两个组成成分的假设

当让人烦腻的好特征（+）和逐渐升级的坏特征（-）加在一起时，结果是一个单峰函数（single-peaked function），并且在某个适中的量上取得最大值（如图 9.1 中的虚线）。净收益（正负之和）在适中的量上达到最大。Coombs 和 Avrunin（1977）已经证明，如果（1）好的特征逐渐生腻（数量和收益之间的关系函数有一个正的且逐渐减小的斜率），（2）坏的特征逐渐升级（数量和坏的特征之间的关系函数有一个负的且绝对值逐渐增加的斜率——变得更负），（3）负函数比正函数变化得更快，那么（4）好的体验和坏的体验综合之后（即正函数和负函数之和）的结果总是单峰的。事实上，如果每一个特征的评价是可以加总的，那么当起始之和非负，且坏特征的效用函数的斜率（这里指的是绝对值）始终大于好的特征效用函数的斜率时，总体评价的函数就是单峰函数。此外，图 9.1 中总体评价"平缓型最大值"特征是很常见的。毕竟很多时候我们也很难把这个"最好的体验"和附近"好的体验"点区分开来。

这里非常值得注意的一点就是，许多体验（如吃东西、度假）都会表现出这种总体快乐（痛苦）感与体验数量之间的单峰函数关系。换句话说，在体验的数量上，每个人都会有个人的"理想点"。并且我们还要注意，不同的人理想峰值的位置很有可能不同。肯特喝咖啡时不喜欢加糖，而芭比却喜欢放很多糖；对芭比来说 11 天的假期很合适，而对肯特来说 3 天就够了；芭比的理想状态是有 1 个孩子，而肯特却希望有 4 个孩子；等等。

而且，正如 Coombs 和 Avrunin（1977）所假设的那样，许多体验能够同时引发正性评价和负性评价，并能够将这两种更原始的反应综合起来。Tiffany Ito 和 John Cacioppo（1999）进行了一项研究，他们向被试呈现评价性的情绪唤醒图片，同时记录被试的脑活动。之前的生理学研究的结果表明，快乐和痛苦涉及不同的神经环路和不同的神经递质（多巴胺类和快乐相关；乙酰胆碱类与痛苦相关）。Ito 和 Cacioppo 的发现与上述观点一致，一些评价性的反应常常是矛盾的（一个正在康复期的酒精依赖者对一瓶威士忌的反应、一个节食者对丰盛甜点的反应），这说明两个方向的作用是同时存在且互相独立的。

另一个有关体验评价的发现是这样的，即使在体验发生之后立即测量，这种瞬时评价之和与体验过程中所记录的评价之和也不相等。Donald Redelmeier 和 Daniel Kahneman（1996）让被试经历痛苦的医疗过程（例如，结肠镜检查，在检查过程中，一个小号棒球棒大小的医疗检测工具伸入到被试的直肠之中，并在大肠中来回移动），在检查过程中，让被试报告当前的疼痛水平。检查结束之后，立即让被试对整个过程进行一个整体的疼痛感评价。他们发现了一个普遍适用于快乐和痛苦的峰－终（peak-end）评价原则，即在预测总体评价时，其实只需要考虑整个体验过程中最强烈的那一部分和最终的痛苦/快乐水平。

峰－终评价原则的一个推论就是时长忽略（duration neglect）：人们对于体验过程的长度非常不敏感。Kahneman 为过程忽略的力量和"最终"的感受在整体评价中的关键作用提供了一个非常有力的证明：实验中被试需经历两个不愉快的过程，将手浸入冰水中：（a）在 14℃的水中浸入 60s；（b）在 14℃的水中浸入 60s，并且在不知情的情况下在 15℃的水中再浸入 30s。当让被试从以上两种过程中选择一种重复体验时，大部分被试（65%）选择了更长的体验过程——而没有意识到，客观上后者已经包括了前者，会使人更不好受。

心理学家已经设计了旨在增加个人整体幸福感的程序（Diener & Biswas-

Diener，2008）。这个做法源自于享乐主义相对论（hedonic relativism）的概念。Philip Brickman 和 Donald Campbell（1971）提出："我们如何才能走下'享乐跑步机'？[1]"心理学家 Allen Parducci（1995）发明了一种"快乐游戏"，游戏中的玩家选择一定数量的游戏币，并且通过游戏的反馈来学习怎样根据 Allen 提出的快乐感的范围－频率理论进行选择。然而考虑到我们对快乐感的总体了解，最好的建议是，不要过分强调决策中的预期快乐感，而是要慎重地考虑决策选项的其他方面及其结果（我们会在第 10 章给出更多关于如何决策的建议）。对大多数人来说，环境整体幸福感的知觉存在着比较稳定的个体差异。一些人通常更乐观一些，会比其他人感觉到更多的快乐；而另外一些人则稍低于平均水平。对大部分人来说，我们会在一个相对稳定的"快乐内在调整系统"上下适当波动；换句话说，个体总体幸福感的变化跟我们的体重变化方式比较相似。

Sonja Lyubomirsky（2008）告诉我们，虽然个人的快乐调整系统对快乐感有很大的影响（据她估计有 50%），我们仍然可以通过努力来改变快乐的"容量"。她提供了"计算我们的幸福"和"改善我们的社会关系"等一系列练习，通过这些练习可以增强快乐感（如更多地向他人表达我们的感激之情）。其他人也指出了一些能够改善我们决策的方法：选择一些为我们带来内在满足感，而且我们不会那么快就适应的选项或者体验（如 Hsee，Xu，& Tang，2008）。也有一些人列了一个所谓的"损害快乐的因素"的目录，并给出了一些关于如何避免它们的建议（Lykken，1999）。

我们也应该意识到，快乐感及相关感受并不是我们在结果评估中唯一要考虑的因素。许多时候我们会关注预期结果中的其他方面，但有些时候我们决策时往往采取的是一种非结果取向的方式："我并不是有意决定将报纸放在回收筐，我这样做仅仅是因为我不是一个乱丢垃圾的人。""我并不是因为我的投票会对选举结果产生影响才去投票的，我投票是因为我觉得每一个好公民都应该这样做。"当然，冲动性也会在我们的决策中起着重要的作用："我并不是要去追尾前面的车，我只是想尽量准时赶到机场乘坐航班。""我并不是特意进行性行为，我这样做是因为我能做。"

---

1 享乐跑步机就是一旦有某种物质新体验，就需要更多新物质刺激才能维持快乐。——译者注

9.2 情绪在评价中的作用

每个人都知道情绪在决策中起着非常重要的作用，但是却很难精确分辨出情绪的具体作用。其中一个主要的障碍就是对情绪没有一个统一的精确定义。Paul Ekman 和 Richard Davidson（1994）调查了他们的同行对情绪定义的看法，试图找出一些共同之处。他们将结论部分的标题定为"大多数的情绪研究者都认同的观点"，并且评论说"最开始并没有打算在这部分标题中加上大多数这个词"（p.412）。他们解释说，他们无法找到一个所有人都赞同的主题。

在这本书中，我们并不指望提出一个普遍接受的关于情绪（emotion）的定义。但就目前的情况来说，我们认为有四个概念可能是有效的：情绪（emotions）、感觉（feelings）、心境（moods）和评价（evaluations）。我们将情绪定义为对能够引发明显动机的刺激和情境的反应，它通常包含三个成分：认知评价、特异性的生理反应和可知觉的体验。首先我们认为，情绪来源于对当前环境变化知觉的反应，这里的变化常伴随着情感性结果。其次，我们用心境这个词来指代我们（自主性）生理反应系统的长期状态和伴随着的可意识到的感觉，言外之意是情绪和心境并不总是在意识之中的，可知觉的体验并不是情绪反应的必要成分，这一点需要引起我们的注意。最后，我们认为评价这个词通常指的是对快乐-痛苦、好-坏结果的判断。

判断和决策领域的研究者最近才开始研究情绪在决策中的独特作用。决策一直以来被看作是一种理性的、认知的过程。情绪仅仅是影响整体评价或效用的众多成分之一。但我们仍然认为预期的情绪反应在对行为结果的价值评价或者效用（决策效用或体验效用）评价过程中有着重要的作用。人们通常会预测他们对某种结果会有怎样的感受，并且依据这种预期的感受来评价和做出最后的决策。

我们可以用一种方法来避免因概念不一致而产生的混淆，那就是研究一个简单的情境，在这个情境中关于情绪的操作性定义能被普遍接受。据此，一些最具有启发性的研究，尤其是对行为和神经生理基础关系的研究，已经在非人类被试上完成了定义明确的恐惧性条件反应范式。恐惧性条件反应范式的操作性定义是：向实验中的被试（通常是大鼠）呈现一个新异的刺激（常常是一个声音），并伴随着一次不愉快的轻微电击。当声音和电击匹配了几个试次后,声音便开始成为电击的信号,仅呈现声音就会使大鼠产生许多恐惧性反应(寒颤,排便,对疼痛反应的抑制,应激性激素的释放以及反射增强)。恐惧性条件反应范式的一个优势是,它可以在动物身上可靠地产生许多不同的反应,这些不同反应的核心都能用"恐惧"反应假设来解释。Joseph LeDoux(1996)、Edward Rolls(1999)和他们的同事们在探究大鼠及其他动物在条件性恐惧反应中的神经和生化系统所发生的变化上取得了重要的进步。这些科学家已经描绘出大部分的皮层下环路,并且已经确定杏仁核在焦虑和恐惧反应中起到了关键作用。

从这些研究中可以得出的一个重要信息就是,许多情绪反应的先兆通常是无意识的,并且这对正在经历它的人来说是很不可思议的。看看很多时候我们是怎样困惑于自己对环境和某个人产生的无法解释的反应,或怎样去否认一种除了我们自己其他人都明白的强烈的情绪反应:"我根本没有生气!",我们就能明白这个道理。研究者们认为情绪的基本功能是一个快速的紧急反应系统。LeDoux(1996)指出,皮层下的恐惧系统加工信息的速度比皮层系统进行意识层面的加工要快很多,这个"快速且不愉快的通路"让我们能够在完全了解刺激究竟是什么之前就开始对潜在的危险刺激进行反应(p. 274)。

更广泛地说,人们对与个人相关的客体或事件的早期自主性反应是一种好-坏的评价过程,这一点似乎得到了一致的认同。许多行为科学家已经得出结论:评价发生得很快,而且这个过程包含情绪感受和不同的躯体-生理事件。Robert Zajonc(1980)强调,用数学家帕斯卡的话来说,"我们的心有着它自己的道理,而我们的理性对这种道理通常一无所知。"为了印证这个观点,Zajonc引用了一些逸闻轶事和实验证据来说明分析性的、认知的反应同情绪性的、直觉的反应之间的分离。他首先举了基于记忆进行判断的例子:当你被问及一本书或者一部电影时,你能立即反应过来自己是很喜欢它的,却发现很难回忆出其中的任何特定细节来解释自己对它的评价。这样的事是不是经常发生?在随后的实验研究中,Zajonc证明实时判断中评价性反应发生很快,通常在认知识别之前发生,甚至直接替代认知识别。

认知神经科学家已经在试图描述这种快速评价性反应的神经生理过程的特点。John Cacciopo、Tiffany Ito 和其他研究者认为存在一个二元的评价反应系统,该系统具有两个独立的神经环路，一个（多巴胺传递的）环路评价正性反应，一个（乙酰胆碱传递的）环路评价负性反应。Richard Davidson（1999）和他的同事们研究长期情感类型（在我们来说是心境）的个体差异，他们发现左侧前额区域相对活跃的个体倾向于表现出更多的正性心境，对刺激事件的反应也更积极；而右侧前额区域的激活更多地与负性心境和情绪有关。在对情绪作用的研究中，或许最有意思的结果来自于爱荷华大学的研究者Antonio Damasio的实验室。Damasio（1994）认为，我们人类和Ledoux的大鼠们很类似，都有一个帮助我们迅速做出决策的情绪信号系统，并且，当我们相对缓慢的认知系统处于信息超载状态时，该系统也能帮助我们进行决策。（我们在第13章会详述他们的工作。）Damasio的观点中值得注意的是，他强调情绪具有正性的、适应性的作用——具体来说就是，如果没有各种各样的情绪，我们会做出许多糟糕的决定。这一点与宗教和弗洛伊德学派所持有的传统观点形成鲜明对比，后者认为情绪会为我们的决策制造麻烦，干扰我们进行理性思考。（回忆一下我们在章节9.1中对本能情绪的讨论。）

最近得出的另外一个结论是，当事物能引发后悔或喜悦时，体验效用会增强，尤其是有惊喜出现的时候。Barbara Mellers和她的合作者（Mellers, Schwartz, & Ritov, 1999）设计了一个决策任务来捕捉这些反应。在她的实验中，被试被分为两组，分别告知或不告知他们没有选择的那项赌博游戏可能带来的报酬更高，但所有被试都会知道自己选择玩的赌博游戏最后得到的报酬。通过这种方法，研究者能够引发出被试的后悔情绪（例如当被试没有选择的赌博游戏比他所选择的赌博游戏获得的报酬更高时，即使前者获得高报酬的可能性很低，也会有同样的效果），也能引发喜悦情绪（当被试没有选择的游戏报酬结果远不如所选择的游戏结果时）。然而，究竟在何种条件下人们在决策时会预期并考虑反事实的情绪——即后悔和喜悦的情绪究竟在什么条件下会影响决策效用和体验效用却不太清楚。在行为和神经科学研究领域，有关情绪和决策的研究处于前沿且正在快速发展，每一天都有许多新的结果出现（在第13章会对该话题有更深入的讨论）。

9.3 金钱的价值

在 1923 年版的《韦氏国际英语词典》(Webster's International Dictionary)中，对于价值（value）的第一项定义是"物品或者活动的某种性质，可以通过与之等值的物品或活动来估计"，后面几项定义关注的是内在渴求性，再后来的几条则更多涉及以金钱或货物来衡量的市场价值。而在 1968 年版的字典中，前五个定义却很明显与货币等价物（monetary equivalents）有关："1. 以金钱来衡量的合理的或合适的等价物，合理的价格；2. 特定时期某物品所等值的货物的市场价；3. 以金钱衡量的等价物；4. 评估的价值或价格；5. 购买力。"1968 年版的字典只有第六个定义才和 1923 年版中的第一条定义一致。在日常使用过程中，价值绝大多数情况下和货币等价物是同义词。但对决策者来说，要表达更一般概念中的价值或是渴望性程度，相比仅仅用金钱来表达，用效用（utility）来描述会更合适一些。然而即便是效用这个词也是不明确的，因为效用在字典里的定义是"即刻的有用性"，而这个定义却与决策理论家所讨论的效用不是一个概念。我们更偏向的表述方式是对决策者而言的个人价值（personal value）。虽然我们在这一章中所讨论的大部分例子都涉及归属于金钱范畴的个人价值，但是所得的结论也同样适用于更广泛意义下的个人价值。

经济学家和哲学家在解释价值评估时更强调心理学家所指的客观体验维度与从该体验所获主观价值之间的心理物理关系。（Coombs 的单峰曲线[参见章节 9.1]就与这层含义相符。）为了更好地理解研究价值和效用的心理物理学方法，简单地回顾一下历史发展过程是非常有必要的，而这段历史可以追溯到 19 世纪 50 年代。在那个时期，许多心理学家都曾问过一个简单的问题，究竟物理刺激的强度变化多少才能让个体察觉差异？举例来说，如果一个人最开始时承受 100g 的重量，那么再增加多少重量才能使其躯体感觉到实际上重量改变了？心理学家恩斯特·海因里希·韦伯（1795~1878）指出，总的来说，某一种物理刺激，若使人感觉到其强度的增加（或减少），所要增加（或减少）的量与刺激本身的强度是成比例的；就是说，为了达到可识别的差异，所增加（或减少）的刺激强度与刺激本身强度呈固定的比例，这个量通常被叫做最小可觉差。（目前所使用的确定最小可觉差的标准方法通常是选取被试在 75% 的情况下都能正确判断出两个刺激哪一个更强时,这两个刺激的强度差异;选择 75% 这个数字比率作为最小可觉差的定义,是因为最小可觉差应该是人们能在 50% 的情况下做出正确反应的强度,假设人们没有感觉到差异时凭猜测判断正确的随机概率是 50%,则 50% + 50% × 50% = 75%。)

为了达到最小可觉差,需要增加(或减少)的刺激强度和原刺激强度的比率叫做韦伯分数。举例来说,对重量差异感知的韦伯分数接近于 1/30。事实上,对于特定类型的感官刺激,这个分数基本保持恒定,这就是韦伯定律。这一定律虽然并不能精确适用于所有的刺激维度或者所有的强度范围,但是在研究和实践中作为大致接近的定律还是非常有用的。

在 19 世纪 80 年代,心理学家古斯塔夫·费希纳(1801~1887)提出,最小可觉差可以用一定数值的心理强度而不是物理强度来表达。他认为心理强度是物理强度的对数,即费希纳定律。这个定律也不能适用于所有的刺激维度或者所有的强度范围,但的确是一个非常好的近似定律。实际上,这一定律被广泛接受,就如噪音的心理强度用贝尔或分贝来衡量,而这些计数单位就是以物理振幅的对数值来定义的。(每增加 1 贝尔,表示物理振幅增大十倍,而每增加 1 分贝,则物理振幅比之前增大 1.26 倍,$1.26^{10} = 10$;所以 1.26^{10} 的对数 = 1.26 的对数的 10 倍,就是说 10 分贝等于 1 贝尔。)这个对数函数见图 9.2。

对数函数也遵循收益递减原则,也叫做边际报酬递减律。经济学家提出,这个定律不仅仅适用于感觉强度,而且适用于金钱和财产对个人的效用(包括决策效用和体验效用)。对读者来说,200 万美元的价值要小于 100 万美元的两倍——即使这两笔钱指的都是税后收入。金钱的效用函数中的这种回报递减特征并不一定表现为精确的对数模式。

这个函数(图 9.2)最早是由 18 世纪的瑞士数学家兼物理学家丹尼尔·伯努利提出的。他的这个观点第一次清晰说明了主观满意度与客观数量并非直接(线性)相关,他的这个观点从直觉上是非常有吸引力的,谁会不同意 0 美元和 10 美元之间的差异,要比 100 美元和 110 美元或者 1000 美元和 1010 美元之间的差异更显著、更易察觉,也更容易产生愉快的感觉呢?将这个函数与 Coombs 和 Avrunin(1977)的单峰偏好曲线的推导过程联系起来非常有意思。可以确定的是,Coombs 在其模型中提出"好的事物会逐渐生腻"这一原理时,他肯定考虑了边

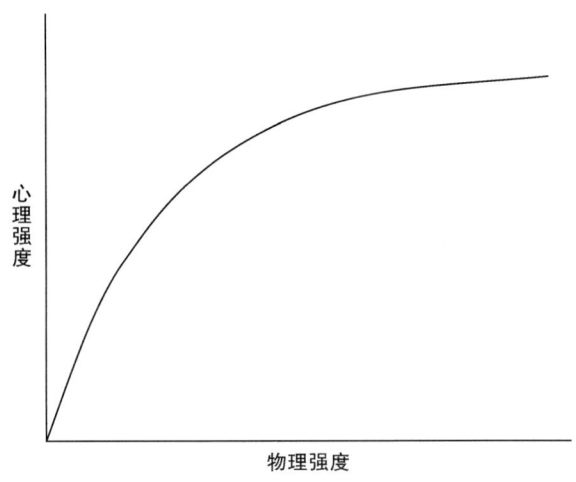

图 9.2 费希纳定律所概括的对数函数关系的图示,也是之后伯努利所提出的客观结果(如一定量的金钱)与主观满意度之间的一般价值函数的图示。

际报酬递减这个普遍规律的。但是,我们更应该假定伯努利的效用方程同时反映了 Coombs 的正性特征和负性特征两个方面,并且想象事实上这个方程对应的曲线也是单峰的。也就是说,存在一种情况,比如我们拥有了太多的金钱,这时我们可能面对的骚扰、社会仇视、绑架威胁或是其他的仇富以及仇"名"的行为会越来越多。因而曲线就会存在一个顶点,再之后我们对更多金钱的渴望就会因上述负性事件的增多而大为减少。

金钱收益和效用之间存在边际报酬递减的函数关系,这一假设在经济学理论中已经属于老生常谈了,大多数研究者都已经证实,我们对收益的评价表现出上升幅度减小、单位回报递减的模式。在 20 世纪 70 年代晚期,Kahneman 和 Tversky(1979)提出预期理论(prospect theory)来描述决策者的行为。这个理论的基本观点就是:回报递减规律适用于决策所带来的好的和坏的客观结果。这个理论包括很多具体内容,我们会在第 12 章深入讨论,在这里主要关注两点:

1. 个体根据某个数额与参照水平之间的差距来衡量当前的金钱结果,这个参照水平常常是个体当前的参照点(通常是现状)。无论选择带来的是正性还是负性结果,其价值都随着结果与参照点之间差异的增大而表现出报酬递减的特征。
2. 对价值函数来讲,损失部分比收益部分更陡。

预期理论与传统的经济效用理论的主要差别就在于加入了一个可变的参照水平。尽管在许多情境中,参照点的选取受到决策背景的影响,但是准确描绘出预测参照点的行为规律却是目前预期理论研究领域迫切需要研究的问题。

考虑如下的选择:如果你刚刚得到 200 美元,那么下面的两个选项你更偏好哪一个?

选项 1:你再获得 100 美元。
选项 2:扔硬币决定,如果硬币正面朝上,你再获得 200 美元;如果硬币背面朝上,你将什么都得不到。

大多数人都选择选项 1,即确定获得额外的 100 美元收益。

现在再看看刚才这些选项的变式:如果你已经获得了 400 美元,但是现在面临一项惩罚,你必须从下面两个惩罚选项中选择一个。

惩罚选项 1:你必须退回 100 美元。
惩罚选项 2:扔硬币决定,如果硬币正面朝上,你必须退回 200 美元;如果硬币背面朝上,你一分钱也不用退回,即 400 美元都归你。

当面临惩罚措施的选择时,大多数人都倾向于选择第二个选项。

如果运用上面总结的预期理论来解释这种现象,我们可以看到,按照价值曲线的边际报酬递减特征,100 美元收益的价值比 200 美元收益的价值的一半要大;所以相比于 50% 的概率获得 200 美元,人们更偏好确定的 100 美元收益。但与此同时,100 美元损失的价值却比 200 美元损失的价值的一半更负性,所以相比于确定退回 100 美元,人们更偏向于 50% 的机率退回 200 美元。这样的选择是非理性的,这种非理性的出现是由于人们并没有看到他们决策的最终结果,而是在不停地改变自己的参照点,并依据变化后的参照点来做出判断。当被告知自己已经获得 200 美元时,他们将这个现状作为参照水平;当被告知已经获得 400 美元时,此时他们又会将 400 美元的现状作为参照水平。这样，尽管在两个问题背景下最终的结果是一样的，人们依然会做出相互矛盾的选择（选项 1 是 300 美元的确定收益，选项 2 是期望值为 300 美元的赌博）。

正如 Kahneman 和 Tversky（1979）所指出的，根据现状来评价结果的做法也能在更一般的适应性（同样来源于感官心理学研究的历史发展过程）原则中找到。他们写道：

> 相比于绝对数量，我们的感觉器官对变化或者数量差异更敏感。当我们对一些属性进行反应时，例如亮度、响度或温度，过去经验和当前情境会决定一种适应水平，或者是参照点，人们会依据这个参照点来知觉新的刺激，这样一来，就可能出现不同的判断结果……某温度的物体有可能被知觉为热的，也有可能被知觉为冷的，而究竟是哪一种情况则取决于个体当前已经适应了的温度。同样的道理也适用于非感官的维度，比如健康、声望和财富。相同水平的财富，对一个人来说意味着贫穷，而对另外一个人来说则象征着富裕，则取决于他们当前的财产状况。（p. 277）

预期理论与经济学中标准的边际效用递减理论的区别就是，后者假设决策者会依据最终的结果选择不同的选项。效用函数边际报酬递减的形状造成了这样的情况：对于负性结果来说，任何赌博性选项都会相对没那么负性，用效用来衡量的话都比相应的确定选项更有价值；而对于正性结果来说，任何赌博性选项与确定性的收益来比，都会显得价值更少。（讽刺的是，证券经纪人经常建议没钱的人们保守一些，而建议有钱的人们更多地去冒险，根据上述框架，这一点是非常说不通的，尤其是没钱的人如果选择保守地投资，基本上注定仍会继续处于贫穷状态，与此同时，有钱的人选择冒险最后却会变得贫穷潦倒。）

图 9.3 的上半部分代表了标准的经济学分析，下半部分则展示了对选项选择问题运用预期理论所进行的分析。回想一下，刚才面对的两个问题都是在两个相同的选项之间进行选择，一个选项是确定的 300 美元，另一个选项则是一半对一半概率的 200 美元或 400 美元。这些最终的结果形成了期望效用理论分析的基础。如果金钱的边际效用递减，200 美元效用和 400 美元效用的平均值是小于 300 美元效用的。这个平均值可以用 200 美元对应的效用点和 400 美元对应的效用点之

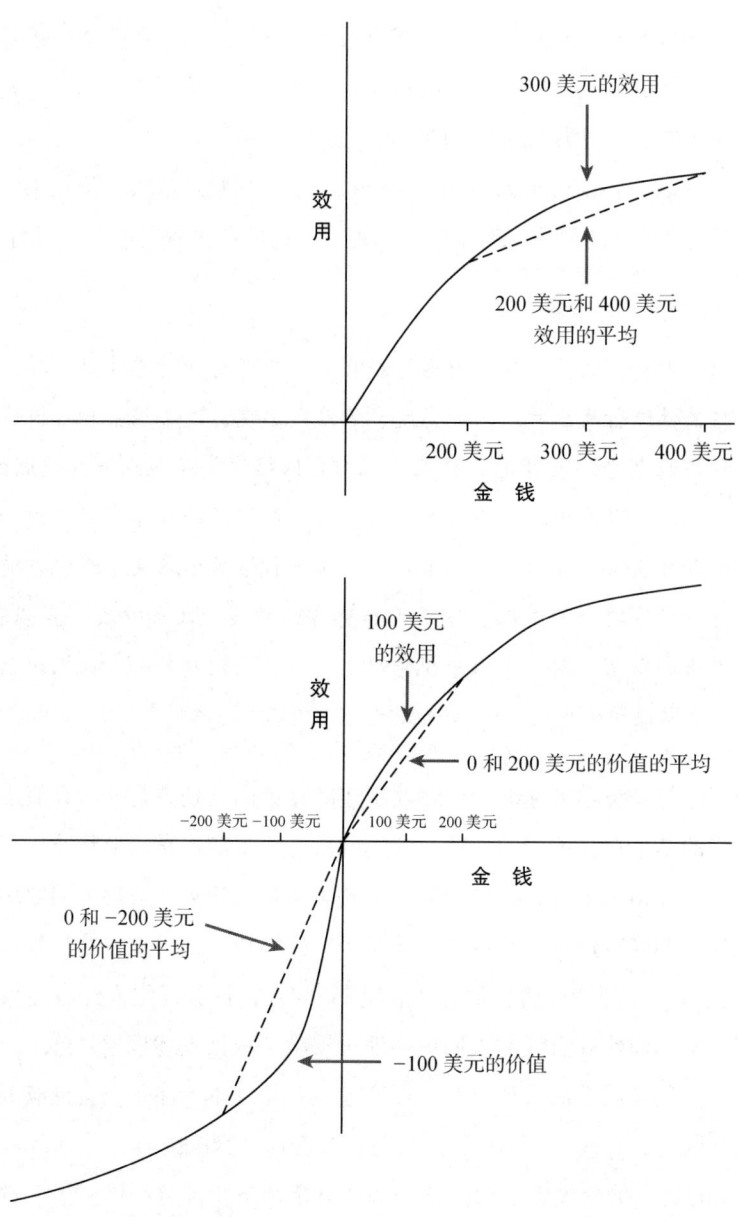

图 9.3 传统效用理论与预期理论中关于客观结果和体验效用或价值之间关系分析的对比

间的连线上的某个点来表示；效用函数的形状决定了刚才所说的那条直线总是处于曲线之下。即便是在决策者所面临的每个选项中都增加一个相同数量的正性资产，并以此时的资产作为最终的结果，连接不同点的直线依然是会在曲线之下，而唯一的不同就是这些线都同时向右移动了一些，所以300美元的确定收益依然会更受青睐。实际上，曲线上任意两点之间的直线都是在曲线之下的，这就意味着总体上人们在考虑收益的时候都是"风险规避"的。

现在让我们思考一下刚才提到的选择框架，已经得到了200美元，然后再从确定获得100美元和50%可能获得额外200美元、50%可能获得0美元之间进行选择。根据预期理论，决策者是不会考虑最终的结果（300美元和一半对一半概率的200美元或400美元），而是根据自己的现状（参照水平）来将当前的情境知觉为获益情境或者损失情境。已经获得的200美元会被整合入参照水平中，由于预期理论中假定的效用曲线也是边际递减的，决策者同样会倾向于选择确定获得额外100美元收益，和经典的效用理论相似，预期理论预测人们面对收益时表现出的风险规避。

假设现在的选择情境是这样的框架：已经得到了400美元，然后要求在以下两个选项中选择：一个是确定要退回100美元，一个是50%的概率退回200美元、50%的概率一分也不用退。这里最终的结果和上面提到的选择情景的结果是一样的。但根据预期理论，这时决策者会以现在的财产状况为参照点，以损失框架来分析他所面临的选项（此时的参照点变成了400美元）。考虑到效用函数随着损失的加大同样表现出边际递减规律（如图9.3的下半部分），损失200美元的负效用和0美元的效用的平均值并不如损失100美元的负效用那么糟糕。（这个结果可以用连接相应结果的直线上的点来表示，对于损失情况，边际递减的效用函数使得曲线上连接任意两点的直线都处于效用函数曲线之上，这就意味着面对损失时人们的行为是"风险寻求"的。）因而根据预期理论，对于这种选择情境，人们会选择一半对一半的风险选项，而在实际中也的确如此，当人们面临这种问题时普遍会倾向于选择风险性选项。

在将我们的讨论扩展到赌博之外的情境之前，我们将用第1章中解释期望效用理论的例子来阐释预期理论，这个例子是在两对赌博情境中作选择：

（a）有 0.20 的概率获得 45 美元，否则一无所获。

（b）有 0.25 的概率获得 30 美元，否则一无所获。

以及

（a'）有 0.80 的概率获得 45 美元，否则一无所获。

（b'）确定获得 30 美元。

正如我们在第 1 章所指出的，选项 a 和 a' 分别比选项 b 和 b' 有更高的期望值（例如选项 a 的期望值是 9 美元，而选项 b 则是 7.5 美元）。然而，个人效用函数的边际递减特性却可能会使得人们选择 b 或 b'。但和经典的效用理论不一致的是，第一组选项是选 a，第二组却选了 b'，或者第一组选了 b，第二组却选了 a'。组合之间的选择，在不违背章节 1.5 中所提到的理性标准的前提下，选择 ab' 组合，或者选择 ba' 组合都是有可能的。

现在来看看如下两个选项：

（a''）在第一阶段有 0.75 的概率失败且一无所获；但是如果成功通过第一阶段，在第二阶段会有 0.8 的概率获得 45 美元，其他情况则一无所获。

（b''）在第一阶段有 0.75 的概率失败且一无所获；但是如果成功通过第一阶段，在第二阶段会确定获得 30 美元。

如果"第二阶段"成为函数的原点状态，预期理论预测选项 b'' 会受到刚才在 a' 和 b' 之间选择 b' 的个体青睐，实际上大部分被试也的确如此。但是 a'' 相对于 a（0.25×0.80=0.20）和 b'' 相对于 b（0.25×1=0.25）在逻辑上是等价的，所以选择了 a 之后又选择了 b'' 或者选择了 b 之后又选择了 a'' 是不一致且违背理性原则的。这种选择的模式在对赌博选项偏好的研究中是很常见的，这种现象被称为虚假确定性效应（pseudocertainty）；预期理论的解释是，决策者会将概率过程中的某一特定阶段视作心理现状，然后对与之相比的获益表现出风险规避，对与之相比的损失则表现出风险寻求。如果这个阶段目的达到了，那么选择确定的 30 美元（选项 b' 相对于选项 a'）就没有什么不理性的，在没有到达这一阶段目的之前，选择具有更高期望值的不确定选项（选项 a 相对于选项 b）也没有什么不合理之处。

但是这一点却违背了经典效用理论。这里的不理性是指虚假确定性效应导致了在不知道结果之前的矛盾选择——取决于选项是被看作一个整体（即可能导致在 a 和 b 之间更偏好 a），还是被分成几个部分来逐一看待（即可能导致在 a″ 和 b″ 之间更偏好 b″）。请注意，虚假确定性效应取决于我们对概率的推理方式，它既可能在原始的金钱价值情况下出现，也可能在对主观效用价值的讨论中出现。

注意一下就会发现，其实 Coombs 的"好的事物会使人生腻而坏的事物会逐渐升级"（在量上）的原理和预期理论是直接冲突的。预期理论包含着（像费希纳定律和经典经济学）"收益边际递减"的原则，不论是对于正性的还是负性的结果都是如此。一种可能的解释是，中庸原则是过去的体验效用（也许可能是内隐的）针对当前情境的推广和泛化，由于预期理论的框架效应牵涉到对未来结果的预测（决策效用）。杀害一个族群 2/3 人口的核战争所造成的危害，要比杀害一个族群 1/3 人口的核战争的二倍还要高，尽管个体决策者在特定的危机情境中会冒险选择一半对一半的可能性，杀害 2/3 人口或者不杀害一个人，而不是选择确定损失族群 1/3 人口的选项。对此解释与框架效应的非理性是一致的，因为个体面对既能以正性框架也能以负性框架进行表征的选择时，他们并不是总能做到从两个方面来表征这些选项。（举例来说，如果一个人通常在夜晚睡 8 个小时，并且认为睡眠的前 4 个小时非常重要，然而如果失去后 4 个小时的睡眠也非常重要，那么睡眠损失的函数就会表现为边际效用递增。）另外一种可能的解释就是，在很多情况下"坏的事物会逐渐升级"并不是对的。正如之前提到的，这个原理对于产生一个单峰函数是充分的，却不是必要的。

预期理论是用来描述行为的，它能预测不理性何时会出现，甚至能预测不理性反应偏离正常或标准模式的方向。这个理论描述是由直觉性的、自动的过程所做出的选择，例如将我们的现状作为决策的基础，而不是根据它与我们固定总资产之间的差异来进行决策。当然，预期理论并不能描述每一个人的决策行为；比如一些人有些时候不会做出像虚假确定性效应那样矛盾的选择。但这个理论却是当今（就像在写这本书的 2009 年）决策领域中最成功的描述性理论。

相较之下，经典的经济学效用理论则是一个我们应该如何做选择的标准化理论，只有在部分情况下，它才是对我们实际选择行为的描述。本书的一个重要观点是，直觉性的、自动思维过程会引导我们选择其中一个选项，而分析性的、控制思维过程却让我们选择另外一个。如果我们在"深思熟虑"之后所做出的选择没有什么变化，那么研究决策的标准化理论就没有什么意义。我们不应该总是受制于标准化理论，而应该清醒地认识它们，并且在有自我意识或者必要的时候违反它们。

我们已经以不同数量金钱的价值为背景介绍了预期理论（和经典效用理论）。很显然，当概念框架的客观方面（例如，美元）和主观方面（价值，效用）都能很简单地量化时，测量数量和用理论方程来计算是再简单不过了。此外，大多数对于这两种理论的研究都与金钱结果有关。但是两个理论都旨在希望能够应用到更广泛的或好或坏的价值媒介物上——健康的生命、财产、不同类型的愉快和不愉快的体验。下面我们将看到，两个理论都旨在应用于价值和效用体验以及对未来经验的预测中。

9.4 决策效用——预测我们重视什么

要想使决策的理性模型具有实际意义，就必须假设个人喜好不会经常改变，且决策者在一定程度上能够预测未来他们经历某些事情的时候会喜欢什么或不喜欢什么。理想状态下，偏好并不随着时间的推移而改变，并且在预期的决策效用和体验的实际效用之间有着很好的一致性。经济学家 Gary Becker 和 George Stigler（1977）曾争论说偏好是稳定不变的——偏好中很少有什么大的变化是不能用价格和收入来解释的。实际上，当使用问卷调查的研究者或实验室行为科学家试图测量被试对各种事情的评价时——这些事情包括从呼吸到的空气质量，对死刑的支持程度，对无脂无奶油去咖啡因的拿铁咖啡的偏好，以及对玩一个金钱赌博游戏的渴望——他们通常会发现这些评价中存在着非常不可靠的、明显的不稳定性。稳定价值观点的支持者比较强调，在一个鼓励真实反应的情境中被试是否被问到了合适的问题，他们据此来解释这些现象。而不稳定价值的支持者则认为，人们在生成评价性问题的答案时其心理过程存在着基本的不可靠性（Kahneman, Ritov, & Schkade, 1999）。鉴于偏好改变的这种情况经常出现，我们相信两种观点都对价值预期中经常出错这个现象具有部分解释力。

在决策的时候,人们是怎样预测其选择所带来的后果中哪些是让他们高兴或者是不高兴的?我们认为,可以通过人们在预测价值过程中所使用的判断策略或者启发式来提供一个好的解释说明。类比于我们在第5章介绍的判断启发式,我们把它们叫做评价启发式。我们提出三种基本的评价启发式:基于记忆中过去的经历而进行的价值预测,基于对未来经历情况的模拟而进行的价值预测,以及基于深思熟虑的计算或者推理规则而进行的价值预测。

过去的经历、学习和记忆在对未来的预测过程中起着主导作用。如果一种结果在过去让我们获得了快乐,我们很可能会预测它在未来也同样能使我们快乐,于是就愿意去重复这种在过去产生好结果的行为。所以,记忆中过去体验过的快乐和痛苦对将在未来带来某些结果的当下选择起主导的作用。当然,关于过去的快乐和痛苦的记忆非常重要还有另一个原因是,它是我们当前满意感的一种来源。这些感觉反过来又会影响我们在社会环境中的行为,以及我们作为公民是支持还是反对政治领导者。当记忆无法为我们提供准确的答案时,我们还有其他的判断策略可以用来预测我们对可能的结果是否满意。

Daniel Gilbert和合作者们(Gilbert, Pinel, Wilson, Blumberg, & Wheatley, 1998)发现,我们在对未来是否幸福的判断中存在一种非回归预测的现象。Richard Harrison和Jim March(1984)提出,如果我们意识不到回归效应(第7章曾经介绍过)的重要性,那么我们就会系统性地高估对好结果的正性反应以及对坏结果的负性反应。Tim Wilson和Gilbert(1995)证实,人们有一种趋势,会预测自己有比实际经历更极端的评价和情绪反应。实验中他们让人们预测自己对于在不远的将来可能发生的、对个人而言很重要的不确定事件的反应。例如,研究者们问初级教员,如果他们所在的学术部门决定否决或批准将其提升至高级职位或有终身职位的教员职位,他们会有怎样的反应。被试对自己特定方面的幸福感和总体幸福感的预测比他们后来获得终身职位之后的实际评定要极端很多。简而言之,他们预期自己会高兴或者不满,但是在结果出来几个月后,他们的感觉和结果出来之前并没有那么大的差异。

这些研究者还创造了一个和刚才的情境类似的实验,他们向一批大学生被试许诺说会给他们提供一个非常好的暑期工作,之后又告诉他们无法实现。快乐感相关的反应与知觉和认知的反应类似，是非常具有适应性的。类比于反应迅速的适应性生物免疫系统，这些研究者将这种适应性的习惯称为免疫忽略（immune neglect）；而其中的"忽略"是指，当我们预测未来状态时忽略我们本身的适应性特点。我们相信这种免疫忽略的习惯最可能发生在依据对未来是好是坏的想象而形成预期的时候。我们把第二种判断未来效用的策略称为模拟启发式。

当我们依赖于模拟时，我们会因当前情绪状态的影响而产生偏差。一种非常普遍且重要的判断偏差就与我们表现出的有限自我控制有关（见 George Loewenstein 的综述，1996）。与尤利塞斯那些鼓舞人心的自我控制策略相反，大多数人在决策时都会表现出有限的自我控制（不仅仅是有限理性）。并且，根据尤利塞斯的描述，这种有限可以归结于我们无法成功预测未来的行为或者反应。（王尔德的一句名言概括了这个观点："我唯一抵抗不了的就是诱惑。"）人们低估了情境以及即刻可得的满足感在控制行为时的力量。结果，当人们在性唤起时、嗑药时或饥饿时，总是会错误地预测他们在未来的行为。Loewenstein 将这一类预测错误归因于他所称的"热–冷共情差距"——人们不知道处于不同的情绪状态时，他们的感觉对他们自身的行为会有什么样的影响。当他们从一个较远的距离来思量时，他们预期自己在处于饥饿、性唤起或是马拉松最后一段距离的状态下会冷静而自控。我们以为自己会依照更高级的习性来做出选择，而不是服从于自己的本能，但这其实是一种假象；当我们预测自己在社会情境（"这次我一定会给老板贡献我的一些想法"）和消费情境中（"我能够抵制住自己买昂贵鞋子的冲动"）的行为时，这种假象很有可能对我们的预测产生影响。但事实是，很多时候我们的预期是过于乐观了，于是当我们面临实际的决策情境时，我们就会选择不使用安全套、注射药物、吃不健康的甜食。

评价过程中的伴随情绪会让我们的评价出现难以预想的偏差。在这里，伴随情绪是指在决策时所体验到的情绪，它和决策本身毫无关系，既不涉及决策效用，也不涉及体验效用。Jennifer Lerner 及其同事们的研究（例如，Han, Lerner, & Keltner, 2007）为这一观点提供了很多支持。她们进行了很多相关的实验，通过让被试看一些电影片段来操控被试在实验中的情绪。这些电影片段或悲伤，或高兴，或引发愤怒，或恐惧，或令人厌恶或者是中性的，但这些情绪对之后的决策都是无关的。结果却发现，这些伴随情绪有着非常明显的作用：

当你感到恐惧时，你变得风险规避；但相比恐惧，其他几类情绪的效果就更微妙一些：悲伤情绪告诉我们"事情不太妙，是时候改变自己的环境了"，这就会让我们非常愿意去花钱买新的东西；厌恶感会告诉我们"放弃现在的财产"，让我们情愿以较低的价格卖掉我们现在所拥有的东西；愤怒似乎会告诉我们采取行动改变不好的境况，这就会让我们变得大胆且倾向于冒险。Lerner 的研究总体结论就是，情绪不仅仅给决策者传达"好或坏"的信息，它们在一定程度上甚至可以"指挥"个体的行为。

其实在许多情况下，我们都会谨慎地计算我们多大程度上会喜欢未来的某一种经历，我们把这种评价策略称为计算启发式。多样化偏差是系统性预测错误的典型例子，它经常会出现在我们对自己会有什么样的喜好进行精心推断的过程中。在 Itmar Simonson（1990）的研究中，学生们被告知即将有三次会议，他们要在六种点心中选出一种在会议上吃，并且为每次会议各选择一种。当让学生在第一次会议上一次性为这三次会议选择点心时，他们会选择更加丰富的品种（即从不同类型的点心范围内进行选择），而当他们在每一次会议上分别做出选择时，这种现象就没那么明显。此外，当那些提前做出所有选择的个体被允许在后面的会议上表达他们的偏好时（此时他们已经选择了一种点心），这个时候他们会对自己没有做出更一致的选择而感到相当后悔。这种研究已经用其他种类的事物和经历重复多次并得到相似的结果：人们并没有意识到在不同的场合他们的需求其实是很相似的。多样化偏差效应也有一个在社交情境中更常见的版本：当我们和一群朋友在餐馆里点菜时，如果我们是通过说的方式点菜，而不是将要点的菜写在一张纸上，我们就更可能选择不同类型的菜。

在我们看来，价值判断过程中许多显而易见的不稳定性都能够用一些心理学原理来解释。首先，金钱目标总会有一些简单的变化。正如之前所提到的，若我们当前的目标发生变化，我们的评价就会随之改变。其次，在预期的满意感和体验的满意感之间存在差距，研究者正在努力为预测未来满意感的系统性偏差列出一个细目。再次，当我们使用不同的评价启发式时，例如当我们依靠记忆、依靠模拟或者计算未来的价值时，我们所看到的价值会有所不同。

9.5 建构价值

具有认知心理学背景的研究者已经提出了一个模型来描述记忆、模拟以及价值计算背后的评价过程。这个价值抽样模型（belief sampling model）最初是用来解释一般调查过程中反应的不稳定性。但我们认为这个模型可以用来有效地解释许多评价过程中的不可靠性。正如这个模型的名字所表示的，这个模型的核心是一个（记忆）抽样过程。当被试被问及他对于某个政治问题的观点时（比如对死刑的看法），或者对政治候选人的态度时（比如奥巴马），或者对于某种消费品的评价时（如苹果的 IPod），这些话题就在被试提取长时记忆信息的过程中起到了探针作用。从记忆中提取的许多信息都和评价对象本身相联系，或者能引发针对评价对象的简单的评价性反应。然后这些基本的评价性反应被整合到一起，从而产生一个综合的评价。任何认知记忆系统的普遍特征，即记忆中信息可得性的波动变化，解释了该系统的不可靠性。人类记忆提取是高度情境依赖的，特定的信息提取会随着对探针编码的变化而改变，系统中激活部分的变化也同样会带来信息提取的变异。例如，如果一个关于堕胎或者比尔·克林顿的问题紧跟一个关于个人自由或者约翰·F. 肯尼迪的问题，那所得出的评价结果会与之前的问题是关于个人家庭观或者罗纳德·里根的情况下所得出的评价结果非常不同。

Roger Tourangeau、Lance Rips 和 Ken Rasinski（2000）为调查中价值抽样过程提出了一个清晰的模型，如图 9.4 所示。他们将这个评价过程分为四个阶段：理解问题、从长时记忆中提取与价值相关的信息、整合提取出的评价以及产生反应。就像我们刚才提到的那样，这个模型的一部分和组合价值定位的概念比较一致，特别是关于问题理解和反应产生这两个步骤所起作用的分析。其他部分则与基础价值定位的观点一致，尤其是对记忆抽样过程中多样性的强调。根据我们在图 4.1 所总结的锚定－调整过程模型，我们推测，这个模型的提取和判断阶段可以合并。Tourangeau 和他的合作者们指出，这个整合过程可以用线性方程的加权原则来描述，就像我们在第 4 章指出锚定－调整过程也是一个加权平均的算法那样（见章节 4.2）。同样，对锚定－调整过程中"依顺序一次只整合一条提取出的评价"的描述，也适用于价值抽样模型中的抽样和评价过程。

记忆抽样过程更像是从一碗沸腾的汤中撇去漂浮着的碎面包，而不是像在一个有规则的网状街道中根据地址来查找一个位置，这一概念可以解释民意调查这一重要过程中的许多困扰人的现象。几十年前，政治科学家 Philip Converse 对他所认为的"无态度"进行定义，即当选民们被反复要求投票表决时，对政治问题和候选人的评价会毫无征兆地从一端转到另一端。这种不可预见性是价值抽样过程中不可靠的记忆提取过程的自然结果。这个模型也能说明情境效应，即当问题改变或者有其他影响记忆提取的因素改变时（例如，心境影响；Seymour Sudman, Norman Bradburn, & Norbert Schwarz, 1996，已经发现并总结出许多类似的效应），评价结果会发生系统性的变化。当不同的民意调查之间的情境或者选民的心境改变时，人们提取的信息也会发生变化，而最终的评价结果也会随之而改变。

目前，行为科学界关于价值判断的基本来源的研究和关于这些来源之间怎样组合才更有助于评价现实中复杂的行为和选择的研究正在快速发展。该领域的研究有着许多明显的不稳定性、不一致性和令人困扰的现象。我们的观点是，评价和基于不同评价的偏好并不是那么完全一致或者完全理性的，但是大多数时候，人们都能很好地选择一种行为，以达到其当前目标。

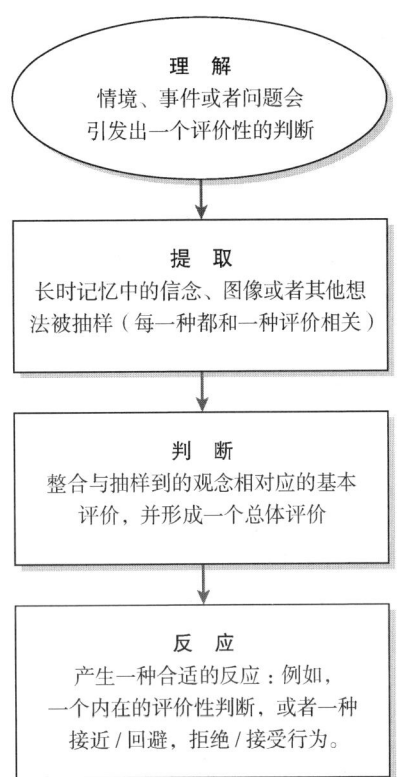

图 9.4　关于复杂事物、个体或者态度的价值或态度建构的价值抽样过程的综合模型（基于 Tourangeau 等 2000 年的研究）

参考文献

Becker, G., & Stigler, G. J. (1977). De gustibus non est disputandum. *American Economic Review, 67* (2), 76–90.

Bentham, J. (1948). *An introduction to the principles of morals and legislations.* Oxford, UK: Blackwell. (Original work published 1789)

Brickman, P., & Campbell, D. T. (1971). Hedonic relativism and the good society. In M. H. Appley (Ed.), *Adaptation-level theory: A symposium.* New York: Academic Press.

Coombs, C. H., & Avrunin, G. S. (1977). Single-peaked functions and the theory of preference. *Psychological Review, 84*, 216–230.

Damasio, A. R. (1994). *Descartes' error: Emotion, reason, and the human brain.* New York: Putnam.

Davidson, R. J. (1999). The neuroscience of affective style. In M. S. Gazzaniga (Ed.), *The new cognitive neurosciences* (pp. 1149–1159). Cambridge: MIT Press.

Diener, E., & Biswas-Diener, R. (2008). *Happiness: Unlocking the mysteries of psychological wealth.* New York: Wiley-Blackwell.

Ekman, P., & Davidson, R. J. (Eds.). (1994). *The nature of emotion: Fundamental questions.* New York: Oxford University Press.

Gilbert, D. T., Pinel, E., Wilson, T. D., Blumberg, S., & Wheatley, T. (1998). Immune neglect: A source of durability bias in affective forecasting. *Journal of Personality and Social Psychology, 75*, 617–638.

Han, S., Lerner, J. S., & Keltner, D. (2007). Feelings and consumer decision making: The appraisal-tendency framework. *Journal of Consumer Psychology, 17* (3), 158–168.

Harrison, J. R., & March, J. G. (1984). Decision making and postdecision surprises. *Administrative Science Quarterly, 29*, 26–42.

Hsee, C. K., Xu, F., & Tang, N. (2008). Two recommendations on the pursuit of happiness. *Journal of Legal Studies.*

Ito, T. A., & Cacioppo, J. T. (1999). The psychophysiology of utility appraisals. In D. Kahneman, E. Diener, & N. Schwarz (Eds.), *Well-being: The foundations of hedonic psychology* (pp. 470–488). New York: Russell Sage Foundation.

Kahneman, D., Ritov, I., & Schkade, D. (1999). Economic preferences or attitude expressions? An analysis of dollar responses to public issues. *Journal of Risk and Uncertainty, 19*, 220–242.

Kahneman, D., & Tversky, A. (1979). Prospect theory: An analysis of decision under risk.

Econometrica, 47, 263–291.

Kahneman, D., Wakker, P. P., & Sarin, R. (1997). Back to Bentham? Explorations of experienced utility. *Quarterly Journal of Economics, 112,* 375–405.

LeDoux, J. E. (1996). *The emotional brain: The mysterious underpinnings of emotional life.* New York: Simon & Schuster.

Loewenstein, G. F. (1996). Out of control: Visceral influences on behavior. *Organizational Behavior and Human Decision Processes, 65,* 272–292.

Lykken, D. (1999). *Happiness: What studies on twins show us about nature-nurture, and the happiness set-point.* New York: Golden Books.

Lyubomirsky, S. (2008). *The how of happiness: A new approach to getting the life you want.* New York: Penguin.

Mellers, B., Schwartz, A., & Ritov, I. (1999). Emotion-based choice. *Journal of Experimental Psychology: General, 128,* 332–345.

Parducci, A. (1995). *Happiness, pleasure, and judgment: The contextual theory and its applications.* Mahwah, NJ: Lawrence Erlbaum.

Redelmeier, D., & Kahneman, D. (1996). Patients' memories of painful medical treatments: Real-time and retrospective evaluations of two minimally invasive procedures. *Pain,* 116, 3–8.

Rolls, E. T. (1999). *The brain and emotion.* New York: Oxford University Press.

Simonson, I. (1990). The effect of purchase quantity and timing on variety-seeking behavior. *Journal of Marketing Research, 27,* 150–162.

Sudman, S., Bradburn, N., & Schwarz, N. (1996). *Thinking about answers: The application of cognitive processes to survey methodology.* San Francisco: Jossey-Bass.

Tourangeau, R., Rips, L. J., & Rasinski, K. (2000). *The psychology of the survey response.* New York: Cambridge University Press.

Wilson, T. D., & Gilbert, D. T. (2005). Affective forecasting: Knowing what to want. *Current Directions in Psychological Science, 14*(3), 131–134.

Zajonc, R. B. (1980). Feeling and thinking: Preferences need no inferences. *American Psychologist, 35,* 151–175.

第10章
从偏好到选择

> 我搞不懂艺术，但我知道自己喜欢什么。
>
> ——佚名

10.1 在复杂的备选项中慎重选择

几年前，在加利福尼亚州门洛帕克，一家名为 Draeger 的高档超市里，柜台上摆放着 24 种新奇口味的果酱——这里的"新奇"指的是这些果酱的口味不是我们平常熟悉的草莓味、山莓味，而是温柏味或金橘味等。许多消费者都被吸引到了柜台前边，上百名顾客品尝了果酱并拿走了 1 美元的折扣券。但是这次促销并不成功，消费者在这么多的商品面前感到不知所措，最后只有 3% 的人实际购买了其中一种果酱。但有意思的是，每过一个小时，促销的形式就会发生变化：当其中 18 种口味的果酱被撤掉，只剩下 6 种的时候，消费者表现出了出人意料的购买行为；可选的果酱种类变少了，但是却有 30% 的消费者购买了 6 种中的 1 种。这个结果之所以出人意料，是因为如果 30% 的消费者在 6 种口味中找到了自己喜欢的 1 种并且买了下来，那么在另外 18 种口味的果酱加入促销时，为什么没有更多的消费者找到自己中意的商品呢？这似乎有悖于经济学理论和我们的常识。

事实上，当我们需要在具有多维属性的不同备选项中做出选择的时候，我们并不仅仅依据价格这个单一维度进行瞬间的本能反应或推理，也不完全依赖自己的记忆，而是会在不同备选项之间进行反复比较，最终做出更为慎重的抉择。当我们面临应该租住哪套公寓、选修哪门课程、购买哪款山地车、去哪里度假、接受哪个公司的职位等等这类问题的时候，我们会依赖于一些选择策略（choice strategies），就像我们在第 5 章学到的"判断启发式"一样。

选择往往是复杂的，因为我们需要将许多单一的局部评价整合为整体的评价。例如，当考虑租住哪套公寓时，我们会对公寓的各个属性进行评价（位置不合适、租金很低、改建的厨房、嘈杂的邻居等），进而将这些评价整合成对公寓的整体评估。我们对每个单一属性的评价会根据当前目标而定。好比我们要组建一支垒球队，或是组建一支软件开发团队，或是选择一个室友，由于我们的目标不同，就会对具有相同属性的候选人做出不同的评价。假设我们对这些属性的基础评价已经完成，在本章中想要阐明的问题是，这些针对单一属性的评价"碎片"将如何被拼接为一个整体的评估。

选择之所以困难是因为有太多备选项存在，并且每一个备选项又包含了许多重要的属性。当不同备选项之间的属性评分存在负相关（negative correlations）时，选择变得最为困难。因为每一个备选项都不完美，所以我们就必须进行艰难的权衡——便宜的公寓往往很小、很吵闹、家具很陈旧；容易到达的度假地点总是挤满了人；热门而有用的课程经常很挤，并且因为"成绩曲线"[1]的规定而很难拿到高分。也许这一点可以解释 Draeger 超市里消费者的奇怪行为：果酱种类太多，消费者在进行比较的时候很费力，消耗了大量的认知资源，而且选择的过程非常不愉快，所以他们干脆就不去选择。

John Payne 和他的同事 Jim Bettman 及 Eric Johnson（1993）对消费者的选择策略进行了系统的分析，编制出了典型消费者所使用的各类选择策略的"认知工具箱"。与判断启发式相同，这其中的某些选择策略也是适应性的；当需要在信息量不足或信息不可靠的情况下进行快速决策时，这些策略非常有效；当选择的人被其他认知任务或情绪压力所扰乱时，这些选择策略依然会起作用，而且这其中的许多选择策略只占用少量的注意和其他形式的认知资源。Gerd Gigerenzer 将一些最常见的选择规则命名为"迅速而节省的启发式"，因为它们接近于最优，但

---

[1] 一般课程要求所有学生的成绩呈正态分布，因而会存在优秀率的限制等情况。——译者注

是很节省,只需消耗相对很少的认知资源,因此也很迅速。图10.1列举了行为研究者定义的一些最常见的选择策略,图中的分类反映了各个策略在某些重要维度上的不同。

假如我们要选择租住一间公寓,并且在一张表格中列举出这几间公寓的各种属性(租金、位置、大小、家具设施、吵闹程度等),就像通常在出租广告、《消费者报告》或消费网站上出现的那样。同时假设我们需要根据图10.1中列出的一种选择策略来进行选择,那么通过这一过程我们就能够理解用于区分不同选择策略的核心维度。

需付出的认知努力程度在各个选择策略中是不同的——无论是主观还是客观测量——努力的多少同时也因备选集合的情形而异。如果这个集合很大,需要对许多维度和备选项进行权衡,缺少关键的、可靠的信息,或者包含许多相似的备选项,绝大多数选择策略都需要相当多的认知努力。研究显示,人们能够觉察到他们所使用的选择策略,这可能反映的是一种元理性。如果选择很重要,尤其当选择者承担一定责任的时候,人们会更多地依赖耗费认知资源且更为全面可靠的策略,从而使得他们更可能从备选集合中识别出最好的备选项。

一些选择策略涉及不同属性之间的权衡,而另一些则不具有这样的特点。比如一间公寓,好的地理位置能够补偿昂贵的租金所带来的负面评价;一辆汽车,它的可靠性与安全性能够补偿其外观的不足。但是也存在一些选择策略,它们是非补偿性的(non-compensatory):例如,如果一间公寓的月租金超过了700美元,那么无论这间公寓其他条件多么好,我们都不会再去考虑;同样,如果一辆汽车无法舒适地搭载一家四口人,我们同样也会放弃考虑。这些非补偿性的策略通常只需要较少的认知努力,因此做出选择所耗费的时间也会很少。但是,这些策略在节省认知资源的同时,也会带来一些负面影响,因为有时它会使个体在找到真正占优势的"赢家"前停止对备选项的搜索,从而错失"均衡的、总体很好的"备选项。

由于我们的注意资源是有限的,选择策略能够指导我们对信息进行搜索。选择策略可以分为基于备选项的(alternative-based)选择策略和基于属性的(attribute-based)选择策略两种。在基于备选项的选择策略中,注意一次只集中在一个备选项上,人们会对其所有属性进行考察,从而形成对该备选项的总体

	需付出的认知努力程度	补偿性的还是非补偿性的	整体还是局部	是否穷尽
优势策略	中等	非补偿性的	基于备选项	是

搜寻一个在所有重要属性上都不差于其他备选项的选项,从而选择它,或者找到一个在所有重要属性上都劣于其他备选项的选项,并把它从备选集合中剔除。这个策略类似于理性选择,但是只有在备选集合中存在一个超过其他所有选项的"最优选项"时,这个策略才能发挥作用。优势策略一般用于选择的初期阶段,它可以保证先把最差的选项从备选集合中剔除。

线性添加策略	很高	补偿性的	基于备选项	是

根据重要性赋予每个属性一个权重(需参照决策者当前的目标)。每次考察一个备选项,通过对选项的每个属性进行评分,然后将每个属性的评分乘以属性的重要性权重并累加在一起,用这个方法得到的加权评价值作为该备选项的整体效用值。这个策略既是上文中提到的富兰克林对决策者进行指导时所用方法的正确版本,也是经济学理论中描述人类理性选择的理论模型。这个策略能够帮助我们找到备选集合中那个唯一的"整体最好"的备选项,但是在面对复杂的备选集合时需要大量的认知努力和时间。

差别添加策略	很高	补偿性的	基于属性	是

同时考虑两个备选项,逐个比较两个选项的各个属性,估计出每个属性上的差别分。将所有的差别分加起来就可以表征这两个备选项总体上的差别。然后将较好的备选项挑选出来与下一个备选项进行比较,重复上述比较过程。整个过程结束后,得到的最优备选项就是"赢得了"所有两两比较的那一个选项(这个策略挑出的备选项应该和线性添加策略或多属性效用理论策略得到的选项是相同的,仅仅是计算过程不同)。这个策略通常被运用于日常选择的最终阶段,例如挑选生活消费品。它通常表现为定性的形式,即仅仅比较两个备选项所具有的优势属性的个数。这种方式通常被称为选择的"投票法则"(在一个备选项两两比较的"选举"中,每对属性的比较即为"一票"),在这种定性的方式下,备选项比较的顺序对于最终的结果有很大的影响。(差别添加策略在形式上与选举相似,在全民选举中会出现的选举谬误同样也出现在用这种策略进行的选择中。)

"满意策略" (联合策略)	低	非补偿性的	基于备选项	否

首先,对所有重要的属性设立一个"可接受的"底线;然后寻找第一个在所有重要属性上都不低于底线的备选项,或者用此方法挑选出几个"足够好"的备选项(即各个属性都高于底线),进行进一步考察。满意策略会使得我们形成一个包含同质的"好"选项的集合。这个策略一般用于初期策略中剔除不满足要求的选项,或者在更普遍的满意策略下找到第一个"足够好的"选项——这在消费选择中很常见。

	需付出的认知努力程度	补偿性的还是非补偿性的	整体还是局部	是否穷尽
分离策略	低	非补偿性的	基于备选项	否

首先,对所有重要的属性设立一个"可接受的"底线;然后寻找第一个在任意某个重要属性上不低于底线的备选项,或者用此方法挑选出至少在一个维度上很好的多个备选项来进行进一步考虑。这个策略会使得我们找到异质的"特别选项"集合。

词典搜索式策略	中等	非补偿性的	基于属性	否

首先,通览各个属性并挑选出最重要的一个属性;然后,根据这个属性选出表现最好的备选项。如果在这个属性上有几个备选项都很好,则选出第二重要的属性并从这几个备选项中选出最好的(重复上述过程直到剩下一个备选项)——在我们日常的选择中会经常使用到这一策略,但有时据此无法做出选择(每一步的选择之间存在矛盾)。同时,由于各个属性被考虑的顺序对最终的选择结果有重要影响,所以选择有可能被"操纵"——根据不同顺序,任一选择结果都能出现。这个策略和 Gerd Gigerenzer 提出的"选最好的"、快速而节省的启发式策略很相近(这个策略在判断与选择情境中很适用,因为它能够有效反映真实环境下的备选项及属性的价值分布)。在我们此处的描述中,唯一的修正就是用效力(预测准确性)替换重要性,并根据之前区分备选项好与坏的效力来决定当下选择策略中不同属性的顺序。

根据某一方面进行排除	中等	非补偿性的	基于属性	否

选出一个重要的属性并设立在该属性上"可接受的"底线,随后剔除所有在该属性上没有达到底线的备选项。接着,挑选出第二重要的属性,同样设立可接受的底线并剔除在该属性上低于底线的备选项(重复上述过程直到剩下一个备选项)——这个策略经常用来剔除不满足要求的选项。属性(方面)被考虑的顺序与自己当下最看重的方面有很大关系,选择结果与词典搜索式策略一样有被操纵的可能(例如,你在使用这种策略时,用一种顺序考察属性会做出一种选择,而用另外一种顺序考察属性时,却很有可能选出一个不同的备选项)。

再认启发式	低	非补偿性的	基于备选项	否

在一些选择过程中,人们对于备选项了解很少,只能简单地依赖于名字再认(name recognition)。也就是说,人们会选择他们能再认出的第一个备选项。Dan Goldstein 和 Gigerenzer(2002)指出,在许多现实的选择与判断过程中(选出人口更多的城市、选出最有可能上涨的股票等),快速而节省的再认选择启发式表现极佳。

图 10.1　常见的选择策略

评估，随后注意会转向下一个备选项（这个过程通常用第 4 章提到的"平均模型"来描述）。而基于属性的选择策略则与此不同：使用该策略的人会选定一个属性（例如价格、位置等），然后同时对多个备选项在该属性上的优势进行评估，随后将注意转移到下一个属性上。相比基于备选项的策略，基于属性的选择策略在得到"答案"前只需要考察较少的信息，因而需要的认知资源也较少。

最后，尽管选择策略的差异在某种程度上由备选集合的结构所决定，但这些策略在选择过程中对信息量的需求一般也存在不同。某些策略是穷尽的，需要详细研究所有相关信息（甚至需要通过推断来填补信息间的缺口与空白）；其他的一些策略则只需要考虑所有可获得的信息中的一小部分即可。显然，更多的信息意味着在绝大多数选择情境中都需要付出更多的认知努力，穷尽的策略是耗费精力的。正如上面提到的，非补偿性选择策略和基于属性的选择策略更具有"节省认知"的特点。

最为全面的、系统的、耗费认知资源的选择策略是基于多属性效用理论（multi-attribute utility theory，MAUT）的评估过程。它本质上是一个线性权重相加过程，在评估过程中它基于透镜模型的判断框架，而用不着估计与预测"世界的真实状态"（例如估计我们对于客观选择的内在反应）。这种方法可以帮助我们优化选择习惯。例如，本杰明·富兰克林（1772，1987）在建议他的朋友约瑟夫·普利斯特列如何抉择时写到：

> 做出选择总是很困难，最主要的原因是我们在进行思考时，所有支持或反对的理由并不会同时浮现在我们的脑海中；有时某个理由出现在头脑中，过一会儿又出现另一个，而前面那个理由又从头脑中消失了。不同目的和倾向交替出现，这种不确定性使得我们非常困惑。为了克服这个困难，我的方法是在一张白纸上画一条线，将纸分成两栏，一栏写下能支持我做出某种选择的理由，另一栏则写反对的理由。通过三四天的思考，我把不同时间、不同动机带来的支持或反对理由都记录下来。通过这种方式，各种支持或反对的理由同时呈现在思考范围内，接着我就开始尝试估计它们各自的权重。当发现两条权重相等的理由分别出现在两栏中，我就把它们都划掉；如果某条支持理由的权重等于两条反对理由的权重之和，我就把这三条都划掉；同理，

如果找到两条反对理由的权重之和等于三条支持理由的权重之和时，我就把这五条都划掉。通过这样的过程，我就能找到平衡点；如果经过一天或两天的进一步思考，没有新的重要理由出现，我就根据权重抵消的结果做出决定。虽然这些权重或理由并不能通过精确的代数值来表示，但是每一条理由、每一个权重都被独立地考察和相互比较，我了解到了全貌，因而我认为自己能够做出较好的判断，而不倾向于做出轻率的决定。实际上，这个可以被称为"德智代数法"的方法确实给我带来了很大的便利与好处。（p. 552）

在面临选择，甚至是面临重要选择的时候，我们依然依赖节省的启发式策略。在阐述完这一现象的实际意义之后，我们还是要回到如何明智选择的问题上。

10.2 将备选项排序

由于我们无法同时考虑所有的决策选项及其可能带来的结果，因而我们必须依次对其进行考察。（请注意本杰明·富兰克林对于选择有多难的评论与我们讨论的认知能力的有限性、尤其是工作记忆的限制性是不谋而合的。）我们以什么样的顺序考虑选项与结果可能会对决策产生重大的影响。由于我们会自发地在脑中排列备选项的顺序，因而选择经常表现得非常不理性。下面是一个简单的例子。

Richard Nisbett 和 Timothy Wilson（1977）要求人们描述他们对于一系列商品（包括连衣裙和长袜）的偏好。这些商品被排列成一行呈现在被试面前。Nisbett 和 Wilson 发现，无论按何种顺序摆放商品，被试总是倾向于选择最右边的商品。被试并没有意识到商品的位置对他们的选择有影响，并且毫无疑问他们会否认使用了"选择任何一个碰巧在最右边的商品"这样一个外显的决策策略。类似的选择顺序效应（order effects on choice）同样出现在政治选举（选票上候选人名字的顺序，Miller & Krosnick, 1998）、欧洲电视网歌唱大赛中选手得分（类似于美国偶像 [American Idol] 的业余歌手比赛）、古典音乐比赛以及体育比赛如花样滑冰中的表现（de Bruin, 2005）等情境中。

Nisbett 和 Wilson（1977）观察到，绝大多数被试都是从左向右浏览陈列的商品，这可能与我们平常的阅读习惯有关。（在以色列重复这个实验将会很有趣，因为在那里人们是从右向左进行阅读的。）那么，被试为什么会更喜欢最右边的商品呢？一种可能是每一个新的商品都拥有前一个商品不具有的某些吸引人的特点，但是放置在这一行的最后一个商品的右边没有新的商品，自然也就没有新的吸引人的特点来抓住被试的注意。（这个解释的前提假设是任何一种商品为了要在市场上长久地生存，都要有其独特的、其他商品没有的、吸引人的特征。）

在 Nisbett 和 Wilson（1977）的实验中，被试能够看到所有的备选项。但是将备选项按一定顺序排列的一个重大问题是它可能排除对某些可能性的考虑。Herbert Simon（1956）因其在个体决策与组织决策领域的贡献而获得诺贝尔奖，他指出，人们通常会搜寻各种可能的备选项，一旦找到一个满足他事先设定的标准的备选项，搜索就会结束，当然这样的选择并不是最优的，即据此得到的是满意决策而并不一定是最优决策。Simon 用苏格兰语 *satisficing*（满意的）来描述上述过程，它与 *optimizing*（最优的）是相对立的。

搜索可能的备选项并在发现第一个满意的选项后就停止，这样的策略对理性选择的研究有重要的意义。它意味着人们搜索的顺序将会是最为重要的一个因素，而顺序由许多与选择结果毫不相关的因素所决定（例如从左到右的偏差），选择结果也能被一个聪明人通过控制顺序而操纵。我们现在讨论的这个策略不是一个理性策略，因为它是在未对备选项的结果进行充分考虑的前提下独立发生的。一种搜索方式会带来一种结果，另一种搜索方式则会带来另一种不同的结果。

如果决策没有受到与决策结果无关因素（例如考虑备选项的顺序）的影响，那么该决策就是理性的，而这种理性的决策被 Simon（1956）称作有限（bounded）理性。现在，决策研究者用"有限理性"来描述大量不严格依赖理性原则，但多多少少包含一定理性的选择过程（图 10.1 中的绝大部分策略）。Simon 在其随后的工作中指出，这种有限的理性通常是决定选择的最重要因素。

不过，有限理性也能得到合意的结果。首先，在某些情况下不可能事先了解到所有的备选项及其属性和结果，在这种情况下，合理的策略就是在既定的一段时间内根据预先设定的方式来搜索信息，然后择优选择。当然，这种策略不如根据搜集到的信息不断修正搜索的方式和时间框架的策略合理，尽管后者也是一种无法考虑所有备选项的有限理性的表现。第二，考虑所有相关的可能性和结果会产生决策成本，并且由于成本和结果收益形式可能不同，所以很难将它们综合在一起来考虑。下面我们将举两个例子进行说明，第一个是关于决策成本的。

一位客座教授正在考虑三个待遇很好的教授职位。在这三个职位上她都会得到大量的时间与支持来做自己喜欢的研究。根据她现在搜集到的信息，已经有了关于三个职位优劣的清晰排名，但是她希望搜集到更多的信息。现在比较麻烦的是，目前看来，最好的一个职位需要她在一个月内给出答复，另外两个职位则可以在半年内做出回复（同时，在这段时间内，有可能还会出现新的职位供她选择）。那么她到底需要花多少时间来搜集信息，评估可能的结果及其可能性，并试着将各种信息与潜在结果综合在一起进行考虑从而做出决定呢？在这期间她还有许多其他的事情要做，并且这些事情也都是有完成期限的；此外，诸如此类的决策非常消耗人的精力并影响人的情绪。她应该像一些朋友建议的那样通过排除看上去最差的一个职位来"限制"她的搜索吗？很显然，这样做能够使她有更多的时间和精力来评估另外两个备选项，但是缺点是，她在仔细考虑一个备选项前就将它排除掉了。她是否应该做一个更高层次的决定以确定自己如何做，例如为决策设立一个标准从而将三个备选项减少到两个？

这些问题并不像赌博中的选择那样，可以很容易地给出答案。由于包含在决策过程中的收益和成本，与包含在工作本身中的收益与成本是不可比较的，所以整个选择变得极为困难。考虑到这位教授的时间和认知资源都是有限的，即使她有一些方法来将决策的成本和结果综合起来，也不可能用完全理性的方式对此进行评估。同时更为无奈的是，即使她能找出一种完全理性的方式来进行选择，她也要对将要花费的时间和精力进行权衡，从而决定是否要这样做。她做出任何一个决定的合理性都是"有限的"，但是她终归要做出一个决定。

再举一个不考虑所有可能性的例子：某人要招聘一名秘书。在美国一些地方，上百人申请同一个秘书职位的情况并不少见。对于不了解该职位需要什么样的技能以及不知道如何考察秘书能力的招聘者来说，做出选择是极为困难的。数天来申请人不断地出现，雇主是否需要等到100名申请者都出现后，用尽可能完备的方式来评估所有这些申请者呢？这无疑会耗费大量的时间。那么雇主是否可以采用一种较为直观的方法对所有的人进行快速评估，然后再深入了解其中的20名申请者呢？深入地评估一部分申请者能够得到更好的信息吗？让我们假设雇主使用一种非常有限的策略：深入评估前20名申请者然后选择其中最好的一个。这种策略与深入评估所有100位申请者相比是更好还是更差呢？

我们可以对该策略的某一方面进行详细评价。假设雇主对于最优秀的5位申请者都感到很满意，那么对于这100名申请者来说，这5位最优秀申请者中的1人出现在前20名申请者中会有多大可能性呢？假设在秘书能力上，申请者的顺序是随机的（也就是说，不存在优秀的秘书会更早或更晚申请这样的系统偏差），那么其可能性是0.68。事实上，这最优秀的5人中有1人出现在前15名申请者中的概率略大于0.5。因此，尽管深入考察前20名申请者的策略并不满足考虑所有备选项这样的原则，但这个策略还是有一定用处的，它至少能够帮助雇主选到高水平的秘书。（雇主是否能够正确地评判这些申请人的能力与价值则是另外一个问题。）这个策略的优势是能够减少决策的时间与耗费的精力，同时也能帮助雇主了解申请者群体的特点，从而决定在评估申请人时应该着重考察哪些品质与能力。

一个类似的过程是通过从所有候选人中进行抽样，依据样本的信息来设立最终选择标准，随后再以此标准选择出好的候选人。例如，假设雇主考察了随机选取的15名申请者，然后继续搜寻，直到找到一个比这15个人都好的申请者。这样的方式会使雇主有0.83的可能性选到最优秀5人中的1人，而期望的搜索长度是29名申请者。（这是一个著名的数学结论，即如果从申请者的集合中随机选取37%［1/e］的人，然后继续搜寻直到出现一个比这37%的人都好的人，那么这个人是最优秀候选者的可能性是最大的；有关动态决策问题的概论参见Searle & Rapoport，2000。）如果雇主事先知道如何判断一个秘书的能力，那么他可以开始搜寻直到找到最好的5%中的1个，这样平均会有17名申请者必须被考察。

正如Amitai Etzinoi指出（与Robyn Dawes的个人通信，1986年11月3日）的那样，上文提到的三种搜寻策略都是"有限理性的"或是"满意的"。第一种策略包含了简单的删减搜索过程，因为有太多的备选项需要去考虑；这个过程的合意程度取决于删减的程度、达成决策的成本与决策带来的收益和成本的比较，以及决策者在多大程度上能够避免搜索过程中的不利偏差。第二种策略包含了通过第一步的搜索来决定什么是一个合意的备选项，而第三种策略包含了事先决定的满意标准。后两种策略是否令人满意同样与第一种中提到的三个因素有关。

根据 Richard Cyert 和 James March（1963）的研究，组织和个人在解决问题的时候，通常都会使用有限的搜索过程来找到满意的而非最优的解决方案。并且，判断一个解决方案优劣的标准是根据搜索开始之时便选定的标准，以及随着搜索过程而变得更为凸显的标准来决定的。

另一个简化搜索过程的程序则是关注备选项的某些方面（aspects）而不是备选项的全部信息。例如，Tversky（1972）指出，决策者通常根据某一方面来排除备选项。根据某一方面进行排除的策略包括选择一个吸引人的方面，排除所有没有这方面特征或者在这方面不达标的备选项，然后再选择另一个吸引人的方面并排除所有不合格的备选项，以此类推，直到只剩下一个备选项或少数几个备选项，以便做最后的仔细评估。例如在选择秘书的过程中，文字处理能力和工作所需电脑软件的培训经历就可以被作为排除的指标。

如果根据每个方面的合意程度大小来进行评估，那么这种形式的有限理性能够得到一个合理的、好的选择——尽管这个方式不包含补偿性的机制。如果每个方面是根据它们的重要性比例来进行选择，那么结果就会差强人意。如果仅仅根据我们想到每个方面的难易程度进行选择，那么这无疑是个错误的过程。登广告的人往往通过突出产品在竞争中独树一帜的方面来对产品的吸引力进行操纵，促使消费者过度考虑这些好的方面或者根据他们产品最好的属性来排除其他竞争性选项。

Gigerenzer 等人（1999）描述了一个相关的选择策略：选最好的。这个策略是选择的人从最重要的属性开始搜索（当做预测时，则是最有效力的属性），然后选择（而不是排除）那个在最重要的属性上明显占优势的备选项。

Payne 等人（1993）在各种约束条件下对不同选择策略的相对效果进行比较，系统分析了各个选择策略的特征，这有助于我们了解人们的选择过程。结果发现，即使认知资源或可用信息是无限的，需要更少认知资源的策略在效果上与理想的多属性效用评估策略（合理的选择并且无信息缺失）几乎一样好。如果给选择策略加上一个选择的时限，那么多属性效用理论（MAUT）策略可能会陷入僵局或者失效，但其他一些"快速但不完美"的策略仍然表现良好。Gigerenzer等人（1999）也针对他提出的快速而节省的运算法则进行了类似的分析并且得到了同样的结论。例如，再认启发式和选最好的策略在一些现实条件下比那些耗费认知资源的策略表现得更好。这意味着这些高效但非最优的策略在嘈杂、高压、不舒适的环境中可能是最具有适应性的。

那么有限理性下终止搜寻的现象与Nisbett和Wilson（1977）的研究结果矛盾吗？答案当然是不矛盾。因为这两个选择情境在本质上是有差异的。在Nisbett和Wilson的研究中，被试能够了解到所有的备选项，因为每个商品都排成一行呈现在他们面前。而满意决策的问题是某些选项甚至不会被考虑到，包括那些对于决策者来说可能是更好的甚至是最好的选项（这种可能性的大小取决于情境条件）。

10.3 将备选项分组

适应是人类生存的一个基本过程，它也影响着人类的判断与决策——例如，根据现状来构建备选项。另一个会影响判断与决策的现象是个体对背景效应的敏感度。就像某个特定的视觉刺激（例如一个灰色的圆）在不同的背景中（例如处在黄颜色的背景中与处在蓝颜色的背景中）引起人们不同的知觉感受一样，对于决策者来说，不同的备选项在不同的决策背景中也会呈现出不同的特点。具体来说，备选项在不同的备选集合中可能被评价为更吸引人或是更不吸引人。在评价过程中包含的主观判断越多，背景效应的影响就可能越强。例如，尽管我们对于某种颜色的知觉会因为其周围背景颜色的不同而产生差异，但是我们还是体验到更强的"颜色恒常性"，照亮物体的背景色对我们感知物体本身的颜色知觉没有太大影响。但是当评估一个备选项及其可能的结果时，我们往往不具有这样的恒常性。事实上，竞争性选项的影响可能导致我们做出完全相反的选择，即使那些竞争性选项完全不可能被我们选择。

对于选择，大多数理论家认可的理性原则之一是不受无关备选项的影响，即如果单独考虑 A 和 B 两个选项，个体偏好 A，那么将选项 C 加入一起考虑时，相比于选项 B 来说个体仍然偏好 A。换句话讲，选项 C 的出现与个体在 A 和 B 之间的偏好是无关的。当然，如果在 A、B、C 三个选项中，个体偏好选项 C，因为选项 C 被选择，那么我们就无法知道 C 的存在是否反转了个体在 A 和 B 之间的偏好，因而，要证明选择过程是否可能违反上述的理性原则，我们必须在选项 C 没被选择的情况下，考察 A 和 B 之间的偏好顺序是否发生了反转。

那么这样的情况可能发生吗？答案是肯定的，而且这种情况的发生就是由于背景效应的作用。Joel Huber 和 Christopher Puto（1983）要求被试在各种消费品间进行选择，例如不同的电池、不同的衣服、不同的饮料，假设：

电池 A：电力持续 22 小时，价格 1.80 美元
电池 B：电力持续 28 小时，价格 2.10 美元

现在加入第三种电池——电池 C，电力持续 14 小时，价格 1.50 美元。没有人选择电池 C，它看上去像电池 A 但是质量更差。电池 A 相比于电池 C，电力持续时间更长但是价格只高了一点。当电池 C 在备选集合中时，大多数消费者偏好电池 A（超过 60%）。现在考虑电池 A、电池 B 和一种新的电池：电池 D。电池 D 电力持续时间 32 小时，价格 2.70 美元。电池 B 和电池 D 看上去差不多，但是它是一个"更好的交易"[1]，在这种情况下，大多数消费者在 A 和 B 之间更偏好 B（大约 60%）。这种诱惑备选项的效应在消费选择、社会选择、政治选举情境中都很常见。

Tversky 和 Itamar Simonson（1992）还描述了消费选择中另一种有趣的背景效应。一个邮购厨房用品的商店正在出售一款标价 275 美元的面包机。这款商品销售情况十分不好，直到这家商店同时开始出售另一款稍微大一点的面包机，但它的价格比之前那款贵了许多，高达 429 美元。这款新的面包机在销售

---

[1] 因为电池 B 相比电池 D 便宜了许多，而两者电力持续时间相差较少，所以综合考虑，电池 B 的性价比更高。——译者注

上依然不成功，但是前面那款稍微小一点的面包机的销售量则翻了不止一番。与那款标价过高的大面包机相比，原先那款便宜的小面包机成为了一个好的选择。

10.4 无意识选择

近来，大家对一个问题非常感兴趣，即是否值得竭尽全力去解构决策过程（就像我们在这本书中所做的一样），并训练我们自己做出系统的、经过深思熟虑的判断与选择。Malcolm Gladwell 的《当机立断》（2005）等畅销书指出，与细致的、分析性的过程相比，快速的、直觉性的决策过程通常是更准确的，也能为决策者带来更为持久的满足感。我们发现 Gladwell 列举的支持直觉式判断与选择的科学案例完全无法令人信服（例如，参见 Hogarth & Schoemaker, 2005）。不过，也确实有两个研究能够有效证明直觉在某些条件下胜过分析。

在开始进一步的讨论之前，我们需要注意到，这本书中提到的所有判断与决策过程都同时包含意识和无意识的成分。更进一步来说，要判定意识成分和无意识成分在最终的判断中所做出的相对贡献是十分困难的。事实上，大多数认知心理学研究者无意详细区分出模型中哪些部分是有意识报告的，哪些部分是隐藏于无意识之中的。不过，我们至少能够凭直觉区别出系统的、受到控制的判断和选择与自动的、自发产生的判断和选择。因此，虽然我们无法做到我们希望的那样精确，但我们至少能够对二者进行比较。

Tim Wilson 和他的同事进行了一些能够引发思考的研究，被试在研究中对果酱、寝室海报、心理学课程进行选择，每次选择的备选集合都包含近 10 项（例如，Wilson et al., 1993；Wilson & Schooler, 1991）。他们比较了被试在"报告选择原因"与"只做出选择"两种条件下的选择。尽管三个研究得到的结果都指出了"只做出选择"过程的优势，但是以寝室海报为选择对象的研究结果最为有力。在选择寝室海报的研究中，他们发现当被试"只做出选择"时，他们更可能在事实上把自己选择的海报贴在寝室里，并且在最初选择的三个月后对海报的满意度评分更高。Wilson 和他的同事对此的解释是：自动的、非控制的选择过程更接近于选择的物品实际被"消费"时个体对它的评价过程，而陈述选择的原因则显得很不自然，并且会干扰个体基于将来消费该物品时所关注的属性，而在选择时去做出相应的评估。这个发现很有意义，特别是对于像果酱、海报这样以简单自动的感官方式"消费"的物品，过于耗费脑力的选择可能会破坏这样的评价过程。我们很惊奇地发现，有关心理学课程的选择任务似乎也表现出"非系统性的、凭直觉的选择过程更具优势"的特点，但是在该研究中使用的方法无法排除被试在"只做出选择"条件下依然努力（并且系统性地）思考各个备选项。从这些研究中我们可以提炼到的关键点是：当选择对象很简单，"消费"它们的过程不包含大量的认知分析时，更为简单、依赖直觉的选择过程会带来更好、更满意的结果。

Dijksterhuis 和他的同事们报告了另一个更具争议的系列研究（Dijksterhuis, Bos, Nordgren, & van Baaren, 2006）。他们研究了选择情境更为复杂的多属性选项，比如租公寓、买汽车、选室友等。在一个典型的实验中，他们要求被试在四种假想的汽车之间做出选择，每一辆汽车都由 12 对（高/低）属性（例如有杯托/无杯托、使用里程的长/短）来描述；每辆车的 12 对属性以随机打乱的顺序快速呈现，一次呈现一个。随后，让被试思考 4 分钟后做出选择，或者让被试完成一个关于颠倒字母顺序的分心任务之后再进行选择。如此一来，实验包含两个条件：有意识思考组（思考 4 分钟的被试）和无意识思考组（完成分心任务的被试）。备选的 4 种汽车中，1 种汽车有 9 个正性属性，另外 3 种汽车有 6 个正性属性，选择的质量由选择最优选项（有 9 个正性属性的汽车）的被试人数来衡量。令人惊奇的结果再次出现，无意识选择条件下有更多的人做出正确的选择，达到了 59%，而有意识思考条件下做出正确选择的人只在随机水平，为 22%。（在其他实验中，还有一个"立即选择"组，这个组的表现也很差。）

Dijksterhuis 等人的解释是，人类存在有意识和无意识两种思考方式，无意识思考系统比有意识思考系统有更强的计算能力。他们估计，意识系统每秒只能处理少量的信息（大约每秒 2~3 比特，如每秒阅读 5~7 个单词），而无意识系统每秒的处理能力为 11 200 000 比特。他们也比较了两个系统在其他方面的不同并得出结论：对于任何复杂的智力任务来说，无意识系统都会比有意识系统表现得更好。这个理论解释含有很大的推理成分，而这项研究更为重要的是其提出的颇具争议行为层面的结果。在 Dijksterhuis 等人研究所使用的任务中，以选择最优选项的人数作为标准来衡量选择的质量，而结果是，在分心任务情境下经过无意识思考做出的选择，总是优于有意识情境下的选择。这样的结果使一些人，包括本书的作者，产生了困惑，因为这些人相信有意识的选择策略拥有重要优势，这种策略是系统的、受控制的、经过深思熟虑的。

在本节结束之前，我们想对 Dijketerhuis 等人的研究进行一些评论，并推荐与无意识策略相反的一些策略。首先，我们承认 Dijketerhuis 等人研究的重要性。事实上，我们也无法直接引用研究证据来说明，在实践中经过深思熟虑后进行的选择优于凭直觉做出的选择。其次，我们要指出的是，我们提出的深思熟虑选择策略（详见下面的章节 10.5）与 Dijksterhuis 等人使用的"思考 4 分钟"截然不同。第三，我们认为有一些理由使我们相信 Dijketerhuis 等人的结论仅适用于十分有限的一些选择任务和选择条件。因为我们注意到，实验条件包括很奇怪的快速呈现 48 条属性、"思考 4 分钟"的要求，并且在实验结果中有意识思考组的表现仅为随机水平。此外，即使在如此独特的条件下，其他研究者也发现，当要求被试"自由思考自己的选择"时，被试的表现优于 Dijksterhuis 等人研究中所采用的无意识思考条件（Payne et al., 2008）。因此，Dijksterhuis 等人的研究似乎采用了一种非典型的选择任务条件，使有意识选择策略必定表现很差。与 Dijksterhuis 及其同事们不同的是，我们针对复杂决策情境推荐一种慎重的、受控制的选择策略，尽管从本杰明·富兰克林提出的"德智代数法"来看，我们推荐的策略与 Dijksterhuis 等人研究中所用到的有意识思考的方式完全不同。

10.5 如何做出好的选择

本杰明·富兰克林（Bigelow, 1887；也见 Clemen, 1996；个人和专业的决策分析介绍见 Hammond, Keeney, & Raiffa, 1999）的建议在许多通俗的决策类书籍中都有提到：列出各种选择的可能结果，将这些结果与自身对其价值的评分联系起来，最后选择经简单权重相加后得到总分最高的备选项。另一个有趣但更为简单的富兰克林式的方法出现在查尔斯·达尔文（1887/1969）决定自己是否结婚这个问题上,他在自传中总结了这一决策过程。当然,这种方法也是存在问题的。我们如何决定和定义线索变量(即有价值的属性)？某些线索间是否相互关联？例如,在评估一个可能的职位时,我们是否应该把薪水、身份、自主看作不同的属性？我们如何知道这些属性是否对我们很重要？难道"高级别"的工作更可能在上述三个属性上得分都很高,而"低级别"的工作在三个属性上得分都很低吗？如果是这样,我们何不仅仅列出一个名为"工作级别"的属性,而不是列出几个不同的成分？

关于重要性这一问题的答案很简单：取决于决策者。当构建一个权重方案时,我们需要根据当前的目标列出对我们重要的变量。例如,如果我们以一种全局而模糊的方式来考虑"工作级别",那么我们就应该列出它。但是如果薪水、身份、自主各自在心理层面上都是独立和重要的,那么我们就应该分开列出它们。富兰克林给他朋友的建议不是应该做什么决定,而是如何做决定。当要列出一张表时,他也不会建议在表上应该列出什么内容,而是如何明确什么对决策者是重要的。研究表明,当个体知道具体的变量后,线性模型的预测力要优于全局的直觉判断。(事实上,仅仅是决定要考虑哪些变量就会使选择变得明了。)此外,每个变量的权重是由决策者决定的。例如,如果相比于性格如何、自私与否、心智健康与否这些因素,性生活的和谐度对某个人选择伴侣来说更为重要,那么他没有理由不根据这个因素来做出选择并接受可能的结果。再次强调,本书的目的不在于做什么决定,而是如何做决定。因此,关于变量问题的答案可以在 Wendell Garner 和 John Morton 的书中找到。即使两个维度在客观上存在相关(例如身高和体重),也无法说明它们在知觉者的心理层面上也是结合在一起的,如果它们对你来说是独立的,那么就将其分开进行思考。

一旦我们决定了考虑的变量,下面就得面临评估和赋予权重的问题。要完成这个过程,必须假定我们确实了解自己的价值标准和价值系统,尤其是了解我们如何比较与权衡互相冲突的价值。道斯关于线性模型的稳健表现研究表明,我们的洞察不需要完整或深刻；一个好的评估与赋予权重的做法,即使不完美,也能带来接近最优的结果(参见章节 3.5)。假定以上假设都是成立的,那么决策就会被分解,从而每个变量都能被独立地考虑,而结果就是根据线性方式(权重相加)结合而来。再次说明,我们相信这种分解的方式在缺乏评价标准的情境下之所以有效，是因为它在本章所述及的类似情境中被证实具有作用。

当然，价值的确定并不是一件简单的事情。事实上，有效而仔细的分解过程是会出现认知偏差的，因为自动选择的过程会在其中发挥作用。因此，Tversky，Sattah 和 Slovic（1988）的研究表明，当用匹配过程来决定关联变量的相对重要程度时，人们会系统性低估实际决策情境的差异程度。例如，绝大多数棒球专家认为平均击球率比本垒打的数量更重要。让专家们在两个变量上对运动员进行评分，使得两名运动员具有相同的价值，这样就能得到专家们对于这两个变量的内隐权重。这个方法的具体实现过程是：例如，已知一名运动员一年有15记本垒打、平均击球率为0.334，那么专家们需要评估另一名平均击球率为0.310的运动员在一年中要打出多少记本垒打才与上一名运动员具有相同价值。但是要求棒球专家在两名运动员中选出更有价值的一位时，这样的匹配判断会使专家系统性地低估平均击球率相对于本垒打的重要性。

怎样才能更好地确定真实的价值？什么是真实的价值？本章——实际上本书——并不能解决这样的难题。我们能够得出的结论是，首先从内部观察每个变量，然后通过某种权重方案进行比较，这样的过程优于分别考虑每个选项而做出跨越各种变量的全局性直觉判断。

参考文献

Bigelow, J. (Ed.). (1887). *The complete works of Benjamin Franklin.* New York: Putnam.

Clemen, R. T. (1996). *Making hard decisions: An introduction to decision analysis* (2nd ed.). Pacific Grove, CA: Duxbury Press.

Cyert, R. M., & March, J. G. (1963). *A behavioral theory of the firm.* Englewood Cliffs, NJ: Prentice Hall.

Darwin, C. (1969). *The autobiography of Charles Darwin, 1809–1892.* New York: Norton. (Original work published 1887)

De Bruin, W. B. (2005). Save the last dance for me: Unwanted serial position effects in jury evaluations. *Acta Psychologica, 118,* 245–260.

Dijksterhuis, A., Bos, M. W., Nordgren, L. F., & van Baaren, R. B. (2006). On making the right choice: The deliberation-without-attention effect. *Science, 311,* 1005–1007.

Franklin, B. (1987). *Writings.* New York: Library of America. (The original letter to Joseph Priestley was written on September 19, 1772.)

Garner, W. R., & Morton, J. (1969). Perceptual independence: Definitions, models, and experimental paradigms. *Psychological Bulletin, 72,* 233–259.

Gigerenzer, G., Todd, P. M., & the ABC Research Group. (1999). *Simple heuristics that make us smart.* New York: Oxford University Press.

Gladwell, M. (2005). *Blink: The power of thinking without thinking.* New York: Little, Brown.

Goldstein, D. G., & Gigerenzer, G. (2002). Models of ecological rationality: The recognition heuristic. *Psychological Review, 109,* 75–90.

Hammond, J. S., Keeney, R. L., & Raiffa, H. (1999). *Smart choices: A practical guide to making better decisions.* Cambridge, MA: Harvard Business School Press.

Hogarth, R. M., & Schoemaker, P. J. H. (2005). Beyond *Blink*: A challenge to behavioral decision making. *Journal of Behavioral Decision Making, 18,* 305–309.

Huber, J., & Puto, C. (1983). Market boundaries and product choice: Illustrating attraction and substitution effects. *Journal of Consumer Research, 10,* 31–44.

Miller, J. M., & Krosnick, J. A. (1998). The impact of candidate name order on election outcomes. *Public Opinion Quarterly, 62,* 291–330.

Nisbett, R. E., & Wilson, T. D. (1977). Telling more than we can know: Verbal reports on mental processes. *Psychological Review, 84,* 231–259.

Payne, J. W., Bettman, J. R., & Johnson, E. J. (1993). *The adaptive decision maker.* New York: Cambridge University Press.

Payne, J. W., Samper, A., Bettman, J. R., & Luce, M. F. (2008). Boundary conditions on unconscious thought in complex decision making. *Psychological Science, 19(11),* 1118–1123.

Searle, D. A., & Rapoport, A. (2000). Optional stopping behavior with relative ranks: The Secretary Problem with unknown population size. *Journal of Behavioral Decision Making, 13,* 391–411.

Simon, H. A. (1956). Rational choice and the structure of the environment. *Psychological Review, 63,* 129–138.

Simonson, I., & Tversky, A. (1992). Choice in context: Tradeoff contrast and extremeness aversion. *Journal of Marketing Research, 29,* 281–295.

Tversky, A. (1972). Elimination by aspects: A theory of choice. *Psychological Review, 79,* 281–299.

Tversky, A., Sattath, S., & Slovic, P. (1988). Contingent weighting in judgment and choice.

Psychological Review, 95, 371–384.

Wilson, T. D., Lisle, D. J., Schooler, J.W., Hodges, S. D., Klaaren, K. J., & LaFleur, S. J. (1993). Introspecting about reasons can reduce post-choice satisfaction. *Personality and Social Psychology Bulletin, 19,* 331–339.

Wilson, T. D., & Schooler, J.W. (1991). Thinking too much: Introspection can reduce the quality of preferences and decisions. *Journal of Personality and Social Psychology, 60,* 181–192.

第11章
理性决策理论

> 没有什么比接受忠告更让人受益,即便最终事与愿违,(听取忠告)这一选择仍然是正确的。
>
> ——希罗多德(公无前484~公元前425年)
> 古希腊著名的文学家、历史学家

11.1 对理性的正式定义

我们前面反复提到理性选择的过程,现在就重点谈一下理性(规范)决策理论。一些学者将理性(rationality)定义为选择和价值的兼容:理性行为是指使决策结果取得最大价值的行为。但是现在必须澄清的是,要回答价值的构成并非易事,并且我们认为选择之理性与选择的过程有关,而与选择的结果无关。尽管如此,决策理论的一些重要研究还是将注意力放在了考察决策与决策者价值观的关系上,这就是John von Neumann 和 Oskar Morgenstern(1947)的工作。相关的经典论述主要出现在《博弈论和经济行为》(Theory of Games and Economic Behavior)一书中,他们所提出的期望效用理论(expected utility theory)是数学和行为科学中关于理性选择最通用的解释。本章我们会介绍这个理论,并与心理学中的决策行为联系起来。

本书曾多次提到,我们(以及大多数心理学家)认为理性理论至多是对个体实际行为的近似描述。尽管大部分人似乎都能意识到实际行为和理性标准是分离的，人们仍然希望做出明智决策，避免在推理和行为之间出现矛盾，使自己的行为符合期望效用理论提出的理性原则。正如我们不了解概率论一样，人类这个物种也并非生来就了解这些理性原则，这就是为什么我们要研讨 von Neumann 和 Morgenstern 提出的理论——它不是与生俱来的，我们必须研究它，理解其对行为的影响。因此，我们会特别介绍如何运用期望效用理论来提升决策质量。

von Neumann 和 Morgenstern（1947）的理论阐述是纯数学化的。他们指出，如果决策者的选择遵循特定的（理性）规则（"公理"），那么由此可引申出效用（utility）的概念，即用实数来量化个人价值。每个选项通常都包含多个概率结果，当且仅当一个选项的期望效用（expected utility）大于另一选项时，决策者才会更偏好这个选项。下面我们分步进行分析：

1. 每个选项由多个概率结果组成。首先我们假设，决策者在不同选项间进行选择时，会遵循我们定义理性时所用的"公理"；
2. 于是我们可以用一个实数来代表选项中每个结果对决策者的效用；
3. 某一特定选项的期望效用指的是对这些数字的期望，即选项中每个结果对应的数字由每个结果所发生的概率加权后的总和；
4. 得到结论：当且仅当选项 X 的期望效用（实数）大于选项 Y 时，决策者才会更偏好 X。

上述公理化系统实现了几个重要目标。首先，它简明扼要阐述了理性决策的一系列原则。当然，即使在规范的哲学水平上，这些原则也仅是对理性决策本质的一个假设。尽管有哲学家和数学家也提出了一些其他理论，von Neumann 和 Morgenstern 的理论目前无疑是描述理性决策的最佳理论。其次，如果这些公理的条件成立，那么一定可以建构出一种效用度量，由实数所表征的不同结果价值可以进行排序比较，由此我们就可以建立一种类似物理学中衡量物体质量的量表，这必定会促进科学研究和实际应用的发展。（可以想象一下如果在现代物理学、化学和工程学中不存在度量的话，将会是怎样的一种状况。）第三，尽管我们还没有对这些公理进行详细的阐述，但总的说来可以根据个体对不同结果的偏好程度，对效用进行衡量。

许多研究价值和行为关系的决策理论家认为，理性是指做出的选择符合上述公理，同时他们进一步假设，该公理也适用于个体实际选择的情形。当且仅当选项 X 的期望效用大于选项 Y 时，理性的决策者才会选择 X。当然，这并不是说我们的决策就完全符合这些公理的描述，它只是提出了一种理想化的理性选择假设。实际上，正如我们在前十章提到的判断和选择的心理学研究结果那样，在许多决策情境下，个体实际的行为往往并不符合这些公理。

同样，在 von Neumann 和 Morgenstern（1947）的期望效用理论中，并没有阐述人们决策时会考虑结果的效用。效用是一个纯数学的概念，是由公理定义产生的——就像几何学中三角形的边和角，也是由几何学系统下的公理定义所产生的数学概念。然而，我们会将几何学中点和线的抽象概念与物理世界的点和线对应起来（比如在纸上或在脑中形成图像），同样，抽象的效用概念也会与决策者的个人价值观对应起来。因为人类与物质世界（几何学与之有关）不同，具有主观能动性，因此从分析（analytic）和综合（synthetic）这两种视角出发对这些公理进行解释就会出现困惑。如果从分析的角度来解释期望效用理论（经济学家通常持有这样的观点），实际的选择可以解读为对个体偏好的反映，而偏好又能进一步被解读为是效用的反映。这似乎有点因果颠倒，就像心理学家 Lola Lopes（1994）提到的，"根据现代的［分析性］观点，效用并不是偏好的前因，只是因为有些决策者，有意也好无心也罢，遵循了 von Neumann 和 Morgenstern 提出的公理体系下的决策原则，为方便研究者总结这些决策者的偏好，就生造出这样一个概念"（p. 286）。

相反，期望效用理论也可以从综合的角度进行解读。首先我们要对某个选项的效用和发生概率进行判断，然后根据公理阐述的原则，将二者结合后进行比较，预测出最终的决策。对于大多数人来说，上述顺序很易理解：我们决策时，首先要清楚我们想得到什么以及怎样得到它，接下来才能决定要采取怎样的行为或做出怎样的选择——先确定目标和价值，再有选择和行为。而分析的视角则认为我们先观察到自己的选择，再推断我们的偏好，看起来顺序就反了。不过也有例外的情况，比如在心理分析领域，我们就试图从自己的行为出发，分析性地探索出这些行为隐含了什么期望和信念。同时，值得我们注意的是，分析的视角与综合的视角同样有效，并且在数学和经济学这两个最为关注期望效用理论的领域中分析视角比综合视角更受青睐。

然而，Tversky 和 Kahneman（1974）在一篇经典的文章中指出，甚至可以先估算概率，再"用来"指导决策。他们的叙述如下：

> 值得注意的是，在打赌下注时，虽然有时可以从偏好来推断主观概率，但通常并非如此。一个人在 A 队和 B 队的比赛中买了 A 队赢，是因为他认为 A 队获胜的可能性更大，而他的结论并不是从他买 A 队赢的这个下注倾向中得到的。因此，实际上，是主观概率决定了下注偏好，而不是理性决策的公理性理论所说的那样，偏好决定了概率。（p. 1130）

经济学早期关于效用的定义（比如 Jeremy Bentham［1789/1948］的观点）带有心理学涵义，但现代效用理论则舍弃了绝大多数的心理学成分，只保留了"个体所选即所好"这一行为原则。然而，在过去的十几年间已经发生了重大的变化，一些行为学家，比如 Daniel Kahneman、Colin Camerer、George Loewenstein 和 David Laibson 等，关注到了价值判断的认知和情绪来源，他们用这些心理学内容丰富了经济学的概念体系。

我们通常说的"个人价值观"（personal values）这一概念比 von Neumann-Morgenstern 理论中提到的"效用"概念具有更丰富的内涵。比如，我们认为某些个人价值观或价值体系可以用语言来表达，而未必要通过实际行为来推测，否则，在我们的语言体系中就不会出现"伪善"这个概念，伪善指个体所声称的个人价值和特定行为存在不一致。同时，我们还认为价值观是独立于语言和行为而存在的。在平常的语言中，我们认为价值是一种重要的存在维度，在这个维度上可以有客体、行为或者是其他的现象。比如，我们说"他看重自由"就和说"他昨天去上班了"一样稀松平常。事实上，我们陈述价值观时常常就像在陈述一个一般事实，即便很多哲学家在事实和价值这两类陈述之间做了明确的区分。而只有在学习过哲学之后，大多数人才开始对自己和他人所看重某些事物或行为产生困惑。（一些逻辑实证主义者曾指出，关于价值观的陈述都是主观任意的，或者说至少这些陈述是没有实证证据支持的。）或许我们在平常说话和思考时应该更谨慎一些。（这是另一种价值观！）在第 9、10 章提到的一些研究提醒我们，关于个人价值观的许多直觉性判断是值得怀疑的。

价值观的另外一个特点是不依赖于特定的情境。当我们提到自己看重某些东西的时候，并不是特指与某个特定情境相关联的行为、感受和信念。比如，"他看重自由"这个说法，能够整体概括性情、行为和信念，并且如前所述，我们用语言至少可以模糊地将这种概括陈述出来。有一个流行的人格测验——罗基奇价值观量表（the Rokeach Values Inventory）就是以语言概括的方式来测量个体的价值观，这个量表要求受访者对一组抽象的价值条目进行排序，如平等、自由、家庭安全、智慧、宗教救赎等，然后根据排序的结果预测个体的行为。举例来说，如果受访者将平等排在前面，那么他们很可能支持在学校中取消种族隔离、开展反歧视行动、优待少数民族等政策；将宗教救赎排在前面的受访者很可能常常会去做礼拜。（我们可以推测，罗基奇测验的预测力源于信念抽样模型的一些原则。我们在章节 9.5 中讨论过，信念抽样模型主要用来建构总体价值观，一些相互关联、具有评价含义的信念形成一个价值观总体，当我们处于相关的情境［如刚刚有人恳请你在平权请愿书上签名］中时，总体中的某些价值观标签［如"平等"］就被抽样出来。因此，测验对行为的预测力就取决于经由价值线索提取出来的各种记忆的重合度。）

11.2 使理论更容易理解——公理法

据我们所知，希腊数学家欧几里德是第一个将理论（对于他来说主要是关于几何和数字的理论）总结为一种简洁优美的公理体系的科学家。这种方法的核心思想是，某种理论的重要假设可以抽取出来并以精确的符号体系进行表述，然后从这些公理出发可以推导出核心理论的一些推论（如定理）。使用这种方法对理论进行表述的优点很多：理论家们可以对初始理论的完整性和一致性进行检验；科学家在应用、检验或修正理论的时候能够聚焦于核心内容；对于不符合理论假设或理论推导的情况可以以一种系统有效的方法加以解决。但是，公理法的运用仅局限于数学领域，在科学界并不普及。在行为科学理论中，效用理论是使用此方法的范例，这一点使它优于其他表述混乱的理论。

作为公理系统的 von Neumann-Morgenstern 理论衍生出了数字效用。该理论受到了行为科学家们的特别关注，因为其结论对于决策和价值观具有重大意义，特别是要在日常生活和语境中理解这些术语时。正如欧几里德几何理论的结论可以应用于现实世界的物体，我们推测期望效用理论的结论也可以描述或对比实际的决策行为——如若不然，它们就会变成纯粹的规则系统，玩弄数字和符号，丝毫引不起我们的兴趣。

为了探讨该公理体系的性质及其与实际的联系，我们将引入另外一种更简单清晰、同时可以类比 von Neumann 和 Morgenstern 理论的体系。在此，我们选择的是物理学中物体的质量。表征质量的一般都是正实数，数值可以相加，比如将一个 137 克的质量和一个 786 克的质量一起放在天平上，就会得到 923 克的质量。同时，这样的实数也具有其他一些重要的性质，下面将一一陈述：

性质 1：可比性。任意两个正实数之间都可以进行大小比较。若用 x 和 y 分别代表不同的正实数，则两者的关系只有三种：$x > y$，$y > x$，或 $x = y$。为了简化描述，不再分别描述相等和不相等的关系，我们可以使用一种"弱强度"的形式来描述可比性，即"大于等于"（$\geq$）。于是可比性可以表述为：对于任意两个正实数 x 和 y，要么 $x \geq y$，要么 $y \geq x$，要么前述两种关系同时成立（即相等）。

性质 2：顺序性。"大于等于"的关系决定了数值之间大小顺序的可传递性，即如果 $x \geq y$ 且 $y \geq z$ 时，那么 $x \geq z$。

性质 3：加法运算的封闭性。两个正数相加会得到一个新的正数，即 x 和 y 都是正数，那么它们相加的和 $z = x + y$ 也是正实数。

性质 4：加法的结合律。多个实数相加，相加的顺序不重要，即 $x + (y + z) = (x + y) + z$。

性质 5：加法的交换律。两个实数相加，它们位于加号前后的顺序对结果没有影响，即 $x + y = y + x$。

性质 6：可化简性。两个实数同时加上第三个实数后，其大小顺序不变，即

当且仅当 $x \geq y$ 时，$x + z \geq y + z$ 成立。

以下两条性质的提出更多是出于数学上的考虑。其中阿基米德性质（但它是由欧几里德提出的）指出，不存在一个绝对大或绝对小的正实数，即不管一个数比另一个数小多少，总会存在一种情况使得小数乘以某一正整数后大于另一个数。

性质 7：阿基米德性质。对于两个任意的实数来说，它们之间总会存在一种大小关系，但是这种大小关系并不是绝对的，当较小的数与某个正整数相乘后就可能大于较大的数，即如果 $x \geq y$，那么就会存在整数 n，使得 $ny > x$。其中，ny 代表的是 n 个 y 相加；同时，这条性质与一般意义上的乘法运算联系不是很紧密，因为当我们将两个数结合在一起的时候，并不一定需要 / 必须通过乘法的方式实现。（由此，我们可以得出结论说并不存在绝对大或绝对小的正实数：任意选择两个实数 x 和 y，其中 $x \geq y$，但 x 并不是最大的数，因为存在整数 n，使得 $ny > x$，同理，y 也不会是最小的数，因为存在同样的 n，使 $y > x/n$。）

性质 8：可分解性。如果 $x \geq y$，那么存在另一实数 z，使得 $x < y + z$。

德国物理学家和数学家 Hölder 认为物体在天平上的状态完全符合上述 8 条性质，其中 $x R y$ 表示物体 x 比物体 y 重（R 就相当于数学上 ">" 的关系），操作 O 表示的是将两个物体放在天平的同一端（将它们串联在一起）。读者必须牢记 Hölder 的观点以及 R 和 O 代表的含义。（当然，这种类比只是概念上的，因为天平是有一定量程和测量误差的。）鉴于此，Hölder 仅在数学层面上将自己的公理体系与实数的性质进行类比，并找到了二者的相似之处。他最后得出结论，认为可以用某种度量单位来表征天平上的物体，在这里，这种量度就叫做质量。

Hölder 于 1901 年的发现意义更为重大。他借鉴数学的分支之一计量理论中的观点指出，如果某一体系具有上述 8 条性质（"符合公理所述"），那么就可以将体系中的元素与实数联系在一起，同时，这些实数除了可以乘以正的常数外，还是很特别的。（具有上述属性的量表称为等比量表。）也就是说，他在自己的公理体系中重述上述 8 条性质，同时指出 R 和 O 分别代表的是数学中 "≥" 的关系和相加的操作。他又进一步指出，如果某一体系中的各元素之间的关系和相加操作符合上述 8 条性质，同时（1）可以用 xRy 表示 $x \geq y$，（2）用 $z=xOy$ 表示 $z=x+y$ 的话，就可以赋予各元素不同的实数。而且，对于同一体系中的两个不同的度量单位来说，它们之间存在一种正乘数的关系，比如，1 千克 =1000 克。这些数字被称为度量，度量与实体 x 联系在一起用 $m(x)$ 表示。正如实数的单位是 1，在质量中，我们用标准克或标准盎司作为基本单位（克与盎司之间有一定的乘数关系），这符合先前得到的结论，即对于同一体系中的两个不同的度量单位来说，它们之间存在一种正乘数的关系。

11.3 对理性的定义：期望效用理论

公理法是一项伟大创举，因为它将某种理论的本质简化为一些假定，这些假定只包含有该理论得以衍生的全部必需的定义和假设。尽管这一方法在科学领域还未得到普及，但是我们有理由相信使用此方法来阐述理论是我们应该追求的最高境界。即便我们已经使用等式、计算机程序模拟或语言等对某一理论进行了精确描述，但为了更好地理解和评估理论，对核心原则的总结是绝对必要的（参见 Hastie & Stasser, 2000）。通常，我们可以提出各种不同但逻辑等价的公理法，并不存在一种具有普适性的公理法。如前所述，我们提出实数的 8 条性质及由此引申出的有关重量的一些原理，主要为了方便读者的理解。也有学者使用另外的体系，其中大部分更为简练，但是可能只有相关领域的专家才能理解。以 von Neumann 和 Morgenstern 的效用理论为例，不同的人会使用不同的公理法对其进行解读，但是我们采用这种方法，即使读者对数学逻辑知之甚少，也能够理解。

von Neumann-Morgenstern 理论的基本元素（entities）可以概念化为一些可进行评估和选择的选项（alternatives），这些选项由一些以不同概率出现的结果组成，通常被称为赌博（gambles）。基本的关系用偏好（preference）来表示，依据偏好可以对选项排序；弱排序（weak ordering）（$\geq$）在这里代表的是行为上的"无所谓或更偏好"。（这种表达方式比较粗略，将 $\geq$ 解释为"不是更偏好"更加准确，

因为 $A \geq B$ 和 $B \geq A$ 可以同时存在，即 $A \sim B$，但是这种表示方法比较尴尬，强偏好 [>] 和弱偏好 [≥] 的区分在技术上更精确，读者们可以根据自己的习惯选择区分或不区分。）

将不同选项组合起来的基本操作（operation）（相当于将不同的物体放在天平的同一端，即串联 [concatenation]）可以概念化为不同选项出现的概率混合（probability mixture）。因此，如果 A 和 B 是两个不同的选项，ApB 表示的是选项 A 出现的概率是 p，选项 B 出现的概率是 $(1-p)$。可以看出，B 的概率是隐含的，我们仅仅考察只存在两个选项的选择，因此，当赋予 A 出现的概率为 p 时，那么 B 出现的概率就是 $1-p$，或者是余数（complement）。

为了对公理进行详细阐述，我们现在假设一种复杂的、多步骤的赌博情境。对于出现的结果，我们将分别在每一个公理下进行详细描述（尤其是公理3"封闭性"和公理4"概率的分布"。）因为不同的选项包含有不同的结果，而这些不同的结果又具有特定的出现概率，所以选项的概率混合与结果的概率混合是等价的；也就是说，如果选项 A 包含两种结果 x 和 y，它们出现的概率分别是 r 和 $(1-r)$，选项 B 由结果 z 和 w 组成，出现的概率分别是 s 和 $(1-s)$，那么 ApB 包括概率是 rp 的结果 x，概率是 $(1-r)p$ 的结果 y，概率是 $s(1-p)$ 的结果 z 和概率是 $(1-s)(1-p)$ 的结果 w。只包含有一个结果的选项的意思是该结果出现的概率是1。

我们发现，如图11.1所示用决策树图解模式来表示选项、结果和概率混合非常有助于理解。当需要对理论上的赌博情境进行比较（比如，通过比较来掌握某种公理的实际意义或不同实验条件下赌博情境的结构），尤其是要将理论体系应用于实际决策时，这种方法非常有效。

von Neumann 和 Morgenstern（1947）证明了公理条件成立时，就可以对不同结果进行赋值，这个数值就是效用（类似于用重量对物体进行数值表示），同时可以依据期望效用值的大小对选项进行排序。换言之，我们对选项的偏好强弱可以用它们的期望效用排序表示。（因为当选项中只存在一种结果时，该结果发生的概率是1，此时结果和选项是等价的，反之亦然，所以我们既可以使用结果，也可以使用选项来对公理进行阐述。但为了便于理解，我们还是选择用选项对公理进行阐述。）

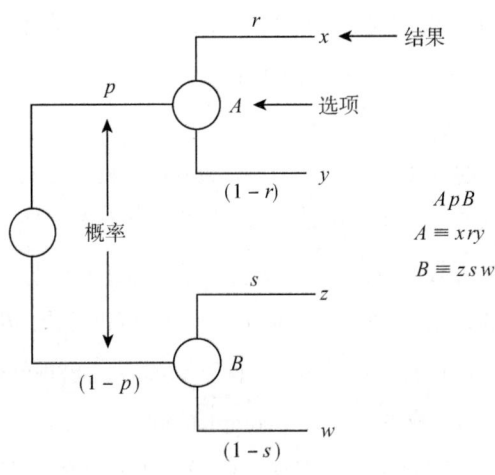

图 11.1　用决策树简化的赌博情境范例（对 von Neumann 和 Morgenstern 理论的简化）

我们可以将 von Neumann 和 Morgenstern 的理论和 Hölder 关于质量的理论作如下类比：将选择中的不同选项类比为质量未知的不同物体；将强度较弱的偏好比作天平上一种质量"大于或等于"的相对状态；"概率混合"这种串联性的操作（即在一个只存在两种结果的赌博情境中将两个选项联合在一起）就相当于将不同的物体放在天平的同一端。在上述两种理论体系中，如果理论假设成立的话，结果就产生了一个可以测量效用或质量的实数量表。

最后，我们对 von Neumann 和 Morgenstern 期望效用理论的内容进行介绍：

公理 1. 可比性：如果 A 和 B 同时存在于选项集 S 中，那么它们之间的关系是 $A \gtrsim B$，$B \gtrsim A$ 或上述两种关系情况同时成立，即 $A \sim B$。

公理 2. 传递性：如果 $A \gtrsim B$ 且 $B \gtrsim C$，那么 $A \gtrsim C$。

公理 3. 闭合性：如果 A 和 B 同时存在于选项集 S 中，那么 ApB 也存在于其中。

公理 4. 选项间概率的分布：如果 A 和 B 同时存在于选项集 S 中，那么 $[(ApB)qB] \sim (ApqB)$。

公理 5. 独立性：如果 A、B 和 C 同时存在于选项集 S 中，那么当且仅当（ApC）≳（BpC）时，A≳B。

公理 6. 一致性：对于选项集 S 中的所有结果来说，用 A 和 B 代表两个不同的结果，则有当且仅当 A ≳（ApB）≳ B 时，A ≳ B。

公理 7. 可分解性：对于选项集 S 中的所有结果来说，用 A、B 和 C 代表三个不同的结果，则有当 A≳B≳C 时，存在一个 p 值，使得 B ~（ApC）。（这条公理对于编制测量效用的量表非常关键。）

如果用实数来代表不同的选项及其概率值，那么只有当代表选项的实数值大小等于期望时，才满足公理。但是 von Neumann 和 Morgenstern（1947）却是从相反的逻辑进行证明，如果上述公理成立，就能构建一个量度，每个选项等于期望，就可按期望值大小对选项进行排序。同时，我们可以任意确定该量表的原点和单位（就像确定我们熟悉的温度计的原点和单位）。代表选项的实数值称为期望效用，代表结果的实数值称为结果的效用，如果一个选项只包含一个概率为 1 的结果，那么代表结果效用的这个数字就等价于选项的期望效用。因为只有测量效用的量表的原点和单位是任意的，所以任何不同的测量都是有线性联系的，也就是说，任意两种不同的测量系统得到的结果在二维直角坐标系中都会呈线性关系。这种量表称为等距量表，它的原点和单位都是不确定的（质量量表是等比量表，因为它的原点不是任意的，而单位［如，克、盎司］则是任意给定的。）

原点和单位的不确定性使得我们可以根据两个选项已知的效用值计算出第三个选项的效用值，这主要利用的是公理 7 "可分解性"。假设 A≳B≳C，同时 A 的效用值为 100，C 的效用值为 0，根据可分解性的公理描述，存在一个概率值 p，使得 B 等于 ApC，其中 ApC 表示的是 p 个 A 的效用值加上（1−p）个 C 的效用值，即 p100 +（1−p）0。因此，如前所述，可分解性公理对于得到具体的效用值非常重要。因为所有量表的效用及度量之间是线性的关系，所以我们可以假定 100 代表最为偏好的选项的效用值，0 代表最不偏好的选项的效用值，那么在此前提下，就可得到其他选项的效用值，这些值位于 0 到 100 之间。我们注意到对于概率的测量有助于我们得到具体的效用值。(如果"满足公理",概率的规则和度量将会在决策者的偏好中有所体现——但是,假如我们在前十章中提到的实证结果有效的话,这一点在行为上很难实现。)

从构念上来说,von Neumann 和 Morgenstern 的理论体系是完美的。虽然可能会显得很啰嗦,但我们还是要再次强调,通过分析公理衍生出的"效用"与我们直觉上或言语中提到的"个人价值"是不吻合的,这不同于对于物体重量的判断,通过客观标准(天平的倾斜)和主观标准(直觉)得到的结果相差无几。不过,如果我们说质量这样的概念与日常生活中重量的直觉毫无关联,人们一定会觉得奇怪,同样,效用的概念看起来和主观价值理应存在关联。实际上,正因为从 von Neumann 和 Morgenstern 的理论中衍生出的效用与主观的价值判断之间确实存在关系,所以它才吸引了心理学家的关注。也是基于这一点,我们试着在本章结尾提出一些可能提高决策质量的方法。也许初步思考后,大部分人会意识到每一条公理的内容都能反映理性的某一侧面,甚至能对个体如何选择进行描述。我们接下来要对每个公理进行详细分析:

公理 1. 可比性:如果 A 和 B 同时存在于选项集 S 中,那么它们之间的关系是 $A \succsim B$,$B \succsim A$ 或 $A \sim B$。

公理 1 主要描述人们面临两个选项时,相比较而言,决策者至少应该对某一选项表现出较弱的偏好。最极端的情况是决策者必须二选一。但是这条公理也能说明由于对两个选项都无所谓,所以无法做出选择。现实中是否存在这种情况呢?我们可以回想一下第 10 章提到的教授选择工作的例子,如果她难以抉择,是否就说明她对不同工作的态度是无所谓的呢?Jay Kadane,Mark Schervish 和 Teddy Seidenfeld(1999)的研究表明偏好不明显并不代表无所谓。在某些情境中,"保护性机制"发挥了作用,人们拒绝做出选择,这实际上也是种选择。Jonathan Baron 和 Mark Spranca(1997)引用了一些人们拒绝做选择的情形。比如,在一些涉及需对金钱和生命进行权衡的决策情境中,人们倾向于避免深入思考,"选择不做选择"。但是如果要人们在限速 90 公里下驾驶廉价汽车与交通事故造成 50 000 人死亡之间进行选择,而最终的结果是"不做选择",真的能说明人们无所谓吗?

苹果和桔子都是水果，如果必须在两种水果中挑选一种，最终的选择要么是苹果，要么是桔子。从分析的角度来说，选择本身是否不能定义偏好？经济学家将这种选择称为显示性偏好，同时假设从效用理论可以推导出来。比如，我们对于高速路上安全的偏好相当于认为每个人生命的价值为三百万美元。如果我们不知道为什么会做出这样的选择，其实在选择的时候就暗含有偏好的成分在里面。比如，我们在第10章提到选择工作的教授，她一时难以抉择，但是最终还是选择了离自己亲朋好友较近（或较远）的一份工作，与亲朋好友的距离不就是她最看重的因素吗？或许她并不能意识到或羞于承认此种原因，因为她觉得这样做理由并不充分。除了极个别的情况，比如抛掷硬币，我们认为在大部分情况下，人们都是有偏好的。但是，我们通常不太能接受显示性偏好的说法，即选择已经包含了偏好的成分，这一点在前几章已有阐述。具体来说，选择可能确实是非理性的，具有矛盾性。因此可以认为在特定情境中的选择和个体在此情境中的偏好可能是不相符的。

由于选择存在认知困难，显示性偏好也易受到批驳，但从外显证据推断偏好的最常见原因是：人们有时会做他们不想做的事，即我们选择了自己并不偏好的选项，比如，心理学家和哲学家威廉·詹姆士发现牙痛患者喜欢用舌头去舔疼痛部位，即使他们知道这样做会加重疼痛感。

但是，支持显示性偏好的理论家们认为舔牙痛部位的行为带给患者更多的是一种积极体验，而牙痛本身带来的则多是消极体验。当然，这种积极的体验看起来很"愚蠢"，因为患者只有通过治疗才能缓解疼痛，而舔只会使疼痛加剧。同时，他们认为"不同个体爱好不同，这一点是毫无争议的"，舔后带来的更强烈的疼痛感要比牙痛本身更被患者偏好。

因为我们不清楚构成个体高兴和痛苦的成分有哪些，所以用"个体有时会选择自己不喜欢的选项"这一事实来反驳显示性偏好理论是不充分的。但是，从认知的角度入手，指出选择的矛盾性，就能推翻这一观点。

公理2. 传递性：如果 $A \gtrsim B$ 且 $B \gtrsim C$，那么 $A \gtrsim C$。

捍卫公理2最首要的工作就是排除"钱泵"情形的产生。假设约翰在选项A、B之间，更偏好A；在B、C之间，更偏好B，但是在A、C之间，又更偏好C，进一步假设在任何两个选项之间他都不是无所谓的。结果就是他应该自愿地拿出一些钱，用偏好较弱的选项去交换得到偏好较强的选项。现在假定我们将选项 C 作为礼物送给约翰，由于在 B、C 之间，他更喜欢 B，所以为了得到 B，他就会拿出一些钱；然后用 B 去换 A，也要拿出一些钱，同样用 A 换 C，也需要钱。如果就此打住，约翰就得通过三次支付行为来得到一开始被当做礼物送给他的选项 C。实际上，这是个无限循环的过程，约翰最终会花费很多的钱，但却得不到自己最想要的东西（当然这只是种假设）。

回应"钱泵说"的证据就是，具有传递性偏好的个体通常会拒绝玩这种游戏。除非在某些特殊条件下，选择并不会无限次重复。我们对两个选项中某一个的偏好并不是固定不变的。某人引用过一位著名经济学家的观点，在特定的决策情境中，大多数人"既会满足自己的偏好，又会让公理自证"（保罗·萨缪尔森，引自 Daniel Ellsberg, 1961）。比如，现在某公司需要招聘一位新秘书，对能力的要求有三点，（1）文职技能，（2）组织协调能力，（3）愿意承担职位描述中未涉及的其他任务。假设有三个应聘者符合条件，分别是 A、B 和 C。其中在能力（1）上，优秀等级排序是 A，B，C；同理，能力（2）：B，C，A；能力（3）：C，A，B。由此我们看出 A 在能力（1）和（3）上优于 B，B 在能力（1）和（2）上优于 C，C 在能力（2）和（3）上优于 A。如果我们要两两比较做出选择的话，就会陷入无限循环中，且不符合可传递性的公理描述。（这就是我们在第 10 章提到的定性附加差异或投票法选择策略。）在这里，最关键的是三名应聘者被考察的顺序，最后被考察的人将会被录取。

这种结果必然是糟糕的吗？尽管理论上，人事经理会陷入"钱泵"的循环怪圈中，但是实际上并非如此，没有人会先随便指派给她一位秘书，然后根据上述排序，通过索要回报无数次地为她更换人选。当然，我们的亲身经历又告诉我们，当需要做出重要决定同时又极其困惑的时候，这种"钱泵"的现象还是存在的："好了，我将选择那份薪水高的工作；但是第二份工作又比较的轻松，有很多灵活的假期；再等一下，我不想住在中西部，但是第三份工作能提供很好晋升的机会……"诸如此类的情形会使我们感到不适，难以抉择。

我们的观点是：选择应当具有可传递性。这主要源自某一著名论断，即从宏观全局的角度上做出的选择是最佳的。这一论断出自康德，他认为应该把做选择当成为所有人制定永久性的政策。实证证据表明如果判断选择质量的标准存在的话,依据康德所言做出的选择,确实要优于仅仅将眼光局限在当前选项之上而做出的选择。

公理 3. 闭合性:如果 A 和 B 同时存在于选项集 S 中,那么 ApB 也存在于其中。

公理 3 仅仅要求决策者将不同选项的概率混合当作一个选项来考察。如果做不到这一点,建构有关决策的理论将变得毫无意义。

公理 4. 选项间概率的分布:如果 A 和 B 同时存在于选项集 S 中,那么 [(ApB) qB] ~ (ApqB)。

从根本上说,公理 4 要求我们遵循概率论(见附录)。这条公理在图 11.2 和 11.3 有关决策树模型中已有所展示;为了使该公理成立,左边的二阶段赌博必须与右边的一阶段赌博是等价的。

当然,我们一般不会质疑该公理,但是实际行为却并非如此。比如,某人在两种不同的赌博情境中的表现是不同的,但是公理成立的前提是他应该具有不变的行为模式,这两种赌博情境分别是:(1)以 0.20 的概率赢得 45 美元,(2)在第一阶段有 0.75 的可能性未得到任何奖励,但是在第二阶段以 0.80 的概率

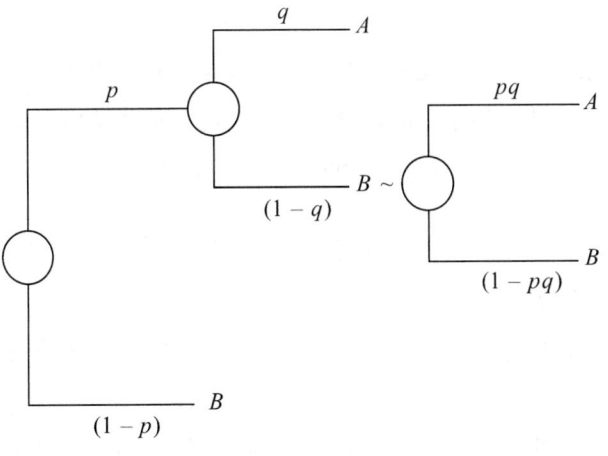

图 11.2 用决策树表示公理 4 中提到的两种赌博情境

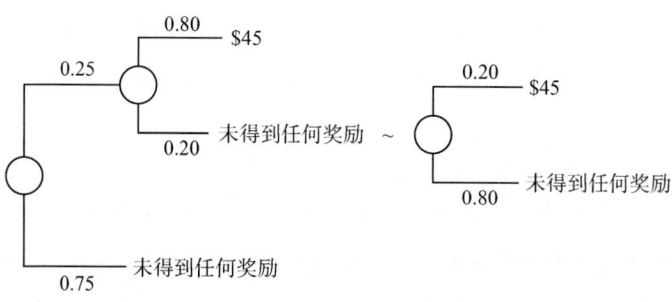

图 11.3 用决策树表示由公理 4 引申出的具体实例

赢得 45 美元。（因为 [1.00 − 0.75] × 0.80 = 0.20，公理 4 要求我们在这两种赌博情境中的行为表现是相同的。）

Von Neumann 和 Morgenstern（1947）在讨论概率的时候，假设它们是客观的。（尽管概率的准确性和客观性很复杂且具有争议，但是他们认为自己理论中涉及到的 p 和 q 都是通过绝对标准的测量得到的。）也有一些决策理论不符合这条公理，其中最值得一提的就是 Ward Edwards 的观点，他建议从客观概率转向主观概率，从而得到另一种理性决策理论。我们完全有可能得到同样满足概率论（在第 9 章和附录中都会提及）的非客观的概率混合。如果决策者要通过概率估计来解决未来不确定的问题，他的概率估计必须符合概率论的要求，否则，将会做出矛盾的选择。在第 12 章，我们将对预期理论（在第 9 章已提到）进行深入分析，预期理论是一种公理化的非期望效用理论，它使用的是非客观的、变化的"决策权重"而非"概率"的概念。预期理论在整体结构上与期望效用理论是相似的，但是，它只是对决策行为的描述，并非理性选择模型。

公理 5. 独立性：如果 A、B 和 C 同时存在于选项集 S 中，那么当且仅当 $(ApC) \succsim (BpC)$ 时，$A \succsim B$。

公理 5 非常重要。实际上，许多决策理论家都曾详细地研究违背或删除公理 5 的影响有多大。乍一接触到这条公理，我们可能会觉得它的作用甚微：如果在两个选项中，决策者更为偏好其中的一个，那么即便存在某一特定的概率，使得决策者最终放弃了它们两个，而选择了第三个选项，但是在先前的两个选项之间，决策者的偏好是不是不应该发生变化呢？这就是公理 5 包含的主要内容，图 11.4 对其进行了解释。

注意：一些同学不太理解这条公理，因为他们错误地认为存在一种同时接受的情形，即选择者同时接受 A 和 C 或同时接受 B 和 C，但是这里指的是接受 A 或 C 的一种概率混合与接受 B 或 C 的概率混合，"或"的意思是排太，在 A 和 C、B 和 C 分别二择一。如果公理描述的是一种同时接受的情形的话，就会说不太通；但是对于鞋子来说，我们却不希望仅仅得到一只鞋子，而能得到一双则是比较完美的。

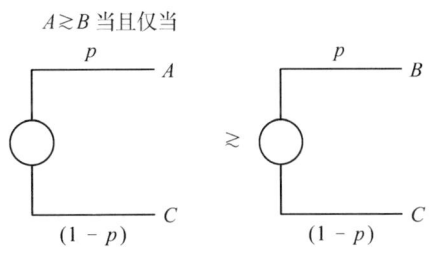

图 11.4　用决策树模型对公理 5 进行解释

下面我们考虑一种假确定性效应：在有 0.20 的概率得到 45 美元和 0.25 的概率得到 30 美元之间，大部分人都更偏好前者（如图 11.5 中第一部分所示），而在 100% 能得到 30 美元和有 0.80 的可能性得到 45 美元之间，也更偏好确定的前者（如图中第二部分所示）。接下来用 A 选项代表 100% 能得到 30 美元，B 选项代表 0.80 的可能性得到 45 美元，两者中更偏好 A（如图中第二部分所示），再用 C 选项代表得不到任何东西，p 值是 0.25，那么，（A 0.25 C）表示的是 100% 得到 30 美元的概率是 0.25，同时得不到任何东西的概率是 0.75（如第三部分左半边所示），根据概率分布的原理，这也就相当于有 0.25 的概率得到 30 美元（如第四部分左半边所示）。相反，（B 0.25 C）表示的是有 0.25 的可能性以 0.80 的概率得到 45 美元，同时有 0.75 的可能性得不到任何东西（如第三部分的右半边所示），即共有 0.80 × 0.25 = 0.20 的概率能得到 45 美元（如第四部分右半边所示）。由此看出，大多数人在第一部分的偏好与第二部分的偏好实际上是相反的，因此，在前两部分同时出现典型偏好的个体（绝大部分人都会如此）就出现了假确定性效应，违背了独立性公理。

假确定性效应说明我们的选择受结果呈现方式的影响，而非结果本身的影响。这种非理性的行为是反驳独立性公理的唯一证据吗？答案是否定的。公理 5 暗示出决策者是不会受到结果偏态性（skewness）的影响的，这种偏态性主要针对的是有关个人价值观的概率分布。图 11.6 显示的就是两个不同选项的偏态分布。两

260 不确定世界的理性选择

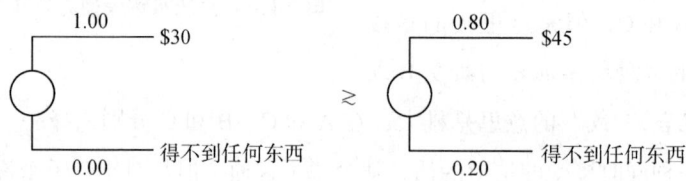

图 11.5 违背公理 4 和公理 5 的假确定性效应

个分布的均值相同,即个人价值的期望值是相同的,根据公理所述,最终的选择主要依据的就是这一期望值。这两个分布的方差也相同。(关于概率分布均值、方差的描述可以参考基本的统计教材,如 Freedman、Pisani、Purves 和 Adhikari 于

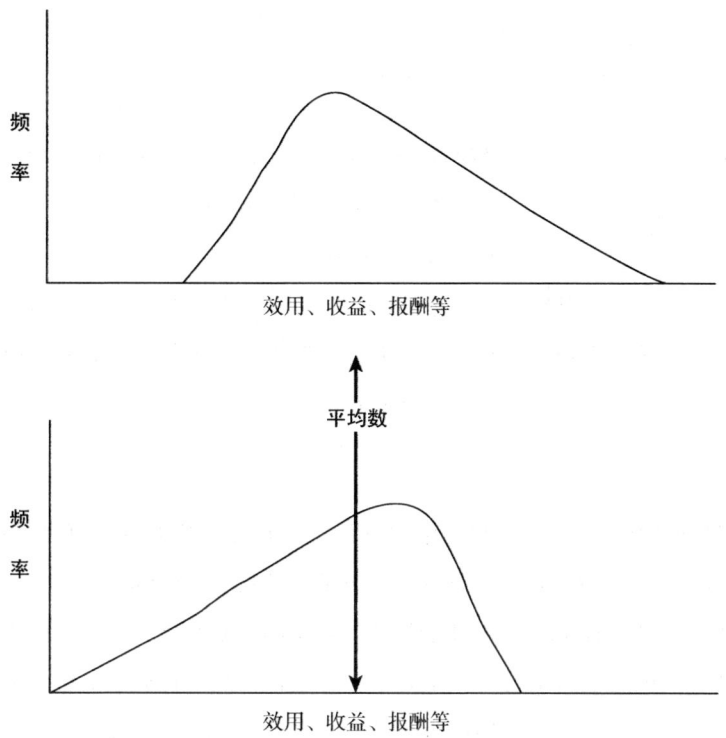

图 11.6　均值和方差相同的两种偏态分布

1991 年写的《统计学》[Statistics]。)

  如果图 11.6 代表的是某一国家收入的分布情况,那么大部分人都会非常明确地偏好上面那幅图:因为它是正偏态,曲线的每一个点都说明收入呈增加的趋势,收入的增加又提升了工作的生产力。顺便说一句,工业社会中收入的分布情况的确如此。而且,在上方的图中,最低收入的人和均值之间的差距没有下方的图那么大。下方的图中,许多人获得了高收入,但负偏态左边长尾的这部分人收入水平远低于均值。我们如果能对国家的收入进行如上的思考,那么为什么不能将其迁移到决策情境中呢?实际上,我们不喜欢选项的分布呈现很大程度的负偏态。受欢迎的彩票、赌博和竞争性比赛的结果多是正偏态(比如,赢得很多钱的概率非常小)。不同的人在包含多种结果的赌博中对分布形态的偏好是不同的,有关赌钱的实证研究表明,包含有输赢的正偏态分布(如

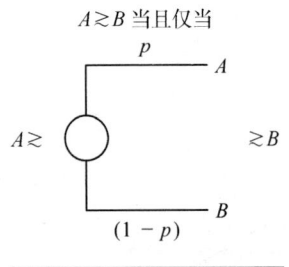

图 11.7 用决策树模型描述公理 6 的内容

图 11.6 中第一部分所示）是最受偏好的（Lopes & Oden, 1999）。

公理 6. 一致性：对于选项集 S 中的所有结果来说，用 A 和 B 代表两个不同的结果，则有当且仅当 $A \geq (ApB) \geq B$ 时，$A \geq B$。

公理 6 说明在两个选项中，如果我们更为偏好其中一个，那么只要这个选项有一定的概率出现，我们仍然会更偏好这个选项（如图 11.7 所示）。这条公理是无可辩驳的。

公理 7. 可分解性：对于选项集 S 中的所有结果来说，用 A、B 和 C 代表三个不同的结果，则有当 $A \geq B \geq C$ 时，存在一个 p 值，使得 $B \sim (ApC)$。

公理 7 类似于 Hölder 所阐述的物体质量中的阿基米德性质。实际上是指不存在一个选项的偏好能够绝对大或绝对小，总是存在某一种概率混合，使得两个选项的偏好程度是相同的。现在假设存在三个选项 A，B，C，我们对它们的偏好顺序是 ABC。依据公理描述，则存在某一个概率值将 A 和 C 混合在一起，进而使得我们对 B 和 AC 的组合之间的偏好不存在差异（如图 11.8 所示）。

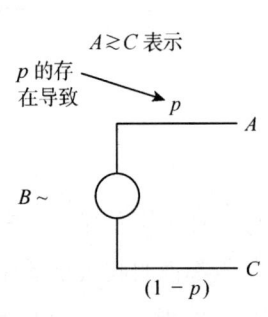

图 11.8 用决策树模型描述公理 7，该公理说明存在某一概率值使得我们对确定选项 B 和类似于赌博的选项组合 AC 之间的偏好不存在差异。

对于决策者来说，如果我们假设在所有的选项中，A 选项具有无与伦比的吸引力，那么无论 A 以何种概率值出现，在 ApC 和 B 之间，都会更为偏好前者。如做适当变动，当选项 C 无可比拟地差于 B 时，同样的结论仍然成立。根据公理所述，这样的选项是不存在的。那么如果是永恒的幸福天堂或突然死亡呢？是不是一个选项只要包含了永恒幸福，无论其概率多渺茫，和其他平凡无奇的选项相比，人们就一定更偏好前者，毫无取舍的困难呢？又或者，我们其实也不会完全排斥包含一定概率死亡的选项？（或许我们不应该在这里谈论永恒幸福的话题，因为我们无法说清楚那指的是什么。）我们的行为明确地说明我们对死亡是恐惧的，并总是竭力地避免它发生，或者说我们对于生活和未来的态度是积极的。但是，我们能避开所有包含死亡可能性的选项吗？答案是否定的。我们每天的生活都充斥着死亡的风险，即便是一些微不足道的行为（如穿过马路去买报纸）。某些情况下死亡的可能性还会大于其他时候，比如坐飞机，虽然我们害怕坐飞机，但每年仍然需要依靠它飞行数千公里到外地。即使为了远离死亡而整天躺在床上不动，也可能因为长时间卧床使躯体的机能下降，从而更快地接近死亡。另外，在生活中也存在一些虽然死亡风险很大，但却是经过深思熟虑的选择，比如在战争中采取地下抵抗行动，或选择一份高薪但十分危险的职业，如深海潜水。

所有的公理看起来都十分合理。事实上，如果考虑可比性，就只有独立性公理会遭到批驳。但是，正如其他数学理论，这些公理也具有十分突出的应用价值。比如根据勾股定理，如果已知直角三角形任意两条边的边长，我们就能求出第三条边的长度。如果实际测量的结果不符合预期的话，我们通常会认为这个三角形不是直角三角形——我们几乎或从来不会说定理不正确，即三角形是直角三角形，测量也是准确的，只是这个数学推论不适用于实际。von Neumann and Morgenstern 理论最苛刻的部分就是如果我们接受了该理论，就必须从期望效用的角度对不同的选项进行评价，即认为确实存在数字能够代表选项包含的每个结果的效用。（重申一下，这些数字是和只包含有一个结果且此结果出现的概率是 1 的选项结合在一起的。）根据可分解性公理，这些数字可由某些选择所决定，同时要求其他选择也由期望效用计算得出。而描述结果分布的其他特征变量，比如偏态，与此无关。

如果我们想设计一种方法对不同结果的效用值进行测量的话，就要用到可分解性原理。虽然本书的主要内容不涉及测量方法（详见 Dawes & Smith [1985] 书中的简介），但是我们可以举个简单的例子探讨一下这一基本方法。为了简便，我们现在假设只存在三个结果（可能与钱有关，但是我们还是选择一种数量性不太明显的情形）：分别在 A（科罗拉多州的博尔德）、B（宾夕法尼亚州的匹兹堡）和 C（德克萨斯州的拉拔克）三个地方进行为期一周的旅游。进一步假设决策者对其的偏好从强到弱依次是 A、B 和 C（依据可分解性原理得到的

$A \gtrsim B \gtrsim C$ 的表现形式）。那么在 A 和 C 效用值中间的哪一个位置才是 B 的效用值呢？根据"可分解性"，我们可以赋予最受欢迎和最不受欢迎的地点的效用值分别为 1.0 和 0.0（或者 100 和 0，因为量表的原点和单位是随意确定的），然后向决策者展示一系列的赌博情形，直到将 A 和 C 结合起来的选项与 B 的效用值之间没有差别（如图 11.8 中的右半部分所示）。如果理论成立的话，我们就可以依据概率的组合计算出 B 的效用值。比如，如果决策者对在 B 游玩一周和有 0.8 的可能性在 A 游玩一周、0.2 的可能性在 C 游玩的组合的偏好无差异的话，就可以认为在 0~100，两端分别代表博尔德和拉拔克效用值的量表上，B 的效用值位于 80 的位置上。这种方法可以用来在等距量表上测量任何一个结果的效用值（同时这种方法由于涉及有关偏好概率的问题，所以经常被用在应用性的决策分析问题上）。

有许多研究对效用函数，尤其是与金钱有关的效用函数进行过测量。对这种函数的分析经常被用来对个体表现出的行为进行解释和预测。比如，一条凹曲线（负增长，边际收益递减）有时说明个体倾向于规避风险，而凸曲线说明个体倾向于寻求风险。按照相关理论，这类曲线可以系统描述和预测个体在实验室模拟的赌博情境中表现出的行为，同时也适用于企业中管理人员对职业的选择。员工的职业选择在经济波动期比在经济缓和期更易表现出风险寻求的行为倾向（MacCrimmon & Wehrung, 1986；章节 9.3 中对效用曲线有更多讨论）。

11.4　对公理理论的传统反驳

上述理论仅描述了理想的选择情境，而并未考虑实际行为，现实是怎样的一种状况呢？ von Neumann 和 Morgenstern 的书出版后，一些理论家指出该理论不合理地限制了实际的决策行为，因此是不成立的。其中最著名的反驳是提出了两条悖论，最初这两条悖论仅从概念上进行阐述，随后得到了实证研究的证明。它们分别由诺贝尔经济学家 Maurice Allais 和决策理论家 Daniel Ellsberg 提出的（后者因泄露了"五角大楼文件"而臭名昭著，该文件主要记载的是有关越南战争的秘密内容）。

Allais 悖论

Maurice Allais 因论述 von Neumann 和 Morgenstern 的期望效用理论对实际行为的限制性而获得诺贝尔经济学奖。比如,假设现在有两个选项 A 和 B:

选项 A:有 100% 的可能性得到 100 万美元(确定的选项)。
选项 B:有 0.10 的可能性得到 250 万美元,0.89 的可能性得到 100 万美元,同时有 0.01 的概率得不到任何东西。

当我们需要在上述两个选项中做出选择的话,大部分人都会选择 A。这也就是说,如果我们遵循理论要求,就必须分别赋予 100 万美元、250 万美元和得不到任何东西这三种结果不同的效用值,然后因为选项 A 的期望效用值大于 B,所以我们选择了 A,即:

U(100 万美元)> 0.10 U(250 万美元)+ 0.89 U(100 万美元)+ 0.01 U(得不到任何东西)。

根据可分解性公理,如果 U(250 万美元)=1.0,U(得不到任何东西)=0.0,则有 0.11 U(100 万美元)> 0.10。

现在考虑另外两个不同的选项:

选项 A′:有 0.11 的可能性得到 100 万美元,0.89 的可能性得不到任何东西。
选项 B′:有 0.10 的可能性得到 250 万美元,0.90 的可能性得不到任何东西。

选项 A′ 和 B′ 的期望效用值分别为 0.11 和 0.10,因为我们规定得到 250 万美元的效用值是 1.0。因此,选择 A 不选择 B,就意味着选择 A′ 而不选择 B′。但是,Allais 认为较为合理的做法应该是在第一对选项中选择 A,在第二对选项中选择 B′,这也是大部分人在两种选择情形中做出的选择。为什么要在有百分之百的可能性得到一百万美元的情况下,去选择有百分之一的可能性得不到任何东西的选项呢?反之,考虑到在第二对选项中得不到任何东西的概率更大,为什么不去冒百分之一得不到任何东西的风险,而使收益扩大到 2.5 倍呢?

数学家 Leonard(Jimmy)Savage(1954)的分析令人信服。他将不同结果的概率比作从装有 100 个筹码的袋子里抽出不同颜色筹码的概率，这 100 个筹码由 1 个黑色筹码、10 个蓝色筹码和 89 个红色筹码组成。选项 A 就说明无论抽到哪一种颜色的筹码，都会得到 100 万美元的奖励；选项 B 说明抽到红色筹码，得到 100 万美元奖励，抽到蓝色筹码得到 250 万美元奖励，但是抽到黑色筹码得不到任何奖励。那么对于决策者来说，无论在哪种选项中，抽到红色筹码的奖励值都是一样的，选择 A 而非 B 就意味着我们更为偏好在选项 A 中得到 100 万美元的概率，而不是在选项 B 中得到 250 万美元的概率。（有时候，最终的选择可以解释为我们希望避免得不到任何东西的遗憾感："好吧，我一开始可以非常确定地得到一百万美元，但是为了使奖励变多，我冒了个险，不幸的是事与愿违啊……"）但是在 A′ 和 B′ 之间选择后者，就与最初的偏好是相违背的。重申一下，在两个选项中，抽出红色筹码得到的收益都一样（不过都为 0），但是现在我们更为偏好抽出蓝色筹码得到的 250 万美元和抽出黑色筹码得不到任何东西的结果，而非无论抽出蓝、黑筹码都得到 100 万美元的结果。

Savage（1954）再次通过实例对独立性公理进行了验证，同时使得这条公理更令人信服，具体内容如图 11.9 所示。从图中我们可以很清晰地看出，无论在哪个选项中，抽出红色筹码的概率是不变的 0.89，应当与选择无关，因为每一组选项内部，抽出红色筹码的报酬相同。

Ellesberg 悖论

Ellsberg（1961）主要将注意力放在赌博具有不确定性的特点上，同样对独立性原理进行了反驳。假设一个桶里有 90 个带颜色的球，其中红球的个数是 30，黑球和黄球的总个数是 60，具体各是多少未知。下面从桶中随机抽取出一个球，你更喜欢哪一个选项呢？

选项Ⅰ：抽到红球，赢得 100 美元；其他颜色的球，没有奖励。
选项Ⅱ：抽到黑球，得到 100 美元；其他颜色的球，没有奖励。

大部分人都会选择选项Ⅰ，因为我们对其描述的情形较为的确定，但是选项Ⅱ中黑球的具体个数是不确定的。

接下来给你另外一对选项，你会更喜欢哪一个呢？

从 100 个筹码的袋子里抽取筹码

		89 红	1 黑	10 蓝
选项	A	100 万	100 万	100 万
	B	100 万	0	250 万
选项	A′	0	100 万	100 万
	B′	0	0	250 万

图 11.9　Savage 对 Allais 悖论的分析

选项Ⅲ：抽到红球或黄球，会得到 100 美元；其他颜色的球，没有奖励。

选项Ⅳ：抽到黑球或黄球，会得到 100 美元；其他颜色的球，没有奖励。

现在大部分人都会选择选项Ⅳ，同样因为个体在具有确定性概率的风险选项（60/90）和模糊选项之间，偏好前者。（在选项Ⅲ中赢钱的概率范围是 31/90~89/90。）

这种选择再一次对独立性原理进行了反驳。图 11.10 中的表格对上述内容进行了清晰描述。不管在哪一个选项中，抽到黄球赢得的奖励是一样的，所以最终奖励结果的不同主要依赖于抽到红球和黑球带来的奖励。但是在这两对选项中，抽到黑球和红球的奖励是一样的，按理说，具体的偏好应该不会有什么不同。但是大部分人的偏好还是出现了反转。换一种方式说，就是在第一对选项中，决策者更喜欢将赌注押在红球而非黑球上。但是在第二对选项中，正好反过来。上述的选择意味着红球比黑球出现的概率更大，非红球比非黑球出现的概率大。同时，决策者认为红球或黄球出现的概率小于黑球或黄球出现的概率，但是又觉得红球出现的概率大于黑球出现的概率。这种矛盾的推论，使得我们无法依据概率论为不同结果赋予确定的概率值。

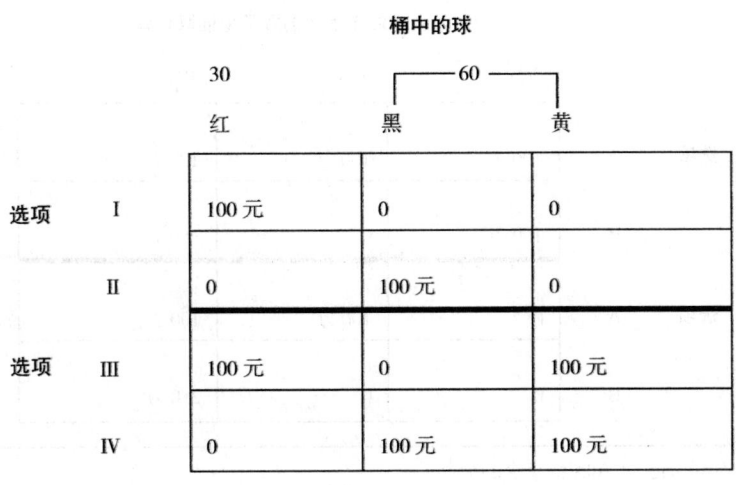

图 11.10 Ellesberg 悖论中涉及到的赌博情形

11.5 理论的适用条件

当然,由于某些原因,包括本书前面几章提到的决策与评价的非理性,人们并不总是按照 von Neumann 和 Morgenstern 的公理作出决策。Daniel Ellsberg (1961) 的评论更为经典:

> 有些人宣称自己是期望效用理论的绝对拥护者,他们的行为更多依据理论要求,而非直觉,对于运用"非充分推理的原则"充满怀疑。反对该理论的人可以分为三类,一类是以一种高兴的、几近狂喜的状态去批驳;一类通过分析自己的心理感受发现理论的不符之处,虽十分悲伤,但态度很坚决,拿萨缪尔森的话来说就是满足自己的偏好,让理论去服务理论本身吧;还有一类人是直觉地反对这个理论,但是却因此感到愧疚,所以就发奋图强,对该理论进行深入分析,以期有所修正。(p. 655)

是不是应该做出符合公理系统的决策呢?我们的回答为带有条件的"是",这个条件主要体现为尽管没必要被这些公理所束缚,但是在做决策的时候,还是应该考虑一些公理的内容。虽然判定某一决策是否满足公理很困难，但是当且仅当我们依据期望效用来做出选择时，公理是成立的，这提供了一种考虑其他选项的方法。比如，一对夫妻子女绕膝，选择搭乘不同的飞机达到同一目的地。这说明（根据理论）他们认为两人同时遇难要比一人遇难更为痛苦，这种痛苦程度的差异接近两倍的关系。下面我们就运用 von Neumann 和 Morgenstern 的理论对这个例子进行分析。

在这个例子中，存在着三种不同的结果：两人都遇难，其中一人遇难，两人都未遇难。因为对选项效用的赋值是任意的（针对同一问题提出的不同效用量表之间的关系是线性的），所以我们规定两人同时遇难的效用值为 -1，都未遇难的效用值为 0。每架飞机出事的概率都是 p，且两个 p 值是相互独立的，所以它们同时出事的概率即为 $p \times p$ 或 p^2，这也是夫妻二人分开飞行而同时遇难的概率。但是，当他们乘坐同一架飞机，同时遇难的概率是 p。接下来假设只有一人遇难的效用值为 x，根据期望效用理论，则有：

$$p(-1) < 2p(1-p)x + p^2(-1)。$$

式子右半部分的第一项表示的是只有一人遇难的概率（第一架飞机失事而第二架飞机安全的概率加上第一架飞机安全而第二架飞机失事的概率）乘以 x，x 指的是只有一架飞机遇难的效用值，第二项表示单独飞行时两人同时遇难的概率乘以 -1，-1 指的是该结果的效用值。

对式子进行约分化简可以得到 $x > -½$。$x > -½$ 说明只有一人遇难的效用值小于两人同时遇难的效用值（负数）的一半。

我们建议，应该提醒这对夫妻，他们其中一人遇难的效用值是否小于两人同时遇难的效用值的一半。在这一例子中，这可能不会改变他们的决定；事实上，上述考虑很可能会强化他们的决策。我们在这个例子中所做的就是假设人们在特定框架下，至少可以部分提高效用值，这个框架本身并不要求这种洞察力，正如在度量物体质量的物理学框架中，本身也不要求度量到的数据与我们感受到哪一个物体更重相一致。但是，正如天平度量的质量至少部分与我们对质量的感知一致，此系统内的效用值也应该与个人价值的主观感受相一致。在这两种体系中，如果没有这样的对应关系，对它们进行研究也就变得毫无意义。

下面再举一个医学方面用 X 射线检测肾脏囊肿或肿瘤的例子。Dennis Fryback 在他的博士论文中，针对"用 X 射线判定肾脏病变是囊肿还是肿瘤"的问题进行了分析（具体概要见 Fryback & Thornbury，1976）。标准化的程序是当病人的肾脏功能出现紊乱时，需要接受 X 射线检测，如果出现异常，医生应该根据 X 射线的结果，判断这种病变属于囊肿还是肿瘤，这种判断是概率性的，接下来病人要接受一种侵入性的检查。当时并不存在一项检查可以同时诊断出这两种可能性，而且，因为 X 射线结果显示的异常也可能是一种正常变化，即使其中一项检查得到阴性结果也还不能判断是否出现另一项病变，必须继续做第二项检查。Fryback 研究的主题就是如何安排这两种检查的顺序，这一顺序对于病人来说是十分重要的，因为两种检查的性质迥异。

对囊肿的检测使用的是抽吸法。将针管从患者的背部插入病变部位，然后判断肾脏中的液体是否可以被抽吸上来，如果可以，则说明是囊肿。整个过程只需要局部麻醉，术后凝血的概率较小，费用较低。

对肿瘤的检测使用的是动脉造影术。先将一段软管插入患者的股动脉，然后操纵它进入肾脏，在软管末端连接的设备可以切取病变部位的组织样本，然后对获得的组织样本进行活组织检查。在 Fryback 的研究中，完成一次检测需要 1 天的术前准备，至少 1 天的术后住院观察。术后凝血的概率是抽吸法的 10 倍，同时患者感觉非常不舒服，费用较高。

Fryback 发现，当医生认为囊肿出现的概率是肿瘤出现的 2 倍时，才要先进行抽吸法，否则就要先接受动脉造影术。他还发现，无论是患者、医生还是普通公众都认为动脉造影术的恶劣程度是抽吸法的 10 倍。（有趣的是，不舒适、无法工作和术后可能出现凝血是做出此种判断的主要决定因素，费用的影响作用很小——这可能是因为医疗保险的缘故，所以我们对上述两种方法在费用上的差异不是太敏感。）接下来，Fryback 以动脉造影术的负效用是抽吸法的 10 倍为假设前提，对这两种方法进行了期望效用的分析。为了便于分析，我们先假定病人的肾脏肯定发生了病变，是囊肿或肿瘤中的一种，然后设定两种病变的概率（不过实际上第一种检查得到阴性结果后对第二种检查的要求提高了，因为病人也可以没有发生病变）。于是，我们假设在病人的异常不是正常变异的前提下，病变是肿瘤的概率是 p，因此，$(1-p)$ 就是病变是囊肿的概率。同前，我们可以假设两种检测都不用接受的效用值是 0，只接受抽吸法的效用值是 -1，只接受动脉造影术的效用值是 -10，需要接受两种检测的效用值就大约是 -11。

假设放射线操作者认为放射结果是肿瘤的概率是 p，如果先接受的是动脉造影术，那么整个过程的期望效用值就是

$$p(-10)+(1-p)(-11)$$

式子中的第二项表示的是，在确定不是肿瘤的情况下，接受两种检测的效用值。同理，先接受抽吸术后整个过程的效用值是

$$(1-p)(-1)+p(-11)$$

那么要使先接受动脉造影术的效用值大于先接受抽吸法的效用值（即负效用会较小），即

$$-10p-11(1-p)>(p-1)-11p。$$

则

$$11p>10 \text{ 或}$$
$$p>10/11$$

换言之，只有当病变时肿瘤的概率大于 10/11，即肿瘤出现的概率是囊肿的 10 倍时，先接受动脉造影术才是最优的选择。回想一下，在 Fryback 的研究中被调查的对象认为动脉造影术带来的坏处至少是抽吸法的 10 倍，由此可见，10/11 仅仅是个下限。但在实际情境中，当判断肿瘤出现的概率大于 1/2 的时候，就会选择先进行动脉造影术。

这个例子说明被调查者的个人价值与 von Neumann-Morgenstern 理论系统中的效用值之间至少是部分相符的。不过，人们可以对这些效用值进行评价，相信这一点看起来是相当合理的——实际上，当我们把这个结论告知医生时，他们就对检查程序做出了调整。有趣的是，把放射科医生对囊肿和肿瘤出现的概率判断与检查后实际发现的两种病变频率进行比较，会发现他们的判断非常准确，不过

可惜的是，这一判断却与实际的决策完全无关——因为如果根据期望效用分析，在大多数的情况下他们应该先进行抽吸法，除非他们判断肿瘤出现的概率至少是囊肿的 10 倍，而这种情况是极少见的。

应用性决策分析新领域（自 1970 年以来）主要根据 von Neumann 和 Morgenstern 提出的方法帮助决策者优化决策（Clemen, 1996；Hammond, Keeney, & Raiffa, 1999）。决策分析的前提是人们确实对自己的个人价值有一定的了解，但是在某些特殊的选择情境中，尤其在决策变得自动化或必须通过特定程序才能做出时，个体价值是无法体现的。无论假设情境还是真实决策，应用性决策分析师先诱导决策者对不同结果的价值和出现的概率进行详细分析，然后通过期望效用的分析，使得决策者对不同的选项有总的看法，进而做出最终的选择。正如在医院里决定先接受哪种检测一样，这种做法意义深远。

另外还有一个例子，讲的是某小镇上一个工厂主考虑引进自动化设备的故事。他的家族拥有这个工厂已有数年，工厂为小镇上的很多人提供了工作的机会。在听了引进自动化设备可以增加利润的一个报告后，他对这一措施感到不安，但却不知原因。然后他向一位应用性决策分析师咨询，分析师通过深入了解，得出结论说他经营这家工厂的主要目的并不是赚钱，相反，他想给镇上的居民提供就业机会，以便为自己树立一定的威望。根据分析师对不同选择期望效用的分析，引进自动化设备是个非常糟糕的选择，因为这会违反这个人建立工厂的初衷。这个人听后，恍然大悟，也终于明白自己不安的真正原因是什么。实际上，在引进自动化设备可以增收的确凿证据面前犹豫不决，恰是这方面的原因。分析师的分析可以使他向自己和其他不理解他这种行为的人做出合理解释，避免决策失误。

这样的决策分析就像心理治疗，因为它帮助人们改变行为以符合自身的价值观。von Neumann 和 Morgenstern 的理论并没有告诉我们应该做出何种选择，但却给出了解决问题的重要工具。并且，它可以帮助我们避免做出一些基本的非理性决策，因为依据此一理论框架做出的决策都是理性的。比如个体不愿放弃沉没成本，因为期望效用分析主要针对的是将来发生的事情，所以沉没成本不会进入分析过程。实际上，纠结于沉没成本的个体可以因下述理由而释怀：考虑到沉没成本会和其他经济理性行为的重要动机冲突，原先认为放弃沉没成本是浪费的动机就会消失。

决策分析师最初假设客户在特定决策情境中的态度、选择倾向与一般情境是矛盾的。分析的目的是确认，甚至是量化这种矛盾，然后希望客户可以依据自己的"基本目标"来解决问题。

11.6 关于决策分析的一些不合理质疑

因为决策分析主要通过数字和计算指导重要的决策，所以人们存在一种普遍的误解，认为这种方法缺乏感情、非人性化、令人困扰。这会不会使得一些重要的决策过程过于机械化呢，有时就像用电脑挑选橄榄球四分卫、行政总裁，甚至是情人？那些"数字"在基础学科中非常重要，但用作决策的依据，是否会变得没有意义，甚至十分荒唐呢？当人生的重要机遇是由能力测验的分数或面试官的评定分数决定的时候，难道我们还没有受够数字的奴役么？总之，人类的精神是不是能更好地体现于直觉判断，而非纠结在数字分析之中呢？

我们坚定不移地否定上述所有的质疑。在 von Neumann 和 Morgenstern 的理论和本书的讨论中都绝对没有想要磨灭人性或更轻易地评价并获取价值。相反，效用的提出主要是让我们掌握一种方法，在决策时判断出什么最重要。分析期望效用的目的就是帮助我们了解什么对我们来说才最重要。正如 James March（1978）的观点，我们的人生目标就是要发现自己珍视的事物。这一目标可能要求我们游戏人间、恣意放纵，这种行为是不是有悖理性或期望效用理论的要求呢？绝对不是这么回事。通过观察发现，以此为目标的个体持有的是一种存在主义的价值观。决策分析的主要工作就是使这种价值观外显，使人们能清晰地知觉到自己的价值观，并调整行为以符合价值观。

决策分析也并非是令人困扰的或模棱两可的的思辨活动。实际上，一些结论可以用来指导行为而非仅仅给出想法。比如，正如之前提到的 von Neumann 和 Morgenstern 的经典之作《博弈论和经济行为》（1974），书中包含的内容要远比本书在这里所提到的内容丰富得多。书中一个十分有趣的章节介绍了扑克牌的完美玩法。一局比赛中有 2 598 960 种牌型，牌型之间彼此是相互独立的，为某一种牌型下注就相当于从 1 到 2 598 960 这么多数字中随机抽出一个数字，抽到数字最高的人获得此局的胜利。那么如何下注才是最好的赢钱策略呢？von Neumann 和 Morgenstern 在这里假设只有两个玩家的一种简化牌型情境，两个玩家必须轮流下注，其中一人先下注，另一个人必须跟注（下同等的赌注）或加注（提高赌注），随后前一个人也要在此基础上继续跟注或加注。von Neumann 和 Morgenstern 通过数学方法证明，根据期望效用最大化原则，玩家必须迅速加注至最大值，或者认输。（如果玩家是第一个下注者，他或许可以先"让牌"（check）以延迟下注，直到其他玩家有所行动。）我们想说的是，在期望效用理论的框架下，严格的数学论证表明，犹豫不决是一种糟糕的策略，最佳策略恰恰不是让人纠结于决策之中。实际上，最佳策略就是在看到牌型之前先在 1 到 2 598 960 之间选择一个数字，如果牌型的价值高于所选的数字，就赌上全部身家，否则就压根不要下注。在这个情境中，期望效用理论强调的是一种动态性的决策过程，绝对没有鼓励人们患得患失、犹豫不决或是拖延迟滞。

参考文献

Baron, J. (1988). *Thinking and deciding.* New York: Cambridge University Press.

Baron, J., & Spranca, M. (1997). Protected values. *Organizational Behavior and Human Decision Processes, 70,* 1–16.

Bentham, J. (1948). *An introduction to the principles of morals and legislations.* Oxford, UK: Blackwell. (Original work published 1789)

Clemen, R. T. (1996). *Making hard decisions: An introduction to decision analysis* (2nd ed.). Pacific Grove, CA: Duxbury Press.

Dawes, R. M., & Smith, T. L. (1985). Attitude and opinion measurement. In G. Lindzey & E. Aronson (Eds.), *Handbook of social psychology* (Vol. 1, pp. 509–566). New York: Random House.

Ellsberg, D. (1961). Risk, ambiguity, and the Savage axioms. *Quarterly Journal of Economics, 75,* 643–669.

Freedman, D., Pisani, R., Purves, R., & Adhikari, A. (1991). *Statistics* (2nd ed.). New York: Norton.

Fryback, D. G., & Thornbury, J. R. (1976). Evaluation of a computerized Bayesian model for diagnosis of renal cysts versus tumor versus normal variant from exploratory urogram information. *Investigative Radiology, 11,* 102–111.

Hammond, J. S., Keeney, R. L., & Raiffa, H. (1999). *Smart choices: A practical guide to making better decisions.* Cambridge, MA: Harvard Business School Press.

Hastie, R., & Stasser, G. (2000). Computer simulation methods in social psychology. In C. M. Judd & H. Reis (Eds.), *Handbook of research methods in social psychology* (pp. 85–114). New York: Cambridge University Press.

Hölder, O. (1901). Die Axiome der Quantität und die Lehre vom Mass. *Reports on the negotiations of the Royal Saxon Society of Sciences, Mathematics and Physics Class, 53,* 1–64.

Kadane, J. B., Schervish, M. J., & Seidenfeld, T. (1999). *Rethinking the foundations of statistics.* Cambridge, UK: Cambridge University Press.

Lopes, L. L. (1994). Psychology and economics: Perspectives on risk, cooperation, and the marketplace. *Annual Review of Psychology, 45,* 197–227.

Lopes, L. L., & Oden, G. C. (1999). The role of aspiration level in risky choice: A comparison cumulative prospect theory and SP/A theory. *Journal of Mathematical Psychology, 43,* 286–313.

MacCrimmon, K. R., & Wehrung, D. A. (1986). *Taking risks: The management of uncertainty.* New York: Free Press.

March, J. G. (1978). Bounded rationality, ambiguity, and the engineering of choice. *Bell Journal of Economics, 9,* 587–608.

Neumann, J. von, & Morgenstern, O. (1947). *Theory of games and economic behavior* (2nd ed.). Princeton, NJ: Princeton University Press.

Savage, L. J. (1954). *The foundations of statistics.* New York: Wiley.

Tversky, A., & Kahneman, D. (1974). Judgment under uncertainty: Heuristics and biases. *Science, 185,* 1124–1131.

第12章
描述性决策理论

在理论框架中,理论和实践没有差别,回到实际生活中,理论和实践确实有差别。

——简·L. A.·范德施耐肖特(1953~1994)
当代著名的计算机科学家及教育家

12.1 非期望效用理论

经济学悖论和心理学实验都不止一次地证明,在描述人类行为方面,主观期望效用理论并非有效的描述性理论。那些试图更充分地描述人类行为的理论大多都保留了理性期望法则的基本形式(见章节2.3)。所以,这些理论有时称为非期望(non-expected)效用理论,用以表示他们是从期望效用的框架中派生出来的。

为什么要在一般期望效用框架下继续我们的工作呢?第一,这个框架包含了某些成分,直觉和经验告诉我们,这些成分对于谨慎的决策很关键。第二,这个框架对于人们在许多不同情境中的决策行为提供了大体准确的描述性解释;一些经济学家将此框架称为实证论(positive theory),因为它近乎准确地将一种决策行为中的投入和产出(心理学家可能称为刺激和反应)和另一种决策行为中的投入和产出联系起来。第三,这个框架抓住了理性(在我们的文化中它被定义为最优)

的本质，经过调整，我们的行为是可能接近理性的；我们乐观地假设，人们在实现个人目标的过程中至少保持着一些理性。

然而，正如本书大部分内容所揭示的那样，人类远没有具备完全理性行为所要求的理性，也不会去追求最优特征。所以，有效的描述性理论和最好的规范性理论是不会完全相同的。解决规范性和描述性两者差异的一种方法是，在能够解释原理论最可靠和最重要悖论的标准公式中加入理论变化。在这些非期望效用理论中，最成功和最具有影响力的是 Kahneman 和 Tversky 的预期理论（prospect theory）（1979；Tversky & Kahneman，1992——在这本书中，我们关注的是 1979 年"原始预期理论"的公式）。与期望效用理论一样，预期理论运用代数公式来表示决策过程：选项（prospect）指由一个或者多个结果（i）所定义的一种选择或者行动过程。这些结果就产生了由决策权重（Π_i）所衡量的价值（v_i），决策权重和每种结果发生的客观概率有关。选项的总价值（V）表示为：

$$V = \Sigma (\Pi_i v_i),$$

此公式本质上与所有期望效用理论核心中的理性期望规则等价（见章节 2.3）。

在预期理论中，决策过程包含两个阶段：对各个选项的编辑（editing），包括对与决策相关的行为、不可预见性以及结果构建认知表征；评价（evaluation），是指决策者对每个选项的价值进行估计并进行相应的选择。为了清晰地阐述评价阶段，对于每个选项来说，评价阶段可以分为三个步骤：(1) 估价，将价值函数应用于与各种结果有关的所有后果；(2) 对决策进行加权，根据不同后果发生的客观概率函数，对每个估价后的后果进行加权；(3) 整合，对每个选项加权后的价值进行累加。下面让我们单独来看每个过程。

编辑和构架决策问题

预期理论超越了传统的决策理论，描述了决策者理解决策情境时涉及的认知过程。由理解所导致的认知表征包含很多方面，如预期的结果、事件、事件之间的不确定性、相关的价值、参照点等，而且可能涉及其他有关价值估计和决策权重的信息（存在于长时记忆或者当前环境中）。

假定第一步重要的编辑操作是在客观的评价等级量表上设定一个参照点。涉及金钱和健康时,人们最有可能将现状(status quo)设定为参照点,在个人的获益-损失量表中,参照点被设定为0。解释与价值有关的现象时,参照点的位置是一个核心问题,因为它决定了什么是获益,什么是损失,而且它预测了在什么位置决策者对价值的变化最敏感(在接近0参照点的位置)。但是参照点并不总是现状,正如Tversky和Kahneman(1981)所述:"在日常生活中,很种因素可以当作参照点。参照点通常是人们已经适应了的状态;有时候由社会规范和期望决定;有时候它体现一定的期望水平,这个期望可以是现实的,也可以是不现实的。"(p. 456)

在心理学中,除了现状之外,最常见的参照点是抱负水平(aspiration level)。这个点不仅为很多人界定了成功,尤其是那些成就需求很高的人,而且通常和我们搜索满意结果之选项的时间有关。正如第10章所述,满意的策略未必最优,我们预期,抱负水平和我们遇到或者考虑选项的顺序会相互影响,从而决定了策略的效果。在赛马场上,可以看到抱负水平的效应。中奖概率较小的赌博在一天快结束的时候尤其受欢迎——赌徒把很多的钱赌在客观上不可能赢得最后比赛的那些马上。这种现象是由于失败的赌徒希望在结束一天的赌博前赢回自己的损失。这些赌徒的行为和言论表明他们好像将"收支平衡点"作为期望水平。当然,这意味着在最有可能获胜的马身上赌注是更好不过了。此外,在我们所熟悉的人当中,一些赌徒,娱乐场的游戏者,还有网上的股票投资者会谈到停止时的期望水平:"如果我再赢得1000美元,我就结束一天的赌博而去慢跑。"

这种不稳定的、具有适应性的参照点概念对于很多经济学家来说是个麻烦(虽然它最先是由一位经济学家提出来的)。正如预期理论框架中的所有分支过程一样,参照点这个概念并不太严谨,这使得我们很难得到一个先验的预期或者在形式上估计一个事后的参数,例如参照点的位置。然而,在这些技术性的问题上,还是有一些进展的。Lopes和Oden(1999)设计了几个实验直接考察被试对彩票的偏好。在这些实验中,他们确认了价值连续体上的一些特殊的敏感点。例如,要求被试对自己的选择进行出声思考时,他们评论如下:

"这个风险小的彩票有较高的头奖,且有更大的几率赢取100美元以内的较大数额奖金。我更关注的是输掉的最大值而不是赢得的最大值。"

"我选择风险小的彩票是因为奖金的最小值和最大值都挺多的,而且对于这二者而言我都有很大的机会得到100美元左右的奖金。"

"我选择中奖概率大的彩票是因为损失的最大值是比较小的,甚至是零损失。不管怎样,如果你有可能损失70美元或者200美元,那太冒险了。"(p. 304)

Lopes 和 Oden(1999)得出结论,在人们对不确定选项的评价中,三个位置起着很关键的作用:参照点、抱负水平("我有多大的可能达到我的某某目标?")和安全水平(我损失某某数额或更大数额的概率为多大?)。他们解释,人们在安全关注(security-mindedness,类似于风险规避)和潜力关注(potential-mindedness,类似于风险寻求)方面存在个体差异。至少在金钱领域,这些个体差异存在跨时间的稳定性(例如,从实验的一个阶段到另一个阶段),而且它们可能与"谨慎的"和"冒险的"人格类型相关。研究者假定个体的抱负水平非常不稳定,依赖于情境因素。Lopes 和 Oden 将这些解释为个体"参数",并利用注意分配和眼动记录的间接测量方式来证实,在彩票选择的任务中,这些因素和知觉导向以及信息搜索有关。(我们建议将 Lopes 和 Oden 的 SP/A 理论视为预期理论的一个强有力的竞争理论。)

March 和 Shapira(1987)的研究发现,商业决策者也会考虑其他关键数量,他们常常参考下跌风险(downside risk)。下跌风险指商业活动能够承受的最大损失量。另外,他们也关注盈亏平衡点(break-even points)和生存点(survival points,继续做生意所需要的最小资金量)。我们认为,对这些管理行为的详细研究将发现,商业决策者在引人注意的参照点附近对资金的变化尤其敏感。

预期理论假定第二步重要的编辑操作是对结果的整合(combining)和分离(segregating)。我们假定,有时人们会将损失和获益进行整合以提高总体的满意度。人们确实拥有某些信念,知道一些东西会让自己感觉更好,而一些东西对自己的伤害更大。例如,大多数人认为,与一次性收到一个红包相比,收到两个分开的红包会得到更多的乐趣;收到两笔价值100美元的退税会比得到一笔200美元的退税更满意。同样，大多数人愿意承担一个更大的损失而不是几个小损失；单笔 200 美元的交通罚款比两笔 100 美元的罚款伤害更小。我们的这些直觉与理论原则是一致的：临近参照点（这些案例中参照点为现状）时，我们对获益和损失更加敏感——在递减的价值函数中，相比一个大的浮动，零点上下两个小的浮动对我们的满意水平有更大的影响。记住，这个理论也假定参照点移动很迅速；否则，接连两个小的获益或者损失与一个大的获益或者损失不会有什么不同。Richard Thaler 将预期理论的含义进行了延伸，提出了心理账户（mental accounting）的概念，用以解释在日常的消费习惯和金融市场中出现的很多悖论（Thaler，1999）。

评　价

评价阶段的第一个步骤是估价（valuation），即对每个结果的相应后果进行个人化价值的推断。价值函数（value function）（具体讨论见第 9 章和图 12.1）总结了典型决策者的预期理论假设：将后果的客观测量值转化为个体自己的价值。预期理论承认，在基本的函数形式上存在个体差异，并且可以充分肯定的是，在对函数进行测量时，价值函数的确会因个体和情境而变化，虽然它们也具有很大的一致性。作为构架过程的一部分，每种后果都会进行识别，然后根据价值函数转化为个人化价值。价值函数可以用以下方程来说明。

$$v(x) = \begin{cases} x^\alpha & \text{如果 } x \geq 0 \text{（函数的 "获得" 部分）} \\ -\lambda(-x)^\beta & \text{如果 } x < 0 \text{（函数的 "损失" 部分）} \end{cases}$$

此过程有三个主要特征：

1. 参照水平依赖性：个体依据参照水平的变化来看待后果（金钱或者其他事物）。参照水平通常指个体的现状（价值函数曲线中的 [0，0] 坐标点）。
2. 得失饱和性：对于选择的正负后果而言，结果的价值都有边际递减的趋势。获益和损失部分价值函数的指数 α 和 β 通常都比 1.00 小——通常 α 和 β 的值均为 0.88（如果指数的值是 1.00，曲线则呈线性；如果大于 1.00，曲线则呈加速递增型）。

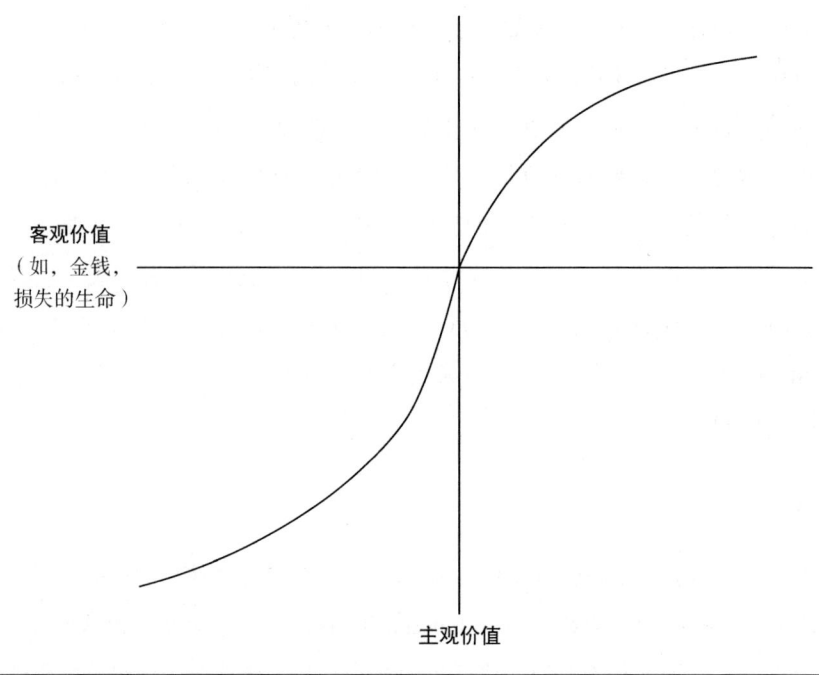

图 12.1 预期理论的价值函数

3. 损失规避：在价值函数中，损失部分的函数比获益部分的函数更陡峭；损失100 美元的痛苦感比获得 100 美元的快乐感更大。系数 λ 标志着价值函数正半支和负半支的斜度的差异。λ 的值通常为 2.25，表示损失所产生的痛苦感大概相当于相同获益量所产生的快乐感的两倍（如果 λ=1.00，损失和获得会有相同的斜度；如果 λ<1.00，获得会比损失有更大的权重）。

仔细对照这个价值函数，我们就可以计算出各种选项的个人化价值。例如，为了理解损失规避，我们可以计算实际获得 100 美元的预期理论值，并且将它和实际损失 100 美元的价值进行比较：$V_{+\$100}$ = \$100 = 57.54 和 $V_{-\$100}$ = −2.25 (−\$100) = −129.47。很明显，损失带来的伤害比获益带来的快乐更大。为了理解分离和整合效应，我们可以计算收到两个价值 \$100 的礼物和一个价值 \$200 的礼物的个人化价值：($V_{+\$100}$ + $V_{+\$100}$) =115.08 和 $V_{+\$200}$=105.90。对于损失的情形同样是这样：($V_{-\$100}$ + $V_{-\$100}$) = −258.94 和 $V_{-\$200}$ = −238.28。正如上面所提到，不管结果好坏，分离结果之和大于总体结果。

预期理论包含决策加权的过程，类似于期望效用理论中根据结果的发生概率或者期望进行加权的过程。同样，预期理论建立在另一个数学函数基础之上，概括了主客观连续统一体之间的关系——将概率转化为决策权重。在规则明确的赌博游戏中，概率维度可通过数字明确地传达给决策者。然而，将这个理论应用于"风险赌博"之外的领域却更加有意义。Tversky 在事业的晚期开始研究"概率从何而来"的理论，称为支持理论。可以想象，支持理论（我们所知的启发式决策过程）可以提供与数字之外的（技术术语称为"非风险性"）不确定性情境的联系；并通过决策权重函数的 X 轴将主观的不确定性转化为数字的主观概率。（关于这一发展过程的讨论，请参见 Fox & Tversky，1998。）

决策权重函数（同样，对于大多数决策情境中的大多数个体都是具有代表性的）看起来像一个反 S 型曲线（见图 12.2）。解释这些心理物理学函数的一种有用的经验法则是，当曲线更陡峭时，说明决策者对客观维度（X 轴）的差别更敏感：如果曲线是陡峭的，说明相对于平坦的曲线，决策者对于客观维度上的任何差别在心理反应上有更多的变化。也许可以用几个机制来解释陡峭度或者斜度的不同，例如，不同的注意强度、不同的感官敏感性、不同的神经－生化基质的活性。

此函数可以用以下方程来说明：

$$\Pi(p) = \frac{p^{\gamma}}{(p^{\gamma} + (1-p)^{\gamma})^{1/\gamma}} \quad (\text{经典估计 } \gamma = 0.64)$$

我们来逐一考察这个决策权重函数的特征。

1. 接近 0 点的曲线是陡峭的，说明人们对不可能和可能之间的差异特别敏感。这种陡峭性和人们对小概率风险的过度反应是一致的，并且可以部分解释为什么人们会购买中奖率极低的彩票。工业和政府风险管理部门对人们愿意支付极高的价钱去完全消除低概率的威胁感到不解。美国最高法院法官 Stephen Breyer（1993）认为，从毒物泄漏、石棉泄露和疾病易感性中"消除'最后 10% 的风险'是毫无必要并且没有收益的尝试"（p. 75）。为了支持这种观点，Breyer 提到美

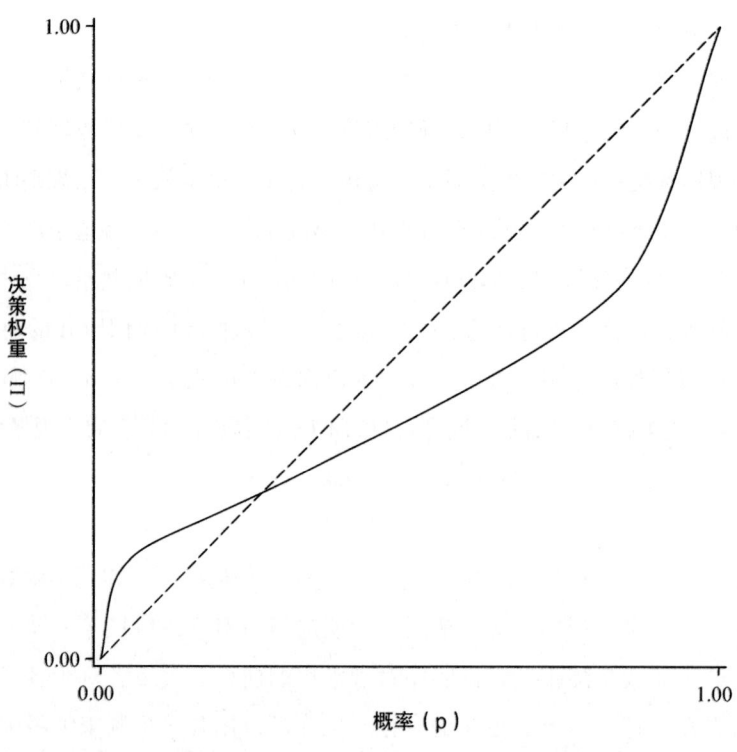

图 12.2　预期理论的决策权重函数

国环保署的管理者所说的话：在几个月之内可以消除几乎所有危险废物堆中大约 95% 的有毒物质，但是想要消除最后残存的部分却需要数年，而且还要花费高昂的成本、投入大量的社会资源、巨额的法律费用，并会引起无休止的争论。作为一名曾经的初审法官，Breyer 讲述了一个他经历的难忘事例——用 10 年的时间去清除新汉普希尔南部的一个有毒废料堆（United States v. Ottatti & Goss，1990）。

除了一处私人会所，这个地区的大部分废弃物都已经被清理干净。该会所为了清理最后这些废物向法院提起了诉讼，要求得到 930 万美元，以便用焚烧的方式清除少量浓度已经很低的多氯联苯和"挥发性有机化合物"（主要成分是苯和汽油）。这 930 万能换来多少额外的安全呢？这 10 年当中长达 4 万页的记录显示（所有各方都同意这样的观点），即使不做任何处理，即使在废料堆玩耍的儿童每天吃少量的脏土，每年吃 70 天也不会对身体造成显著的伤害。废物经过燃烧以后，这些儿童每年吃 245 天的少量脏土也不会对身体造成明显的伤害。但是因为那是一块沼泽，所以没有儿童去那里玩耍并吃脏土。将来也不可能有吃脏土的儿童出现，因为在那里造房子是不可能的。当事人也承认，至少一半的挥发性化学物到 2000 年的时候会消失。我所说的"最后 10%"这个问题的意思就是，花费 930 万保护一些并不存在的、吃脏土的儿童。（p. 12）

问题并不在于人们想不想安全，而在于人们对很多类似的风险反应过度。这也意味着资金将不能用于其他保护性的或者有益的社会工程。因为每次在没有必要的清除项目上花费 930 万，就会导致用来消除更严重灾难的经费少 930 万。

2. 在客观概率维度大约 0.20 的位置有一个拐点，在很多赌博情境中（例如扑克、骰子游戏、赌马），人们在这个位置对"客观"概率感觉精准。

3. 在曲线中间的大部分位置，人们是"回归"的，曲线有点"太过平坦"，客观概率的较大变化所引起的决策权重的变化较小。人们对于中等概率的变化不敏感。函数的这一部分说明人们会超级叠加（super-additive）事件的客观概率：一系列的决策权重的和小于其客观概率的和。

4. 最后，在度量客观概率的高端，随着概率增大而接近确定时，曲线重新变得陡峭。这种现象有时被称为确定性效应，它部分解释了 Allais 悖论中的偏好模式（在 11.4 讨论过的）。确定能获得大奖意义重大，对于参加实验的被试，从 0.99 到 1.00 的变化比从 0.10 到 0.11 的变化更重要。因此，当人们在精心设计的 Allais 悖论中做选择时，这种心理会使其违背期望效用理论的独立性原则。

图 12.3 总结了预期理论提出的决策过程。我们可以在时间序列中自由安排三个预备阶段（编辑、评价和决策加权）。这个理论本身对于计算顺序并不十分明晰。此外，像大多数的科学理论一样，这个公式已不断得到修正从而能够容纳新的实验发现。该理论的最新版本中有一个更复杂的"向下累积"（decumulative）的加权过程（Tversky & Kahneman，1992）。接下来让我们了解一下最新的行为研究，尤其是那些区分传统期望效用理论和预期理论的行为研究。

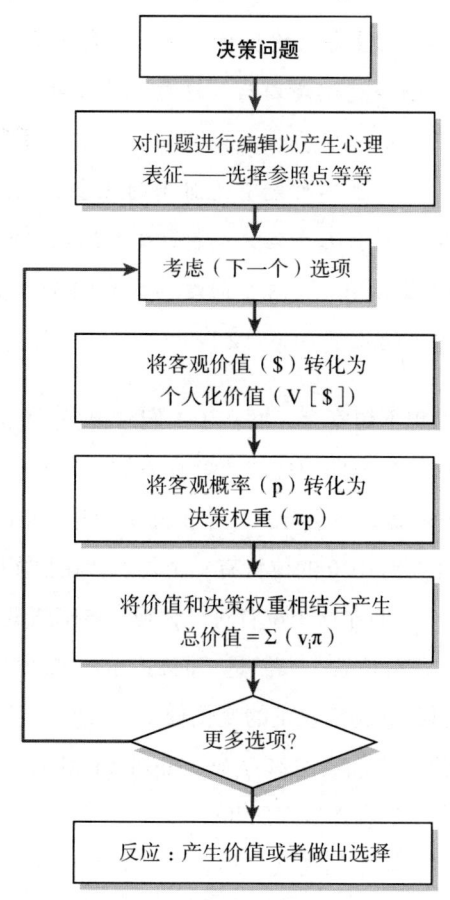

图 12.3 用流程图表示预期理论决策过程的各个阶段

12.2 获益-损失框架效应

框架对决策结果的影响可以通过下面的例子来阐述，我们可以构造同一问题的两种版本，即用两种不同的表述方式来描述同一决策情境。被试在面对两种不同表述时，会做出不同的选择，这时就产生了框架效应（framing effect）。我们会呈现一些例子，说明问题的表述方式会对选择者的参照点产生影响，也会说明人们对不变性（invariance）原则的违背。（不变性原则是指主观期望效用理论的第 4 条公理：例如，同一个赌博用弥散的"树形图"表示和用收缩的"平常"方式表示时应该评价一样。）参照点会影响决策者对结果的感知，同一个结果，如果与低的参照点比较时就是收益，与高的参照点比较就是损失。

想象一下，你刚刚得到 1000 美元，下面两个选项你会选择哪个？

A 选项：确定获得 500 美元。
B 选项：投掷一枚硬币，如果正面朝上你获得 1000 美元，如果正面朝下你获得 0 美元。

想象现在给你 2000 美元，你会选择下面那个选项？

C 选项：你必须马上返还 500 美元。
D 选项：投掷一枚硬币，如果正面朝上你返还 0 美元，如果反面朝上你返还 1 000 美元。

在第一对选项中，现状参照点指你口袋里的钱加上刚刚获得的 1000 美元，所有的结果被看作是收益。根据收益递减的价值函数，大多数人偏爱确定选项（A 选项）。但在第二对选项中，参照点指你口袋里的钱加上刚刚获得的 2000 美元（虽然这是假想的，但由于适应非常快，这种方式是起作用的！），所有的结果被看作是损失。损失时递减的价值函数使得大多数人想要赌一下，所以他们选择选项 D。如果把四个选项放在一起看，虽然 A 选项和 C 选项是等价的（确定获得 1500 美元），B 选项和 D 选项是等价的（50% 的概率获得 1000 美元和 50% 的概率获得 2000 美元），绝大多数人都会改变偏好，从偏好 A 选项转而偏好 D 选项。这种选择是非理性的——基于相同的后果人们做出了不同的选择，而理性人的一个重要标准是基于行为的后果做出选择。这种行为对于传统的决策理论提出了挑战：面对两个形式上相同的选择，我们为什么会改变我们的偏好呢？这个结果表明，在一个连续统一的数值量表上测量我们的效用是不可能的。

为了精确，让我们计算价值函数和决策权重方程（参见章节 12.1）的数值来看一下预期理论对每个选项的估价。

$$V_{选项 A} = \Pi_{i1.00}(v_{+\$500}) = 237.19$$
$$V_{选项 B} = \Pi_{i50}(v_{+\$100}) + \Pi_{i0.50}(v_0) = 198.18$$
$$V_{选项 C} = \Pi_{i1.00}(v_{-\$500}) = -533.67$$
$$V_{选项 D} = \Pi_{i0.50}(v_0) + \Pi_{i50}(v_{-\$1000}) = -442.36$$

在第一对选项中，A选项有更大的"收益"值；在第二对选项中，D选项有更小的"损失"值。所以，从第一对选项到第二对选项，大多数人的选择会发生变化。

获益-损失框架效应的另一个例子来自医疗决策领域。描述医疗手术的效果时，哪种方法更准确呢？是给出存活率表明手术有效性还是给出接受治疗的患者的死亡率？两种方法应该是相同的，但Barbara McNeil、Stephen Pauker、Harold Sox和Amos Tversky（1982）等人发现，对于医生和患者来说，这两种描述方式却有着不同的意义。

假设你患了某种绝症，你会选择哪种治疗方式？

外科手术：在100个接受手术的患者中，有90人手术后还活着，有68人一年后还活着，有34人5年后还活着。

放射治疗：在100个接受放射治疗的患者中，所有人治疗后还活着，有77人一年后还活着，22人在5年后还活着。

假设你患了某种绝症，你会选择哪种治疗方式？

外科手术2：在100个接受手术的患者中，有10人手术后死亡，有32人一年后死亡，有66人5年后死亡。

放射治疗2：在100个接受放射治疗的患者中，没有人在治疗后死亡，有23人一年后死亡，78人5年后死亡。

第一组陈述以生存率建构问题只有18%的受访者选择了放射治疗。但第二组陈述以死亡率建构问题，就有44%的受访者选择了放射治疗。同样一个不确定的结果，仅仅由于它们不同的构架方式而得到不同等的对待。很明显，在死亡框架里，从术后10人的死亡到放射治疗后的0人死亡，死亡人数的减少相当显眼。在医生、医学专业的学生、患者和大学生身上均发现了明显的框架效应。

在医疗实践中，随着医生越来越多地将诊断结果、对疾病的预测以及各种可能的治疗方式所带来的相关问题告知患者，因此，由框架所带来的决策差异变得日益重要。告知病人的目的是允许患者自己选择治疗方式，或者至少确保患者在知情同意的基础上选择医生所推荐的治疗方式。以前，医生习惯于发号施令，患者甚至不允许询问他们所服用药物的成分；并且，医生经常向患者隐瞒绝症（如癌症）、死亡的可能性以及死亡发生时间——根据 Elizabeth Lamont 和 Nicholas Christakis（2000）对 258 名晚期癌症患者的主治医生所做的访谈，这种情况依然常见。他们的结论是："我们推测，医生和临终病人就预后进行直接的、明确的和坦率的言语交流最多只有三分之一。"我们同意 Lamont 和 Christakis 的观点，这种不愿意和患者坦白病情的行为会阻碍病人以自己想要的方式结束生命。但是，在任何情况下，怎样将预后和各种治疗引起的后果告诉患者便成为一个问题。很明显，从逻辑的角度讲，从存活率和死亡率的角度和患者沟通应是一样的。但目前的研究表明，这两种框架会带来不同的决策结果。

如果医生想采取最可能的中立方式向患者呈现信息并且允许患者自己做决定，信息应该怎样呈现呢？McNeil 和她的同事们（1982）建议，同时以生存和死亡两种框架呈现所有信息。问题是，这样的呈现方式可能是难以理解的，一些人甚至可能无法理解这两种框架是等价的。另外一种呈现信息的方式是视觉呈现。例如，构建一个示意图，用 X 轴表示年数，那么生存率和死亡率都能用相同的曲线表征出来。在上述例子中，手术和放射两种治疗方式可以分别构建这样一个图表，然后让患者在两种治疗方式中选择一种——考虑到图表包含了所有信息，所以选择关注生存还是关注死亡是由患者自己决定的，而不是由提供信息的医生决定。

现在来看一个由 Tversky 和 Kahneman（1981）提出的问题，这个问题类似于社会政策制定者必须做出的决策，并且已经向各种样本施测过。

假设美国正准备应对一种罕见的传染性疾病，预计该疾病的发作将导致 600 人死亡。现有两种对付这种疾病的方案可供选择。假定对各方案所产生后果的科学估算如下：

如果采用 A 方案，200 人将生还。

如果采用 B 方案，有 1/3 的机会 600 人生还，而有 2/3 的机会将无人生还。

你选择哪种方案？在最初的大学生样本中有 72% 的人选择方案 A。选项是从收益的角度来描述的——拯救生命——被试是风险规避的。然而，另外一部分被试所面对的问题相同，但是从另外不同的角度来描述的：

如果采用 C 方案，400 人将死去。

如果采用 D 方案，有 1/3 的机会无人将死去，而有 2/3 的机会 600 人将死去。

你选择哪种方案？只有 22% 的学生选择了方案 C，而 78% 的学生选择了方案 D。然而方案 C 和方案 A 是等价的（400 人死亡相当于 200 人生还——两种情况下都是 200 人活着，400 人死亡），方案 D 和方案 B 是等价的。这又是一个包含确定事件和不确定前景的选择情境，仅仅因为概念框架不同而受到了人们不同的对待。由于描述方式的不同，使人们对方案的选择出现了高达 50% 的差异。

同样，我们通过 12.1 的公式看一下预期理论的计算：

$V_{\text{选项}A} = \Pi_{i1.00}(v_{+\$200}) = 105.90$

$V_{\text{选项}B} = \Pi_{i0.33}(v_{+\$600}) + \Pi_{i0.67}(v_0) = 96.96$

$V_{\text{选项}C} = \Pi_{i1.00}(v_{-\$400}) = -438.53$

$V_{\text{选项}D} = \Pi_{i0.33}(v_0) + \Pi_{i0.67}(v_{-\$600}) = -349.55$

计算结果预测，人们在第一对选项中会选择方案 A——它的总（收益）价值比方案 B 的大——但在第二对方案中会选择选项 D，因为它的损失比方案 C 小。

心理学家已经发现，框架效应在生死攸关的事件中尤其强烈。为什么呢？因为最先拯救的生命最重要，最先丧失的生命也一样。所以，当同一问题从拯救生命的角度阐述时决策者会表现出风险规避的倾向，当从生命丧失的角度阐述时决策者会表现出风险寻求的倾向。然而，丧失的生命和拯救的生命加在一起必然等于面临死亡危险的人数，因此，两者是互相矛盾的。

事实上，拯救生命和生命丧失之间的矛盾比这些不一致的反应所揭示出的矛盾更深。Fischhoff、Lichtenstein 和 Slovic 等研究者不仅让人们去做这样假设性的选择,还要求他们阐述与不同原因致死有关的一般策略。在一项经典研究中,妇女选举联盟的成员既需要做出选择,又要表明她们的价值观。和之前一致的是,当问题从拯救生命的角度来描述的话,她们选择规避风险。然而,当要求她们描述社会上很多人失去生命这件事情的严重性时,她们一致表示,事态严重性程度随着死亡人数的增加而加速。所以,严重的空难比死亡人数只有一半的小空难严重两倍还多(可能这个小空难对社会所造成的破坏性不到大空难的一半)。在更极端的情况下,可能我们当中的大多数人都会同意,造成8000万人死伤的核袭击比造成4000万人死伤的核袭击严重两倍还多。再极端些,造成地球上全部人死亡的核战争,比造成一半人死亡的核战争严重两倍还多。

对生命丧失的加速递增忧虑与对拯救生命的风险规避是不一致的。例如,如果600人死亡比200人死亡严重3倍还多,就不应该选择确定救活200人,而应该选择1/3的机会救活所有的这600人。然而,当选择情境从拯救生命的角度来表述时,人们一贯性地表现出风险规避的倾向。

同样,孩子不在身边时分开乘坐不同飞机的夫妻,也表现出对可能死亡的加速递增忧虑。这种分开乘坐飞机的做法减小了他们同时死亡的可能性,然而同时增加了至少一人遇难的可能性,因为两架飞机中一架失事的概率大于单独一架飞机失事的概率。正如章节11.5严密的论述,根据von Neumann和Morgenstern的理论,分开飞行的选择表明,两个人都死亡的潜在负效用比其中一个死亡的负效用严重两倍还多。

律师在法庭上讨论被告对原告的赔偿问题时,会故意操控问题表述的框架。被告律师将赔偿看成一种收益:"被告应该支付给原告多少钱?"相反,原告律师喜欢损失框架:"你们应该赔偿多少钱来弥补我当事人受到的伤害?"

框架仅仅是言语上的花招吗?答案是否定的。这里有两个原因。首先,框架效应可以用一些简单的心理学原理来解释;它们在复杂有效的心理学概念网络中是有意义的。第二,当做出矛盾选择的人们被指其选择不一致时,他们仍然坚持原来的选择。例如,Scott B. Lewis(尚未发表的研究)将6对曾经被用来证明框架效应的问题呈现给大学生被试(虽然在每对问题中至少有两个干扰提法)。被试仍然表现出刚刚我们讨论过的不一致性:当选项被描述为收益时,他们是风险规避的,当选项被描述为损失时,他们是风险寻求的。(Lewis的被试所做出的矛盾的选择中，有75%的选择在收益时与风险规避相一致，在损失时与风险寻求相一致。）Lewis向被试指出了这些不一致的选择，几乎所有的被试都认识到他们的选择实际上是不一致的。当给机会让这些被试更改自己的选择以达到一致性的时候，他们改变其选择的次数只有一半。而且，当将逻辑上相同的新问题再次呈现给他们时，不一致的比例仅从52%下降到47%。

道斯和他的同事（Hawkins，Dawes，& Johnson，1987）重复验证了这样的结果。例如，他们发现，超过一半的被试在生存－死亡的问题中表现出不一致性，而且被试数量相当于Lewis实验的4倍。更重要的是，不一致的程度在被试内（单个被试在5分钟之内回答从两个不同角度描述的同一问题）和被试间的设计中是一样高的。尽管语言上的计谋被识破后会失去效力，但框架效应却是持久的。

人们会购买保险。为什么？最简单的解释在于人们如何构架购买保险的框架。当考虑保险的时候，人们不再将他们的现有财产看成中性的，而是将其看作大于0的正收益（优秀的保险销售员会鼓励人们的这种看法）；所以，人们愿意用小的财产损失去避免破产的风险。这再一次表明，总额为正的赌博的期望效用总是小于用金钱来衡量的期望数量。但事实上，单单从金钱角度来描述时，个人在买保险时应该意识到自己会损失，毕竟，保险公司是赚钱的。

现在来看另外一个问题，人们不愿意佩带安全带，除非州立或联邦法律强制规定。根据预期理论，人们倾向于将他们的现状设定为参照点。从价值函数可知，小的收益是很重要的。人们认为不佩戴安全带会在舒适感上产生较小的收益。另一方面，由于价值函数对于负结果所呈现的递减特征，一个灾难性的交通事故所带来的客观结果被低估了。所以，从预期理论的角度来看，不佩戴安全带是一种合理的行为。

更进一步讲，人们的决策会因为参照水平的改变而改变。正如Norman Gutkin所指出的那样（和道斯的个人交流），如果人们的现状较为舒适，也许人们愿意佩戴安全带。如果宣传佩戴安全带不是从强调交通事故带来的恐怖结果入手，而是去强调人们在驾驶之前是多么幸福的话，宣传效果可能会更好些。这样的话，人们会将佩戴安全带看成是一种保险——保证他们继续处于幸福的状态。Gutkin建议，提倡人们佩戴安全带的广告不应该强调严重交通事故所产生的恐怖结果，而是应该呈现一对年轻富有的夫妻，用以提醒他们，不应该因一个本可以避免的伤害而失去其快乐的生命。

鉴于我们对于确定性损失的规避倾向，保险推销员必须很小心地组织言辞。如我们的一位大学同事指出的，低额保险费的广告语如果以"减少你的损失"开头，那么保险很可能卖不出去。我们推测，至少有一些人购买保险部分地因为她们想象自己对于保险公司来说是"小的赢家"；如果灾难真的发生了，相比于那家保险公司，他们就赢得了一个低赌注、小概率、大回报的赌博。他们完全意识到这种赌博是负收益的，并通过考虑可能发生的事情来保持心态的平和："如果飞机坠毁，至少我的孩子们可以依靠保险收益来读完大学。"根据预期理论，在完全知道期望为负的情况下，对可能结果的相同预期可以解释人们购买彩票的动机。

当然，有时候保险会带来收益。Reuven Brenner（个人交流）提到，从相对财富而不是绝对财富的角度来看的话，购买保险和彩票的行为是可以解释的，因为一个人可以通过花费很少的保险费或者彩票费而使自己相对于其他人的财富值保持不变。Brenner 写道：

> 他们（人们）为了同样的原因购买彩票和保险：在这两种情况下，个体都期望损失相对少一些，不管是彩票价钱还是保险费。但这些小钱值得花费，因为这是唯一能够使他们保持或改变其在财产分布中的相对位置的一种方法。所以人们会为了变得更富有，或者为了改变他们在财产分布中的相对位置而赌博，同样他们也会为了避免自己变穷而买保险。

12.3 损失规避

损失规避的基本概念在直觉上具有吸引力，也得到实验的支持。或许最有说服力的证据来自禀赋效应（endowment effect）。一旦人们拥有一个物品，甚至是一分钟，他们就表现得好像"失去这个东西比不拥有时得到它更重要"。Richard Thaler 给班上的一半学生发了咖啡马克杯；要求另一半学生出价去买这些马克杯

（例如，Kahneman，Knetsch，& Thaler，1991）。那些拥有马克杯的学生所赋予马克杯的价值和那些不拥有马克杯的学生所赋予马克杯的价值有实质上的差异。拥有马克杯的学生所定的卖价比不拥有者给出的买价高很多。他的实验结果在各种物品和各种方法上都得到了验证，获得了一致的结果。这些方法能使估价更精确、更真实。

这一简单的禀赋效应引出了几个更进一步的结果，能让我们更好地理解认知和情感在估价过程中的作用。Elke Weber 和 Eric Johnson（2008）和他的同事们认为，首先想到的究竟是目标物品的价值还是金钱的价值在这一过程中起着关键的作用。他们假设，当一个人面对放弃一个拥有物（以一定的价钱）时，他会自然地将他的注意集中在这个物品的用处上。所以，当要求被试出卖她的马克杯时，她会关注这个马克杯的（潜在）用处。反过来，当要求被试购买这个马克杯时，他的注意关注在金钱的其他用处上。在一系列错综复杂的实验中，Johnson、Gerald Haubl 和 Anat Keinan（2007）的结果显示，买者和卖者在交易中关注的方面极为不同，当双方的想法被实验操控时，他们的估价会按照研究者的预测发生系统的改变。Johnson 和 Weber 对于估价过程给出了一个普遍的认知解释，称为质询理论（query theory），指消费者的想法会随着针对其记忆的内在或外在的"质询"而改变，从而导致产品或者其他消费物品的价值在心中发生改变。

Jennifer Lerner 和她的同事（Lerner，Small，& Loewenstein，2004）认为，另一个因素——附带的情绪状态（incidental emotional state）——改变了禀赋效应任务中买者和卖者的偏好。Lerner 给一些被试一套荧光笔，不给另外一些被试，然后让他们估计卖价和买价。（实际上，出自方法学上的考虑，她评估了两个指标：卖价和选择；呈现一系列变化的价钱，让被试选择是得到钱还是继续保留笔。）但在估计偏好之前，她通过向大学生呈现电影片段，将他们引入或悲伤或厌恶或中性的情绪状态之中（采用电影《舐犊情深》中男孩和他死去父亲的悲伤场景引发大学生的悲伤情绪，采用电影《猜火车》中厕所恶心的场景引发厌恶情绪，或者采用鱼在珊瑚礁旁游泳的中性场景引发中性情绪）。和中性情绪相比，悲伤的情绪显著地增加了买价，厌恶的情绪显著地降低了卖价。随后的研究进一步证实了悲伤情绪对愿意购买商品价格的影响，称为"悲伤不吝啬效应（misery is not miserly effect）"。（Cryder，Lerner，Gross，& Dahl，2008）

Lerner 用情绪评价理论框架（emotion appraisal theory framework）解释这些结果（Ellsworth & Scherer，2002）。这个理论的要点在于，当个体处于某种情绪状态时，这种情绪会激活某种行为倾向。所以，悲伤的时候，个体可能试图去改变他（她）的处境（所以愿意对一个物品多支付一些金钱来"改变这种处境"），厌恶的时候，一个人想要"驱逐"物体，所以愿意出让的价钱比较低（详解见 Han，Lerner，& Keltner，2007）。

这些理论解释和有关情绪状态的研究并没有降低禀赋效应作为损失规避原理存在证据的重要性。它们的重要性在于能为我们理解禀赋效应的认知－情绪机制以及产生这种效应的条件提供新视角。

损失规避的非对称性在市场领域非常重要，因为它能够预测卖家确实会对销售物品赋予比买家更大的价值。禀赋效应一定是某些市场低效率交易从而导致运转失常的部分原因。但这种解释存在的问题是，买价和卖价之间的差异还可能有其他原因。很明显，如果你是一个可能的买者（比如拍卖），出价低一点儿在策略上是明智的，如果你是一个卖者，定价高一点也是明智的。我们都希望双方能够协商，不想由于出价太高或者卖的太便宜而损失利益。这就是为什么有控制的实验之所以重要的原因所在，因为这样可以消除可能的解释，或者在复杂的情境中慎重地考虑不同的因果因素。

损失规避现象也有包含不确定结果的版本。另外一个例子来自 Richard Thaler 的研究。被试面对的问题是，如果让他们暴露在一个病毒下，这种暴露将使他们患上不治之症的概率从 0 增加到 0.001，得到多少钱他们才愿意这样做。典型的回答是 10 000 美元。另外一些被试被要求想象他们已经携带了这种病毒，然后问他们愿意为疫苗支付多少钱从而将实际感染此疾病的概率从 0.001 减少到 0。他们为这种疫苗的出价是 200 美元。从价值单位的角度来说，从 0 到 0.001 和从 0.001 到 0 的距离是不相等的。

损失规避还有更微妙的含义吗？大多数的例子都是来自金钱领域（同样归功于 Richard Thaler；更多金钱的悖论和预期理论的解释见 Barberis & Thaler，2003）。为什么存在那么多的市场"棘手问题"（用经济术语称为低效率）？因为它们"调停得太慢"，以至于只能容纳很少的交易？这其中可以肯定的一部分原因是，在买者愿意支付的最高价格和卖者愿意接受的最低价格之间存在心理学上的差异；对于某个物品来说，人们在拥有时会比拥有前赋予其更大的价值。这种现象，即卖者愿意接受的最低价格和买者愿意支付的最高价格之间惊人的差异，在很多真实和虚拟的市场中都有体现。

在很多大学，教师可以支配退休金的投资方式。简单来说，他们可以将退休金用于相对不稳定的股票投资，也可用于相对稳定的债券投资。对于大部分人来说（数据来自投资习惯的实验室和现场研究），人们喜欢稳定的债券投资，而不喜欢不稳定的股票投资。Thaler（Barberis & Thaler，1993）将这种现象称为短视性损失规避（myopic loss aversion），因为根据研究，从长远来看不稳定的股票投资是非常有利可图的。他解释说，股票投资中那种类似过山车上下浮动的体验非常令人厌烦。股票价格每次上升时感觉很好，但每次下降时也会更痛苦，因为价值函数的损失部分比收益部分更陡峭（2.25倍），价格浮动的越多，痛苦也就比快乐越多。虽然Thaler提供了股票、短期国库券以及债券市场投资中具有说服力的回报值，但在现实世界中，要想证明保守投资不如股票投资是困难的。能肯定的是，学术界历来对退休金的研究结果都支持他的观点，即人们更少选择不稳定的投资。但是Thaler也进行了控制实验，实验条件的差异仅仅在于投资当前价值的报告频率（模拟了债券投资或者股票投资的行为）。当报告频繁时（类似于年度报表），人们偏爱保守的、稳定的债券投资，将他们大部分的资金用于债券投资。当报告不频繁时（类似于30年的总结报告），他们将90%的资金用于高回报但不稳定的股票投资。

12.4　展望未来

预期理论是关于风险决策的最好的综合性描述理论。该理论总结了几个世纪以来人类决策行为方面有价值的研究。此外，它还为理解人们在实验室和真实世界中的决策行为提供了一种无与伦比的崭新视角。这个理论让我们认识到很多非理性的反常行为，并将这些行为和经典的规范性（理性）机制联系起来。另外，它将很多反常行为归因于基本的心理过程。但预期理论并不是完美的，还有一些它不能预测或者解释的现象，例如，我们在章节4.2描述的偏好反转：当向个体提供单次赌博机会时，人们对于那些有更多金钱回报的赌博赋予更高的价值，但是，在比较一对赌博时，人们倾向于偏爱那个有更高可能性赢得少量钱的赌博。所以，他们的偏好顺序是他们出价高低的反转，这与经典的效用理论以及预期理论都是矛盾的。

用信息搜索、决策成本这些影响决策的因素来解释理性决策规则下的反常行为时，这些行为虽然是可以理解的，但当用其他因素，比如依赖于偶然事件上的框架来解释这些行为时，则显得有些武断。研究这些反常行为会使人对"历史进程"（不管是个人的还是社会的）产生一种不舒服的感觉，这种感觉并不会因为决策在技术如此发达的世界中所发挥的重要作用而有所减少。不管是在临床领域还是在现实生活中，框架和其他决策过程的不规则性或许可以部分地解释人类决策行为的不可预测性。人们每天都面对选择，这些选择会产生重要的结果（即使一些看起来微不足道的选择，比如，是否要参加聚会，也会产生重要的影响，因为在这个聚会上你可能遇到对你生活有重大影响的人）。至于选择在多大程度上受到各种因素的影响，而不是受到考量结果的影响，比如受情境效应和框架效应影响，则完全是主观任意的。

参考文献

Barberis, N., & Thaler, R. (2003). A survey of behavioral finance. In G. Constantinides, R. Stulz, & M.Harris (Eds.), *Handbook of the economics of finance* (pp. 1051–1121). Amsterdam: Elsevier North-Holland.

Breyer, S. (1993). *Breaking the vicious circle.* Cambridge, MA: Harvard University Press.

Cryder, C. E., Lerner, J. S., Gross, J. J., & Dahl, R. E. (2008). Misery is not miserly: Sad and self-focused individuals spend more. *Psychological Science, 19,* 525–530.

Ellsworth, P.C., & Scherer,K.R. (2002).Appraisal processes in emotion. InR. J.Davidson, K. R. Scherer, & H. H. Goldsmith (Eds.), *Handbook of the affective sciences* (pp. 572–595). New York: Oxford University Press.

Fox, C. R., & Tversky, A. (1998). A belief-based account of decision under uncertainty. *Management Science, 44,* 879–895.

Han, S., Lerner, J. S., & Keltner, D. (2007). Feelings and consumer decision making: The

Appraisal-Tendency Framework. *Journal of Consumer Research, 17,* 158–168.

Hawkins, S. A., Dawes, R. M., & Johnson, E. J. (1987). *Intra-individual framing effects.* Unpublished working paper, Department of Social and Decision Sciences, Carnegie Mellon University, Pittsburgh, PA.

Johnson, E. J., Haubl, G., & Keinan, A. (2007). Aspects of endowment: A query theory of value construction. *Journal of Experimental Psychology: Learning, Memory, and Cognition, 33,* 461–474.

Kahneman, D., Knetsch, J. L., & Thaler, R. H. (1991). Anomalies: The endowment effect, loss aversion, and status-quo bias. *Journal of Economic Perspectives, 5,* 193–206.

Kahneman, D., & Tversky, A. (1979). Prospect theory: An analysis of decision under risk. *Econometrica, 47,* 263–291.

Kahneman, D., & Tversky, A. (1984). Choices, values, and frames. *American Psychologist, 39,* 341–350.

Lamont, E. B., & Christakis, N. A. (2000). *Physician's preferences for prognostic disclosure to cancer patients near the end of life.* Presented at the Annual Meeting of the American Society of Clinical Oncology (Abstract #1704), New Orleans.

Lerner, J. S., Small, D. A., & Loewenstein, G. (2004). Heart strings and purse strings: Carryover effects of emotions on economic decisions. *Psychological Science, 15,* 337–341.

Lopes, L. L. (1987). Between hope and fear: The psychology of risk. *Advances in Experimental Social Psychology, 20,* 255–295.

Lopes, L. L. (1995). Algebra and process in the modeling of risky choice. *Psychology of Learning and Motivation, 32,* 177–220.

Lopes, L. L.,&Oden, G. C. (1999). The role of aspiration level in risky choice: A comparison of cumulative prospect theory and SP/A theory. *Journal of Mathematical Psychology, 43,* 286–313.

March, J. G., & Shapira, Z. (1987). Managerial perspectives on risk and risk taking. *Management Science, 33,* 1404–1418.

McNeil, B. J., Pauker, S., Sox, H., Jr., & Tversky, A. (1982). On the elicitation of preferences for alternative therapies. *New England Journal of Medicine, 306,* 216–221.

Simon, H. A. (1957). *Models of man: Social and rational: Mathematical essays on rational human behavior in a social setting.* New York: Wiley.

Thaler, R. H. (1999). Mental accounting matters. *Journal of Behavioral Decision Making, 12,* 183–206.

Tversky, A., & Kahneman, D. (1981). The framing of decisions and the psychology of choice.

Science, 211, 453–458.

Tversky, A., & Kahneman, D. (1992). Advances in prospect theory: Cumulative representation of uncertainty. *Journal of Risk and Uncertainty, 5,* 297–323.

United States v. Ottatti & Goss, Inc., 900 F.2d 429 (1st Cir. 1990).

Weber, E. U., & Johnson, E. J. (2008). Mindful judgment and decision making. *Annual Review of Psychology, 60,* 53–85.

第13章

下一个是什么？
判断与决策研究的新方向

> 我们很难做出预测，尤其是对于未来。
>
> ——尤吉·贝拉（Yogi Berra，1925~），美国著名的棒球运动员、总教练

在预测某个活跃科学领域的未来进程方面，我们可没有太多的自信。但是，如果我们能通过自己的评估，对当前趋势的重要性和开放性做出权衡，而不是坚持"假如现在我们已经做了许多，那么明天我们将做得更多"之类呆板的规划，那我们应该可以做得更好。正由于此点，我们在本书中提到了几个新兴的研究方向，我们认为这些方向在今后的十多年里将产出许多重要的成果。但我们也应记住，尖端前沿的研究中同样也会夹杂着许多引起误解的、错误的结果，因为我们常常没法辨别某种发现是否可靠，除非它经过了反复验证。正如俗语所说，科学的先锋总是沿着许多小巷摸索前行，直到证实前方确实是个死胡同。

那么，行为决策科学的下一个方向是什么？首要的一种趋势是探索判断与决策行为的神经基础，这是认知神经科学的一个分支领域，有时被称为神经经济学（neuroeconomics）。尽管具体的课题还不确定，但这种趋向是必然的。将决策过程与在大脑内部揭示认知因果关系的分析层面结合起来，这项工作肯定能有所作为。第二种趋势是探索情绪在判断与决策中的作用。神经科学的研究加深了我们对情绪过程本质的理解，有力地推动了该主题的发展。在本书的前面章节里，我

们列举了一些与该主题相关的有趣发现（如，判断中情绪依赖的可得性效应，以及作为基本价值来源的一些情绪）。第三种趋势是动态决策过程的新兴前沿领域的发展。此领域主要是因应一些动态决策任务（如爱荷华赌博任务）的流行而开创，在这类任务中，被试需要做出许多次选择，并且要从经验中提取与概率和结果相关的信息。在1990年以前，就出现了一些动态决策任务，要求被试在一段时间内进行多次决策，且每个决策都取决于其他决策。但是直到Antonio Damasio和他的同事引用了一种赌博任务（即爱荷华赌博任务，任务中，被试需要在四副正面朝下的扑克牌中进行100次选择，每次实验赢钱和输钱的数量均有不相同），动态决策任务才在研究领域流行起来。下面我们依次来看这三个互相联系的研究方向。

13.1 决策的神经科学

在所有的科学领域，将科学现象从一个分析层面还原到一个较为基础的层面是一种突破性的成就，这个较为基础的层面可以将两个层面的理论和事实联系起来。在物理学、化学和生物学等许多领域中，这种突破已经实现，但是在行为科学领域，却才刚开始不久。心理学中视觉和听觉的相关领域就是典型的例子，如今要想在这两个领域进行富有成效的行为研究，扎实的感觉神经科学背景是必不可少的。这一将不同分析层面和科学领域相结合的事业，如今被贴上了"融通"（consilience）的标签，融通一词最早由科学家、哲学家威廉·休厄尔发明使用（他同样被认为是"科学"一词的发明者），当代著名生物学家爱德华·威尔逊则在一本以"融通"为题的书中将该词大众化[1]。我们认为，识别不同分析层面之间的关系是一种非常有价值的科学进步。

在认知心理学领域，我们完全有理由期望，同时采用多个层面的分析方法可

---

[1] 威廉·休厄尔（William Whewell, 1794~1866），英国维多利亚时代最有影响的科学家、哲学家之一，代表作有《归纳科学史》、《归纳科学哲学》等。爱德华·威尔逊（Edward O. Wilson, 1929~），美国著名的生物学家，以"融通"为题名的书可见其《融通：知识的大联合》（*Consilience: The Unity of Knowledge*，1999）。

以解决在一个分析层面上看起来很棘手的问题。这可能意味着，由于一个问题受到另一个视角（如神经、生物层面）的攻击，先前投入到该层面（如行为层面）的资源被转移了，从而引起了一些传统研究者的焦虑。比如，现在典型的对决策过程进行的神经科学研究依赖于确立已久的方法、结果和理论模型，这些方法巩固了该领域行为层面的研究结果，但与此同时，神经科学也产生了另外一些突破性的研究成果。这意味着，如果我们忽视神经科学在这些研究中的贡献，那么行为层面就没有什么新进展。此外，行为神经科学吸引了大量行为学研究前沿的研究经费、科学家和学生们。也就是说，全面的决策神经科学的发展将会与行为学的前沿领域竞争资源。但我们认为这些都不是问题，因为行为学现象和生物学基础结合起来的最终结果是好的。而且，正如视觉和听觉领域的研究一样，这两个层面最后会相互交融，实现真正的"融通"。

脑成像技术的出现是最近行为神经科学研究激增的主要推动力，这些技术通过测量流向不同激活区域的神经元的血流量，使得研究者可以"功能性地"识别大脑的活动。在我们撰写本书之时，功能性磁共振成像技术（fMRI）是当下最流行的脑成像技术，它主要测量感兴趣区域（ROIs）中的血氧含量水平（BOLD），其立体成像的空间分辨率为 3 毫米 × 3 毫米，时间分辨率约为 2 秒。脑电图技术（EEG）是当前用于人类研究的另一种流行技术，它测量的是头皮上的脑电活动，时间分辨率更为精确，但空间分辨率比较差。类似的研究手段也被用于研究非人类被试，通过外科手术将微电极植入活体动物的神经元，以记录其大脑内部的电活动，此项技术能够提供更加精确的时间定位和空间定位。

现在的研究工具和方法正以非常迅猛的速度发展，变得更为精密和复杂。因此，在您阅读本书的时候，我们所写的或许已经有点过时了。客观地说，当前大多数的研究旨在对一些明确界定的认知过程涉及的脑区进行功能定位，这些脑区似乎"计算"了这些过程。关于决策的脑机制的一些结论似乎已经得到了很好的确认。对赌博或消费产品进行仔细思考的认知过程通常涉及背外侧前额叶（位于颞叶后部的临近脑区）的激活，该脑区普遍被认为与工作记忆密切相关（图 13.1）。对享乐消费经验、痛苦经验和金钱的评价过程则主要与负责动机的脑区激活相联系，这个脑区有时被称为边缘系统，包括如纹状体（包括伏隔核）、杏仁核和脑岛等。眶额叶皮层（位于眼窝后上部的脑区）则似乎在整合认知情境信

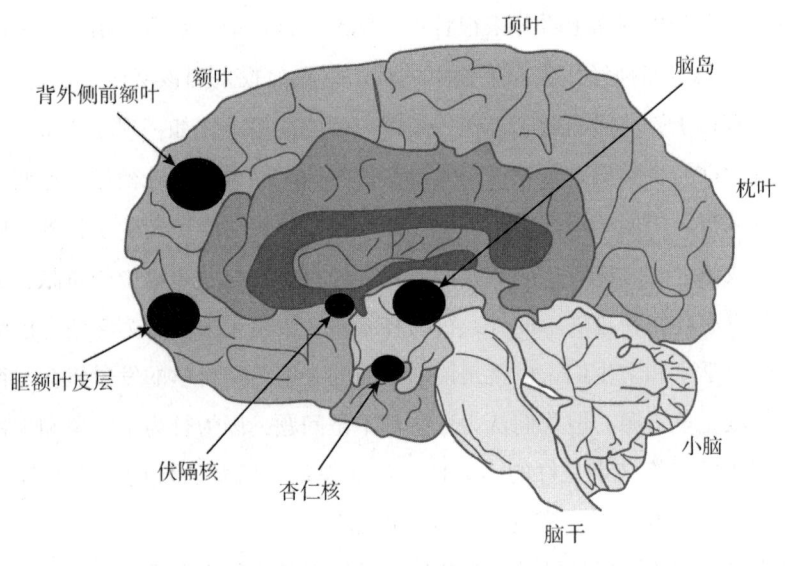

图 13.1　与决策过程中涉及的认知功能相关的主要脑区

息和情绪评价中起着独特的作用。虽然关于决策的神经加工系统或"大脑环路"的一些结论很大程度上是基于推论的,但大脑的解剖学特征与这种解释是一致的,即眶额叶皮层是一个非常重要的"交换机",它连接着认知系统(前额叶)和动机系统(边缘系统)。

目前,许多实验室正试图对大脑中的各种计算功能进行定位,这些功能可能是效用计算或预期理论中价值概括的基础。从 20 世纪 80 年代开始,William Newsome 就开始训练猴子辨别朝不同方向(从上到下、从左到右)运动的圆点(Sugrue, Corrado, & Newsome, 2005)。这种任务与我们介绍过的在人类实验研究中的赌博选择任务相类似,猴子如果选择对了圆点运动的方向,就能得到一口果汁的奖励。在实验的每个试次中,猴子在两个不确定的预期结果间进行选择,它们从经验中学习获得奖赏(即果汁)的概率,而决策的结果决定了它们是否得到奖励。

Newsome 及其同事在猴子大脑的侧顶内沟和上丘区域发现了预期中系统性的神经元激活。就在猴子通过眼球运动表明其决策的数毫秒之前,位于这些脑区的神经元放电频率明显增强。本质上来说,这些研究者对其实验对象大脑内的"概率计"（probability meters）进行了定位。这种方法中有两个条件值得我们关注：首先，实验结果是通过分布在常规试次中的一些测试试次获得的，在测试试次中，圆点的运动方向是随机的。因此，在那些"随机试次"中，刺激与猴子决策的结果是不相关的，从而证实了猴子特定脑区的神经元活动反映的是真实的决策过程，而不是简单的感觉运动过程。其次，相关的神经元既不位于神经环路中负责早期视知觉的部位，也不位于环路中掌管运动控制的部位，它们恰恰位于连接知觉系统和运动系统的中间部位。最重要的是，对这些部位的神经元进行电刺激会导致猴子的决策出现偏差（Salzman, Britten, & Newsome, 1990），这也就证明了这些结构在决策中的决定作用。

研究者也试图探究大脑是如何对奖赏价值进行编码的。有些人认为，中脑多巴胺系统可能在其中起重要作用。再一次，研究者发现，在奖赏的预期中，奖赏的概率和数量与神经活动存在线性关系，表明这些脑区起着"价值计"（value meters）的作用（图13.2）。

以人类为被试的类似研究已经采用神经影像学的方法来寻找与不确定性和效用计算相关的神经机制。一些研究发现，伏隔核的激活与对于金钱获得的预期有关（Knutson & Peterson, 2005）。但也有研究发现，在预期的金钱获得和损失的过程中，伏隔核与杏仁核均被激活（Breiter, Aharon, Kahneman, Dale, & Shizgal, 2001）。一个特别有趣的结果表明，大脑对获得或损失的相对数量敏感，而不是对绝对数量敏感，这与预期理论的假设一致。这项研究的关键在于对三种彩票进行的比较，这三种彩票均有1/3的概率出现0美元的结果（表面上看来，这是一种中立的零数量）。赌博采取了基本彩票的变式：三种彩票均有1/3的概率赢得0美元，此外，第一种彩票有可能赢得10美元或2.5美元、第二种彩票有可能赢得2.5美元或损失1.5美元、第三种彩票有可能损失2.5美元或6美元。研究发现，大脑杏仁核在接受0美元时的反应究竟是积极还是消极，取决于"可能还会发生什么"。当另一个可能的结果好于0美元时，大脑记录为"失望"，而当获得0美元是三种可能结果中最好的时，大脑记录为"高兴"。因此，以上研究证据都共同表明，大脑会如预期理论描述的那样进行效用计算。

Paul Glimcher也一直在寻找像主观期望效用公式所描述的效用计算背后的神

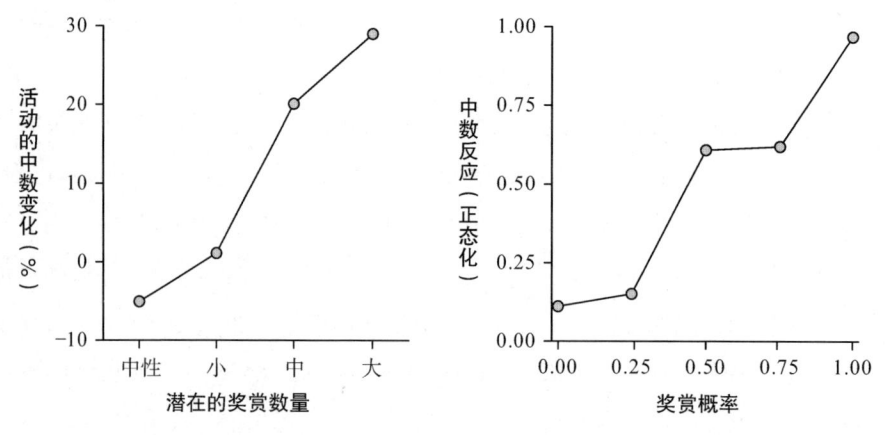

图 13.2 Wolfram Schultz 实验室的结果显示，预期的奖赏数量、奖赏概率与恒河猴腹侧中脑区域的多巴胺神经元活动之间存在简单关系。

资料来源：Based on Fiorillo, Tobler, & Schultz, 2003; Figures 2E, 4A.

经机制。在 Glimcher 的实验中，一只猴子学会追踪一个颜色信号的运动，并随之向左或向右转动眼睛，然后奖励一口果汁。在实验中，猴子获得果汁的概率以及获得果汁的数量系统地发生变化。单细胞记录显示，在结果出现之前，同样是在侧顶区内皮层，其中的单个神经会对概率和奖赏数量在一定范围内的变化进行追踪（Platt & Glimcher，1999）。

最近的一项关于人类大脑对传统赌博刺激进行反应的研究堪称典范，让我们来好好看一看。该项研究是由加州理工大学 Colin Camerer 实验室完成的。研究者们对大脑是否能辨别明确的概率和模糊的不确定性很感兴趣，这个问题在 Daniel Ellsberg 的研究中被清晰地表述为风险与模糊的辨别问题（参见章节 11.4）。这个问题特别适合使用神经科学的方法进行研究，因为模糊的概念很抽象，而关于其心理本质，目前有几种不同的认知解释。一些人认为，模糊是心理不确定性的一种形式，它区别于简单的风险（即明确的概率），并且模糊规避也与风险规避有别，它们的发生是彼此独立的。另一些人认为，模糊是悲观主义的一种表现，因为"如果我不知道确切的概率，那这种概率有可能不利于我"。还有一些人认为，模糊是人际互动中竞争习惯的泛化，这种习惯是，当你不知道另一方在做什么的时候，最好假设他比你更有优势或者对你怀有敌意。

  Camerer及其同事着手检验大脑是否以不同的方式处理概率风险与模糊,他们在研究中给被试呈现确定的事件结果和不确定的赌博这两个选项(我们在这里仅描述整个实验设计的一部分)。下面的三种风险-模糊比较(包含一个人际情境)作为不确定的赌博呈现给被试,与此同时,研究者使用功能性核磁共振成像(fMRI)设备对他们的脑部进行扫描。

1. 一种赌博:有两副构成非常明确的扑克牌,10张红色,10张蓝色,但是哪张牌会被翻开不确定,玩家选择一种颜色下注;另一种赌博:只知道这两副牌中一些红色牌和一些蓝色牌混在一起,同样,玩家同样选择一种颜色下注。
2. 一种赌博:结果由纽约市的气温决定(风险);另一种赌博:结果由塔吉克斯坦首府杜尚别的气温决定(模糊)。
3. 一种赌博:被试与一名不清楚这两副牌构成的对手进行游戏(风险);另一种赌博:被试与一名知道其中一副牌中构成的对手进行游戏(模糊)。

  Camerer首先想要解答的问题是大脑对模糊和风险的反应是否不同。通过Ellsberg的工作,我们已经知道人们对模糊和风险的反应存在行为上的差异,大多数人强烈地偏好明确的风险预期而非模糊不清的不确定性。然而,当一个人在风险和模糊之间思忖时,相关脑区的反应是否存在差异?特定的激活区域是否会给我们提供关于这种反应的本质的一些线索?Camerer通过比较两种不同情况下大脑的活动记录回答了这个问题,一种情况是被试在风险赌博和确定事件之间进行思考选择,另一种情况是被试在模糊赌博和确定事件之间进行思考选择,确切地说,是"将两种情况下的大脑活动图像相减"。研究发现,当被试考虑模糊赌博时,大脑两个区域表现出更强的激活,这两个区域是杏仁核和眶额叶皮层。

  目前,这种解释是推论性的,因为我们无法明确知道这些脑区的功能,以及它们可能执行了哪些操作。进一步说,如果可以将各种认知或情绪功能指定到特定的脑区,那么这些功能可能涉及多个脑区的交互作用,神经科学家称之为"回路"。然而,需要注意的是,杏仁核通常与情绪反应有关,尤其是与诱发恐惧的刺激相联系,如惊恐的面孔,而眶额叶皮层似乎对整合认知和情绪信息起作用,眶额叶皮层受损的病人在社交场合中经常行为不当,即使他们知道什么样的行为才是得体的。相反的，背侧纹状体（包括伏隔核）在被试考虑风险预期（与模糊预期比较）时更多地被激活，这个区域似乎在预测奖赏尤其是金钱奖赏时起作用。以上这些解释提示，对待模糊预期，大脑的反应伴随着一些惊恐和情绪化，而对待风险预期，大脑则是以一种"深思熟虑"的方式来思考。

在这里我们需要指出上述研究在方法学上的一个重要的巧妙之处。在这个实验中，被试在考虑确定结果和赌博结果时，大脑的许多区域都被激活了（事实上，任何人都可以说，只要我们还活着，整个大脑都是激活的），比较的方法给我们显示了在不同实验条件下大脑的"相对激活"。此外，数据的分析和解释采用了"$p < 0.001$"的统计检验标准，以说明局部区域的大脑激活差异是显著且可信的。这表明，上面报告的差异是值得解释和探索的，但却并不意味着，纹状体在被试考虑风险预期时被激活了而在考虑模糊预期时又关闭了。这个结果仅仅表明，与考虑模糊预期相比，考虑风险预期时纹状体的激活程度更大，当然该结果还是很重要的。

至此为止，以上介绍的分析告诉了我们一些关于大脑激活差异的事实。Camerer的研究团队进一步检验了大脑激活与外显的赌博行为之间的关系。他们让被试在所呈现的赌博中做出选择，并分别计算选择行为中风险规避（基于如图9.3和图12.1中显示的效用函数）和模糊规避（基于图12.1中呈现的决策加权函数）的独立行为指标。然后，他们将所有被试赌博行为的测量指标与功能性核磁共振（fMRI）图像分析得到的三个感兴趣区域的大脑活动量进行相关分析。行为上的风险规避（或者模糊规避）是否与特异的纹状体（或者杏仁核和眶额叶）激活相关呢？答案是肯定的：上述几个感兴趣区域的大脑活动确实与有关行为相关，这进一步支持了整个分析。

Camerer的结果表明，当对决策的预期结果存在不确定性时，大脑中有两个系统会做出反应，一个涉及杏仁核和眶额叶皮层，另一个涉及纹状体。虽然两者都很活跃，但随着不确定性的不断增强而变得模糊，相对更多的激活会向杏仁核-眶额叶系统转移。此外，由不确定性引起的这种系统激活的转移在几种情况下均可被观察到，包括简单的翻牌赌博、缺乏专门知识的情况（例如你的结果依赖于对塔吉克斯坦气温的判断）、存在一位竞争对手而他具有潜在行动的情况等，这些结果都提示，上述系统是对一种非常普遍的不确定-模糊的感觉做出反应。

我们之所以在这里详细介绍这项研究,主要是因为它可以说明当前决策研究的认知神经科学发展水平。目前,我们看到许多研究者正在努力对大脑的计算功能进行定位,这里主要指的是那些对不确定性程度进行系统反应的脑区,我们有时称之为"不确定计"、"价值计"等等。这些计算功能在决策过程的经济模型(如期望效用理论)和心理模型(如预期理论)中起着重要的作用,因此人们常常选择它们来进行研究。研究的第一步,测量哪些感兴趣的大脑区域对相关刺激(如不确定性)的不同水平表现出不同的激活程度。第二步,考察某个感兴趣区域的大脑活动与有关行为(例如,选择风险赌博或模糊赌博)的相关性。在 Camerer 的研究中,第三步是检验不同脑区被激活的时间进程,以推测不确定性决策是否涉及范围更大的神经加工回路。最后,Camerer 将同样的任务呈现给眶额叶受损伤的神经病人,以考察他们的行为模式和大脑激活模式是否与这种解释相一致,即,眶额叶皮层在风险和模糊情况下的选择中起着因果作用,而不仅仅是简单的相关关系。一个重要的行为观察结果发现,病人对风险和模糊的选择是没有偏好的,而无脑损伤的被试大多厌恶风险,且更厌恶模糊。

Camerer 的研究只是每年报告的数以百计有助于阐明决策过程机制的研究之一。他的研究显示了人们对大脑特定部位或区域进行功能定位所做出的系统性的努力,并期望后来的研究者能将时间分析与空间分析结合起来,以识别相关的加工回路。该研究还表明,可以通过对脑损伤病人和无脑伤损被试进行比较,从而得出脑区所具有的因果作用的结论。这是一个激动人心、快速发展的研究课题。在决策的神经基础研究中,来自许多学科领域的科学家,包括神经科学、心理学、经济学和神经生物学,开始从各自不同的视角进行协作,不断涌现的研究结果数据必然会极大地加深我们对大脑如何实现这种行为的理解。

13.2 决策中的情绪

情绪一直为认知和决策研究者们所忽略。研究者们长期关注的是那些强调思考和计算的效用模型和预期理论模型。过去在决策理论中,情绪常常被看成会干扰主要认知决策过程的一种附加现象。冲动性的情绪系统有时会妨碍更加有序的理性系统。在对人性进行思索的历史长河中,情绪系统一直都以一种冲动形象示人。关于这种双重人性假设有很多生动的比喻。柏拉图用"理性的御者试图控制两匹马(其中一匹未经训练而充满着野性)"的形象比喻阐述了人性的两面互相竞争的观点。许多世纪以后,弗洛伊德用"一名骑手试图控制一匹烈马"的比喻来描述理性、现实的自我与饥渴、充满欲望的本我之间的关系。一些实用主义的思想者,从牛顿到托马斯·杰弗逊,则将情况理想化,认为"人们可能且只能是由理性所支配的"(Jefferson,1905,Vol. 8,p. 124)。

尽管人类具有非常出色的自我控制能力,但我们一方面声称要自制、坚持或珍惜,另一方面却又总是行为失误,违背这些意愿(Rachlin,1989)。我们一时表现得像寓言中谨慎勤勉的蚂蚁,一时又像懒惰放纵的蚂蚱。测量人们在多大程度上认为即刻的奖赏比延迟的奖赏更有价值,是研究人们如何解决即刻满足与长期获益之间冲突的一种方法。在时间折扣效应的实验中,研究者让被试在即刻的结果和延迟的结果中进行选择,比如,今天获得 20 美元和一个月后获得 20 美元,被试的选择模式可以反映两者对他们而言的相对价值。在这些研究中,人们表现出一种特定的非理性模式。请你思考如下选择:是接受现在就可以得到的 20 美元,还是接受一周后才可以得到的 25 美元?大多数人选择今天得到 20 美元,而且他们的反应几乎都是出自本能,大概他们此刻已经在享受这 20 美元的消费了。现在,还是同样数量的钱,但分别要在 5 周后和 6 周后才能得到,即 35 天后获得 20 美元和 42 天后获得 25 美元,你又会如何选择呢?在这种情况下,延迟的结果也变得很容易被大多数人接受,他们选择等待 42 天后的 25 美元。这种偏好反转的模式被称为"动态不一致(dynamic inconsistency)",它违背了标准经济学模型强调的一致性——理性模型预测 25 美元的价值会随着时间的推进而下降(即时间折扣 [temporal discounting])。在某种意义上,这种偏好发生反转的"分界点"并不存在,正如我们例子中的 20 美元和 25 美元。

对动态不一致现象的一种解释是:当某种结果是即刻发生的时候,本能的情绪系统会控制我们的行为,选择立即可以获得的满足。但当这种满足不是即刻可得的时候,冷静理智的理性系统则会使我们更加明智地做出选择(Thaler &

Shefrin，1981）。有许多例子可以表明，反映在情绪中的一些本能因素（visceral factor），如与药物成瘾相关的渴求、性唤醒和强烈的饥渴，会驱使人们做出一些恰恰对自己最不利的行为（e.g., Loewenstein，1996）。这种解释符合我们的主观经验，尤其是在我们面对一份丰富可口的餐后甜点、一次性奇遇或发横财的机会时。它也符合人们在诱惑和谨慎的行动之间进行选择时，头脑中两种思想在交锋的体验。著名的经济哲学家亚当·斯密因其在开明利己上的远见卓识而享誉盛名，他的一份自省报告也说明了这一点：

> 就在将要行动的时候，他的激情达到了顶峰，但一想起自己所要做的事情，他却迟疑和动摇了；他感觉到自己正悄悄地突破已有的行为规范，而这是他在冷静的时候坚决不违反的（p. 227）。

尽管"双重系统"的解释与我们的直觉感受非常一致，但它很难通过行为数据来检验。McClure、Laibson、Loewenstein 和 Cohen（2005）尝试将行为学和神经科学相结合的检验方法。在研究中，他们让被试在即刻的和延迟的金钱奖赏之间做出选择，同时进行脑部扫描。他们的假设是：当两种选择结果都是延迟奖赏的时候，只有沉思的大脑皮层系统会被激活，促使被试采取理智谨慎的方案来解决这种选择困境；而当一种结果是即刻奖赏的时候，情绪－本能系统会支配他们的选择。

他们的行为结果证实了前面提到的动态不一致现象，当同一对选择项分别在较近和较远的时间点呈现时，选择偏好便会发生反转。大脑扫描数据则显示，当被试对即刻奖赏和延迟奖赏进行比较时，腹侧纹状体、内侧眶额叶、内侧前额叶和后侧扣带回这四个脑区都有不同程度的激活。当被试凝视即刻选择或者延迟选择的时候，视觉和运动脑区被激活了（对选择过程而言，这两个脑区可能不太重要），同时激活的区域还包括：左右双侧顶内区、右侧背外侧前额叶、右侧腹内侧前额叶以及右侧眶额叶。尽管这种联系并不完美，但它表明，即刻的选择通常会激活与情绪反应相关的脑区（边缘系统和眶额叶区域），而与思考推理相关的脑区（额叶和顶叶）在对即刻选择和延迟选择进行配对比较的时候会被激活（请参考 Kable 和 Glimcher 在 2007 年研究中的不同解释）。值得注意的是，道德判断和消费者决策的"双重系统"解释也已经得到类似的差异化激活模式的支持（Greene, Sommerville, Nystrom, Darley, & Cohen, 2001; McClure, Li, Tomlin, Cypert, Montague, & Montague, 2005），当情绪在决策中起主要作用时，边缘系统和皮层的特定区域就会被激活。

尽管将实验室中对个体决策的研究推广到宏观的经济现象是一个极大的跳跃，但神经经济学家和行为经济学家们推测，通过记录边缘系统活动所测量到的情绪反应能解释某些股市异常现象和崩溃（Akerlof & Shiller, 2009）。时间短视可以解释投资者在牛市上的非理性亢奋、我们乐此不疲地攫取而将巨额的社会债务留给下一代，以及我们毫不在意今天的污染习惯会给给未来的地球环境造成的影响。

尽管情绪确实在某些情况下会使得我们违背自己的最大利益，但研究者的观点也在转变，他们开始关注情绪在行为中扮演的积极而且有适应性的角色。Robert Zajonc（1980）是这一转变的引领者之一，他确立了情绪反应在快速评价、趋避行为中的重要作用。他的经典格言"偏好无需推断"揭示了一个事实，即情绪的唤醒以及基于情绪的选择通常是无可避免地先于任何有意识的分析。我们所有人都有这种经历：我们对某些人、某些情境或某些商品会有一种简单的"本能反应"，但是我们无法对其进行有意识、审慎的解释（有时还会抗拒解释）。我们或许还曾在向他人讲述一部电影或介绍一本书的时候突然打住了，因为我们意识到自己完全忘记了其中的内容或者不知道自己为什么那么喜欢它。Zajonc 从这些趣闻轶事中得到启发，引进了一种实验范式来研究他所谓的"单纯暴露效应"（也可译为曝光效应）。他的方法是反复地给参与研究的被试呈现一个不熟悉的刺激（汉字、新异旋律、陌生面孔），然后要求被试对这些刺激项目进行评价。结果发现，被试对这些项目的偏好随着重复次数的增多而非常稳定地上升。而更引人注目的是，当这些项目的呈现时间非常短暂以至被试还没有意识到这些项目的出现，或是一段时间过后，被试忘记了看过的项目，"单纯暴露"仍然会导致偏好程度的增加。这样看来，认知活动（如对项目的识别）对偏好（喜欢的程度）来说似乎并不是必要的。尽管单纯暴露效应仅仅能解释人们对日常事物偏好的很小一部分（请参见章节 5.3，现在人们认为流畅性是单纯暴露效应的主要机制），但它依然很重要，因为它阐述了一种非常纯粹的偏好形成形式。

Paul Slovic 关于情绪影响风险判断的研究工作开辟了情绪引导快速评价和引

导趋避反应的研究课题。在 Slovic（1987）的一项经典研究中，基于被试对不同社会风险来源相似性的判断，他发现在决定个体和社会应付出多少努力来应对某种风险时（例如，客观的个人风险），风险的"个性"可能比理性的思考更为重要。Slovic 发现了一个二维的相似度空间（图 13.3）。一个维度是对风险的知道-熟悉度，指该风险事件是否是高度可见和易于理解的，另一个维度是想到风险时唤起的恐惧的程度，即该风险事件是否是难以控制、致命且恐怖的。他的结果对政府进行风险沟通和管理规划具有重要的影响。这些结果促使 Slovic 提出了一种更具一般性的"情绪启发式（affect heuristic）"，在以一种概念（情绪、流畅性、相似性）取代另一种概念（危险、频次、概率）的意义上，它与我们在第 5 章回顾的其他启发式相类似。Slovic 等人（Slovic，Melissa Finucane，Ellen Peters，& Donald MacGregor，2007）在实验中操纵与某种技术（如核能）的潜在风险相关的情绪，

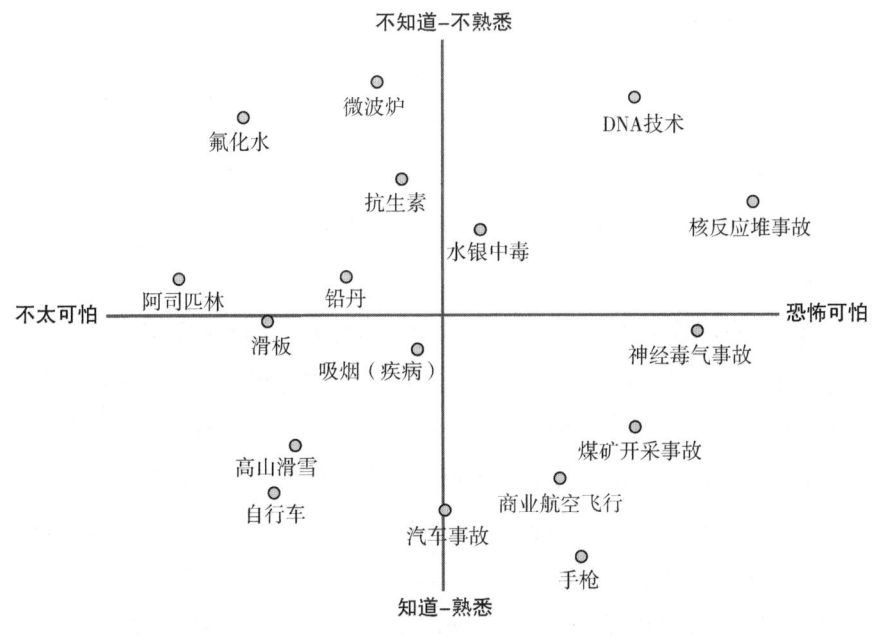

图 13.3 此图呈现了人们对那些引起社会严重关注的危险事件和事物进行判断的一个多维度评定分析的结果。从分析中得到了两个维度，表示人们对具有不同"个性"的各种危险事件的反应可以概括成对事件熟悉度和事件恐怖度的认识。

然后观察这些积极或消极的情绪是否会转移到该技术未提及的方面,例如该技术可能带来的诸多效益。结果发现,这种情绪反转效应也发生了:与效益相联系的情绪代替了缺失的信息,从而影响风险判断。

George 等人(George Laewenstein, Chris Hsee, Elke Weber, & Ned Weloh, 2001)进一步扩展了这个研究主题,他们提出一种非因果论的"风险即情绪"框架,用以描述对威胁性事件的反应模式。这种"风险即情绪"的假设认为,我们的反应基于特定情境下被快速唤醒且未经分析的情绪,或是基于分析决策过程的附加情绪体验。在某些情况下,这种反应模式可能取代经典的理性模型或准理性模型所假设的对成本-收益的严谨分析。这个假设认为人们情绪性地进行反应,这就暗示着更多的认知因素将会被忽略,比如概率。Yoval Rottenstreich 和 Hsee(2001)的一系列研究证实了这种效应。他们对一对不确定预期结果的情绪状态进行了操控:1% 的概率赢得 50 美元,或是 1% 的概率获得"你喜欢的电影明星的一个香吻"。在这些情况下,65% 的被试选择香吻。但当研究者将预期结果改成"确定事件",即肯定赢得 50 美元或者肯定获得一个香吻时,只有四分之一的被试选择香吻。这些结果在获得现金或一次欧洲旅游以及付出现金或体验一次负性电击等情况下都得到了重复验证。对于这些,研究者们倾向于解释为人们在思考与情绪唤醒相关的结果时赋予概率的权重很小。情绪会改变预期理论的决策加权函数(参见图 12.2),使中间区域更加平坦,而两极部分更加陡峭。

目前,探索情绪在决策中作用的研究主要聚焦于情绪特异性反应这个问题上。我们能否通过简单的一维(好-坏)或二维(好-坏、唤醒-平静)情绪模型来解释大多数基于情绪的反应(Russell, 1980)?或者在特定的消极情绪(愤怒、恐惧)和积极情绪(愉快、安详)的反应之间,是否存在有显著的差异?答案似乎已经很明确,辨别特定情绪引起的行为倾向非常重要(Ellsworth & Scherer, 2003;Lerner & Keltner, 2000)。比如,Jennifer Lerner 已经证实,不同的消极情绪(恐惧、愤怒、厌恶)对该情绪状态下决策的影响存在明确的差异(参见章节 9.4)。但是,若要完整、清晰地阐明一个全面的情绪评估反应理论的细节,我们还需要做大量的工作。

特定情绪效应问题背后的一个更基本的科学问题在于,情绪的本质是什么以及我们如何将情绪与认知过程加以区分。大多数文化都一致认为，人类行为背后的内在过程具有双重性质，并将其描述为彼此区别的情绪－认知双系统。问题是这两种系统之间没有清晰的界限，也没有被广泛接受的操作可以识别其中任意一种系统的作用。神经科学的方法确实可以帮助区分这两种系统并描述它们之间的交互作用，甚至可以用更加有效的定义来替换双重系统的概念。我们已经知道，大脑皮层与边缘系统在解剖学上存在明显的差异。大脑皮层一般被认为是认知过程产生的主要部位，边缘系统涉及纹状体（包括伏隔核）、杏仁核、脑岛（皮层和边缘系统间的桥梁）等区域，通常被认为与人类情绪体验的主观报告以及如老鼠和猫等动物的情绪状态的操纵有关。但是，目前还没有人能自信地指出情绪过程的神经标记。

13.3 动态决策实验研究方法的兴起

我们目前对决策的理解大多来自于实验中严格控制的行为研究。在这些独立而界定清晰的不同决策试次中，被试在定义明确的选项间做出选择，比如对两种赌博、四套出租的公寓进行选择。但在现实生活中，我们通常不会碰到这样明确定义的选项，并且我们的选择过程常常会跨越一段时间，甚至可能由多个不同成分的选择情境组成。打个比方，就像我们要研究人如何通过一个简单的跳跃来跨过溪流，但现实中人们更像是经过一系列的跳跃，从一块石头跳向另一块石头，直到顺利渡过溪流。然而一直有少量的研究关注人们在动态的、多成分的选择任务中的行为表现，大量更为现实可行的研究任务正不断涌现。

在公开发表的文献中，这种趋势最早可以追溯到爱荷华大学的 Antonio Damasio 及其同事，他们研究了脑损伤病人在复杂动态任务中的表现，并获得了具有重大影响的成果（Bechara, Damasio, Tranel, & Damasio, 1997）。Damasio 的研究主要关注眶额叶皮层有持久损伤的神经病人的行为，其中最著名的病人是菲尼亚斯·盖吉。盖吉是一名建筑工人，1848 年在一次爆炸事故中受伤，一根铁撬棍穿透了他的大脑前额叶皮层。结果异乎寻常，盖吉看起来似乎没有受到损伤，一份报纸的头条称之为"神奇的事故"。盖吉在事故发生几个小时后便可以站立起来，走路不需要帮助，并且他的智力也似乎完好无损。盖吉的医生约翰·哈洛（1868）对这种近乎奇迹的恢复印象深刻，他提供了关于盖吉受伤后行为的详细描述。尽管盖吉并没有生理上的残疾，但他的性格和脾气发生了很大改变，他从先前温和的模范市民变成了以下所描述的样子：

> 多变而无礼，有时讲最难听的脏话，而以前的他可不是这样的；他很少尊重同事们，无法容忍他人的反对意见或建议；有时他非常执拗和顽固，而且反复无常、优柔寡断；他对未来的行动制定了许多计划，但甚至还没来得及实施就把这些计划放弃了。

用 Damasio 的话来说，

> 以前的盖吉知道自己所需要做的一切选择，知道如何不断完善自己……事故发生之后，他不再尊守社会规范，常违反伦理道德，他做决策从不考虑自己的最佳利益……并且他从不为自己的将来着想，毫无远见（p. 11）。

为了研究像盖吉这样的脑损伤所产生的影响，Damasio 与其同事（Bechara et al., 1997）发明了一种赌博任务，与"选择一种赌博"任务相比，它能更加现实地模拟日常的风险决策情境。在他们的爱荷华赌博任务中，被试尝试在一种由四副扑克牌（A、B、C、D）组成的不确定环境中赢取金钱报酬。被试的目标是通过反复地抽取扑克牌来赚钱，每张扑克牌都可能带来收益和损失。每个试次中，被试从其中任意一幅牌中选取一张，牌的背面注有输赢结果，被试需要在总共100个试次中根据经验弄明白每副牌的收益分布。其中，A 和 B 两副牌是"不利牌"，两者从长远来看都会产生负的期望值，如果被试经常从这两副牌中抽取，那他最后将会亏损。C 和 D 两副牌是"有利牌"，两者从长远来看都会产生正的期望值，因此反复选取这两副牌最终将会赢钱。

就像在现实生活中一样，起初人们很难明确知道哪一副牌是有利的而哪一副牌是不利的。特别是，选择不利牌（A、B）中的任何一张都可以获得 100 美元，但其中的某些牌也可能带来更大的损失（每 10 张牌中有 1 张或 5 张，具体根据牌的情况而定），最终每 10 张牌的净损失为 250 美元。选择有利牌（C、D）中的任何一张也可以获得恒定的收益，但只有 50 美元。然而，这些牌同时带来的间隔不定的不可预期的损失也相对更小，最终每选择 10 张牌的净收益是 250 美元。值得注意的是，这个任务的设计就是故意让人困惑的：不利牌中的每一张都有更高的收益（100 美元），而有利牌中的每一张的收益相对较小。图 13.4 中简要地呈现了每副牌的组成。

爱荷华赌博研究主要关注眶额叶受损伤的病人与正常的控制组被试之间的行为差异。Damasio 发现（Bechara et al., 1997），所有的被试最初都为 A、B 两副

	A 副牌	B 副牌	C 副牌	D 副牌
每张牌的奖赏金额	$100	$100	$50	$50
某些牌的惩罚金额	$150~$350	$1 250	$25~$75	$250
惩罚的概率	0.50	0.10	0.50	0.10
处罚牌的编号	第 3 张	第 9 张	第 3 张	第 10 张
平均每张牌的期望价值	−$25	−$25	+$25	+$25

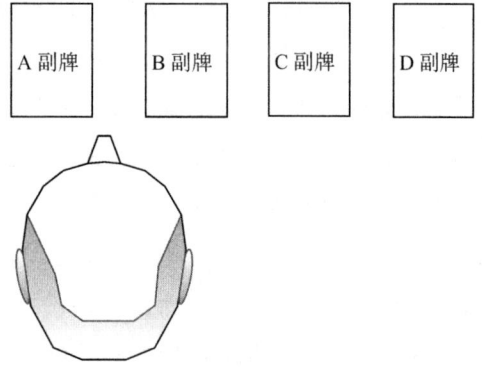

图 13.4　此图描绘了被试在爱荷华赌博任务中面临的情境。此实验是动态决策任务新浪潮中的典范，最初受到对正常人和脑损伤个体日常决策行为的神经基础研究的启发。每个试次，被试从四副牌中随意抽取一张并得到反馈，牌的另一面印有此牌的赢输结果。

牌恒定的较高收益所吸引。但过了一会（大多是 20 到 40 次试验），控制组被试的选择开始从 A、B 两副牌转为有利的 C、D 牌。然而，眶额叶受损伤的病人却持续地选择不利牌。Damasio 还通过记录被试的皮电水平（主要测量手心出汗的情况）追踪了被试在进行任务时的情绪反应，以考察个体是否会体验到焦虑或紧张。控制组被试很快就在预期到选择的牌会出现不利结果时产生了皮电反应，值得注意的是，这种反应发生在他们对这些牌带来的损失表现出明确的信念之前。似乎是在他们能够确定牌的情况之前，他们的身体就已经"知道"这些不利牌有问题。但是那些眶额叶受损伤的病人却从来没有学会避开不利牌，而且他们也没有表现出预期的情绪反应。

Damasio 从这些结果中得出一个大胆的结论，他假设：在复杂的不确定环境中，正常的适应性决策依赖于作为躯体标记（somatic markers）的情绪信号，这些信号警示我们重要的事情（好的和坏的）即将发生。也就是说，躯体标记警告我们有异常的威胁或机遇，或至少会中断其他正在进行的事情，给我们一个"当心"的信号，提醒我们重要事情即将发生。在日常的决策中，躯体标记可以帮助我们将大的选择系列筛减为易于处理的小系列。由于有躯体标记信号对我们的提示，那些非常糟糕的选择会很快被排除，使我们可以更好地运用有意识的思维过程对那些至关重要的竞争选项进行推理和判断。与此解释相一致，眶额叶病人具有这样一个特点，他们会在两个无关紧要的选择间犹豫上好几个小时，比如，用哪只钢笔来填表、订购带哪种配料的汉堡等等。

在过去的十多年里，躯体标记假设反复被各种强有力，且通常是具有关键意义的后续研究证明。同时，也有越来越多的研究表明，眶额叶皮层在认知神经系统（额叶皮层）和动机神经系统（边缘系统）之间起调节作用（参见章节 13.1）。Damasio 的基本观点看起来是合理的，它与我们在章节 13.2 中介绍的 Zajonc 和 Slovic 等人的行为发现一致。当我们认知系统的沉思和控制策略难以做出决策时，它们就会被更加自动的、内隐的直觉系统取代。这些直觉的、本能水平的决策似乎是以一种原始的趋避机制为基础，这种机制对期望效用理论中期望值和概率数值的微妙差异相对不太敏感。

我们想强调爱荷华赌博任务在方法革新上的重要先导作用，它可能比躯体标记假设对行为决策研究的影响更大。自从爱荷华赌博任务被引进后，其他的几种动态决策任务也相继出现并且越来越流行。像爱荷华赌博任务一样，这些任务大多数被用来帮助人们诊断和理解决策情境中脑损伤或脑功能受损所带来的影响，其他一些则用以更有效地模拟日常决策。气球模拟风险任务（Lejuez et al., 2002）通过让被给一个卡通气球充气来诱使他们冒险。被试每充一次气可以获得少量的钱，这个任务正是以此鼓励被试继续充气。但在某个不确定的时间点，气球会被充爆，这时被试之前挣得的钱就会全部化为乌有。Robin Cubitt 和 Robert Sugden（2001）发明了一种"累计赌博"任务，让被试打开一系列的盒子以找到被藏起来的报酬，但与气球模拟风险任务一样，打开某个盒子的次数太多会导致之前赢得的钱全都损失。钓鱼风险任务（ART）是在一个模拟的钓鱼游戏中让被试对风险选项和模糊选项进行选择（Pleskac, 2008）。Tatsuya Kameda 及其同事们率先使用模拟原始觅食任务来研究适应性的决策习惯（如 Hastie & Kameda, 2005）。而 Camelia Kuhnen 等人开发了一种对股票市场投资的动态模拟任务，称为行为投资分配策略任务（BIAS）。

尽管判断与决策研究的这一新方向可能看起来仅仅是方法学上的探索，但我们相信它是非常重要的。我们看到有几种新的研究方向已经走在了该领域发展的最前端。比如，与传统的单次决策任务中，信息以陈述性表格数字、文字或图形呈现所产生的不同结果相比，如今研究者们对动态任务中，关于概率信息如何从经验事件中提取的研究更感兴趣。这个研究课题实在太新了，甚至还没有报告确定性的结论，但有线索表明，客观概率和主观概率（如决策权重）之间的关系有别于经验概率和确定概率之间的关系（Hertwig, Barron, Weber, & Erev, 2004）。对个体在风险态度上的一致性的探索引出了另一类问题：在传统任务上表现出风险规避或风险寻求的人（即那些常选择不确定的赌博而不是等价的确定事件的人）是否也会在动态任务中表现出风险规避或风险寻求？

新的动态任务激发了新的理论模型的发展，以解释多重、动态、相互依赖的决策。这些新模型将决策过程描述为一系列嵌套的选择，从一个决策空间"移动"到另一个决策空间或最终决策。与经典的决策模型（效用理论、预期理论）不同，这些新模型将整体决策过程分解成不同阶段，甚至可能涉及信息的采集、停止信息获取，然后整合收集的信息选择行动方案的一些机制。另外，这些动态模型似乎特别有助于以神经活动的形式来解释决策，作为将行为数据和神经科学数据联系起来的系统框架，它们越来越受欢迎（e.g., Busemeyer & Townsend, 1993; P. L. Smith & Ratcliff, 2004）。

13.4 我们是否真的知道将走向何方

我们非常确定，在不久的将来，神经科学、情绪和动态决策任务在决策研究中将扮演越来越重要的角色。有趣的是，这些新的研究方向是彼此联系和互相补充的。神经科学有助于我们理解什么是情绪以及它的作用是什么，而大脑所做的事情大多数会反映在情绪体验中。那些与行为有关的动态任务和模型本身可以帮助我们将非实验室的决策行为与其神经基础联系起来。我们期待，这些发展都会给决策行为的描述性模型带来改变。对认知和情绪过程背后的生理机制（这也是当前理论研究的主要课题）有了更深程度的理解，在动态和扩展的环境（而不是一次性的决策实验）中对行为目标的意义进一步探索之后，我们对于理性和最优行为概念的理解将很有可能发生改变。

参考文献

Akerlof, G. A., & Shiller, R. J. (2009). *Animal spirits: How human psychology drives the economy, and why it matters for global capitalism.* Princeton, NJ: Princeton University Press.

Bechara, A., Damasio, H., Tranel, D., & Damasio, A. R. (1997). Deciding advantageously before knowing the advantageous strategy. *Science, 275,* 1293–1295.

Breiter, H. C., Aharon, I., Kahneman, D., Dale, A., & Shizgal, P. (2001). Functional imaging of neural responses to expectancy and experience of monetary gains and losses. *Neuron, 30,* 619–639.

Busemeyer, J. R., & Townsend, J. T. (1993). Decision field theory: A dynamic cognitive approach to decision making. *Psychological Review, 100,* 432–459.

Cubitt, R. P., & Sugden, R. (2001). Dynamic decision-making under uncertainty: An experimental investigation of choices between accumulator gambles. *Journal of Risk and Uncertainty, 22,* 103–128.

Damasio, A. R. (1994). *Descartes' error: Emotion, reason, and the human brain.* New York: Putnam.

Ellsworth, P.C., & Scherer, K.R. (2003). Appraisal processes in emotion. In R. J. Davidson, K. R. Scherer, & H. H. Goldsmith (Eds.), *Handbook of the affective sciences* (pp. 572–595). New York: Oxford University Press.

Fiorillo, C. D., Tobler, P. N., & Schultz, W. (2003). Discrete coding of reward probability and uncertainty in dopamine neurons. *Science, 299,* 1898–1902.

Glimcher, P. W. (2003). *Decisions, uncertainty, and the brain: The science of neuroeconomics.* Cambridge: MIT Press.

Greene, J. D., Sommerville, R. B., Nystrom, L. E., Darley, J. M, & Cohen, J. D. (2001). An fMRI investigation of emotional engagement in moral judgment. *Science, 293,* 2105–2108.

Harlow, J. H. (1868). Recovery of the passage of an iron bar through the head. *Publications of the Massachusetts Medical Society, 2,* 327–347.

Hastie, R., & Kameda, T. (2005). The robust beauty of majority rules. *Psychological Review, 112*(2), 494–508.

Hertwig, R., Barron, G., Weber, E. U., & Erev, I. (2004). Decisions from experience and the effect of rare events in risky choice. *Psychological Science, 15,* 534–539.

Hsu, M., Bhatt, M., Adolphs, R., Tranel, D., & Camerer, C. F. (2005). Neural systems responding to degrees of uncertainty in human decision-making. *Science, 310,* 1680–1683.

Jefferson, T. (1905). *The writings of Thomas Jefferson* (Vol. 8, p. 124). Washington, DC: Thomas Jefferson Memorial Association.

Kable, J.W., & Glimcher, P.W. (2007). The neural correlates of subjective value during intertemporal choice. *Nature Neuroscience, 10,* 1625–1633.

Knutson, B., & Peterson, R. (2005). Neurally reconstructing expected utility. *Games and Economic Behavior, 52,* 305–315.

Kuhnen, C. M., & Knutson, B. (2005). The neural basis of financial risk taking. *Neuron, 47,* 763–770.

Lejuez, C. W., Read, J. P., Kahler, C. W., Richards, J. B., Ramsey, S. E., Stuart, G. L., et al. (2002). Evaluation of a behavioral measure of risk taking: The Balloon Analogue Risk Task (BART). *Journal of Experimental Psychology: Applied, 8,* 75–84.

Lerner, J. S., & Keltner, D. (2000). Beyond valence: Toward a model of emotionspecific influences on judgment and choice. *Cognition and Emotion, 14,* 473–493.

Loewenstein, G. F. (1996). Out of control: Visceral influences on behavior. *Organizational Behavior and Human Decision Processes, 65,* 272–292.

Loewenstein, G. F., Weber, E. U., Hsee, C. K., & Welch, N. (2001). Risk as feelings. *Psychological Bulletin, 127,* 267–286.

McClure, S. M., Laibson, D. I., Loewenstein, G. F., & Cohen, J. D. (2005). Separate neural systems value immediate and delayed monetary rewards. *Science, 306,* 503–507.

McClure, S. M., Li, J., Tomlin, D., Cypert, K. S., Montague, L.M., & Montague, P. R. (2005). Neural correlates of behavioral preference for culturally familiar drinks. *Neuron, 44,* 379–387.

Platt, M. L., & Glimcher, P. W. (1999). Neural correlates of decision variables in parietal cortex. *Nature, 400,* 233–238.

Pleskac, T. J. (2008). Decision making and learning while taking sequential risks. *Journal of Experimental Psychology: Learning, Memory, and Cognition, 34,* 167–185.

Rachlin, H. (1989). *Judgment, decision, and choice.* New York: W. H. Freeman.

Rottenstreich, Y., & Hsee, C. K. (2001). Money, kisses, and electric shocks: On the affective psychology of risk. *Psychological Science, 12,* 185–190.

Russell, J. A. (1980). A circumplex model of affect. *Journal of Personality and Social Psychology, 39,* 1161–1178.

Salzman, C. D., Britten, K. H., & Newsome, W. T. (1990). Cortical microstimulation influences perceptual judgments of motion direction. *Nature, 346,* 174–177.

Schultz, W. (1998). Predictive reward signal of dopamine neurons. *Journal of Neurophysiology, 80,* 1–27.

Slovic, P. (1987). Perception of risk. *Science, 236,* 280–285.

Slovic, P., Finucane, M. L., Peters, E., & MacGregor, D. G. (2007). The affect heuristic. *European Journal of Operational Research, 177,* 1333–1352.

Smith, A. (1892). *A theory of moral sentiments.* London: George Bell. (Original work published 1759)

Smith, P. L., & Ratcliff, R. (2004). The psychology and neurobiology of simple decisions. *Trends in Neuroscience, 27,* 161–168.

Sugrue, L. P., Corrado, G. S., & Newsome, W. T. (2005). Choosing the greater of two goods: Neural currencies for valuation and decision making. *Nature Reviews: Neuroscience, 6,* 363–375.

Thaler, R., & Shefrin, H. M. (1981). An economic theory of self-control. *Journal of Political Economy, 89,* 392–406.

Wilson, E. O. (1999). *Consilience: The unity of knowledge.* New York: Vintage Press.

Zajonc, R. B. (1980). Feeling and thinking: Preferences need no inferences. *American Psychologist, 35,* 151–175.

第 14 章
赞美不确定性

> 教导人们在不确定情境下的生存之道，使人们不至于因犹豫不决而不知所措。
> ——伯特兰·罗素（1872–1970），
> 20 世纪英国著名的哲学家、数学家、逻辑学家，
> 当代西方影响最大的学者，曾获诺贝尔文学奖

14.1　不确定性的负面影响

人们通常厌恶不确定性。我们的社会花费了数百亿美元用来减少不确定性，为了减少最后 10% 的不确定性我们通常付出了荒谬的代价（Breyer，2006）。最可怕的不确定性来自恐惧，特别是美国前国防部长拉姆斯菲尔德所说的"未知的未知"（"the unknown unknowns"）（Slovic，1987）——那些我们毫无概念以至于不知道如何去系统分析的事物。这些"未知的未知"，包括劫持飞机、恐怖袭击或者在欧洲发生的灾难性政治事件导致美国市场崩盘。而与之形成对比的是我们已经系统地将之概念化的事件，如普通的飞机失事和正常市场中股票价格的每日上下波动。对于极端事件，我们通过总结本书反复提及的统计模型来管理不确定性。当我们认为某个蓄意的组织或个体（比如恐怖组织或食人鲨鱼）企图伤害我们时，那些所谓的"未知的未知"便成为最可怕的事件。（我们认为如果你能采纳第 8 章所介绍的"采用外在观点"的建议，你可以更准确地了解到所谓的"未

知的未知"和"已知的未知";见 Makridakis, Hogarth, & Gaba, 2009, 其中心理学关于不确定性区分类型引人入胜的讨论。)

应对我们生活中不确定性的一种常见方法是忽视它, 或者发明一种"更高水平的基本原理"来解释它, 通常这种原理使不确定性比现实中的更显而易见。传道书宣称"赛跑未必快者赢, 打仗未必强者胜, 面包未必属于智者, 财富未必青睐有知识或者有才能的人;只是时运而已"。这听起来像是为了预期和适应不确定性的告诫。但是这一观点和《旧约全书》的其他大部分描述相悖, 在那些描述里人们通常会"得到他们应得的", 每一个故事都富含一种道德教训。比如, 当《旧约全书》中的以色列人远离了耶和华而去参拜伪神, 或者采用其他部落异教徒的仪式时, 他们就会在战争中落败。而当他们改正了行为之后, 就获胜了。错误的预言者被处死, 而真正的预言者虽然一开始有人身首分离, 但是最终仍会获得成功。虽然战争的胜利并不总是属于强者, 但它总是属于道德上占优势的一方;面包一定会属于智者, 财富一定会属于有知识的人, 尽管他们一开始或许要承受苦难, 比如约伯。不确定性和随机性只是表面上的, 而并非真正存在。(需要承认的是, 约伯第一个家庭中的哪些成员会受难;或者除了那些背信弃义的妓女之外, 耶利哥城中的什么人应该接受其宿命, 并不是完全清楚的。)

很多放弃了传统宗教信仰的人在占星学、基督教科学派、塔罗纸牌, 或者不计其数的其他信仰系统里同样表现出对不确定性的恐惧。他们认为, 这些系统是他们急于理解的深层潜在结构的一部分, 帮助他们对生命中的不确定性做出解释。Fred Ayeroff 和 Bob Abelson (1976) 在大学生中进行了寻找超感官知觉 (extrasensory perception, ESP) 能力的研究。在他们严格设计的实验中, 并未发现任何超感官知觉能力的证据, 但是他们的确发现了大量关于超感官知觉的信仰。(宇宙是有结构的, 但是它与个人的生活经历相关吗?)消除我们对生命中不确定性的恐惧和拒绝其存在的必要性是极其困难的, 有些人具有深刻而强烈的理智信仰, 认为世界不是按照人的需要所构建的;然而对这些人而言, 当他们的孩子罹患白血病或者年迈的母亲意外地被偷车少年飙车所撞伤时, 也不禁怀疑他们究竟错在哪里。即使是知识渊博的人也倾向于得出关于随机过程行为的错误概念, 除非他们重新检查并应用在学校里学到的概率理论进行计算(见第 8 章和附录)。

我们注意到，人们非常想要弄清楚那些需要他们有所投入的随机事件（比如，选择彩票或者抽奖），在这些事件里他们似乎具有某些技巧（参见章节 7.2）。甚至在诸如体育和学术测验领域中，虽然 Kund 和 Nisbett（1986）发现，人们的朴素统计直觉很好，但是人们还是低估了随机性在其中发挥的作用；尽管人们知道有难以表达的因素，甚至随机影响也会作用于人们的能力测试。比如，运动员成绩中有百分之多少的变异可以归于其过去成绩所体现出的技能？Robert Abelson（1985）询问了专业球迷：联盟的某个主力棒球手在给定的击球机会里能否击中球？他要求球迷预测球员技术和随机性对结果的相对贡献。（事实上，他让球迷根据该球员击球的平均数据估计相关系数的平方或者"可解释变异的比例"，平均数据被认为是最有用的击球技能的汇总数据。）中位估计数据大约是 25%，而真正的答案是约 0.5%。即使在人们意识到随机因素的熟悉领域里，人们还是高估了技术的效应，约为其实际作用的 50 倍。就像 Abelson 指出的，"棒球迷倾向于将命中率为 0.330 的击球员视为英雄，他总能通过关键时刻的考验，而命中率为 0.260 的击球员是关键时刻的出局者。"（这个例子具有另外一层重要的含义：在许多场合中，当行为重复多次时，技术上的微小差别和其他的行为偏见会累加起来。即使是微乎其微的判断偏差，但当被数百次的职业成就评价、外科手术或刑事判决所放大时，偏差的影响就蔚为可观了。）

迷信行为的基础是对个体控制力的错觉和一种隐蔽的因果顺序。当行为的结果既包含技术又包含机遇时，迷信尤其容易产生（比如，在棒球比赛中击中球），因为人们很容易混淆技术和机遇因素。事实上，如果我们仅仅通过注意人们的所作所为和随之而来的结果来评价这些行为，而没有谨慎地从系统性和随机性两个角度操纵行为和观察结果，并通过统计分析来探索究竟是哪些行为会与成败相关，那么我们是无法区分随机性和技术成分的。但是，不管是人还是动物都不会这么做（系统地或随机改变行为），相反，人和动物都明显倾向于采取"赢——保持，输——转换"的策略，即重复任何在成功前发生的行为、改变任何在失败前发生的行为（比如，在击球员准备区等待击球时正好挥拍 5 次）。这种策略会产生两个逻辑后果：第一，无法评估成功相对于失败的机会成分；第二，区分适应性行为和迷信行为变得毫无意义。（一个简单的例子是，"做完 X"，紧接着"Y 就发生了"）。我们在章节 1.5 和 2.6 中曾经指出，仅仅依赖于过去行为结果（强化）的决策并不符合理性的标准，因为这些决策没有考虑到可能的未来结果。

斯金纳的行为主义流派经常鼓吹自己能有效地解释迷信行为（Skinner，1948；更详细的分析见 Staddon & Simmelhag，1971）。如果他们做出的解释是正确的，那么，这种成功仅仅是由于行为主义的原则不能区分适应性行为和迷信行为。并且，即使是一只鸽子或老鼠（甚至是人）具备了专业的统计知识和训练，它们也会在包含斯金纳箱（操作性条件的房间）的环境下做出迷信行为。在这种环境下，它们除了压杆或者被禁止压杆外无事可做，并且唯一的环境变量是食物的出现，一只非常饥饿的动物（在斯金纳的实验中动物的体重一般是其正常体重的 70%）将会在极度的诱惑下采用"赢——保持，输——转换"的策略，因此，学习从未发生过。并且，问题被实验操纵者故意强化迷信行为所混淆，从而，进一步模糊了迷信行为和适应性行为间的区别。

然而，我们通常未能真正理解事件基于概率的本质，这些事件也许与我们的努力毫不相关。例如，许多在二十世纪五十年代末期和六十年代初期进行的心理学实验要求被试估计随机事件的结果，这些随机事件已有基础期望概率；例如，要求被试预测主试翻开的下一张牌是红色还是蓝色，在这项任务中 70% 的牌是蓝色的，但是红色和蓝色牌的顺序完全随机（每次实验前主试都会把牌打乱）。在这种条件下，成功可能性最大的策略是每次试验中都预测更常见的事件。例如，如果 70% 的牌是蓝色的，那么参与者在每次试验中都预测蓝色将会有 70% 的成功率，因而，在该任务中最高成功率就是 70%。然而，参与者通常会采用匹配概率（match probability），即根据其在试验中出现的比例来预测大概率事件的发生。例如，参与者倾向于预测有 70% 的可能性出现蓝牌，30% 的可能性出现红牌。很明显，他们的准确率和策略无关，而是与随机概率模型的预测相符。这种策略的成功率为 58%，因为参与者在蓝牌（出现概率是 0.7）出现时预测的成功率是 70%，而在红牌（出现概率是 0.3）出现时预测的成功率是 30%：$(0.70 \times 0.70) + (0.30 \times 0.30) = 0.58$。事实上，参与者预测大概率事件的出现概率比其实际发生率稍高一些，但是预测其发生率并未接近于 100%，即使他们的实验报酬根据预测准确性来决定也是如此。就算有 1000 次的如此反馈，并且参与者被明确地告知只有基本预测概率是相关的——"顺序是随机的，没有重复模式"，但是参与者不能利用该信息来发现这是他们不可能预测的一种情境（Tversky & Edwards，

1966，p. 680）。显然，人们不能接受实验情境的内在不确定性，尽管无法领会这一点会导致他们的实验报酬减少。（同样，我们似乎也无法接受我们罹患癌症或者失去孩子这类事件。）

著名的哲学家和行为研究者 Patrick Suppes 根据一项未曾发表的概率匹配实验讲述了一个有教育意义的故事。在他的实验里，告知参与者每次试验的预测正确率是 10%、50% 或 90%，但是这些正确率是随机的，与他们的反应无关。当然，这种反馈是带有欺骗性的，因此，没有人真正学会预测这些事件。最终，在实验结束时，参与者需要回答在实验过程有什么收获。接受了虚假的 90% 成功率反馈的参与者的回答很简短，只描述了简单的规则（也许斯金纳迷信实验中的鸽子如果具有语言能力，也会这么写）。接受了 50% 成功率反馈的参与者并没有提供简单规则，相反，他们提供了复杂的规则，并且提出怎样利用更多的反馈来改进规则。最后，那些接受了 90% 失败率（10% 成功率）反馈的参与者仍旧处于游戏状态中，但是他们都成了方法论者。他们说不出规则，但是如果允许他们继续学习，他们将会找到发现规则的方法。很少有参与者能够正确地认识到，该任务只是实验者制造的不可能完成的把戏。在生活中，我们中有多少人会偶然地被分配到 90% 的成功条件下，又有多少人会被分配到 90% 的失败条件下？

当行为的结果具有随机性成分时，我们倾向于认为它似乎也包含技术成分。在概率匹配实验中，参与者对超出控制范围的纯随机事件的反应似乎是，认为该结果是具有决定性的（"这里一定具有某种模式"），Hillel Einhorn（1986）认为，直觉方法和统计方法都能用于预测和控制。这两种方法最关键的区别在于预测者是否会把随机事件当成决定性事件。把概率事件当成决定性事件会使概率理论——比如考虑基础概率的考虑性——变得无关紧要。例如，如果概率匹配实验中的系列事件具有决定性，那么对于小概率事件的预期既没有违反归纳法，也不是愚蠢的做法。但是，正是由于同事违反归纳法的判断，才让 Paul Meehl——一位心理分析学家和临床决策领域顶尖的研究者——质疑他们的推理能力。Paul Meehl 在他的文章《为什么我不参加个案会议》(1973) 里曾阐述了这一观点。简而言之，就像在概率匹配实验里的参与者一样，他的同事们并不认为他们对病人的临床诊断结果在本质上具有概率性。

Einhorn（1986）进一步认为，统计方法优于临床诊断方法，例如在章节 3.3 中，

Meehl 等人所做的研究证明了这一观点。我们也同意该观点。即使世界上存在某种潜在的决定性结构，我们并不一定都能完全了解这些，特别是那些我们最关心的、与日常生活戚戚相关的事件。即使在实验参与者进行了多达 1000 次的尝试后，他们还是不能理解概率匹配实验的概率本质，这表明，拒绝不确定性是一种根深蒂固的偏见，而不是从经验中进行适应性学习的结果。

将随机事件视为由技术决定的现象是否可以用动机偏见来解释？例如，我们不能准确预测抛硬币或者击球结果的信念是否威胁到了我们应对世界的能力？或者我们的认知本身不可避免地与我们的预测和控制意图相联系，以至于我们对事件（尽管很清楚它是随机的）的判断被内隐地赋予了可预测性？这些我们仍不得而知。

很显然，在某些环境中缺乏预测性会带来威胁。例如，在 1984 年，当陪审团正在权衡新贝德福德（New Bedford）发生的强奸案（关于一名妇女在酒馆里被暴徒强奸）时，有线新闻网播出了三位"专家"的访谈。其中一位叫 Lee Salk 的心理学家认为，这起伤害案最坏的影响是它破坏了我们的三条信念：我们是优越的，我们是不会受伤害的，世界是公正的；而这三条信念正是我们应对世界能力的基础。并且，我们在经历这些案件后，"将需要花费几年时间才能重建这些信念"。如今，整个美国社会正在努力从 2001 年 9 月 11 日发生的恐怖袭击的经历复原，这次经历也动摇了上述的三条信念。但是，我们需要谨记艾克顿公爵在 1887 年说过的话："历史既不会补偿受难者，也不会惩罚犯错者。"

14.2　确定性所带来的快乐错觉

我们不但未能充分领悟我们外在世界的不确定性，同时，还倾向于幻想我们头脑里的世界是一致的、稳定的和确定的。我们固执地认定自己的逻辑性强、十分理智和具有一致性，但事实并非如此。本书对大量诸如此类的傲慢偏见进行了分类；我们甚至重写我们的个人传记来强化那些早已知道或者"总是这样感觉"的信念。但是本书作者认为，当我们思考我们将来会得到什么时，我们会有特定的盲点。想想决策效用（decision utility）（见章节 9.1）吧。

虽然关于享乐心理学的研究，特别是和审慎决策相关的研究正处于早期阶段，但是这些研究已经发现存在相当多的错误和偏见。无需赘述关于对享乐结果大量不准确的判断（参见章 9.1），我们可以对预测我们的事后决策和经验效用的能力做一些总结：第一，我们最多只能中等程度地准确预测我们对于未来结果的评价和情绪反应。第二，结果本身（通常能加速我们的反应）比我们所期望的更难预测和更加复杂。第三，即使我们可以预测自己对结果的反应，但是这些结果对我们长期的总幸福（以及特定领域的幸福）只有中等程度的影响，远远小于我们所认为的那样。至少有两个原因会导致过度估计的误差。首先，我们知道当人们的预测条件仅仅基于部分有效信息时，人们对于向平均数回归的趋势是不敏感的。这意味着他们将会选择表面上最好的选择，希望这些选择平均起来会更好一些，或者坏结果一致地比人们所担心的结果更好（例子见 Harrison & March，1984）。其次，人们并没有预计到自己的韧性和适应性。我们从伤害和失去中复原的能力比我们估计的更高，适应好的事情也比我们所认为的更快，Dan Gilbert（2007）称之为免疫性忽视（immune neglect）。

最后一种观点在关于人们的幸福感和享乐研究中已经被多次证实。当今最好的幸福理论认为，绝大多数人具有享乐设定点（hedonic set points）——高兴和抑郁的背景水平，这一水平在个体内部保持一致，但是在个体之间肯定存在差异（也许是被基因继承或早期经验所决定，Diener & Biswas-Diener，2008）。当日常事件影响人们的幸福感时，我们看到他们或喜或悲；但是每一个人最后还是会回归他们上下波动的起点。影响快乐的大事件（离异、失业、赢得彩票、进入你青睐的大学）让你情绪波动很大，但是在三个月后（或者至多六个月），你便会恢复到正常水平。（1999 年，David Lykken 认为，或许基因是个体快乐设定点的重要决定因素，就像遗传会决定你的体重一样。）

这对决策来说有何意义？人们具有错误的、自我夸大的信念，认为自己可以预测和控制将来的快乐。人们过度关注决策效用，决策时花费了太多的认知能量来尽力预测未来的幸福。我们并非建议人们在进行选择时，完全忽视他们想要的或者他们认为自己想要的。但是一种有效的策略是，当我们评价我们的未来时，需要避免太过关注"我将有多快乐"这种概括性评价；而是需要预测结果的其他重要属性（如健康、效率、不同的经历、帮助他人以及财富）和能够减少的负面属性（如时间和机遇的限制或者有形资产损失的风险）。也许这就是人们自然而然地采取的策略。在决策时，有多少次你会问自己，"另一种选择会使我快乐吗？"在这些为数不多的决策中，其中之一就是离婚，通常，人们的自我描述会是，"我要结束这段婚姻，因为它使我如此不快乐。"但是，我们通常还是会集中于其他也许更为重要的属性，这些属性仅仅可能与幸福相关，比如安全、健康、持久、收入和其他实质性特征。

14.3 拒绝不确定性的代价

当罗宾·道斯接受临床心理学训练时，遇到了一个名叫哈罗德的病人。在接受临床治疗之前，哈罗德有段不稳定的婚姻，为了他两岁的儿子，夫妻两人勉强维持婚姻；因为不喜欢现在的工作，他表现很糟。一天早晨，他被解雇了。当他回到家时，发现警察在那里，他的妻子已经歇斯底里。原来他的儿子过马路时被车撞死了。安抚好妻子后，他游荡着去了之前上班的地方，那里离家很近。他走进了一家餐厅。一位有魅力的女人走近他并请他一起喝杯咖啡。在哈罗德的宗教信仰中咖啡是明令禁止的。他立刻意识到这个女人想把他从宗教教义的强迫性固着中解脱出来，也想把他从性的压抑中解放出来。他的老板已经帮他从不快乐的工作中解脱出来了，那位肇事司机把他从悲惨的婚姻中解救出来。他突然意识到，所有这些人都属于一个帮助他的秘密组织！当他把陌生人都视为有着某种密谋的成员时，他最终被送进医院。他的信念牢不可破，例如，当医护人员反驳他的想法，想把他从幻觉中拯救出来时，只能看到他心照不宣的微笑。

心理分析师 Silvano Arieti（1974）坚持认为，并非是不确定性（或痛苦）的本质导致了心理疾病，而是个体试图用一种他人不能理解的方式来理解不确定性造成了"精神病式的洞察力"。当然，不是所有想减少不确定性的努力都是病态的。组织机构想减少不确定性，政治决策者也是如此。尽管减少不确定性并非对所有方面来说都是重要的，但是对于科学来说却很重要。然而，当它变得过分重要时，就成为一种病态了。这种病态并不仅仅局限于那些被社会贴上心理疾病标签的人。

例如，瘟疫必定有其产生的原因。十三世纪的一些愚民总结道，"犹太人正在往井里投毒"。事实上，在我们许多人中，类似的解释曾反复出现，我们用它来解释经济萧条、学校中的枪击事件或者全球范围内的艾滋病流行。减少不确定性的努力并不是病态的，这种努力甚至可以引领我们理解目前正在困扰我们的事情。但是，以我们现有的知识而言，认为我们现在必须理解那些不可能再减少的不确定性，这种观点的确是一种病态。（例子见 Hammond，1996）

"如果我成功了，那么我就理所当然地接受成功"，这一观念使成功者变成了傲慢的笨蛋。而"如果我没有成功，一定是我以前做错了什么事情"，这一观念使人成为抑郁的受虐狂。以 Bernard Weiner（1979）的研究为代表的证据显示，大多数人把成功归因于自身因素，把失败归因于自己不能控制的因素，比如坏的运气。Chris Peterson 和 Martin Seligman（1984）对归因风格的研究显示，抑郁症患者并不遵循这种模式，而是完全相反。我们的许多同事接下来做了进一步的推论："把成功归于自己，把失败归于环境"这一做法从心理上来讲是健康的——我们应该培养抑郁症患者这种自我夸大但是不合逻辑的归因方式。当然，所有的结果都可归因为个人和环境因素共同作用的结合，但是这种结合很难分解，特别对单一结果而言。

多原因多后果的情境，也称为所有的情境，不可避免地充斥了大量的解释。1989 年 3 月 24 日，瓦尔迪兹号油轮在布莱暗礁搁浅，泄漏了 4 万多吨原油，流入阿拉斯加威廉王子湾。那是美国历史最为严重的原油泄漏事件。有许多因素可以构建因果关系来解释这一事件：船长查尔斯·海兹伍德有酗酒史，曾经住院治疗；海岸警卫队最近改变了政策，但并未提供引航员，反而减少了对航船路线的监控；瓦尔迪兹号油轮的船员从 33 人减少到 19 人；当船触礁时，没有经过认证的第三大副手正在操纵油船，他承认自己"精神恍惚"，错过了拐弯的指令；瓦尔迪兹号油轮在工作安排表不合理，船员缺乏睡眠；海兹伍德在那天下午喝了酒；在正常的油轮航路上有季节性的浮冰，瓦尔迪兹号油轮改变了路线来躲避它。事实上，在这种情形下我们会不可抑制地想要构建一个连续的因果故事来解释这次灾难。

如果我们试图采用前瞻性研究探寻哪些因素可以预测油轮原油的泄漏，毋庸置疑，我们可以找出大量的不确定因素。有大量具有这类征兆的例子，但是它们都没有发生泄漏事件：许多油轮在那晚偏离了航道；在每年的那个时段，对当时的海洋环境来说，有阿拉斯加浮冰是正常的；没有认证的副手驾驶油轮很常见。

（埃克森公司在法律辩护时提供了大量的类似例子。）油轮事故发生的基础概率非常低，以至于不能进行系统概率分析。但是直觉的解释通常导致了高水平的后见之明。道斯认为，只有通过事先或随后的系统分析，最理想的状况当然是实验分析，可能建立应用于解释特定事件所需的一般性的因果规则，这种解释才是可信的。多原因多后果的情境会导致不可靠的原因追溯。（技术分析的细节超出了本书的范围，有兴趣可参考道斯的论文《预测未来相对于理解过去：一个基本的不对称》，1993年）我们持有的建构和叙述因果故事的倾向造成不可避免的副产品，主要表现为无视自身的无知和低估随机性在生活中的作用。

也许，一些我们现在归为随机性的事件最终都能被预测和控制，但是从现在的观点来看，它们还是具有随机性的。我们知道，那些极为不幸的人倾向于相信他们做错了什么而不是偶然性导致了不幸的结果。偶然性的代价被另外一些人所承受。一些人认为，如果有人贫穷、流浪街头、沉迷于某种不良嗜好或者生病，在某种程度上，他们必然做了些什么，才会"罪有应得"。在"罪有应得"面前，帮助是徒劳的。并且，在追溯记忆偏见的作用下（参见章节6.7），这些受害者也许也会接受这种判断；如果他们也相信"罪有应得"，这一信念会在他们回忆自己做错了什么中扮演关键的角色。

对进化中随机性效应的误解会导致惨剧的发生。想想社会达尔文主义。即便是最坚定的适应主义者，也会坚持认为轻微的基因优势也会在（基因）生存的斗争中增加成功繁殖的几率，经过多代的繁殖，将会导致显著的基因变化。然而，就像一些社会达尔文主义者宣称的，"个体境遇糟糕意味着其缺乏基因能力"，这一说法邪恶地低估了随机性在生活中的角色。为什么说它是邪恶的呢？因为这种观点导致产生了这样的结论：是"自然的方式"让这些人受苦或者死亡，以便能让好的基因持续繁殖。不确定性的威胁也许仅仅只是导致痛苦，而拒绝不确定性却是残酷的。

拒绝不确定性的代价太高，以至于这种代价不能被拒绝不确定性所能带来的任何安全感所补偿；不管对他人还是对自己，相信公正世界的病态后果是非常严重的（见Melvin J. Lerner，1980）。人的智慧中一个重要组成部分就是判断哪些是不确定的，也就是能够理解自身知识的局限性，认识到在很多环境下知识也是具有随机性的。与之相伴，勇气中的一个重要部分是无视危险，有一种错误的安全感，例如，不再相信我们会受伤害或认为我们是优越的，或者世界是公正的。

然而，一些心理学家却敦促人们培养这些信念——努力培养人们的信念，使其认为结果可以由个体所控制，因为他们相信这种信念可以激发人们追求想要的结果，从而使个体做出努力。父母通过奖优罚劣来使孩子按照期望的方式行事，这种方法的确有效；并且那些没有意识到他们行为与奖惩结果关系的孩子经常会出现行为问题——或者至少我们可以通过这种相关性来改善他们的行为。另外，那些相信自己可以控制奖金的雇员，其工作更有激情和效率。因而有人建议雇主和主管在组织内建立员工贡献和奖励之间的联系。然而，泛化的模糊控制却是另外一回事。当我们不再是孩子，可以把"幼稚的把戏放在一边"时，我们将会理解我们对结果的控制程度依赖于环境的特殊性。如果错误地以为自己具有控制能力，就会产生前面所讲的不良后果。然而，一些控制理论家却宣称，对控制的信念，不管是真实的还是虚幻的，都是心理健康的激励因素。

理性地说，只要我们具有一定的控制能力就足够了，而在多大程度上可以控制结果并不是很重要。例如，即使在极大的随机成分决定了实际结果的情况下，不同的选择项目还是会有相同的期望价值排序。理解《传道书》的智慧绝不会抑制我们去做出最好的选择和尽最大努力去追求这一结果。认为有必要或是值得去高估我们控制的能力，这种观点就等同于坚持用儿童或代理人的方式、而并非具备自主能力的成人的方式去生活。然而，不幸的是，我一些同事把他们的成年病人当做小孩，并以同样的方式对整个成年群体给出建议。（把成人当做成人的一些著名例子可以在肯尼迪的某些语录里找到。在一篇演讲中，他直率地说生活是不公正的，并通过例子指出，在战争期间有些人战死沙场而有些人安坐办公室。在他被暗杀前著名的演讲中，他宣称这个占全球6%人口的国家不能控制全球发生的每一件事情，把这种控制和国家安全等同起来是一个灾难性的错误。）

Shelley Taylor（1983）自认为是一个"控制专家"，她认为控制的信念在应对威胁环境时具有适应性。Taylor介绍了一个患有乳腺癌妇女的故事。然而，我们的解释正好和Taylor相反，我们认为这是一个对个人控制程度过度估计的例子：

> 我访谈过的一个妇女告诉我，在她被诊断出患有乳腺癌后，她认为她可以通过控制饮食以防止乳腺癌在未来复发。在她做的事情中，其中一件就是通过吃难吃的糊状芦荟来吸收大量维他命A。一年半后，她得了再生恶性肿瘤。

这种情况当然是所有控制专家想准确了解的：我问她当这件事发生后有什么感觉，她耸了耸肩，说她准备用剩余的时间写篇短篇小说，她一直想做这件事情。当生活的一个领域失去控制后，她转向了另一个可控的，这是她的毕生事业。（p. 1170）

Taylor 没有提供证据来证明，那个想通过虚幻的控制来阻止乳腺癌复发的病人比那些没有这么做的人活得更好，尽管这篇文章本身暗示这种控制在心理上是有价值的。然而，可以换一种角度来解释这个故事——放弃控制的努力是有价值的。那个妇女耸了耸肩显然是承认她没有控制力。也许，如果耸肩发生在一年半前，那个妇女一年半的生命将不会浪费在无聊的工作和糊状的芦笋上面，从而从事她极其向往的事情。

14.4 致不确定性的两声喝彩

想象一种没有不确定性的生活吧。根据希腊诗人及悲剧作家 Aeschylus 的说法，希望来自于命运的不确定性；也许希望本质上是盲目的。想一想，如果职业学校、研究生项目或总裁培训课程录取的评价变量确实可以精确预测谁会成功和失败，生活将会多么乏味。生活将不可承受——没有希望，没有挑战。

所以，我们有了悖论。当我们试图努力减少我们和环境的不确定性时，最终的成功——也就是完全消除了不确定性——将是可怕的。事实上，艾滋病抗体检查或者根据荷尔蒙以及现有基因分析来预测乳腺癌复发的这些手段也许已经把我们带到了我们所不愿见到的局面，而这种局面正是医学漫长发展的结果。想一想你被告知具有必然导致阿兹海默氏症的基因时你的恐惧。还有比了解到你具有绝症更糟糕的吗？至少在这种情况下，大多数人已经感觉自己生病了。当我们在写作本书时，基因测试正迅速发展。在很多情况下，人们选择拒绝接受关于其基因组成含义的反馈（至少是概率性质的反馈）。（即使是心理学家 Steven Pinker，作者所知的最具有探究意识的人，也表示遗传基因报告中的某些部分是他不想知道的，比如会导致阿兹海默氏症的基因型。Pinker, 2009。）另一例子是，亨廷顿舞蹈症是由单一显性基因引发的，即使有些人的父母患有这种病，他们也选择不做是否具有这种基因的检查——这种基因最终会导致可怕的身体虚弱和不可逆转的神经退化。

另一方面，有些人的确希望找出这种基因。这个发现（Sieff，Dawes，& Loewenstein，1999）十分有趣。许多医生和健康职业人士反对进行亨廷顿舞蹈症的检测，因为之前的这种检查得出的结论是：要么有很高的概率携带这种基因，要么有很高的概率不携带这种基因，但是第三种结果也是可能的——检查没有得出确定的结论（现在的检查不会没有结论性）。他们反对检测的理由是，携带这一基因的人或许会选择自杀。持反对意见者认为这类人或许可以选择不生孩子，经过几代后这种疾病会消失。这两种预测都是错误的（Sieff，Dawes，& Loewenstein，1999）。在那些希望找出结果的人中，没有结论性的检查结果是最让人失望的。在那些测出他们携带此基因的人中，就像在章节14.2讨论中所指出的那样，他们适应了坏消息。并且，他们并未决定不要孩子，他们似乎认为这样做等同于自己没有出生过（记住，他们中的大多数人没有自杀）。相反，那些收到"不会携带此基因"的好消息的人并表现出过度兴奋。人们是会适应的。

但是与确定性带来的快乐错觉一致，一项针对被检出艾滋病阳性或阴性的人群的研究表明，通常，人们会过度估计艾滋病状态消息对他们的影响。研究者要求被试预测在得知检查结果的五个星期后自己在标准情绪量表上的得分。在他们知道实际检测结果的五个星期后，研究者联系这些人（尽最大可能，因为实验是在匿名而非保密的情况下实施）填写情绪量表。与非常正性和负性的预测情绪相比，这些参与者实际的情绪更为中性。人们还是适应了。这项研究最主要的发现是，人们无法预估他们在多大程度上具有适应性。（亨廷顿舞蹈症结果的综述和艾滋病检测结果的报告见Sieff et al.，1999。）

需要指出的是，这些结果只适用于部分人，这部分人表现出清晰的偏好，想知道是否自己患有将导致极为负面结果的疾病。因为实验和调查是在一个极度自由的社会里进行的，不能够随机取样和强行获取个体的医疗状况，所以研究者不能确定关于亨廷顿舞蹈症和艾滋病状态的研究结果是否可以最大限度地推广到普通人群中，或者仅仅应用于那些想要发现他们是否具有毁灭性健康状况的人。并且，研究者也不可能在这些人的取样基础上来决定他们占总体群体的多大比例。因为调查和实验的参与者是自愿的，这些调查和实验并不能得到希望知道这些信息的人群有多大比例。当然，我们也可以询问普通人群是否希望知道测试结果，以作为这些已有研究的补充。但是询问普通人群这种方式会产生一个问题，把实际行为简单等同于与人们假设他们将如何行动，这个问题源自人们是否能够很好地预期他们的未来情绪，事实上，起关键作用的是人们面临实际检查时的情绪反应。

如果我们知道了快乐结果的确定性，那么生活的乐趣将会减少。知识的一个重要方面是减少不确定性。但是，当我们追求这一目标时，该目标的最终达成将不会是皆大欢喜的。

14.5 与不确定性共存

没有不确定性，世界将没有希望，没有道德，没有选择自由。只有我们不知道未来会是怎样（比如我们确切的死亡时间和方式），我们才能拥有希望。只有当我们不能确切地知道选择的未来结果时，我们才有选择的自由，才会有选择的道德困境。并且，这个世界上有太多的不确定性，我们最基本的选择就是接受不确定性这一事实，还是想方设法回避它。那些拒绝不确定性的人试图建构自己的安全世界。这些人的自然需要是减少不确定性，极端状况是他们根本不相信存在不确定性。但是，不确定性是理解世界的知识体系的基础。统计学家对乐观主义者给出的定义是"相信未来是不确定的人"，这一定义已经不像最初看起来那样具有讽刺意味了。

本书介绍的研究和理论会产生更多的延伸，这些后续研究会为社会繁荣带来重要贡献，对此我们深信不疑。判断和决策领域积累的科学知识有许多建设性的经验。我们可以了解到自己在准确判断和理性决策上能力的重大局限。读者将会从本书提供的大量例子里体会到真知灼见，从而认识到许多有问题的习惯和潜在的弱点。我们现在有了很多确实有用的工具来评价、帮助和代替人类决策者。关键在于，即使在无法给出数学的解决方案来建构和指导决策过程时，我们也应尽可能应用统计和概率理论。当人们审视自己的决策时，他们能够认识到偏见和不一致性，并且修正它们。最后，我们建议您尽量把遇到的判断和决策情境形成系统的外在表征：进行图形化、象征性和分布式的思考。如果我们自己能够进行分析性的思考，花时间去获取正确的认知工具，我们就会具有理性思考的能力。但是，就像本杰明·富兰克林那样，我们并没有告诉你去决策什么，而是告诉你如何做决策。

参考文献

Abelson, R. P. (1985). A variance explanation paradox: When a little is a lot. *Psychological Bulletin, 97,* 128–132.

Arieti, S. (1974). *Interpretation of schizophrenia* (2nd ed.). New York: Basic Books.

Ayeroff, F., & Abelson, R. P. (1976). ESP and ESB: Belief in personal success at mental telepathy. *Journal of Personality and Social Psychology, 34,* 240–247.

Breyer, S. (2006). *Breaking the vicious circle: Toward effective risk regulation.* Cambridge, MA: Harvard University Press.

Dawes, R. M. (1993). Prediction of the future versus an understanding of the past: A basic asymmetry. *American Journal of Psychology, 106,* 1–24.

Diener, E., & Biswas-Diener, R. (2008). *Happiness: Unlocking the mysteries of psychological wealth.* New York: Wiley-Blackwell.

Einhorn, H. J. (1986). Accepting error to make less error. *Journal of Personality Assessment, 50,* 387–395.

Gilbert, D. (2007). *Stumbling on happiness.* New York: Vintage Press.

Hammond, K. R. (1996). *Human judgment and social policy: Irreducible uncertainty, inevitable error, unavoidable injustice.* Oxford, UK: Oxford University Press.

Harrison, J. R., & March, J. G. (1984). Decision making and postdecision surprises. *Administrative Science Quarterly, 29,* 26–42.

Kunda, Z., & Nisbett, R. E. (1986). The psychometrics of everyday life. *Cognitive Psychology, 18,* 195–224.

Lerner, M. J. (1980). *Belief in a just world: A fundamental delusion.* New York: Plenum Press.

Lykken, D. (1999). *Happiness: What studies on twins show us about nature-nurture, and the happiness set-point.* New York: Golden Books.

Makridakis, S., Hogarth, R., & Gaba, A. (2009). *Dance with chance: Making luck work for you.*

Oxford, UK: Oneworld Publications.

Meehl, P. E. (1973). Why I do not attend case conferences. In P. E. Meehl (Ed.), *Psychodiagnosis: Selected papers* (pp. 225–302). New York: Norton.

Peterson, C., & Seligman, M. E. P. (1984). Causal explanations as a risk factor for depression: Theory and evidence. *Psychological Review, 91,* 347–374.

Pinker, S. (2009, January 11). *My genome, my self.* New York Times Magazine, pp. 24–46.

Sieff, E.M., Dawes, R.M., & Loewenstein, G. (1999). Anticipated versus actual reaction to HIV test results. *American Journal of Psychology, 112,* 297–311.

Skinner, B. F. (1948). "Superstition" in the pigeon. *Journal of Experimental Psychology, 38,* 168–172.

Slovic, P. (1987). The perception of risk. *Science, 236,* 280–285.

Staddon, J. E. R., & Simmelhag, V. L. (1971). The "superstition" experiment: A reexamination of its implications for the principles of adaptive behavior. *Psychological Review, 78,* 3–43.

Taylor, S. E. (1983). Adjustment to threatening events: A theory of cognitive adaptation. *American Psychologist, 38,* 1161–1173.

Tversky, A., & Edwards, W. (1966). Information versus reward in binary choice. *Journal of Experimental Psychology, 71,* 680–683.

Weiner, B. (1979). A theory of motivation for some classroom experiences. *Journal of Educational Psychology, 71,* 3–25.

附 录
概率论的基本原则

A.1 概率的概念

本书大部分内容所探讨的都是对选择的可能性、概率及其结果进行评估,所有此类未来的结果都会被看作是不确定的。此外,有实验证据表明,即便我们相信未来是具有不确定性的,也会低估这种不确定性。因此,理性决策的关键在于要建设性地处理这种不确定性。非理性是没有建设性的,至少由非理性得出的结论并不是对世界的真实反映。因此,概而言之,必须理性地对可能性和概率进行评估。

不确定性常常用概率(probability)或几率(odds)这样的形式来表达。一个事件发生的几率等于这个事件的概率除以1与这个概率之差,比如,某事件发生的概率为2/3,1减去2/3等于1/3,因此2/3的概率就等于2比1的几率,即(2/3)/(1/3)。当且仅当一组概率(或几率)满足四条广义代数法则时,这组概率才是相容的,否则就是不相容的。这些极为简单的法则称为概率原则或概率论(probability theory)。附录将会解读每一条原则,我们会先在等概率结果的背景下(通常用抛硬币和掷骰子来说明)探讨与每条原则相关的概率,然后同时用代数和文字形式来呈现这些原则,最后则会在更广义的背景中来讨论。

因为我们是用概率的方式来评估和讨论不确定性,这就意味着当且仅当我们为可能事件所赋的概率满足这四条法则时,我们看待不确定性的方式才是理性的。只有满足了这些法则,我们对于不确定性的看法才能说是相容或一致的

（coherent），否则就是不相容的（incoherent）（字面上理解为"非理性"）。

不过在继续之前，我们还要先澄清四点认识。第一，我们对概率的讨论会限制在对未来事件的数字（或模糊数字）判断。对决策者来说，过去的事件要么是已经发生的（因而不是不确定的），要么就是没有发生，在这种情况下不能给它们赋予概率。当然，我们在提到过去事件的时候，常常会不太严谨地用到概率的说法，比如，我们也许会说到奥斯瓦尔德刺杀（或者单独刺杀）肯尼迪的可能性有多大，一个被告"真的"犯了罪的可能性，或者某一枚假想中的硬币在桌子上转停后正面朝上的概率。然而，出于本书的考虑，这些关于过去事件概率的陈述，我们会将其解释为在探寻真相时得到特定结论的概率，这当然就是一个具有可能性的未来事件。第二，有的时候我们会把概率解释为"关于某看法的确定性程度"（degree of belief），或是在大量重复中的客观频率。不过，所有学习和研究概率论的人员都同意概率必须要满足四条基本法则。（事实上，研究概率的抽象数学分支只将它们定义为遵循这些法则的数字，而不考虑附加到概率上的具体解释和其他意义。）

第三，这个附录也会考虑一些对概率的相关看法，包括对概率进行排列和归类，这些看法同样可能会出现满足或违反概率原则的情况，因此也会反映出我们所做的判断是否是相容的。举例来说，当我们对某位世界顶尖网球运动员的比赛情况进行预测时，如果我们认为他在某场锦标赛上输掉第一盘比赛并且最终赢得比赛的可能性要大于其单单输掉第一盘的可能性（一个纯粹的对于顺序的看法），那么这种看法就与概率论的原则相矛盾。类似的情况还有，我们会认为在已知某个症状的情况下能够确定罹患疾病的概率必定与已确定罹患某个疾病的情况下某个症状出现的概率是相同的（没有给定具体数字时的等价看法）。

第四，"非理性"这种说法隐含了一个前提，即所指的必须是包含两个或以上概率的组合（除非违反最简单的限制，将概率设为小于0或大于1的情况也是非理性的），因为我们无法在割裂的情况下评估某个概率判断是不是理性的。举例来说，如果有人认为有0.9的概率明天太阳不会升起，这种看法不一定是非理性的，然而，当你带着这样的看法，以及你明天有0.8的概率去上班且只有在太阳升起的情况下你才会去上班这样的看法——同时具有这些看法，这才会是非理性的。[关于在概率评估（以及整体决策领域）中所出现的非理性有这样一种解释，即人们在看待一个问题的不同部分时，会在不同的思维状态之间摇摆，在一个状态下得到的结论不会与其他状态下得到的结论进行比较——同样也是基于这种考虑，经济学家会假定偏好或偏好背后的效用是稳定的。我们将那些价值和预期经常摇摆不定的人判断为"非理性的"，虽然从技术层面来看这种判断可能不太正确，但要说他们是理性的或者是具有适应性的，显然也不太合适。]

A.2 从神明到数字

概率论是如何开始的？概率论起源于对赌博的评估［我们推荐 Leonard Mlodinow 所著的《醉汉走路：机率如何左右你我的命运和机会》(*The Drunkard's Walk: How Randomness Rules Our Lives*，2008)，该书对概率论的历史做了一个引人入胜的介绍］。

在 Robert Graves 所著的《罗马帝国兴亡史》(*I, Claudius*，1943) 一书中，卡力古拉[1]遇刺之前正在与克劳狄乌斯[2]玩骰子（一边观看血腥的游戏，时不时地下令将输掉游戏的人［有时候也会是赢的人］处死）。他们所用的 4 颗骰子是由狗或羊的踝骨所做，称为距骨（astragali），每颗骰子有 4 面，每一面有一个数字：1、3、4 和 6，所掷出的获胜组合称为维纳斯列（Venus roll），需要 4 颗骰子掷出的数字各不相同。克劳狄乌斯一直在赢——而这样的状况让他命在旦夕，因为输掉的卡力古拉随时会爆发病态的怒火。于是克劳狄乌斯战战兢兢地向卡力古拉献上了一组打造得极为精美的新距骨骰子，据说这组骰子上附有神的力量，能够掷出维纳斯列。随后卡力古拉又把他的钱赢了回来，他感到特别高兴，因为他觉得维纳斯神那天对他特别眷顾。他在得意忘形之际放松了警惕，最终被刺身亡。

（今天我们大多数人都会认为卡力古拉是迷信和愚蠢的，不过对这一事件人们也有一些其他的观点。克劳狄乌斯将传说附有神力的骰子献给卡力古拉，骗他相信维纳斯神会眷顾自己——而事实上卡力古拉之前的失败说明维纳斯神并不站

---

[1] 卡力古拉，罗马帝国第三任皇帝，父亲是著名的凯撒大帝，卡力古拉被认为是罗马帝国早期的典型暴君，后遇刺身亡。——译者注

[2] 克劳狄乌斯，卡力古拉的叔父，原为罗马的执政官，卡力古拉遇刺身亡后被近卫军拥立为罗马帝国第四任皇帝。——译者注

在他那一边。因此，克劳狄乌斯的欺骗行为也在一定程度上令他背上了行刺主谋的罪名，人们认为是他一手操纵这个事件帮助自己登上了王位。）

我们应该如何确定维纳斯列的概率？以从左至右（可以从任意方向）的顺序考虑距骨骰子的 4 个数字，并假定在这个例子中一颗骰子掷出 4 个数字的可能性相等。那么"1"可以出现在 4 个位置中的任意一个，"3"可以出现在剩下 3 个位置中的任意一个，"4"在剩下 2 个中的任意一个，"6"的位置也随之确定。因此，一共有 4 × 3 × 2 × 1 = 24 种情况可以得到维纳斯列，而所有可能掷出的序列则是 4^4（即 256）种，因为 4 个数字中任意一个都能出现在第 1、第 2、第 3 和第 4 个位置上。因此，我们得到结论，掷出维纳斯列的概率为 24/256，即大约 0.094。

还有一种方法也可以得到相同的结论。依次考虑 4 个位置，在第 1 个位置出现任意数字都有可能得到维纳斯列，给定第 1 个位置的数字，第 2 个位置的数字可以选择剩下 3 个数字中的任意一个，其概率为 3/4，如果前两位数字不同，第 3 位的数字必须是剩下 2 个数字中的一个，其概率为 2/4 = 1/2，最后，如果前三位数字各不相同，那么最后一位是剩下那个数字的概率为 1/4。将这些概率"连起来"就得到 1 ×（3/4）×（2/4）×（1/4）= 6/64 = 24/256，即大约 0.094。（因为并非所有结果的可能性都相同，因此实际概率更低，约为 0.04。）

根据历史学家 Florence N. David（1962）的观点，在古埃及、古希腊和古罗马文明中，许多人都相信博弈的结果是由神明或超自然力量（"命运"）所主宰的（即便到了今天，这样的观念也依然会以一些内隐的形式存在于许多冲动的赌徒身上），并且，不同的赌博结果往往与不同的神明联系在一起。事实上，这些有关赌博的信念也正是中世纪罗马天主教会将赌博定为不合法的原因之一。一神论的上帝不会去"掷骰子"——而赌博却是多神论的催化剂。

当然，并非所有的古希腊人和古罗马人都相信赌博的结果受到神明的影响。在《论责任》（De Devinatione）的第二卷中，西塞罗写道：

> 没有什么事情比掷骰子更不可预测的了（现代翻译），而每个玩骰子的人总会在某个时刻掷出一个维纳斯列，有时会连续掷出两个甚至三个维纳斯列。那我们是不是真的就要幼稚到断言这种情况的出现是因为维纳斯神显灵而非纯粹的运气使然？

西塞罗认为在使用随机仪器的赌博游戏中,"运气"决定了人们的成功,他显然也明白特定的某一次或某几次掷骰子的运气(几率)与长期频率之间存在一定的关联。但是西塞罗后来被害了,这说明理性并不能确保成功,只是增加了成功的可能性。事实上,就像我们之前所指出的那样,在其他人不选择理性的时候选择理性可能会导致社会排斥。

西塞罗并没有预见到,现代概率论的一个重要发展就是通过计数的方法来确定几率。只有当算术发展起来使得复杂计算变为可能时,才能开始采用计数的方法——虽然希腊人在几何学和逻辑学上能力出众,算术则一直到文艺复兴时期才在西方世界发展起来。卡尔达诺(1501~1576)第一个系统性地提出了这种计数方法。下面我们来看看如何通过计数推导出概率论的基本原则:

抛 1 次硬币会出现 2 个可能结果中的 1 个:正面(H)或反面(T)。

抛 2 次硬币会出现 4 个可能结果中的 1 个:HH(两个正面)、HT(先正后反)、TH 或 TT(见图 A.1 和 A.2)。

抛 3 次硬币会出现 8 个可能结果中的 1 个:HHH、HHT、HTH、HTT、THH、THT、TTH 或 TTT。

依此类推。

结果(outcome)是概率论中的一个技术术语,指的是一个试验(如多次抛硬币)的一个特定结果。事件(event)是结果的集合,这个贯穿于本书的概念是概率论的关键——即便有的时候用"事件"二字来表达这个概念会有些生硬。在这里,集合(collection)不一定是指包含多个结果,因此一个事件可以只包含单独一个结果。当然,一个集合也可能包含所有结果,一个包含所有结果的事件是一个完

		第 2 次	
		H	T
第 1 次	H	HH	HT
	T	TH	TT

图 A.1 抛 2 次硬币的可能结果

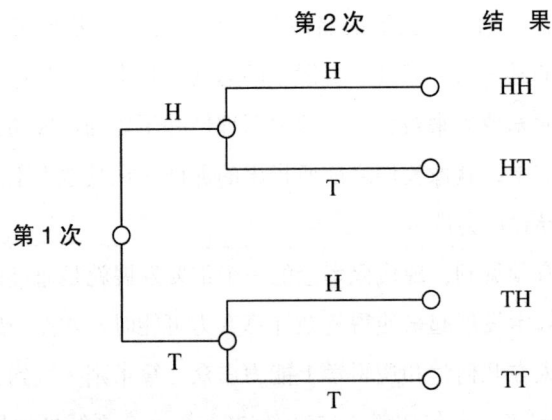

图 A.2 抛 2 次硬币的可能结果的"树状图"

备（well-defined）事件，用 S 表示。

抛 2 次硬币会得到其中一种可能的事件。举例来说，

A. 事件"两个正面"只包含一个结果 HH。（这与事件"没有反面"等价。）

B. 事件"有且只有一个正面"包含结果 HT 和 TH。（这与事件"有且只有一个反面"等价。）

C. 事件"至少有一个正面"包含结果 HH、HT 和 TH。（这与事件"最多有一个反面"和事件"没有两个反面"等价。）

诸如此类。

实际上，共有 15（= $2^4 - 1$）个事件包含至少一个结果：

包含 1 个结果的事件：

    HH

    HT

    TH

    TT

包含 2 个结果的事件：

HH、HT

HH、TH

HH、TT

HT、TH

HT、TT

TH、TT

包含 3 个结果的事件：

HH、HT、TH

HH、HT、TT

HH、TH、TT

HT、TH、TT

包含所有 4 个结果的事件：

HH、HT、TH、TT

对这每个事件都可以进行一个语言描述。（请试一下。）

我们可以看到，抛 2 次硬币之后，会得到 4 个可能结果，以及 15 个包含至少一个结果的可能事件。事实上，出于完整性的考虑，数学家会定义 16 个可能事件，换言之，他们也会考虑没有包含任何结果的事件，这个事件称为空事件（null event）（"没有事情发生"），用符号 Ø 表示。那么空事件是否只是一个由人们思维中的强迫性概念所生发出来的（虚无）结果呢？并非如此。空事件的概念对概率论的发展与概念零（zero）对我们数字系统的发展起着同样重要的作用。零的概念一直到公元 900 年才被引入西方的计算之中，在此之前，人们用罗马符号来表示 10（X）、20（XX）等等，但是加减计算的时候比用符号 0 麻烦得多——举例来说，X + XXX = XL，而用 0 就可以表示为 10 + 30 = 40，其中一部分是以 0 加 0 等于 0 所得到的。

下面我们来说如何为事件赋予概率。我们会首先考虑结果可能性相等的情况，然后再推广到其他事件。考虑将一枚公平的硬币抛 2 次的情况，这里的"公平"（fair）是指满足下面两个条件：

1. 每次抛硬币得到正面或反面的可能性相等。
2. 连续抛掷多次所出现的结果之间没有关系。

"公平性"的含义同时涉及硬币本身和抛硬币的人：第一个条件说明硬币本身没有偏向性且抛硬币的人没有也无法控制结果；第二个条件说明硬币"没有记忆"，也再次说明抛硬币的人没有也无法进行控制。（许多"主观主义"统计学家认为公平性存在于观察者的信念之中，也就是说当观察者认为硬币和抛硬币的人满足这些条件时，这个过程就是"公平"的。）在这两个条件之下，有4个可能性相等的结果：HH、HT、TH 和 TT。

当结果发生的可能性相等时，一个事件的概率就等于这个事件中的结果数量除以所有可能的结果数量。如果抛2次硬币，所有可能的结果数量为4。

A. 事件"两个正面"只包含一个结果 HH，因此其概率为 1/4。
B. 事件"有且只有一个正面"包含结果 HT 和 TH，因此其概率为 $(1+1)/4 = 1/2$。
C. 事件"至少有一个正面"包含结果 HH、HT 和 TH，因此其概率为 $(1+1+1)/4 = 3/4$。

依此类推。

根据标准记号规则，事件由大写字母表示，其概率用 p 表示。举例来说，如果 A 表示事件"全为正面或全为反面"，这个事件包含结果 HH 和 TT，因此，$p(A) = (1+1)/4 = 1/2$。

A.3 概率论的原则

我们已经知道，概率是 0 到 1 之间的数字，并且 $p(\emptyset) = 0$，因为空集中不包含任何结果。因此，下面这些原则适用于等概率结果的事件：

原则 I：$0 \leq p(A) \leq 1$

原则 II a：$p(S) = 1$

原则 II b：$p(\emptyset) = 0$

多个事件也可以联合发生。事件 A 交 B（A and B）称为它们的交集（intersection），包含两个事件共有的全部结果。举例来说，事件"至少有一个正面"包含结果 HH、HT 和 TH，而事件"至少有一个反面"包含结果 HT、TH 和 TT，所以事件"至少有一个正面交至少有一个反面"包含结果 HT 和 TH。（注意到这个事件与事件"有一个正面和一个反面"等价。）这样的事件称为复合事件（compound event），其概率称为复合概率（compound probability）。（请注意，任意事件都可以看作是一个复合事件，每个事件首先都等价于其本身与全集 S 的交集。）

还有一种联合方式涉及两个事件中的任意结果。事件 A 并 B（A or B）称为它们的并集（union or conjunction），包含这两个事件中的所有结果。（包含所有覆盖到的结果，逻辑上即是指"两个事件各自独有的以及共有的结果"。）举例来说，事件"至少有一个正面"包含结果 HH、HT 和 TH，而事件"至少有一个反面"包含结果 HT、TH 和 TT，所以事件"至少有一个正面并至少有一个反面"包含结果 HH、HT、TH 和 TT，即全集 S（因为在任意一次"试验"或抛掷中，肯定会出现至少一次正面或至少一次反面的情况）。

在这些例子中，两个事件的交集或并集都有一部分重叠，不过正如前面提到过的，举例来说，如果取一个事件与 S 的交集或与 ∅ 的并集，这样的情况就不一定发生。我们还可以取完全没有重叠的两个事件（即不包含共有结果的事件）的交集或并集，或者一个事件也可以是另一个事件的一个子集——即第一个事件包含的所有结果也全都出现在第二个事件中，或者两个事件完全相同。事件是结果的组合，通过"交"或"并"将任意两个事件联系起来就会定义一个新的结果组合，也就是一个新的事件。

如果两个事件不包含共有结果，那么它们是互斥的。举例来说，事件"两个反面"和事件"至少有一个正面"就是互斥的。

数学家和统计学家用空集来表达两个事件互斥——即两个事件没有共同的结果。简而言之，如果两个事件 A 和 B 是互斥的，则它们的交集是空集（不含任何结果的集合）。因此只要

$(A 交 B) = \emptyset,$

则 A 和 B 互斥，根据原则 II 则得到

$$p(A 交 B) = 0。$$

再次考虑抛 2 次硬币的情况。假设 A 是指事件"两个反面"，B 是事件"有且只有一个正面"，则这两个事件是互斥的，前者包含结果 TT 而后者包含事件 HT 和 TH。此外，A 发生的概率为 1/4 而 B 的概率为 2/4 = 1/2，(A 并 B) 的概率为 3/4，因为在 (A 并 B) 中共有 3 个结果，即 TT、HT 和 TH。因此，p (A 并 B) = p (A) + p (B)。

只要任意两个事件 A 和 B 是互斥的，则 (A 并 B) 中的结果数量必定等于两个事件中的结果数量之和。如果 S 中有 n 个可能性相等的结果，A 中有 m 个而 B 中有 m' 个，如果 A 和 B 互斥，则

$$p(A 并 B) = \frac{m + m'}{n} = \frac{m}{n} + \frac{m'}{n}$$
$$= p(A) + p(B)$$

从这里我们得到概率论的第三条普适原则：

原则 III：如果 (A 交 B) = Ø [等价于 p (A 交 B) = 0]，则 p (A 并 B) = p (A) + p (B)。

这个原则反过来是否成立呢？也就是说，如果 p (A 并 B) = p (A) + p (B)，是否一定能得到 (A 交 B) = Ø？这个问题可以这样来回答：如果 A 和 B 至少共有一个结果，那么 p (A 并 B) 必定小于 p (A) + p (B)，因此反过来也是成立的。

我们最后再引入两个概念来完成对概率论的简介。第一个是一个事件的补集 (complement)，具体来说，事件 A 的补集包含了全集 S 中所有不在 A 中的结果，A 的补集通常用 −A 或 $\overline{A}$ 来表示。举例来说，考虑抛 2 次硬币的情况：

如果事件 A 代表"两个正面"(包含 HH)，则 A 的补集包含 HT、TH 和 TT——即事件"至少有一个反面"。

如果事件 A 代表"有且只有一个正面"(包含 HT 和 TH)，则 A 的补集包含

HH 和 TT——即事件"两个正面或两个反面"。

如果事件 A 代表"至少有一个正面",则 $\overline{A}$ 代表事件"全为反面"。

等等。

关系Ⅰ:如果 $\overline{A}$ 是 A 的补集,则 $p(\overline{A})+p(A)=1$。

要推得这个关系,一方面因为 A 和 $\overline{A}$ 互斥的,因此根据原则Ⅲ,$p(A 并 \overline{A})=p(A)+p(\overline{A})$,而根据定义,$\overline{A}$ 包括 S 中所有不在 A 中的结果,因此 $(A 并 \overline{A})$ 等于 S。所以,$p(A)+p(\overline{A})=p(S)$,根据原则Ⅱa,结果等于1。

我们可以注意到原则Ⅱb,即 $p(\emptyset)=0$,并没有用来推导关系Ⅰ,关系Ⅰ完全由原则Ⅱa 和Ⅲ推得。事实上,原则Ⅱb 本身也可以看作是原则Ⅱa 和Ⅲ通过关系Ⅰ推导出来的:因为 $\emptyset$ 是 S 的补集,所以 $p(\emptyset)+p(S)=1$,而由原则Ⅱa 可得 $p(S)=1$,所以 $p(\emptyset)=0$。(这个过程严格证明了空集的概率为空——零。)

最后需要指出,与原则Ⅲ不同,关系Ⅰ反过来是不成立的。如果两个事件的概率总和为1,并不能说明它们互为补集。举例来说,在抛2次硬币且结果概率均等的情况下,事件"有且只有一个正面"和"有且只有一个反面"的概率都为 1/2,相加等于1,但两个事件的并集"有且只有一个正面并有且只有一个反面"的概率却不等于1(1/2 +1/2),这两个事件并不是互为补集。实际上,它们是相同的两个集合,都包含结果 HT 和 TH。

最后一个概念是条件概率(conditional probability),这可以很简单地用一个公式来定义,但在给出这个定义之前,我们应先了解,条件概率的本质思想是事件 A 发生的概率能够用另一种方法来评估,即根据另一个事件是否发生来分情况讨论。举例来说,我们考虑两个极端的例子:如果事件 A 和 B 是互斥的,则 A 中的任意结果都不会在 B 中出现,那么,当 B 发生的时候 A 发生的概率就为0;相反,如果 B 中的所有结果都出现在 A 中,那么当 B 发生的时候 A 发生的概率就为1。

条件概率 A 当(given)B 用符号 $p(A|B)$ 表示,可以用下面几种不同的语言方式来表达:

1. 在 B 发生的条件下 A 发生的概率
2. 在 B 的条件下 A 发生的概率
3. 当 B 发生时 A 发生的概率
4. 如果 B 发生，则 A 发生的概率

如果不同结果的发生可能性都相等，则 A 当 B 就等于两个事件中共有的结果数量（两者的交集）除以 B 中的结果数量。实际上，"当" B 发生的时候，我们知道实际结果必定会从 B 之中选出，那么此时 A 中的一个结果发生的概率就等于那些同属于 B 和 A 的结果在 B 中的相对数量。事件 B 现在定义的是可能结果的数量，实际上也就代替了 S。

用 m' 表示 A 交 B（两者的交集）中的结果数量，用 m 表示 B 中的结果数量，那么，假设所有结果的可能性相等，则

$$p(A|B) = m'/m。$$

现在将分式 m'/m 中的分子和分母分别除以 n（n 是全集 S 中的结果数量），得到

$$p(A|B) = \frac{m'/n}{m/n}。$$

而因为 $p(A 交 B) = m'/n$，而 $p(B) = m/n$ 所以我们得到：

$$原则\ IV：p(A|B) = \frac{p(A 交 B)}{p(B)}$$

这个原则就是条件概率的正式定义。

现在我们来看看在抛 2 次硬币的情况中条件概率的一些例子。事件"至少有一个正面"发生的条件下事件"两个正面"的概率为 1/3。（HH 是事件"两个正面"中唯一的结果，而事件"至少有一个正面"包含结果 HH、HT 和 TH。）有的时候，人们会错误地认为这个概率是 1/2 而不是 1/3。比如，有些人认为如果一个家庭中有两个孩子，那么在至少有一个女儿的情况下，有两个女儿的概率为 1/2。

而在第 1 次抛硬币得到正面的条件下,事件"两个正面"的概率就是 1/2,此时共有的事件仍然是 HH,但已经发生的事件只包含两个结果,即 HH 和 HT。仍然以有两个孩子的家庭为例,在第一个是女儿的情况下,两个都是女儿的概率为 1/2,因为男孩(B)和女孩(G)出生的概率(大体)相等。对比来看,至少有一个女孩的情况则有三种:GG、GB、BG,这三种情况中只有一种情况(GG)下另一个也是女孩。因此,在至少有一个女孩的情况下有两个女孩的概率为 1/3,而不是 1/2。

原则Ⅳ可以变换一下,写成在 $p(B)$ 基础上"乘以"一个概率的形式,即

$$p(A|B)\,p(B) = p(A \text{ 交 } B),\text{ 或}$$

原则Ⅳ':$p(A \text{ 交 } B) = p(A|B)\,p(B)$。

如果用原则Ⅳ'的形式来表达,条件概率的定义就包含了一个连锁原则(chaining principle)来得到复合事件的概率。(请回忆一下维纳斯列的例子。)举例来说,抛 2 次硬币都得到正面(事件"全为正面")的概率就等于第 1 次得到正面的概率乘以当第 1 次得到正面时第 2 次得到正面的概率。读者应该清楚这两个概率都为 1/2,因此得到这个复合事件的概率为 1/4。在一副扑克牌中无放回随机抽到 2 张黑桃的概率等于第 1 次抽出一个黑桃的概率(13/52,因为一副牌共有 52 张,其中有 13 张黑桃)乘以在第 1 次抽出黑桃的情况下再次抽到黑桃的概率(12/51,因为在余下的 51 张牌中有 12 张黑桃)。从而得到这个复合事件的概率为(13/52)(12/51) = 3/51。我们也可以用两张黑桃的组合数量(78)除以所有两张牌的组合数量(1346),仍然能够得到 3/51。

连锁从两个方向都可以进行:$p(A \text{ 交 } B)$ 等于 $p(A|B)\,p(B)$,也等于 $p(B|A)\,p(A)$。有的时候从一个方向来考虑连锁比另一个方向更容易一些——比如在时间上从前到后的自然顺序。

最后,我们就可以定义事件之间的独立性(independence)。独立性的直觉定义是:如果 $p(A|B) = p(A)$,则 A 与 B 互相独立。接受这个定义后,我们在两边同乘以 $p(B)$,得到:

$$\text{独立性(定义)}: p(A \text{ 交 } B) = p(A)\,p(B)$$

（因为根据原则Ⅳ'可知 $p(A|B)p(B) = p(A 交 B)$）。

此外，两边同除以 $p(A)$，我们也能推得 $p(B|A) = p(B)$。因此独立性是对称的。数学家们会采用 $p(A 交 B) = p(A)p(B)$ 这个定义，因为当 $p(A)$ 或 $p(B)$ 等于 0 而不适宜进行乘除运算时这个概念仍然成立。

如今，概率论已被运用到除赌博游戏之外更广泛的情境之中。举例来说，堤防和水坝是基于河流达到特定洪水位的概率估计而设计的，当然，工程师们并不会认为所有洪水位发生的可能性是相同的，而会参考过去达到某个洪水位的频率来进行概率估计。我们也可能会说到在世界职业棒球大赛中芝加哥小熊队打败芝加哥白袜队的概率，或者在公元 3000 年之前发生"原子战争"的概率。在这些情境中，我们没有相关的频率信息可用，而是要根据棒球、政治、技术的相关知识——或者可能是我们的悲观程度来做出估计。如果结果既不是等可能的，也没有频率信息可以参考，概率往往与"纯粹"的下注几率有关。举例来说，如果你认为小熊队打败白袜队的概率为 1/3，那你最多愿意在白袜队上下注 2 美元而在小熊队上下注 1 美元，也就是说，你应该愿意接受所有小于 2:1 的赌博而拒绝所有高于 2:1 的赌博，这是对你个人关于概率的看法的一种评估。实际上，有一群被称为人格主义者（personalist）或主观主义者（subjectivist）的概率哲学家认为，所有的概率本质上都是基于个人看法或赌博意愿的。（举例来说，在一个概率分析中，认为所有单个结果"发生的可能性都相等"这样的基础论点难道就不是一种主观信念么？）

实际上，几个世纪以来，有关概率到底指的是事实还是个体对世界的看法，还是证据与看法之间（或不同看法之间）的逻辑关系，一直都存在很大的争论。我们还不清楚这种争论对概率推理究竟有多重要，不过我们清楚的是，虽然人们对概率这个概念的涵义会有不同的理解，但是对于特定概率他们会得到相同的结论。举例来说，考虑这样一个实验，一个袋子中有两颗骰子，其中一颗有 4 面绿色和 2 面红色，另一颗有 4 面红色和 2 面绿色，从中随机摸出一颗，在不看到骰子的情况下直接掷骰子，结果得到红色的概率是多少？所有参与实验的被试认为是 1/2，并且所有人都认为，这么判断的理由在于摸到两颗骰子的概率都为 1/2。

那么为什么人们会说摸到两颗骰子的概率都为1/2呢？有些人说是因为我们没有什么理由能够肯定自己摸到是其中的某一颗骰子而不是另一颗；有些人说1/2反映了自己的一种看法，即每颗骰子被摸出的可能性相等；有些人则说随机的概念在逻辑上能够推导出任意一颗骰子被摸出的概率为1/2；还有一些人则说摸到两颗骰子的概率相等所基于的假设是一个可以通过重复实验验证其有效性的客观事实；我们还可以说，无论是哪颗骰子，当它确实被摸出来时，其被摸到的"真实"概率为1，因为世界上并没有什么事是随机发生的，只不过因为我们无法了解事件发生背后所涉及的所有因素及其交互作用，便只能选择1/2。然而不管怎么样，所有这些都为这个实验得出结论:摸出其中一颗骰子的概率为1/2。于是，掷出红色面的概率可以由两个部分组成，即4个红色面的骰子摸出时掷出红色面的概率，加上4个绿色面的骰子摸出时掷出红色面的概率（根据原则Ⅲ）。第一个概率为（1/2）×（2/3），第二个概率为（1/2）×（1/3）（都根据原则Ⅳ′得到）。因此，掷出红色面的概率为2/6 + 1/6 =1/2。结论得以证明。

那么从普遍意义上来说，概率是什么呢？第一，概率指的是对完备定义的事件所赋的数字。一个"完备定义的事件"（well-defined event）即是一个可以在未来毫不含糊地解释为发生或不发生的事件。第二，概率必须满足下面四个基本原则：

Ⅰ. $0 \leq p(A) \leq 1$

Ⅱ. $p(S) = 1$

Ⅲ. 若交集 $(A 交 B) = \emptyset$, 则 $p(A 交 B) = p(A) + p(B)$

Ⅳ. $p(A|B) = p(A 交 B) / p(B)$

许多哲学家还在试图为概率找到更多的涵义，这样的探讨毫无疑问是极有意义的，不过目前我们也可以接受以这种结构化的方式来正式诠释概率的涵义，即满足这四个原则的数字。为配合本书的目的，我们加了一个额外条件——这里考虑的是未来发生的事件。

我们注意到，除非这个数字落在了0到1的区间之外，单独一个概率不会违反这些原则。因此，概率指的是描述一组事件之间关系的一组数字。当然，人们也许会维护那些违反规则的概率，坚持认为他们是在"概率"这个概念的常规涵义下进行讨论的，但是理性或相容的概率必须满足这些原则，这是数学家或统计学家所接受的唯一一种概率。

A.4 违反概率论原则的观念

有许多常见的观念是违反这些概率论原则的，举例来说，考虑下面这些事件序列：

1. 一位运动明星染上了毒瘾，参加了一个治疗课程，获得了冠军。
2. 一位运动明星染上了毒瘾，获得了冠军。

如果将其中一个事件序列呈现给人们，许多人会判断第一种比第二种的可能性更高。但是根据概率原则，这是不可能的。要了解其中的原因，我们将这些序列中的事件进行分解：

A. 这位运动员染上了毒瘾。
B. 这位运动员成了冠军。
C. 这位运动员参加了治疗课程。

（不标注事件发生的顺序）现在人们认为

$$p(A 交 B 交 C) > p(A 交 B)。$$

但是这并不理性，或者说不符合这些原则，我们可以从两个角度来证明：

证明1：根据连锁原则（Ⅳ′），且因为交集（A 交 B）就是第二个事件，所以得到 $p(A 交 B 交 C) = p(C|A 交 B) p(A 交 B)$。

但因为根据原则Ⅰ，$p(C|[A 交 B]) \leqslant 1$，所以 $p(A 交 B 交 C) \leqslant p(A 交 B)$。这是一个逻辑矛盾，证明最初的那个判断是错误的。

证明2：$(A 交 B) = (A 交 B 交 C)$ 加上 $(A 交 B 交 \overline{C})$，而 $(A 交 B 交 C)$ 和 $(A 交 B 交 \overline{C})$ 是互斥的，因此根据原则Ⅲ，

$$p(A 交 B) = p(A 交 B 交 C) + p(A 交 B 交 \overline{C})。$$

这就意味着 $p(A 交 B)$ 必定大于等于右边的第一项——又一个矛盾。其中的关键在于这位运动员可以通过治疗课程之外的其他途径最终获得冠军，他/她可能因为其他理由而戒掉了毒瘾，可能具有极高的天赋或运气，冠军也可能是作弊得来等等。

对于一个不太可能发生的事件或事件联合的可能性，人们会因为一些看似更合理事件的加入而增加其可能性，这种现象称为情景效应（scenario effect），Amos Tversky 和 Daniel Kahneman（1983）对这类效应进行了深入的研究，发现这些加入的事件虽然在实际上限制了初始事件或事件联合发生的可能性，但往往有助于构成一个"好听的故事"。举例来说，正如 Paul Washburn（在与 Dawes 的私人交流中）所指出的那样，当人类学家通过一些骨头对某一个史前文化进行重构时，如果添加一些连自己都可能不太清楚的细节，这样的重构往往看起来更为可信。我们也都知道，平平淡淡地把所知的事实告诉别人，不如将故事润色一下来得有说服力（如在法庭最后陈述时）。认知心理学家已经发现了许多由情景效应所导致的非理性概率判断（见第 6 章和第 7 章）。

下面是两个有关概率的观念，它们是错误的，但不是非理性的，然而把它们组合起来，就是非理性的。

赌徒谬误：一个硬币落下得到正面（反面）的次数越多，下一次抛硬币时得到反面（正面）的可能性就越多。因此，HT 比 HH 的可能性更高，HHT 比 HHH 的可能性更高，诸如此类。[正如前面所说，这种观念只有在硬币有记忆（或者抛硬币的人能够控制的时候）才有可能是正确的。]

这种谬误同样会在其他情境中出现。考虑我们在章节 7.3 中所提到的"致亲爱的阿比"的例子："我和丈夫刚刚有了我们的第 8 个孩子，又是一个女孩，我现在真的非常失望。……阿比，这个孩子应该是个男孩。"连续怀上 8 个女儿的概率（大约）为 $1/2^8 = 1/256$，但是在其他 7 个女儿都已经生出来的情况下，再怀上一个女儿的概率为 $1/2$。和硬币一样，精子没有记忆，何况是过去那些它们完全不明真相的受孕情况。这个原则和 2.6 中所提到的 balla 游戏的解答一样。

未知分布谬误（将未知均等地分布在人为定义的类别中，而不是特定的等可

能结果上）：因为抛 2 次硬币会得到 0、1 或 2 个正面，从这个伪原则会推出每个结果发生的可能性为 1/3。

假设有的人同时相信赌徒谬误和未知分布谬误，则根据赌徒谬误，

$$p(HT) \geqslant p(HH)。$$

但是根据未知分布谬误，

$$p(HH) = 1/3。$$

因此，$p(HT) \geqslant 1/3$。同理可得，$p(TH) \geqslant 1/3$，所以两者之和大于等于 2/3，但根据未知分布谬误，两者之和同时也应等于 1/3（即"抛 2 次硬币会得到 0、1 或 2 个正面"）。

有些观念的组合是非理性的，然而人们还是会保留这些观念。基于这些不相容的概率评估所做的选择必定也是不相容的，甚至可能导致个人或社会伤害。而反过来的结论——满足原则 I 到 IV 的概率不会出现矛盾——也是正确的，不过相关的证明就不在本书中赘述了。

A.5 贝叶斯定理

假设我们有两个袋子，装着黑色和红色筹码。袋子 A 装有 70% 的红筹码，而袋子 B 装有 40% 的红筹码。有一个人会掷一颗骰子，如果得到 1 或 2，则给我们袋子 B，否则就给我们袋子 A。我们不知道掷骰子的结果，因而也就不知道给我们的是哪个袋子，但我们可以从这个袋子中抽 10 次筹码，每抽一次后都要把筹码放回去再抽下一次。我们的任务是推测出所抽的是哪一个袋子。

假设我们抽出了 6 个黑筹码和 4 个红筹码，这显然更"像"袋子 B 而非袋子 A，但是另一方面，我们知道根据掷骰子的结果，得到袋子 A 的可能性是袋子 B 的 2 倍。那么，我们应该如何把抽出筹码的证据和先前有关掷骰子的观念结合起来呢？推而广之，在获得了一些相关的证据后，我们应如何理性地更新自己对于一个假设的看法（比如"现在是从袋子 B 中抽筹码"这个假设）呢？

一种方法就是采用贝叶斯定理（Bayes' theorem），这个定理是从概率论的第四个原则往后推了一步，通常认为是由 Thomas Bayes 教士提出。显然，Bayes 教士是在尝试用理性的方式来证明上帝（我们想应该是基督教的上帝）的存在时发现了这个原则，但是他对自己的推导并不是很有信心，因此只将自己的发现与一个朋友交流过，Bayes 在 1761 年去世之后，这位朋友才发表了他的发现。[对于想进一步了解贝叶斯分析的读者，我们推荐 Dennis V. Lindley 所著的一本极佳的入门书籍《理解不确定性》(*Understanding Uncertainty*, 2006)。]

我们用 d 来代表已经收集的数据——6 个黑筹码和 4 个红筹码，用 A 和 B 代表两个袋子。我们已经知道筹码是从 A、B 这两个袋子的其中一个之中抽得，因此很容易确定数据的条件概率。随后如果我们知道一开始得到其中某个袋子的概率（我们已经知道了）以及得到这些数据的概率（可以通过计算得到），就能根据已有数据推出我们确实得到这个袋子的条件概率。具体来说，

$$p(A \text{ 交 } d) = p(d \text{ 交 } A)。$$

根据概率的第四原则，我们可推得

$$p(A|d)p(d) = p(d|A)p(A)，\text{ 或}$$

$$p(A|d) = \frac{p(d|A)p(A)}{p(d)}。$$

实际上，用 5.10 中的比例规则更为简便，在这个情境中，

$$\frac{p(A|d)}{p(d|A)} = \frac{p(A)}{p(d)}。$$

同理，

$$\frac{p(B|d)}{p(d|B)} = \frac{p(B)}{p(d)}。$$

两式相除，得到

$$\frac{p(A|d)}{p(B|d)} = \frac{p(A)p(d|A)}{p(B)p(d|B)}。$$

通过这个除法，我们消去了麻烦的 $p(d)$，在最后一个等式中，我们得到的结果是 $p(A|d)$ 除以 $p(B|d)$ 的比例。知道了这个比例，以及这两个概率之和等于 1（我们是从两个袋子之一中抽取筹码，因此根据原则Ⅲ，概率之和为 1），我们就很容易计算出这两个概率。

在这个例子中，$p(A) = 2/3$，当我们从袋子 A 中抽取时，以某个特定顺序抽得 6 个黑筹码和 4 个红筹码的概率为 $0.3^6 \times 0.7^4$。同理，$p(B) = 1/3$，当我们从袋子 B 中抽取时，以同样的顺序得到这个样本的概率为 $0.6^6 \times 0.4^4$。因此，$p(A|d)$ 除以 $p(B|d) = 0.0001167/0.0003981$，即 0.29。因此，6 黑 4 红 10 个筹码是从袋子 A 中抽取的概率为 0.22，从袋子 B 中抽取的概率为 0.78。请注意，我们从这个假设的试验中所得数据的信息价值要远远高于初始几率所给出的信息——2:1 的几率得到袋子 A。

普遍说来，贝叶斯分析会将初始看法具体化，这里的初始看法是指在我们获得样本之前所持有的看法，在这个例子中，掷骰子的过程会令我们形成初始看法。随后我们根据贝叶斯定理将抽取样本所得的证据与初始看法合起来，就能运用概率论的规则来更新初始看法。

A.6 对巧合的事后分析

在日常生活中充满了巧合。道斯的大女儿出生的日子是他母亲的忌日，而小女儿则和他的母亲同一天生日。多么惊人的巧合啊！一个对概率论几乎不了解的分析者也许会得出结论，这两个巧合的概率为 $(1/365)^2$，即 0.0000075。不过显而易见的是，这个巧合反过来的话同样也是非常惊人的——这么一来出现巧合的概率也许是 0.000015 才更合理。再者，两个女儿当然也能同一天生日，并且和祖母的生日或忌日是同一天，这又是一个惊人的巧合，因此概率应该再翻一倍，得到 0.00003。另外，大女儿有视觉艺术天赋，小女儿则是短篇小说作家——于是她们的生日还可以与相关领域中某位名人的生日相同。于是还有许许多多名人的生日，从 George Washington、Abraham Lincoln、Grover Cleveland、John F. Kennedy，到 Omar Khayam、Mahatma Gandhi、Bertrand Russel 和传道书的各位作者。

关键问题在于我们可以不断挖掘,哪怕通过这样的回溯要找到一个特定的巧合(比如同一天生日)看起来也许是不太可能的,但是,也很有可能会出现许多巧合。

要理解这个原则,可以考虑一下死亡的概率。我们会做出一个简化的假定,即每天死亡的概率是相等的。于是,假设一个人的预期寿命为70岁(25568天),那么在其中某一天死亡的概率为0.00004,但是在特定的某一天死亡的概率为1.00。或者考虑另外一个例子,如果我们完全随机地从1到10 000中选择一个数字,任意特定数字被选中的概率为0.0001,而同样对某个被选中的数字,概率为1.00。有趣的是,在概率论还在发展之中的十八世纪,一些哲学家把0.9999的概率等同于"几近确定"(moral certainty)。在死亡的那个例子中,就意味着我们几乎可以确定自己能安然度过每一天。(因此,不要买保险了?或者至少不要在任何特定的某一天去买?)

上面这两段主要是为了解释一个重要的原则:虽然一个特定事件发生的概率可能接近于0,但是什么事情都不发生的概率则绝对为0。

那么,我们怎么来确定一个巧合究竟是不是超感官知觉的体现呢?或者举一个具体的例子,在一个有关地铁中的助人行为的研究中发现,高个比矮个更可能助人,这个发现能否说明身高和利他性之间存在相关呢?还有,从1900年到1968年,美国总统候选人中身高更有优势的都赢得了选举,这又是否意味着美国选民更喜欢高个子的人呢?

要回答这类问题并不容易,不过我们可以用一个简化的例子来做个参考。再次考虑从1到10000中随机选择一个数字。如果一个自称拥有预知能力的朋友事先说出你会选择数字973,而你确实选择了这个数,你就会感到非常震惊。相反,如果他/她先让你选择一个数字,在你说出973之后再向你解释这个数字和他/她的预知能力之间有什么特别的关联,你就一点也不会觉得神奇。同样是973这个数字,你既有可能感到敬畏,也可能完全不屑一顾,这取决于你的朋友是如何让你了解这个数字的神奇之处的,具体而言就是你朋友所采取的决策过程以及你的决策过程。如果你的朋友事先说出数字,这样你就只会把973这一个数字看作"成功"预知,你在选择数字之前就能确认这个决定。然而,如果你的朋友是在你选完数字后才向你解释这个数字的特别之处,你就很容易怀疑许多其他的数字也都能让他/她说出某些"特别之处"。图A.3就展示了这个原则。图中呈现了抛

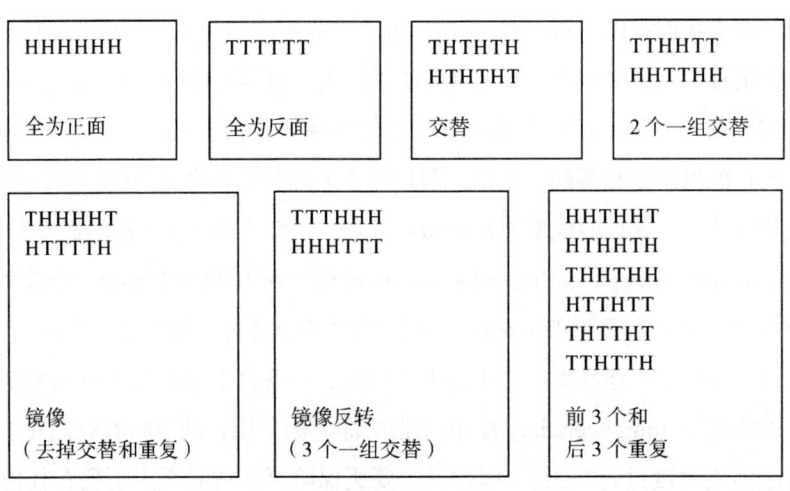

图 A.3　随机抛 6 次硬币可得的 16 种明显的模式

6 次硬币所得到的一些正反面结果模式，这 16 种模式事后都能够描述出一些特别之处（全为正面、全为反面、交替、2 个一组交替、镜像等等）。于是，如果人们抛 6 次硬币，出现其中一种有趣模式的概率就不再是 1/64，而是 16/64。

人们会做出这样的事后判断吗？人们是否认为这样的模式是突出（significant）的？这里所说的"突出"不仅仅是指日常生活用语的涵义，也包括技术、统计上的涵义——显著性。考虑道斯遇到的一位占星家的话：

> 这难道不是冥冥中的天意吗？这里的 5 个人之中有 3 个狮子座和 2 个巨蟹座，而福特总统也是巨蟹座的，也就是说 3 个狮子座和 3 个巨蟹座。我打赌这样的概率几乎为 0。这类事情你们能解释吗？

有一种方法可以将这类事件中明显的特异之处进行夸张，称为选择性终点法（optional ending point maneuver），统计学家（及职业魔术师）Persi Diaconis（1978）详细描述了这种方法。这个技术被许多心灵学家所使用，主要的技巧是始终不让淳朴的观察者确切了解事情的目标，直到达到目标为止。举例来说，Diaconis 曾详细分析过心灵学者 B. D.，他会让一个观众说两张牌，随后请另外两个观众"随机"选择两个较小的数字。然后他会将两叠洗过的牌放在桌子上，一张张地同时翻开两叠牌。有的时候，他会在所选两个数字中较大的那个出现时停止翻牌，如果在这之前第一个观众所说的两张牌恰巧都出现过了，这当然就是一次"成功的表演"。他还有许多其他的选择，比如要是两张牌同时翻开，那显然也是成功的，或者如果其中一张牌随着那个大数一起翻开，这也还是成功的。如果没有什么"特别"的事情发生，那么其中一叠牌会继续翻下去，直到翻到较小的那个数字，到那个时候，所有类型的结果可能都出现过了。诸如此类不胜枚举。这种选择性终止诡计（optional stopping trick）就是事先不告诉别人你要如何操纵你的心灵力量，于是巧合的概率就会变得非常大。此外，如果你宣称自己的力量来无影去无踪，连你自己也无法解释，或者说怀疑性的测试过程会对其产生干扰，这同样有助于巩固你的超能力形象，心灵学家 Uri Geller 就是这么做的。于是，如果你多次尝试后（甚至在过半的尝试中）都没有发现一些令人惊奇的巧合，观众也就愿意表示理解。

"科学家们"是否会加入这样的无稽之谈呢？遗憾的是，答案是"会"。（有些分析师甚至推测，科学家们因为有能力去迎合一些并未得到证明的假设，甚至可能会特别容易相信超感官知觉或类感觉沟通。）美国心理学会近年的某一任会长在一次演说中发表了一个有关"转矩与精神分裂易发性"的讲话。在这个讲话中，他呈现了一个令人极为震惊的数据，10 年前他见过一群孩子并让他们画圈，在 52 名顺时针画圈的孩子中，有 11 名后来被诊断为精神分裂症，而在 54 名逆时针画圈的孩子中，只有 1 名被诊断为精神分裂症。这个关系达到了"0.01 的显著性水平"。他将自己的发现与两个事实联系了起来：其一是"地球是绕着南北轴逆时针旋转的"，另一个则是"除了某些特例之外，这种'左旋'是生命细胞的特征"。

这个量级的发现（尤其这个发现与地球和生命单位的基本属性有关）显然应该引起心理学界的注意，精神分裂症是美国最普遍的两个心理健康问题之一（另一个是抑郁），这个发现至少有助于我们进一步理解这个问题。在随后的 8 年中，其他科学家对这篇文章的引用平均为每年 3 次左右，8 年后这篇文章从排行榜上消失。为什么引用量会那么少呢？说不定这个研究者在长达 50 年的时间里都不受大家重视，直到未来的某一天才被重新挖掘，从而成为精神分裂症现代理论的奠基人。然而，在他的演说中，我们能找到一个更有可能的解释："本研究的被试是155个孩子，这些孩子都是第一次在我的私人心理诊所接受心理评估。"参加这类评估的孩子们往往会做许多测试，在每个测试中都会对大量的变量进行测量。然后，研究者在他的演说中只报告了这一个测试的研究结果，因而我们有理由推测，他也许已经将大量变量的测试结果与未来精神分裂症诊断的结果进行了简单相关，而他演说中所报告的这个结果只是大约200个结果中的1个。（这里需要强调的是，这种推测是基于笔者对临床实验的了解而得出的，并没有实际看到这位研究者有许多测试。但是我们可以想象以下场景：一个孩子进入一位心理学家的办公室，根据要求画了个圈，然后就得以离开了。）

在这些极为不寻常的研究发现中，我们应该如何评价它们的重要性？最佳答案当然是要确定这个结果是否可以得到重复。有关此类"心灵力量"的重复尝试基本都没有得到什么理想的结果。如果没有预测、控制和重复的可能性，最佳方法就是事先精确地界定假设，界定可能的相关事件及其概念性样本空间（conceptual sample space），随后系统地收集数据（哪怕是奇闻轶事）来描述可能结果的全部空间（entire space）。Persi Diaconis 和 Fred Mosteller（1989）已制定了这样一个策略，并将其阐述并应用于我们日常的一个实际经验——我们会巧合性地"连锁"遇到新学词语。

只要我们的考察足够仔细，就一定能发现一些东西。毕竟，完全没有任何事情发生的概率确实等于0，并且正如 Diaconis 和 Mosteller（1989）所说："当大量的事件、人和两者的互动随时间累积，几乎任何令人吃惊的事情都一定会发生"（p. 853）。人们采用古典方法和贝叶斯方法来分析和检验统计显著性，解决的都是事先提出的问题（questions asked beforehand）。在评估研究发现、从而做出理性决策的过程中，关键在于确定这些假设到底是事先提出的，还是仅仅是在事后，甚至是从声称发现了它们的人的想象之中提取出来。

参考文献

David, F. N. (1962). *Games, gods, and gambling: The origins and history of probability and statistical ideas fromthe earliest times to theNewtonian era.* NewYork: Hafner.

Diaconis, P. (1978). Statistical problems in ESP research. *Science, 201,* 131–136.

Diaconis, P., & Mosteller, F. (1989). Methods for studying coincidences. *Journal of the American Statistical Association, 84,* 853–861.

Graves, R. (1943). *I, Claudius.* New York: Penguin.

Lindley, D. V. (2006). *Understanding uncertainty.* New York: Wiley-Interscience.

Mlodinow, L. (2008). *The drunkard's walk: How randomness rules our lives.* New York: Pantheon.

Tversky, A., & Kahneman, D. (1983). Extensional versus intuitive reasoning: The conjunction fallacy in probability judgment. *Psychological Bulletin, 90,* 293–315.

参 考 文 献